白揚社

WE HAVE THE TECHNOLOGY

バイオハッキング

テクノロジーで知覚を拡張する

カーラ・プラトーニ　田沢恭子〈訳〉

How Biohackers, Foodies, Physicians, and Scientists Are Transforming Human Perception, One Sense at a Time

両親に、心から感謝を込めて。
そして野生マウスとノックアウトマウスに、期待を込めて。

バイオハッキング　目次

本文中の〔　〕は訳者による注です。

はじめに

金曜日の夜。グラインドハウスの住人たちがレディオシャックに向かう。ペンシルヴェニア州の郊外にあるショッピングセンターでは、彼らはいかにも怪しげに見える。まぶしい蛍光灯に照らされた姿は、地下室に棲息する生物を思わせる。この痩せこけて青白い顔にメガネをかけた地下のエンジニアたちは、バイオハッカー集団「グラインドハウス・ウェットウェア」の創設メンバーだ。しかしティム・キャノンとショーン・サーヴァーは、この界隈ではちょっとした有名人でもある。それは夜が更けたころにこの電子機器部品店へ買い出しに来るせいであり、また買った部品がごっそりとキャノンの腕に埋め込まれているからでもある。

彼らが建物に足を踏み入れたとたん、携帯電話ショップの男性が彼らの最新プロジェクトについて聞き出そうと、激しく手招きする。キャノンの前腕に埋め込まれた温度センサーのことだ。シリコン製のケースに入った板状の装置で、サイズはトランプ一組ほど。クリスマスツリーのように明かりがつく。このショッピングセンターではとうてい買えない代物だ。

「グラインダー」とは、人間の経験の拡張を目指して身体に手を加える「身体改造」装置を製作するバイオハッカーである。今夜はサーヴァーの手に埋め込む装置をつくるための部品を買いに来た。北を向くと明るく光る星型の装置を埋め込んで、手をいわば方位磁石《コンパス》にすることをもくろんでいる。うまくいけば、方位を測る能力が完全に体に取り込まれるとは言えないにせよ、本来よりはいくらか向上するはずだ。

「ほかに買うものはあったっけ？」と、電流を変調させるさまざまな電子部品の入った引き出しをあさりながらキャノンが言う。「抵抗器は何十個もあるよね」

「うん、どっさりね」と、サーヴァーが応じる。二人は実験室のストックに加える部品を探しながら、通路を何本も隔てて相手に話しかける。ジャンパーワイヤは？　たくさん要るね。回路基板は？　買おう。圧電変換器は？「もちろん」とサーヴァーが答える。

買った品物を袋に詰めると、今度はレストランに寄り、オタク御用達のエネルギー源とも言うべきマウンテンデューを大量に補給してから地下室へ戻る。その部屋で、フランケンシュタインのように身体を改造して、自分たちの体に新たな知覚体験を与えることが可能か確かめるのだ。

グラインドハウスのメンバーは、婉曲に言えば、標準仕様の人体に備わる知覚装置に不満を抱いている。人間には味覚、嗅覚、視覚、聴覚、触覚という五つの感覚が備わっているが、彼らはこれだけでは足りないと思い、この問題を解消すべきと考えている。そのうえ、この五つにもそれぞれ限界がある。人間が動物界のほかの住民たち、たとえばコウモリや鳥や昆虫と同じように太陽光の偏光（光の進行方向を表すパターン）を感知できないのはなぜだろう。サメのように電気を感じることができないのはなぜなのか。下等なシャコでさえ紫外線の波長を検知できるというのに、人間にそれができないのはどうしてなのか。

グラインダーというのは、バイオハッカーと呼ばれるアマチュア科学者からなる探索コミュニティーで電気工学を得意とする一派である。コンピューターのハッカーは悪質さや破壊行為ゆえに評判が悪いが、バイオハッカーは役立つ仕掛けや修復を加えるというポジティブな意味で体を「ハッキング」する。本書では、そんな彼らをフォローしていく。バイオハッカーは、コンピューターのシリコンの世界よりも有機体の世界に関心をもつ。インターネットで遺伝子操作に関する情報が容易に入手できるようになり、実験技術のコストも下がってきたおかげで、植物や細菌のDNAに手を出すバイオハッカーも現れてきた。これは「DIYバイオ」（自分でやる遺伝子操作）と呼ばれている。また、特殊な食事や栄養サプリメントを摂取したり、睡眠や運動や体力レベルや脳の健康状態を監視して最適化するのを助けるウェアラブルな生体データ測定装置を使ったりして、身体のアップグレードを目指すバイオハッカーもいる。ではグラインダーは何をするのかと言えば、彼らは自分自身をハッキングする。タトゥーやボディーピアスで飾りたてるよりもはるかに先を行く、身体改造コミュニティーの一員なのだ。なかでもとりわけ野心的な人たちは、新しい知覚装置を自分の体に装備しようと試みている。

しかしどんな方法を用いるにせよ、バイオハッカーを突き動かすのは、創造したい、強化したい、「ふつう」を脱したい、という衝動だ。自然は驚異的な力をもっている。バイオハッカーたちもそれを認めるのにやぶさかでない。しかし、これ以上はもう望めないというほどだろうか。キャノンは三杯目のマウンテンデューを飲みながらこう言う。「どうして体をいじっちゃいけないんだ?」

グラインダーたちの探求は、文句なしに好ましいとは言えないにしても、たぎり続ける不満を原動力としている。未改造の人体の脆弱さや限界に対する不満、進化の歩みの遅さに対する不満、そしてバイオハッカーたちが進展を望むSF的な知覚装置の開発や販売に対して大手研究企業が消極的であることへの不満だ。グラインダーたちの発想は――そして彼らの名も――ウォーレン・エリスのグラフィックノベル『ドクター・スリープレス』に由来する。この作品は二〇〇七年に誕生し、人体改造者たちが劣悪な暮らしを営む地下世界を描いている。シュリーキーガールと呼ばれる住人たちは、人工の歯や爪に埋め込まれた装置のネットワークを通じて、触覚を互いに共有する。コンタクトレンズを使ってインスタントメッセージをやりとりする者や、手のひらに埋め込んだ装置で相手の鼓動を手に感じるカップルもいる。ドクター・スリープレスは（言うまでもなく）マッドサイエンティストで、深夜のラジオ番組を通じてグラインダーたちに、ほかの誰も発明しないような未来を発明せよと訴える。「ホームセンターで材料を買ってきて、そのつまらない体を自分で改造することだってできる」と彼は力説する。「君たちはグラインダーだ。享受するに値すると思える本物の未来が到来するのを待つあいだ、君たちは仮想世界のアバターのように自分の体を加工するのだ。体にいろいろなものを加えて改良せよ。改善すべきキャラクターのように体を扱って、磨《グラインド》きをかけるのだ」。グラインドハウスでは「ジェットパックはどこにある？」を合言葉としているが、それもこの作品から借りたものだ。これは今のところ過去と大差ないと思われる未来に対するフラストレーションから生まれた切なる叫びである。

　そんなわけで彼らは知覚について、今よりももっとよい未来を早く実現させようとがんばっている。グラインドハウスのメンバーたちは、電磁場が感知できるようにと指先に磁石を埋め込んでいる。そしてこの磁石と連携して近くの物体までの距離を測るソナーのような装置を開発した。キャノンの腕は一部が盛り上がっているが、ここには体内の健康データの読み取りを目指す初期の試みである装置が埋め込まれている。うまくいけば、この装置で体温がチェックできる。グラインドハウスの目標リストで次に挙がっているのは、「手の中のコンパス」である。ハトの帰巣本能をうらやましいと思ったことのある人なら、この能力を獲得したいと思うのではないだろうか。

　彼らの基本的なやり方としては、体を切開して装置を埋め込み、それが神経系に働きかけることができるか調べる。これができていれば、進化という鈍重なプロセスを待たずに感覚の世界を拡張できたことになる。

　グラインドハウスのメンバーたちは、独自に開発したやり方で、考えられる限り最も安価な道具を使って進化を追い越そうとしている。その一方で、人間の経験のなかでとりわけ深遠な謎である「知覚」を探索するという、はるかに大がかりな取り組みの一端も担っている。この探索に携わる者たちの出自はサイエンスのさまざまな分野にまたがっており、ほぼ全員がグラインドハウスよりもはるかに多くの資格と安全対策を求められる立場にある。学者、起業家、医師、エンジニアなど、職業もいろいろだ。しかし誰もが同じ問いにとりつかれている。私たちが外界と接するときに心の中で起きることについて、私たちはどれほど知っているのか？　知覚できる対象を今より増やすことは可能なのか？　脳の知覚力に厳然たる限界があるとしても、その限界の中で私たちが世界を感知する方法を強化したり変化させたりすることはできるのか？

知覚科学の世界は広く深い。何千何万という人たちが、互いに対立する理論や動機に導かれているにしても、同じような問いを追求している。「標準」とされる機能をなくした人にその機能を回復させようとする人がいる——視力を失った人に視覚を取り戻させるとか、聴力を失った人に音を再び聞かせるとか、麻痺をきたした人に触覚をよみがえらせるなど。また、「標準」という概念を超えてもっと先へ進もうと、新たな療法やウェアラブル装置によって感覚を変化または増強させる方法を模索する人もいる。さらに、受容器、神経、脳からなる感覚系が協調して働いて、世界を「リアル」に感じさせる仕組みについて、もっとよく知りたいと願う人もいる。

私は二〇年ほど前にジャーナリストとして仕事を始めて以来、キャリアのほとんどを科学ジャーナリストとして過ごしてきた。それでも本書の執筆に着手したときには、知覚科学は私にとってほぼ未知の領域だった。本書に登場する一〇〇人以上の人のうち、記事でその仕事を取り上げたことがあったのは六人だけだった。それでも、知覚科学が向き合う一見ストレートな問いの大きさに、私は心を奪われた。「現実」を今より拡張することはできるのか——。

カリフォルニア大学バークレー校のジャーナリズム大学院で教える仕事を一年間休むことにして、「現場に行け」というジャーナリストの鉄則に従った。フェイスブックに予定表を載せて、四つの国と八つの州へ取材旅行に出向いた。身なりなど気にせずに駆け回るジャーナリストを自宅に泊めてくれるという、寛大な友人や親戚や同業者たちの好意に甘えさせてもらった。知覚科学の実験やデモンストレーションに立ち会わせてくれると言われれば、実験室や研究室や手術室に足を運んだ。テープレコーダーを四台使いつぶし、ノート三七冊、レンタカー三台、それに数えきれないほどの電池を使った。ソファの肘掛けは、取材メモをパソコンに打ち込むときにスニーカーを履いた足を載せていたせいで擦り減ってしまった。神経科学者、エンジニア、心理学者、遺伝学者、外科医、ボディーピアス師、超人主義者《トランスヒューマニスト》、未来主義者《フューチャリスト》、倫理学者、デザイナー、起業家、兵士、シェフ、バーの客、調香師に会った。証明すべき壮大な理論や、到達すべき明確な目標があったわけではない。この世界に暮らす人たちの話を聞き、その人たちを観察することだけを考えていた。しかしやがて、知覚科学という領域のロジックと姿がわかり始めた。具体的なテーマが次々に湧き上がり、いくつもの取材で同じテーマが何度も現れ、かつては互いに無関係と思われたアイディアがかみ合いだした。これが起きるのはたいてい、どこかの実験室で何かをかじったり、においをかいだり、妙なヘルメットのようなものをかぶって暗闇をうろついたりしているときだった。

私が学んだなかで飛び抜けて重要なことは、唯一の普遍的な「現実」の経験など存在しないし、私たちが集団として共有する世界を描く客観的なポートレートも存在しないということだ。あるのは「知覚」だけ、つまり自分にとってリアルだと感じられるものだけだ。心的印象、感覚、経験を指す「知覚表象《パーセプト》」という専門用語があるが、知覚表象は現実とイコールではない。鏡に映った像が現実でないのと同じことだ。知覚表象は対象そのものではなく、対象の映った像である。そして誰もが知るとおり、この像はゆがんでいる場合もある。

というのは、脳は頭蓋内に収められて電気化学的に作用するゼリー状の物体であり、外界と直接やりとりりする手段をほとんどもたない孤独な装置なのだ。脳と外界をつなぐのが感覚であり、感覚が伝える情報は常に伝聞となる。神経系の感覚的側面は、入力チャンネルととらえることができる。この経路にあるニューロンは「求心性」ニューロンと呼ばれ、脳に情報を伝える働きをする。神経系には「遠心性」ニューロンという出力チャンネルもあり、こちらは脊髄と脳で構成される中枢神経系から命令を運んでいく。この出力チャンネルは神経系の運動的側面として、反応や運動を制御する。

舌、鼻、眼、耳、皮膚といった感覚器の神経は、末梢神経系に属する。この系では、身体の表面かその近くに位置する受容器（感覚神経終末）が、化学物質や環境エネルギー（光や音波や音圧など）を感知する。すると翻訳プロセスが始動して、情報が脳に理解できる電気信号に変換され、神経によって伝達される。それからこの信号が脊髄と脳で収集され統合される。わかりやすく言うと、これらのとらえどころのないインパルスを人間に理解できる味やにおいや画像や音やテクスチャー（質感）に変える場が脳なのだ。頭蓋という暗い映画館で生《せい》の物語が上映されるとも言える。

この物語が必ずしも「真実」だというわけではない。脳は電気インパルスを読み取るだけで、その出どころにはまったく無関心なので、本当は実在しないものでも文句なくリアルに感じられる知覚経験が生じることもある。視覚を処理する後頭葉を電気的に刺激すると、光がフラッシュする幻影を生み出すことができる。腕や脚を切断された人は、失ったはずの部位のうずきを感じることがある。夢の中で豪華なケーキを味わっていて、目が覚めたら口の中は空っぽなのに咀嚼の動作をしていたということもある。

話はこれで終わりではない。各感覚は、想像を絶するほど大量でとうてい使いこなせないほどの情報を受け取る。情報の洪水におぼれるのを防いで筋の通った解釈を保つには、要約と編集が欠かせない。まもなく本書で触れるが、注意の割り振りや経験の分類について、脳の神経回路は本人の意識のおよばないところで任務遂行にかかわる決定を絶えず下している。そうせざるをえないのだ。たとえばこのページで文字の印刷された黒い部分と印刷されていない白地の境目を認識する作業には多数のニューロンが携わっているが、その一つひとつに許可を出していたら、本書を読み終えることなどとてもできない。聴覚と視覚を比べると、じつは聴覚のほうが速く働くのだが、それでも音と画像が常に同期するように、脳があとから情報を編集している。脳がこれをしなかったら、時間の流れがどうしようもなく支離滅裂なものに感じられるはずだ。雑多な音を整理して言葉に変えたり、光と影から物の形をとらえたり、味とにおいを認識可能なカテゴリーに分類したりする方法を脳が知らなかったなら、あらゆるものがわけのわからぬ混沌となるだろう。

外から入ってくる世界に対し、人は各自の装置で少しずつ他者と違ったフィルターをかけ、ときにはほかの人が見過ごすような点に気づくこともある。この事実こそ、唯一の現実というものが存在しない理由である。このような差異には、厳然たる遺伝によるものもある。知覚世界の限界が遺伝子によって定められていることに疑問の余地はない。フィラデルフィアにあるモネル化学感覚研究所にマイケル・トードフという研究者がいる。甘味、塩味、酸味、苦味、うま味という既知の五つの味を超えた第六の味探しを先導する人物として、第1章で本格的に登場してもらう。彼と昼食をともにしたとき、猫には甘味がわからないと聞かされて、私はびっくりした。「砂糖と水をそれぞれ別の器に入れて猫に与えたら、どちらも水のように扱われますよ」。人間や他の哺乳動物と同じく猫にも甘味の受容体をつくる遺伝子はあるが、その遺伝子が変異していて、機能する受容体がつくれないのだそうだ。進化の観点から考えればそれも当然だ、とトードフは言う。肉食動物が甘味を感知する必要などないのだ。アシカの味覚の世界はこれよりさらに狭いらしい。「ふつうアシカは食べ物をかまないで、そのまま飲み込んでしまいます。だから、味覚など要らないのです」

同じ種《しゅ》の中でもかなりの差異が見られる、とトードフは続けた。たとえば色覚異常については、白人男性のおよそ八%に赤と緑の視覚異常があり、さまざまな色調の認識や区別に困難をきたしている。別の例として、フェニルチオカルバミド(PTC)という化学物質の味を感知する能力に影響する苦味受容体の制御遺伝子について考えてみよう。およそ七割の人が、PTCに対してある程度の感受性をもたらす遺伝子のバリアントを少なくとも一つはもっている。しかし、残りの人はPTCの味がまったく感知できない。研究によれば、タバコや茶、それにキャベツやブロッコリのような渋味のある野菜(これらはみな類似した化合物を含んでいる)に対する反応の違いは、この遺伝的差異のせいかもしれないという。よって、ブロッコリというのはおいしい緑色の野菜だと思う人がいる一方で、苦くて非緑色の野菜だと思う人もいるかもしれない。トードフに言わせれば、「動物はそれぞれ独自の知覚世界を生きていて、私たち人間もやはり独自の知覚世界を生きているのです」

しかし、現実世界の絶えざるデータの嵐から情報を選り分けて、どれに注意を向けてどれを無視すべきか判断する脳の能力は、自然の産物であるだけでなく文化の産物でもある。注意の向け方を変化させることは可能で、それは現代のテクノロジーによってようやく実現できたというわけではない。人間は昔からその手のことをしてきた。この点については、本書で社会や文化の力による「ソフトなバイオハッキング」とテクノロジーによる「ハードなバイオハッキング」とのあいだを行き来するなかで明らかにしていく。「ソフトなバイオハッキング」という言い方で私が意味するのは、人が他者や環境に関する知覚情報のなかで重要なものに注意を向けることを無意識に学習する方法である。私たちはこの種のソフトなバイオハッキングの力を受動的に経験し、生涯にわたって吸収していく。たとえば言語、文化、人間を形成する日常的な経験などがここに含まれる。口に入れる食べ物、身のまわりの物事を表す名前、周囲の人がどのようにふるまって人の行動を強化するか、といった例が挙げられる。私たちはこれらから何が特別であるかを知り、自分の知覚経験をどう分類し命名し想起するかを学ぶ。過去の経験から、将来の知覚世界がどんなものになるか予測する。そうするなかで、過去の経験は私たちが注意を向ける際の指針となり、私たちは特定の刺激についてはよく考えるがそれ以外は無視するようになる。

第1章では、第六の味の探求で先頭を走る人たちについていくのだが、そこでソフトなバイオハッキングが作用している現場を目撃することになる。味覚研究者にとってとりわけ厄介な難題の一つが、ほかの五つとは異なる第六の味の知覚表象を表現しようとする際にぶつかる言葉の問題である。探し求めているものを表す言葉が存在せず、それゆえ心の中にその概念もない場合、どうやって新しい味を発見するのか。もっと端的に言えば、知覚表象を理解するのに言葉は必要なのだろうか。それとも逆に、言葉を生み出すには、心の中の概念のほうが先に必要なのだろうか。

言葉には、すでに確立された概念に注意を向けさせる働きがある。言葉が存在しなければ、新たな概念の認識が妨げられたり、少なくとも第六の味を独立したものとして切り出そうとする試みがいっそうややこしくなったりする。脂肪の味を感知できる人を探す世界最大の公開プロジェクトを率いる遺伝学者のニコル・ガルノーによれば、脂肪の味の命名に関しては、それを「脂肪の味」と呼ぶのは避けるべきとしか言えないそうだ。「そう呼んだら、どうしてもベーコンがイメージされてしまうでしょう?」と言って肩をすくめる。それから彼女の率いるアマチュア科学者のチームが私にさまざまなテストをやらせて、私が脂肪の味を感知できるか調べた(じつを言うと、純粋な脂肪の味はベーコンとはまったく違う)。

次に、マルセル・プルーストの『失われた時を求めて』によってにおいと記憶の結びつきを不滅なものとして確立した国、フランスへと本書の舞台は移る。ただし私たちが学ぶのは、においと忘却の結びつきだ。さまざまなにおいを識別する能力の喪失は、アルツハイマー病などの記憶障害で初期に現れる臨床症状である。「アトリエ・オルファクティフ」(においのワークショップ)を訪ねて、認知障害をきたした人の記憶想起や親しい人とのコミュニケーションを助ける手段としてにおいを利用している化粧品業界のボランティア団体とともに過ごす。ここでは文化によるソフトなバイオハッキングの作用を観察することができる。人がにおいに対して抱く思いというのは、育った場所によって異なる。なじみ深い食べ物、見慣れた日用品、身近な植物など、生活経験にかかわるすべてが、言葉とにおいの結びつきを方向づけるからだ。私がワークショップの主任調香師を務めるアリエノール・マスネから次々にサンプルを渡されたとき、フランスで育った彼女の抱く連想とは違い、自分の育ったカリフォルニアの文化に結びついた連想に何度もとらわれたのはそのせいだ。私にとって、ライラックは石鹸の香りであって花の香りではない。ラベンダーの香りをつけた紙片を渡されれば暖かい丘の斜面に心が飛び、そこからまたしても花の名ではなく、今度は「松の木」が心に浮かぶ（「ラベンダーはとてもフランス的なにおいですからね」と彼女は寛大にも言ってくれる）。それでも、彼女と私で共通するにおいの記憶もある。二人とも海のにおいはすぐにわかる。アルツハイマー病患者のコミュニケーションを助けるためににおいを利用する場合には、何のにおいか正しく識別することは重要でなく、においが呼び起こす記憶だけが大事である。

モントリオールとパロアルトとワシントンDCでは、ソフトなバイオハッキングが情動の領域でとりわけ効果を発揮するのを見る。私たちは自分の属する文化から、感情と関係する心身の状態を解釈する方法を学び、さらに他者の情動を読み取る方法を学ぶ。これはもっともなことだ、と臨床心理学者のアンドリュー・ライダーは言う。このとき私たちは、モントリオールにある彼の実験室で学生が実験するのを見守っていた。情動と社会関係に関する情報が無限に存在する世界では、文化的に最も重要な信号に、すなわち自分と周囲の人にとって最も意味のある信号に注意を向けるべきなのだ。「複雑であいまいな世界では、新たな情報がとめどなく吐き出されます。だからエネルギーを注ぐのは自分にとって大事そうな情報だけにしたほうがよいのです」とライダーは語った。

ロサンゼルスとサンフランシスコ・ベイエリアでは、ｆＭＲＩスキャナーの内部（専門家によって）とカクテルバーや居酒屋（私によって）でおこなわれた痛みの研究を通じて、私たちが内的状態を知覚する方法について驚くべき洞察を得る。私たちは往々にして体と心の痛みを別個のものととらえ、身体の傷と精神の傷という二項対立として考えがちだ。しかし恋愛や拒絶と関係する痛みについて研究している社会心理学者のナオミ・アイゼンバーガーは、それらがじつはどちらも脅威を処理する同じ脳領域で扱われる傷だと考えている。彼女の研究は言語を出発点としている。私たちが社会的な痛みと身体的な痛みをまったく別種の経験だと思っているにもかかわらず、それらを表すのに同じ言葉——「うずく」や「折れた」など、カントリーミュージックでおなじみの言葉——を使うという点に着目するのだ。

「情動的な痛みをめぐっては偏見が存在すると感じることがあります」と、あるときカリフォルニア大学ロサンゼルス校の研究室でアイゼンバーガーが言った。「身体的な痛みは完璧に理解可能です。たとえば脚を骨折したら、痛むのは当然ですね。ところが社会的な痛みについては、『乗り越えろ』とか『何ともない。気のせいだ』などと言われがちです。ですから、どちらの痛みにも同じ神経領域が応答すると聞けば、やはりそうかと腑に落ちる人もいるのではないでしょうか。つまり、身体的な痛みも社会的な痛みも、どちらについても真剣に受け止めるべきと言えるでしょう」。この考え方から、失恋の痛みを鎮痛薬のタイレノールで癒せるかとか、愛する人の手を握れば体の痛みがやわらぐかといった、思いがけない新たな問いが出てくる。私たちは長らく体の傷の痛みを緩和するのに氷嚢やアスピリンを使ってきた。しかしこれからは、暮らしの中できわめて不快だが誰にでも訪れる知覚経験である社会的な傷の痛みを治療する新しい方法が見つかるかもしれない。

テクノロジーによる「ハードなバイオハッキング」と私が呼んでいるものを扱う研究者も本書に登場する。ここでは人が知覚を変化させる目的で意図的に装着したり携帯したり、あるいは体に埋め込んだりする装置に注目する。この種の装置は、知覚経験を形づくるうえで社会的な力と比べてはるかに能動的である。頭の中で起きることをテクノロジーで操作するという話が未来的な提案のように感じられるなら、人類の生み出した初期の知覚形成装置を思い出してほしい。時計である。時間をテーマとする第6章で、時間の知覚は神経と社会と機械の力が混ざり合ったものであり、どうやら体の内と外の両方から生じているらしいということがわかる。ロンドンの博物館とコロラド州にある政府系研究所で、きわめて特殊な時計を管理する人たちに会う。その時計の一つは時間に関する私たちの知覚を標準化するために設計されたもので、もう一つはその知覚を変えるためにつくられている。

時計がかなり大きな屋外の建造物（日時計や時計塔を思い出してもらえばよい）から卓上や手首やポケットへと居場所を変えていったのと同様に、ほかの知覚認知にかかわる装置も人間に合ったサイズへと小型化し、ウェアラブル装置となったり、さらに進歩して体内への埋め込み装置となったりしている。テクノロジーは「まさに『ドクター・フー』に登場する鈍重な悪者のように、僕らに迫ってきている」と、あるときロブ・スペンスがトロントの自宅で語った。「僕らの体の中へと侵入しつつあるというわけだ」。スペンス——アイボーグという名前のほうがよく知られている——は、身をもってそれを知っている。右の眼窩にカメラを装着しているのだ。これについては第10章で、ウェアラブルコンピューターを使って人間と機械を融合することによって人間の知覚を増強しようとする拡張現実《オーグメンテッド・リアリティ》の探求者たちを訪ねる際に詳しく取り上げる。

知覚形成装置は人の生活に深く根づき始めている。その理由の一つはその種の装置が持続的に装着できるようになったからであり、また体との結びつきが強固になってきたからでもある。現在、このジャンルで市販されている装置の多くはウェアラブルで、手首のまわりや眼の前にちょっと装着するようにできている。しかし今のところ医学的必要性のある人に限られている新しい技術のなかには、体の中に埋め込むものもある。このタイプの次世代は、脳への埋め込みへ向かっている。また、知覚の最前線を探求する科学者たちも脳を目指している。本書の第1部のうち視覚、聴覚、触覚を扱う第3章、第4章、第5章では、現代の脳科学における非常に特別なストーリーをたどり、脳の電気的言語を解析しようと今まさに進められている研究を追う。これは、神経科学者が印刷というアナログな世界になぞらえて「書き込み」と「読み出し」と呼ぶ、対《つい》をなすプロセスの研究である。書き込みとは脳に情報を送り込むことであり、読み出しとは脳からの指示を解釈することだ。

私たちの感覚は、世界からデータを受け取って、それを脳に理解できる電気信号に変換するという書き込みを常におこなっている。光子が網膜の光受容体に当たると電気信号のリレーが始まり、脳はこの信号を画像として解釈する。化学物質が舌の受容体に結合すると、脳はその結合によって生じる電気的なメッセージを砂糖の味などとして認識する。第一世代の書き込み装置の多くは、医学的な問題を抱える人に感覚機能を回復させるためにつくられた。そこで本書では、機械で機能を強化したバイオニックアイをもつディーン・ロイドに登場してもらう。網膜色素変性症で失明して何年も経ってから、ロイドは人工網膜を移植された第一世代の一人となった。この装置が電気インパルスを網膜に書き込むと、脳はそれを視覚に対する信号《キュー》として解釈することができる。「これは人間の標準的な視覚とは違う」と、ロイドは臨床試験に参加した仲間を引き合いに出して説明する。それでも視覚は視覚であり、本書では世界がロイドにはどう映るのか見せてもらう。

読み出しは書き込みのあとにおこなわれるプロセスだ。つまり、脳の信号から知覚経験へと逆方向に翻訳することになる。たとえば、誰かに写真を見せられたり、録音された音声を聞かされたりした場合に、脳の活動パターンを逆向きにたどって、もとの刺激を再現することはできるのだろうか。読み出しは書き込みよりもさらに手ごわい。それに挑む研究者たちの実験室へ足を運ぶ前に、指摘しておきたいことが一つある。現在の段階まで研究が進展してきたのは、脳の言語を翻訳する能力の大幅な向上に加えて、関係するさまざまな分野の取り組みがあったからにほかならないのだ。知覚科学が誕生してまもないころには、研究は身体の末梢に限られていた。つまり体表面、感覚器官、およびそこに所属する神経終末だけを相手にしていた。たとえば味蕾や網膜細胞や皮膚を刺激して、生体の応答を調べた。これは主に心理学者と生理学者の領分であり、彼らは刺激と行動を関連づけて、神経系の連鎖においてあとのほうで起きていることを理解しようとした。「まあ、体の外側を調べるのは簡単ですね」と、昼食の席で心理学者のトードフは柔らかな口調で言った。しかし内側を調べるのははるかに難しい、と彼は続けた。「舌を調べるのは簡単です。その舌で起きていることすら解明できないなら、互いにつながった何十億個ものニューロンの中で起きていることなどわかりっこありません」

しかし世間で言われているのとは違って、脳は不可知な「ブラックボックス」ではない。ただとにかく複雑で、体と免疫系にしっかりと守られているのだ。生きている人の脳で実験するのは物理的にも倫理的にも難しいため、かなり最近まで脳に関する知見の多くは人間以外の動物の研究で得られたものだった。それでもこの二〇年ほどのあいだに、いくつかの重要な新技術が生化学や神経科学や遺伝学の知見の蓄積をもたらし、知覚研究に影響を与えた。ヒトゲノム計画はそれまで閉ざされていた遺伝子と受容体の世界を開き、DNAと感覚機能の関係を明らかにした。ｆＭＲＩ（機能的磁気共鳴画像法）をはじめとする神経イメージングにより、研究者は脳の電気的活動を細密に画像化し、刺激と応答の関係をさらに正確に突き止められるようになった。新世代の多電極脳埋め込み装置のおかげで、生きている脳の働きについても驚くほど正確に記録することが今や可能である。

この件について詳しく知るために、カリフォルニア大学バークレー校を訪れて、ｆＭＲＩを用いた刺激の再構成実験を見せてもらう。脳の活動を読み出して、もとの知覚経験を再現するという実験だ。ここでは、ｆＭＲＩスキャナーに入った被験者にポッドキャストの音声を聞かせ、研究チームは被験者の脳を盗み聞きしてその音声を解読しようとしている。よその研究室の研究者たちと並んで、彼らは頭の中で聞こえる内的発話と呼ばれる声を読み出すのに使える精度をもつヒト聴覚モデルの構築を目指している。意識の上で言語化された言葉が翻訳できるようになれば――これよりはるかに抽象的な思考についてはまだ無理だが――脳卒中や神経変性疾患で声による意思疎通ができなくなった患者の助けとなるかもしれない。

書き込みと読み出しを扱う三章の最後の舞台は、外科医のシェリー・レンがロボットアームを使って仕事をしている手術室だ。このロボットアームが第一歩となり、いずれは人の手に劣らず器用に動作できるだけでなく、繊細な触覚も経験できる義手へとつながるかもしれない。レンの遠隔手術を助けようとしている研究者たちは、この研究を応用して、麻痺患者が装着して自分の意思で制御できる人工器官を実現したいと考えている。外界から入ってくる感覚のフィードバック（物体の重さや衝突の強さ、体の温度など）を伝えるとともに、脳から出される命令に従うことのできる義肢の開発とは、脳の書き込みと読み出しを極限まで一体化させることだ。たとえるならば、リアルタイムでのリアルな触覚という幻想を壊さないように、生体と機械の完璧なシンクロが求められるバレエのようなものだ。そんな継ぎ目を感じさせないなめらかさが最終的な目標だ、とスタンフォード大学の神経機能代替分野の専門家、クリシュナ・シェノイは言う。本書では彼の研究室も訪れる。研究者たちは、こうしたシナプスの言語を流暢に操って「脳と会話できる」ようになることを目指している。

書き込みと読み出しにかかわる技術のほとんどはきわめて実験的で侵襲性が高いので、研究に重点を置く大学や病院がほとんどを担っている。しかし、手術を受けなくても知覚をハッキングすることはできる。本書の終盤では、研究のため、そして楽しみのために、装置を自作したり市販の装置を使ったりして感覚を変容させる人たちが登場する。

この第3部では、体からの距離が最も遠い装置からスタートし、距離が近いものへと進んでいく。まずは仮想現実《バーチャル・リアリティ》（VR）を取り上げる。これは完全に体の外にある技術で、ヘルメットやゴーグルだけでなく、サラウンドの音響や振動する床を備えてにおいまで送り込まれる専用のハイテクな部屋も使い、だまされた脳が行動を変化させるくらいリアルに感じられるシナリオをつくり出す。私たちは軍の基地を訪れてゴーグルを装着する。ここでは研究者たちが、兵士を戦場に配置する前に恐ろしい戦闘のシナリオを「事前体験」させると心的外傷後ストレス障害（PTSD）への耐性を高める助けとなるか調べる実験をしている。それからスタンフォード大学の実験室でヘルメットをかぶる。この実験室では、仮想現実を使って被験者を奇妙な体の中に送り込み、妙な課題をやらせている。宙を飛ばせたり、風船を割らせたり、体をごしごし洗わせたりしているのだ。これらの課題によって、社会や環境にかかわる習慣の改善が促進されるか調べることが目的だ（ただしやりすぎは禁物。というのは、仮想現実実験の背後にある知覚マジックの一部は、被験者にはトリックが繰り出されるところが見えないという点にあるからだ。ただ、仮想農場を訪れて以来、私はハンバーガーをいっさい食べなくなったと言っておこう）。

次に、拡張現実《オーグメンテッド・リアリティ》（AR）のウェアラブル装置の世界に進む。メガネや腕時計などの小型装置を体に（ただし内部ではなく表面に）つけて、知覚認知を増強するのだ。拡張現実の世界は、「人間が暗視能力やオートズームつきの眼をもたないのはなぜか？」「自然界に存在しえない風味を人間が感知することは可能か？」「姿の見えない相手にハグを送るにはどうしたらよいか？」といった突拍子もない疑問を抱くデザイナーであふれている。ここで私たちはアイボーグに出会い、ほかにも新世代の拡張現実装置を一般市場に送り出そうともくろむ多数の起業家たちに会う。体との距離が限りなくゼロに近い場所に装着する——コンタクトレンズを眼球に張り付けるのだ——拡張現実システムの「iオプティック」を生み出したエンジニアや、パーベイシブ（ユビキタス）コンピューティングを専門とする大学教授のエイドリアン・デイヴィッド・チェオクに会いに行く。チェオクの研究室では、指輪、スマートフォンアプリ、さらては人工の唇を使って、触覚、味覚、嗅覚の経験を遠隔地に伝える方法を研究している。チェオクにとって拡張現実が仮想現実と決定的に違う点は、ヘルメットに搭載されたコンピューター画面を眺めたり専用の部屋に閉じ込められたりする必要がなく、軽量の装置を身につけるだけなのでふつうに体を動かしたりほかの人と交わったりすることができ、「複合現実」の経験がもっと自然で心をとらえるものになるということだ。「仮想現実システムの中に人間を入れるのではなく、それとは逆のことをします。私たちが仮想の世界を体にまとうのです」とチェオクは説明する。

本書が幕を閉じる舞台は地下の一室だ。

それしかありえない。

地下室――そしてシリコンヴァレーではガレージ――というのは技術革新の生まれる場であり、人類が荒唐無稽な夢を形にし、何かを発見して手を加え、試作品をつくり上げる場だ。人間が進化を早送りできればと願い、自然が何万年もかけてランダムな突然変異によって新たな知覚経路を与えてくれるのを待たずにその時間を飛び越えたいと思う場でもある。そんなわけで、グラインドハウスのメンバーたちに再び登場してもらい、それ以外にも自分の体を改造して知覚を拡張しようとする人たちに話を聞く。彼らが目指すのは、人間が本来なら知覚できない環境情報を感知することだ。彼らの実験はたいてい磁石を体内に埋め込むことから始まるので、ここでいう環境情報とは主に電磁気となる。一方、ジャーナリストとして私が目指すのは、彼らが実験したときに起きることについて神経科学的な説明が可能かどうかを明らかにすることだ。

知覚のハッキングがもつ意味について、最後にもう少し言わせてほしい。社会的な力によるソフトなバイオハッキングが威力をもつのは、それが広く行き渡り、ひそかに作用し、コントロールするのが難しいからだ。私たちはふだん、そんなことが起きているのに気づきさえせず、言葉や社会的キュー〔顔の表情や身振りなど、他者との関係において行動の指針とすべき合図」の異なる場所へ旅行したときなどに文化の違いを目の当たりにして、ようやくその影響をちらりと感じるくらいだ。しかしどんなものに注意を向けるかという習慣は学習によって獲得されるものなので、学習によって変えることもできる。第六の味の探索につきまとう言葉の問題を思い出そう。その味がどんなものかを表す言葉や概念はまだ存在しない。しかし、二〇〇〇年代以前に小学生だった人は、味が五つではなく四つとされていた時代を覚えているのではないだろうか。第1章で、科学者が第五の味をどうやって発見し、私たちがその味を知覚する方法をどうやって学習したか紹介する。この話は、脳の適応能力について多くのことを語ってくれるはずだ。

テクノロジーを使った脳のハッキングには、社会的なハッキングよりもさらに大きな威力があるだろう。脳のハッキング自体はまったく新しいアイディアというわけではなく、たとえば向精神薬がある種の脳のハッキングを利用するとか、物語が人を空想の世界へ誘《いざな》う力をもつといった例を容易に思い浮かべることができる。しかし今までの脳のハッキングには持続性がなく、「現実世界」からの一時的な逃避であり、現実世界の代替を目指すものではなかった。スマートウォッチやスマートグラスのような、常時装着可能な装置を使って感覚系に直接働きかけることで知覚を変化させる試みが始まるなかで、私たちはもっと持続的に知覚を意のままにコントロールでき、平凡な自己を非凡な形で拡張することさえできるかもしれない時代に差しかかっている。

グラインドハウスのメンバーなど一部の人にとって、体にもとから備わる仕組みに加えて自ら選んだ知覚装置や発明品を体に装備するという展望は、人を束縛から解き放ち、進化を加速する方法になると考えられる。一方、のちほど登場する「ストップ・ザ・サイボーグズ」のメンバーのように、危惧を覚える人たちもいる。他者がつくってコントロールする装置と本来の知覚器官が絡み合うことによって、今までになく逃れがたい「現実」の幻想がつくり出され、その影響を把握するのが難しくなるからだ。彼らの言うとおり、テクノロジーは決してニュートラルではない。他者のデザインを通じて経験にフィルターをかける一つの方法なのだ。感覚と世界とのあいだに人工の紗幕を垂らすことで、これらのテクノロジーは人に強大な力を与えるかもしれないが、人の注意や経験に制約や影響を与えたり、行動を大きく変えたりすることもあるかもしれない。これらの装置は絶え間なく微妙な影響をもたらすので、当事者はそれに気づかないかもしれない。

しかしこれらの批評家たちとのちほど論じるとおり、行動に影響を与えるというのは人間的な働きである。私たちはすでに、言語や文化や社会的なやりとりを通じて他者の考えを互いに誘導しているではないか。今までと違うのは、知覚認知を機械と密接に結びつけられるようになったことだ。そして、それらの技術が広く受け入れられるようになったなら、他のユーザーたちからなる電子的ネットワークにも知覚認知を結びつけることにより、その影響を広範囲に行き渡らせ、場合によっては正体を明かさずに影響を広めることもできるという点である。考えようによっては、私たちは昔からバイオハッカーとして、ともに生きるというただそれだけの行為によって互いの現実を形づくってきたとも言える。今、技術を利用する者として、私たちは自らの現実を再び形づくることができるかもしれない。ただし今度は自分の意思で、いかにもそれらしい市販の装置を使って。

これはささいな選択ではないはずだ。私たちは種《しゅ》として自らの進化をもてあそぼうとしている。体の末梢から奥深くへ、知覚の宿る場へとテクノロジーを送り込もうとしている。脳の言語、すなわち電気化学的なざわめきを感覚や経験や感情――つまり存在そのもの――に変えるデータの流れを解釈する方法を学びつつある。この情報が理解できれば、それに手を加えることもできる。もう一度、印刷というアナログな世界からたとえを借りよう。物書きなら誰でも知っているとおり、読み書きができれば大きな力が手に入る。しかし、編集を支配することができればもっと大きな力が手に入るのだ。

第1部　五感

1　味覚

第六の味を探せ——脂肪の味

マイク・アーチャーが実験に使うものをカウンターにそっと置く。DNA採取キット、キッチンタイマー、水の入った瓶、クラッカー一袋、緑色のファイルフォルダー。ファイルフォルダーを開けると、中にはきちんとテープの貼られたビニール袋がいくつか入っている。それぞれに切手大のゲルシートが一枚ずつ入っている。ピンセットの先にふわふわのフォーム材でできたディスク型のパーツをつけた謎の器具もある。これは私が使う鼻栓だ。鼻孔をそっとふさぐ方法をアーチャーが身振りを交えて教えてくれる。味だけを感知してにおいはわからないようにするためだ。

「においテストをしてもらいます。鼻に空気が入っていかないか確かめるためです」と彼が言う。

私は鼻栓をつける。にわかに世界最悪の風邪を引いたような気分になる。

「完璧です」とアーチャーが言う。実験の準備完了だ。

雪の平日の午前、私たちはデンヴァー自然科学博物館にいる。遠足で訪れた子どもたちの群れが、あちこちで歓声を上げている。貸し出された白衣とゴーグルをつけて、私たちのいる部屋の隣にある生物学展示室になだれ込む。そこでは小麦の胚芽からDNAを抽出したり、朝食用シリアルに含まれる糖分を測ったりできる。私たちのいる実験スペースを隔離する巨大なガラスドアの向こうから、ときおり興味深げにこちらをのぞき込んでくる。

引退した元歯科医師のアーチャーは、ガラスドアのこちら側でおこなわれている「味覚遺伝学ラボ」の実験を運営する小規模なアマチュア科学者グループに、ボランティアで参加している。白衣を着ているが、それはもっぱら見た目の演出であり、子どもたちを喜ばせるためだそうだ。しかし、これから始まる実験は本物だ。成功すれば、知覚科学の最大の謎がいくらか解明されることになる。私が脂肪の味を感知できるか調べる実験が始まろうとしている。

ベーコンの味ではない。

クリームの味でもない。

ただの「脂肪」の味だ。正確に言えば、脂肪酸である。さらに細かく言えば、リノール酸だ。これはオメガ6多価不飽和脂肪酸の一種で、人間の脳や免疫系に不可欠な物質であることから、人間の体は食べ物にこれが含まれていれば感知できるのではないかと研究者は考えている。実験ノートを模して塗られた壁に、リノール酸分子の図が描かれている。その二本の腕は、はしごを右に傾けたような形をしている。私が、そしてこの実験に参加する一五〇〇人の来館者が、脂肪の味を感知できれば、基本的な味が五つだけではないということを証明するのに貢献できる。つまり、私たちがすでに熟知していると思っている感覚である味覚に、名前がなく探究もされていない次元がまだあるかどうかを明らかにするのに力を貸したことになるのだ。

カウンターにイーゼルが立てられ、そこに味わいの基本となる五つの主要な味が記されている。「塩味」「甘味」「酸味」「苦味」「うま味」の五つで、最後の「うま味」は「風味のよさ」と表現されることもある。この五つは味の構成要素と考えられている。色相環で赤や青をそれ以上分けることができないのと同様に、五つの味もそれ以上分類できない基本パーツだ。食物に含まれる化学物質は、細胞が球根のような形に集まった「味蕾」と呼ばれる器官に埋め込まれた受容体に結合する。ここから情報が味神経を通って脳に送られ、そこで最終的に解釈される。基本味が四つしかなかった時代が記憶にあるという人もいるかもしれない。うま味が正式に基本味に仲間入りしたのは二〇〇〇年だったが、日本ではすでに一〇〇年前からその概念が存在していた。一九〇八年にこれを発見した池田菊苗は、それがアミノ酸の一種であるグルタミン酸から生じる第五の味だと主張した。[1] 彼の主張が受け入れられたことで、食品研究の世界が一変した。味覚の宇宙はそれまで思われていたよりもどうやら広いらしいということがわかり、基本味の定義自体に疑念が投げかけられ、ほかにも基本味がないか調べる探求に弾みがついた。木星の軌道の向こうにも惑星があるのではないかと考えた一七世紀の天文学者たちと同じように、現代の科学者は既知の味覚の体系を広げる新たな候補を探している。

パデュー大学の栄養学者、リチャード・マッテスは、有力候補の一つとして脂肪を推す。[2]「脂肪酸は独特な感覚を生み出すと私たちは考えています」。つまりほかの五つとは違うというわけだ。

味覚研究者のあいだで基本味の必須条件を記した正式なリストがあるわけではないが、マッテスの考えた六つの目安は広く支持されている。[3] その一つが、「舌にその味刺激を感知する受容体が存在する」というものだ（脂肪酸受容体のＣＤ36とＧＰＲ１２０は味細胞だけに存在する。マッテスはこれら以外にも受容体が見つかるかもしれないと期待している）。また、味刺激の情報が脳に伝わる際には、触覚に関する情報（食べ物の場合は「舌触り」の情報）を伝える三叉神経ではなく味神経を通らなくてはならない。この条件は、とりわけ脂肪についてはややこしい。脂肪のもたらす刺激には明らかに舌触りの要素もあり、クリーミーで脂っこい食べ物がとても魅力的なのはそのせいなのだ。「これは大きな問題ですね――本当に味なのか、それともテクスチャーにすぎないのかということは」とマッテスは言う。「これを区別するのは、本当に『超』がつくくらいややこしい問題です。何かを味わうには、それを物理的に舌と接触させなければいけませんからね」

人間を被験者とする研究では、脂肪を液状で摂取させるという方法で味とテクスチャーを切り離そうとすることが多い。潤滑性を感じさせないように鉱物油を加え、粘稠性を隠すためにガムを加える。においを遮断するために鼻栓を使い、視覚や色調による影響を排除するために目隠しや赤色光を使うこともある。齧歯類《げっしるい》を使った実験で、味神経を切断すると脂肪酸への感受性が低下することが確かめられている。つまり、脂肪酸に関する情報は三叉神経だけでなく味神経も伝わっていくのだ、とマッテスは言う。

マッテスの目安に従えば、基本味は生物学的な目的も果たさなくてはいけない。たいていの味覚研究者は、基本味は大きく二つに分類できると考えている。魅力的か不快か、そのどちらかだ。人間は、炭水化物のエネルギーの所在を示す甘味と、タンパク質（正確に言えばアミノ酸）の存在を教えてくれるうま味に惹かれる。この点については、研究者の見解はおおむね一致している。一方、人間は苦味を避けようとする。苦味は往々にして毒の存在を示唆するからだ。必須電解質の存在を示す塩味や、ビタミンCのような酸の存在を伝える酸味については、研究者のあいだで見解が分かれるが、一部の研究者はこの点について、おそらく濃度と摂取量の問題だと考えている。私たちはこれらの物質を体が必要とすればその物質を含む食べ物を少し食べるが、含有濃度が極端に高い場合や摂りすぎた場合にはいやになる（人は塩味のものも酸味のものも食べるが、ほどほどに食べておいしいと思う場合もあれば、食べ過ぎていやになることもある、とマッテスは指摘する）。

基本味は生理的応答を促進する働きももつ。脂肪は通常、脂肪酸の結合したトリグリセリドとして存在する。一部の食品には遊離脂肪酸も含まれるが、感知できないほど含有濃度が低ければ、体はトリグリセリドから脂肪酸を切り出すリパーゼという唾液酵素をつくらなくてはならない。「マウスはリパーゼをたっぷりもっていますが、この酵素の活性を阻害すると脂肪が感知できず、脂肪を食べたがらなくなるということが非常にはっきりと示されています」とマッテスは言う。しかし人間については、トリグリセリドを分解するのに十分なリパーゼを産生し、脂肪を味わうのに十分な脂肪酸を生成しているのか、疑問がある。かつてマッテスは、ココナッツやアーモンドのような高脂肪の食品をかむとリパーゼの放出が促進され、彼の考えでは脂肪の味を感知するのに十分なリパーゼが生成されるということを示した。[4] つまり、生理的応答が生じているのかもしれない。脂肪をかむと酵素の産生量が増えるのだ（マッテスによれば、これに関連した仮説として、ココナッツのような硬い脂肪のほうがオリーブオイルのような軟らかい脂肪よりも大きな応答を引き出すという説がある。かむときの負荷が大きいほうが唾液の分泌量が多くなり、リパーゼの濃度が上がるというのだ）。

　しかし問題は、その味を実際に感知できる人はいるのか、そしてその感覚はすでに知られているほかの五つの味とは別のものなのかという点だ。そこでこの博物館の出番となる。多様な遺伝的バックグラウンドをもつ来館者が続々と訪れるうえに、多くは家族連れだ（遺伝学の研究者にとって、この点は確実に役立つ）。参加者は私と同じように頬の内側を巨大な綿棒でこすり、それを提出して検査にかける。そしてやはり私と同じように、テストとテストのあいだに口の中をすすぐために瓶から水を「くちゅくちゅして飲み込む」方法を教わり、ひどく口に合わない味に出会ってしまった場合にはクラッカーを食べるように指示される。それからいくつかの脂肪酸にトライする。

　アーチャーがファイルフォルダーを開けて、一枚目のシートを取り出す。ゼラチンを正方形にしたもので、色は玉ねぎの皮に似ているが、厚みはもうすこしあるかもしれない。シートタイプの口臭ケア剤を使ったことのある人なら、この方式を見たことがあるはずだ。ただしさわやかなミントの風味ではなく、それぞれに濃度の異なるリノール酸が含ませてある。

スケーリングテストと呼ばれるテストのやり方をアーチャーが説明してくれる。舌のなるべく奥にシートを一枚置いて、四五秒そのままにしておく。三枚使って練習したら、本番の四枚でさまざまな濃度のリノール酸を知覚できるか調べる。一枚ごとに、感じた強さを評価する。濃度はシートごとに異なり、なかには脂肪をまったく含んでいないプラセボも混ざっているかもしれない。「二重盲検でテストします。シートの正体があなたにはわからず、私にもわからないということです」とアーチャーは言って、ファイルを手で示す。

わかりました。鼻栓はつけますか？「つけてください」と返事が返ってくる。

練習の二回目までは簡単だ。一枚目は味がしない、とアーチャーが本当のことを教えてくれる。シートの感触に慣れることだけが目的だ。ゴムのような感触で、かみしめたいという衝動と闘いながら舌にそっと載せたままにしていると、聖餐式のときの記憶が鮮やかによみがえってくる。次のシートには、既知の五つの基本味からどれか一つが仕込まれている。私の任務はどの味か当てることだ（甘味だと思う）。三枚目はもっと難しい。リノール酸が含ませてあるのだが、感知すべき脂肪が確実に含まれているとわかってテストするのはこの一回しかない。この回の目的は、テストの本番で探すことになる味の手がかりを味蕾に教えておくことだ。この脂肪の研究に自分が貢献できるか、それとも役に立たないか、わかり始めるのもこのときだろう。

アーチャーがゲルのシートを差し出してタイマーをセットする。「目を閉じてください。自分の経験していることに意識を集中して。いいですか？」

初めのうちは、何も起こらない。一五秒ほど、ゼラチンの感触があるだけで、味はしない。それから押し寄せてくる……何かが。私は口をすぼめる。真っ先に浮かんだ言葉は「苦い」だ。

しかし苦味はすでに基本味の一つとなっているはずだ。考え直してみよう。

「酸」と脳が言う。
しかし酸というのは基本的に酸っぱいもので、酸味も基本味に入っている。
心がもがく。第六の味が存在するとして、五つの基本味を表す言葉を使わずにその味を表現するにはどうしたらよいのか。

ここで私はこの実験に隠された第二の目的に気づいた。実験に参加するのは、脂肪の味がわかるかどうか調べるためだけではない。脂肪の味とはどんなものかを言葉で表現できるか調べるという目的もあるのだ。第六の味の探求は、じつは単なる技術的な問題ではない。言葉の問題でもあるのだ。

言葉の問題とはつまり、言い表す言葉がなく、それゆえ確立された概念も存在しない場合、どうしたら知覚できるのかということだ。新しい基本味を認識するには、以前から口にしてきた食べ物の中に、他とはっきり異なる味を識別できるように自らを訓練する必要がある。味覚研究者はしばしばこの難題を新しい色の識別にたとえる。虹そのものが成長することはないが、その光を分類する新しい方法、特定の波長域を他から切り離された固有のものととらえる新たな方法は見つかるかもしれない。このような感覚の分類をめぐって生じる言語の問題には先例がある。すべての文化が光のスペクトルを同じように切り分けているわけではないということを研究者は指摘する。たとえば一部の言語には、緑と青を表す別々の言葉が存在しない。その言語を話す人にこの二つの色が見えないというわけではない。これらを区別する言語を使って育った人がそれぞれを別の色と認識するのに対し、別々の言葉を知らずに育った人は二つの色を同じ経験として受け止めるのだ。一九世紀にドイツの文献学者ラザルス・ガイガーは古代文献の研究により、初期の文化はどれもさまざまな色を表す言葉を同じような順番で生み出す傾向をもっていたことを突き止めた。黒と白がまず生まれて、それから赤、黄色、緑、そして最後が青だ。当時、彼はこれが解剖学的進化の結果ではないかと考えたが、現在では言語か概念の変化によるものと解釈することができる——どちらを選ぶかは議論でどの立場をとるかによるが。味についても同じことが起きているのかもしれない。脂肪は昔から味覚の虹に入っていたのだが、それを表す言葉がなかっただけなのではないだろうか。

「完全に言葉の問題です」と、博物館の保健分野担当学芸員のニコル・ガルノーがいかにも博識そうな顔でうなずく。「私たちの研究は、すぐにその問題で行き詰まってしまいました」。エネルギッシュな若手遺伝学者のガルノーは、青い眼を輝かせながら矢継ぎ早にしゃべる。博物館で働く前は、酵母とウイルスの研究をしていたそうだ。博物館は、来館者が自分の体について知り、進行中の科学研究に参加できるように、遺伝の概念を一人ひとりに合った形で教えたいと考えていた。チームが味覚に着目したのは、味覚関連の遺伝子は個人差が大きいからであり、第六の味の問題に狙いを定めたのは、苦味の知覚などすでにさんざん研究されているテーマのためにDNAを提供するよりも来館者の関心を引くと思われたからだ。

「いろいろな質問に答えてもらって、ハイリスクでもハイリターンの可能性を秘めた研究をやりたかったのです。一般の人はそういうものに関心をもちますから。最先端に立てたらうれしいですよね」

しかし、この研究を広報するプレスリリースを作成する段階で、博物館のスタッフは言葉の問題にぶつかった。この現象を何と呼ぶか。そこで出した答えは、少なくとも世間に伝えるという目的を果たすためには、「脂肪の味」だった。完璧に満足できるものではないにしても、正確なフレーズであることは間違いない。問題は、「脂肪の味」という表現が特定の心的イメージを喚起しない点だ、とガルノーは指摘する。脂肪とはどんな味であるべきかという知覚表象を私たちはもっていない。その味を表現する言葉もない。私たちが味を表現するのに使う説明的な言葉は最初の五つの基本味を表すもので、もどかしいくらいに限定的であるにもかかわらず、私たちはその語にとらわれがちである。「ブラックコーヒーを差し出されて『どんな味か、〝苦い〟という言葉を使わずに説明してください』と言われたら、ひどくてこずります。砂糖を渡されて『どんな味か、〝甘い〟という言葉を使わずに説明してください』と言われてもやはり困ります。現時点で私たちが直面している難題は、まさにこれなのです」とガルノーは言う。

この心的イメージの問題を迂回するために、博物館はクラウドソーシングを利用している。一五〇〇人の参加者に自分の反応から自由に連想してもらってその結果をまとめれば、ほかの人が脂肪の味を認識するときにも使える表現ができあがる可能性がある。「一人の科学者がいかにも科学的な名前を考え出しても、あまり使えないでしょう。科学者一人よりも、一五〇〇人の脳のほうがはるかに賢いのです。共感できて、みんなが納得して『これこそ第六の味で、自分はその意味が理解できる』と言えるような、シンプルな表現を私たちは見つけようとしています」

アーチャーがキッチンタイマーのスイッチを押す。共感できる言葉を考える時間だ。おいしさの評価はしないようにと念を押される。「おいしいとかまずいとか口が曲がりそうとか、知りたいのはそういうことではないのです。それは何の役にも立ちませんから」

そこで私は、思いついたなかで基本味とは違う唯一の単語を答える。「ニス」

アーチャーはうなずき、紙を差し出してくる。私は「洗剤」と書く。「溶剤」「あまり刺激はない」「パインソル〔住宅用万能洗剤〕などとは違う」「もっと濃厚」「もっと不快」

ここで鼻栓を外してよいと言われる。ほとんどの人が「味」と呼ぶ経験は、正確には「風味」と呼ばれるもので、口と鼻の共同作業で生み出される。食べ物を食べるとき、においの分子が口から鼻腔に入り、脳がそれをまとめて処理する（専門用語で「後鼻腔性嗅覚」という）。風味の知覚はにおいによって著しく変わることがあるので、博物館ではこの点についてもテストしたいと考えている。「すっかり消えてしまわないうちに、鼻栓を外しましょう。このにおい、何に似ていると思いますか？」とアーチャーが質問してくる。

においはすでに消えかけている。夢から覚めたときのように、あっというまに遠ざかっていく。「ほんの少しですが、靴磨き剤みたいなにおいがします」と、私はなんとか答える。

今度はスケーリングテストだ。今練習したのと同じ味がするか判定し、スケール上に印をつけてその強さを評価する。これから口に入れる四枚のゲルシートには、それぞれ異なる濃度でリノール酸が含ませてある。ストップウォッチを握るアーチャーの前で、一枚ずつ舌に載せていく。

一枚目は味が薄い。木工用ニスのような味がかすかにするだけだ。一〇点満点のスケールで一点をつける。

二枚目は格段に強烈だ。今度は七点。やはりニスに似た不快な味がするが、アーチャーに言われて鼻栓を外すと、不快さが一段と増す。「何か古びたようなにおいがします」と私は言う。「よどんだ空気とか、スーツケースの革とか古いトランクみたいな」

もう一つ気づいたことがある。唾液が出ているようだ。もしそうだとしたら、そろそろランチタイムだし、このゲルシートは私が今日口に入れた食べ物らしき最初のものだからだろうか。それとも、脂肪を味わいに来る前に脂肪の味について大量の文献を読んだライターの自己暗示なのだろうか。マッテスの実験でココナッツをかんだ被験者が唾液を出したと聞いたから、私も同じ反応をしているのか。それとも、脂肪を分解する唾液酵素を分泌するマウスと同じ反応を示しているだけなのか。

一つだけ確かなことがある。何が起きているにせよ、楽しくはないということだ。三枚目を舌に載せたとき、緊急事態用のクラッカーにかじりつく最初の人になりかける。さっきよりも味が刺激的なだけでなく、口の中の酸っぱさが胃まで到達し、「コーヒーの飲みすぎ」で起きるようなむかつきが始まろうとしている。四五秒という時間をこれほど長く感じたことはない。ようやく時間が来て、アーチャーがタイマーを止める。文句なく九点だ。

「うっ、げっ」と言うのは心の中だけに抑えて、もっと科学的に説明の役に立つ言葉を考えようとする。

プラスチック？　ポリ塩化ビニル管？　靴？　比喩に頼るしかない。私の知っている形容詞はどれもあてはまらない。

次が最後だ。私はクラッカーから目を離さない。しかし今度のはプラセボだとはっきりわかった。何の味も感じられない。これで味覚科学に貢献する仕事が正式に終わった。ほかの一四九九人の参加者による結果については、二〇一六年まで待たなくてはならない。

ちなみに、ほとんどの人は私と大差ない。マッテス自身は脂肪の味を言い表せるのかと訊くと、じつは自分もできないと言う。「いえいえ、できません。無理です。まったく！　息が止まります。じつにおぞましい。吐き気を覚えます。腐った油みたいです。まさに腐った料理油を口に入れたような感じがしますね」。たいていの人は、まずは基本味でおなじみの「苦い」という言葉を使う。「しかし、『苦い』というのはじつは違うと思います。苦いという言葉は、ひどい味だということを言い表すのに使われているだけですね」

あれほど舌触りの心地よい脂肪が、不快な味をもつ。マッテスの考えでは、それにはちゃんと理由がある。「脂肪の摂取は人間にとって不可欠なので、ほかの栄養素と同じく、私たちを誘導して食べる気にさせる要素をもっているのは理にかないます」。ところが食品が腐敗すると遊離脂肪酸が発生する。病気を引き起こす食べ物を食べるのは、食べ物本来の役割からすると逆効果なので、「脂肪の味の役割は、苦味の刺激が果たす役割に近いと私たちは考えています。これは嫌悪感をかき立てる刺激です。『これを食べるとおそらく体に悪い』というメッセージを発しているのです。そうすれば避けるだろうから」

誰もがリノール酸に強い不快感を覚えるわけではなく、必ずしも激しい反応を示すわけでもない。アーチャーはリノール酸を、キノコや土のようなかびくさい味がすると表現する。私たちの背後でこの先の実験参加者のためにファイルフォルダーの準備をしている実験技師のリータ・キーンは、腐った古い油の味だと言う。「車のフロアにファストフードの袋を置きっぱなしにしたときみたいと言ったらわかりますか？」。ガルノーは味とにおいの印象をきちんと区別しているそうだ。彼女に言わせれば、リノール酸の味は「強烈に刺激的です。カラマタオリーブの刺激のように。塩気はありませんが」だそうで、においのほうは「古いポップコーンの包装紙」だと言う。

実験開始からの半年間で、脂肪の味を表すものとして挙げられた言葉は「苦い」「バターのよう」「何も感じない」が最も多かった。においの上位四つは、「何も感じない／何だかわからない」「紙」「段ボール」「プラスチック」だった。しかしきわめてユニークな表現をする人もいて、においについては、腐ったアイシング、海水、タンポポ、グミキャンディーなどが挙げられた。味については、海藻、松の実、切手帳、レンガという回答があった。二〇一五年四月、研究チームは七三三人目までのデータを使った中間結果を発表した。[5] それまでに、人は実際に脂肪の味を感知できるということが確認できていた。この初期のグループに入った人たちは、シートに含まれるリノール酸が多ければ味の強度をきちんと高く判定していた。おもしろいことに、女性のほうが男性より敏感で、子どものほうが大人よりも敏感だった。

このような感じ方の差は、おそらく遺伝と関係がある。ＣＤ36遺伝子というやたらと巨大な遺伝子があって、これは八万四〇九〇個の塩基対で構成される（苦味の知覚には多数の遺伝子が関係するが、その一つであるＴＡＳ２Ｒ38遺伝子には塩基対が一〇〇二個しかない）。塩基対が多ければ、小さな変異が生じるチャンスもたくさんあることになり、遺伝子発現に影響する可能性がある。受容体の機能やさらには摂食行動にも、もっと大きな差が生じることもありうる。マッテスの研究室が検討した説のなかに、脂肪に対する感受性が体重と相関するかというのがあった。脂肪への感受性が高い人は脂肪を避けるのが容易なので、食事からの脂肪摂取量が少なくなるのではないかというのだ。「この説が正しいかはわかりませんが、おもしろいと思います」とマッテスは言う。

この説を受けて博物館では、参加者の食習慣や体格に関する情報も集めている。味覚実験のあいだに、アーチャーは私にいろいろな課題をさせた。サラダドレッシングやピーナッツバター、卵などの高脂肪食品を摂る頻度を答えさせたり、身長、体重、体脂肪量、体脂肪率を測定したりした（二〇一五年前半のデータによる中間結果では、体脂肪と味の強度の評価とのあいだに相関は見られなかった）。

　未知の要因がもう一つある。知覚について、特に未経験の刺激については、人はきわめて暗示にかかりやすい。ガルノーはかつて酵母の研究をしていた関係で、本業とは別にビールやワインの醸造業者とも仕事をしている。ビールやワインの世界では、味を表す言葉に対して強いこだわりが存在する。ワインにはものすごく豊かで複雑な言葉があるが、その言葉は誇張や思い込みの激しさでも知られている。特に素人が試みたときにはそうなりやすい。ガルノーは、自分がワインのテイスティングに臨んだときの話を披露してくれる。同席した夫がふざけて、そのときに飲んでいたヴィンテージワインは「火薬」のような味わいがすると言いだした。すると同じテーブルにいたほかの人たちも火薬の味が感じられると言って、彼女を驚かせた。予備知識がないと、「火薬」といった突拍子もない言葉を聞かされても、「それに飛びついてしまいます。脳が『確かに！　ほかに言いようがないから、そうに違いない！』と思ってしまうのです」とガルノーは言って、しばし間を置いてから、「私たちは自分が知っているものを利用するのです」と続ける。それがたとえばワインの風味を表現するときに起きるのだ。存在するかまだわからない第六の味について、彼女はこう言う。「今、私たちは表現する言葉をいっさいもたないテーマについて話しています。だからややこしいのです。脳は問題があれば解消したがります。脳は自分が味わっているものが何だかわからないという謎を解決したくてたまらない。でも、言葉がない。そこで誰かが何か言うと、『そう、それだ！』と飛びついてしまうのです」

表現できない味を感知できるか？——カルシウムの味

ゲイリー・ビーチャムとマイケル・トードフは、この言葉の問題を説明する方法について、これ以上ありえないほど見解を異にしている。見解が一致するのは、問題が存在するという点だけだ。ビーチャムは、味覚と嗅覚の研究をおこなうフィラデルフィアの独立研究機関、モネル化学感覚研究所の代表を務めている。この研究所は、『チャーリーとチョコレート工場』に登場するウォンカ・チョコレート工場を感覚研究に移したようなものだ。来る日も来る日も、謎めいた味覚テストの被験者が綿棒で口の中をこすり、唾液を吐き出す一方で、マウスがパステルカラーで色分けされた粒状の餌をむさぼっている。トードフはこの研究所の主力研究者の一人で、第六の味の候補として目をつけたカルシウムを相手にしている。この二人の科学者は、ほんの数フロアしか離れていない場所にそれぞれの研究室を構え、第六の味をめぐる問題で対極に立っている。数フロアを隔てて交わされる議論は、おおむね言葉の問題に帰着する。知覚が言葉を誘導するのか、それとも言葉が知覚を誘導するのか、という問題だ。

その答えはおそらく、どこに目を向けるかによって決まる。そしてどこに目を向けるかは、出身分野と大きく関係している。二一世紀を迎えたころから、かつてはもっぱら心理学に属していた味覚研究が、しだいに生化学へと移行してきた。脳が外界をどう分析するかという観点から、舌の受容体を同定するために舌を調べる方向へと重点が移っている。ビーチャムのバックグラウンドは比較生物学と行動生物学であり、トードフは心理学出身だ。どちらも生化学者ではなく、二人ともこの方向性の変化をまさに革命だと評する。「この変化の大きさは言葉で言い表せません。信じがたいくらいです」とトードフは言う。

初期の味覚研究では、主に行動に着目した。その多くはマウスや人間の食性の観察から得られた結果だった。被験者の摂食量の変化や吐き出しの有無といった、食物に関係する行動を列挙することによって、脳内で起きていることについて結論を引き出すことができた。食欲、回避行動、摂食パターン、嗜好——

これらすべてが体内の回路からの要求を知る手がかりとなった。ただし、これらが必ずしもその回路の設計を明らかにしてくれるわけではなかった。

科学者は長らく、体が欲するもの（カロリー！）と舌で感知する特定の化学物質（糖！）と脳の知覚（甘味！）との生化学的な関係を突き止めようとしてきた。ビーチャムによると、この研究所は一九七〇年代に初期の目標の一つとして甘味の受容体の同定を挙げたが、当時のツールでは実現できなかった。やがて二一世紀が近づいたころ、遺伝子工学がブームを迎えた。ヒトゲノム計画がヒトDNAの解読を完了し、味覚受容体をつくり出す可能性のある塩基配列を調べる容易な手段がもたらされた。ポリメラーゼ連鎖反応（PCR）法の改良によって、それらの塩基配列がごく短時間で解析でき、遺伝子の差異が味の感知能力に影響するタンパク質の差異につながるのか調べられるようになった。調べたい遺伝子を抑制したり発現させたり置換したりした実験用の遺伝子導入《トランスジェニック》動物の入手が容易になったおかげで、遺伝子と受容体と味覚能力との関係が以前よりも迅速かつ簡単に調べられるようになった。

成果が続々と得られだした。一九九九年、哺乳類において味の知覚と関係していると思われる新しいタイプのGタンパク質共役受容体の特性が解明された。二〇〇〇年には、苦味受容体のグループが初めて報告された。数千種類の化合物を人間が感知するのを助ける苦味受容体が少なくとも二五種類はあるだろうと、現時点で研究者たちは考えている。二〇〇一年になると、モネル化学感覚研究所のグループを含む複数のグループが甘味受容体を同定した。二〇〇〇年と二〇〇二年には、うま味の受容体、正確にはグルタミン酸の受容体が発見された。日本の科学者たちは、うま味を基本味の一つとして認めることをかなり前から世界の科学者たちに求めていた。しかしこの「うま味」という言葉は、日本では熟知されているが、よその国では何の意味ももたなかった。欧米の科学者にとって、風味のよさというのは漠然とした概念だと感じられた。それでもうま味に対応する受容体が舌に存在することが発見され、ついにうま味が実在するものとして認められるに至った。この分野にとって、これは象徴的な瞬間であり、研究の焦点が脳から舌へと切り替わったことを示す証《あかし》だった。この移行によって、研究で重点を置かれる場所が味覚プロセスの反対側の端へと移った。知覚と同定によって何の味か「わかったぞ！」とひらめく瞬間に注目するのではなく、分子が体と出会う瞬間、すなわち化学物質が受容体と結合する瞬間に目を向けるようになったのだ。

うま味が基本味に加わってから、こんな問いが出されるようになった。基本味が五つあるのなら、六つあったっていいのではないか？　においには無数の種類があるのだから、味にも何千もの種類があるのではないか？　何と言っても、においは味と同じく化学的感覚だ。しかし、においを表現するのに基本味に相当するような用語を使うわけではないし、鼻には数百種類の嗅覚受容体があるが、正確には何種類あるのかわかっていない。

うま味が基本味として認められたことによって、基本味の有用性に疑念を示してきた人たちの主張が確固たる支持を得た。一九九六年に、当時コーネル大学にいた心理学者のジャニーン・デルウィッチが、基本味に対する攻撃としてとりわけ有名な『「基本」味は存在するのか』という単刀直入なタイトルの論文を専門誌に発表していた。当時四つだった基本味に対して、彼女はその定義が不適切で限定的だと主張した。研究の被験者に知覚した味を既存の四つのカテゴリーに分類させたところ、「自己成就的な予言」がなされ、基準外の答えの出る可能性が排除されたという。デルウィッチは基本味に代わる別の方式を提案することはできなかったが、「欠陥のある分類法に頼ることなく、味覚の多様性を受け入れるほうが賢明である」と記した。(6)

現在、最終的な数が「数千」よりは「五つに近い」ものとなりそうだという見方でほとんどの研究者は一致している。しかしトードフは、どこで線引きすればよいのかと問う。苦味受容体が二十数種類あって、それぞれ異なる化合物を感知するということを覚えているだろうか。「受容体が存在するものはすべてじつは基本味だとする分子生物学的なアプローチに従えば、苦味が二十数種類あるということになるのでしょうか。それぞれ別個の基本味なのでしょうか」

基本味の問題に対してどんな立場をとるかは「ほぼ哲学的」な問題だとビーチャムは言う。そしてその立場は、味を感知するプロセスのどの部分が最も重要と考えるかによって異なるに違いない。ビーチャムの個人的な見解としては、基本味は舌に受容体があるかどうかとは関係がない。彼にとって重要なのは、頭の中で起きることである。「基本味の問題は、心理的な現象なのです。知覚的な現象であって、機構的な現象ではありません」。基本味に不可欠なのは知覚表象だと彼は主張する。すなわち、心的イメージ、刺激と結びついて容易に認識できる感覚である。そうした知覚表象は固有のもの、つまり他との違いが明確に認識できるものであり、小さなパーツが組み立てられているのではなく、それ自体が一つの完全体でなくてはならない。二つのものを混ぜ合わせて甘味を生じさせることはできない、とビーチャムは指摘する。甘味はそれ自体で独立したものなのだ。

ビーチャムによれば、基本味の範囲は限られているという見方は言葉によって裏づけられる。「『甘味、塩味、酸味、苦味というのは異なる要素が集まったものではなく、それ自体で完結した完全体として一般に知覚され、それぞれが互いに異なるものとして知覚される』という見方を裏づける心理物理学的な証拠や言語学的な証拠はたくさんあると思います。人が味を表すのに使う言葉を人類学的な観点から調べると、甘味は普遍的だと思います。苦味やまずさというのも普遍的で、塩味もかなり一般的です」。多くの文化がこれらの概念を表す言葉をもつのは、それらの味が必要不可欠なものだからである。誰もが知覚するものなので、どの文化でもそれを表す言葉が生まれたのだ。

しかし体に必要なのは糖分と塩分だけではない、とビーチャムは言う。脂肪酸や、カルシウムなどのミネラルも必要だ。だから、それらを感知する助けとなる受容体が私たちに備わっているかもしれないというのは理にかなっている。ビーチャムが言うには、感知のプロセスは意識的な思考よりも低い生理的レベルでおこなわれるのかもしれない。舌に受容体があるからといって、必ずしもそれに対応する固有の知覚表象が心に存在するわけではない。「だからマイクはカルシウムが大事だと主張するのでしょうし、確かに大事ではあります。しかし私としては、心理学的な観点から、カルシウムを基本味とする知覚表象は存在しないと言いたいです」。彼の考えでは、脂肪についても同じことが言える。私たちが脂肪を舌触りとして知覚するという証拠はあるが、脂肪が味覚と関係するかどうかはビーチャムには不明で、仮に関係しているとしても、甘味や苦味のようなもっとわかりやすいカテゴリーに匹敵するレベルかどうかも定かでない。つまりカルシウムや脂肪については、味としてとらえる意識的で固有の知覚表象が存在しないので、私たちはそれを表現する言葉を生み出さなかったのだ、と彼は主張する。知覚しないなら、文化はそれを表す言葉をつくらないというわけだ。

しかしトードフは、この説明の逆が真である可能性を考えている。表現する言葉がなければ知覚できないということだ。もっと正確に言えば、意識的には知覚しないということである。「脳では同じ感覚信号を受け取っても、解釈することができないのです」

この数年間、トードフは私たちが学習によってカルシウムの味を知覚できるようになると主張してきた。彼はイギリス出身で、きちんと整えたあごひげと皮肉なユーモア感覚の持ち主だ。モネル研究所の迷宮の一角から別の場所へ移動するときには、飛び跳ねるようにして廊下を進んでいく。マッテスが脂肪について主張しているのと同様に、トードフはカルシウムが生存に不可欠だと主張する。カルシウムは、骨をつくるため、そして細胞間の化学的伝達のために必要だ。今までのところ、舌にはカルシウムに応答する受容体が二種類あることがわかっている。一つはT１R３受容体で、これは甘味とうま味の感知にも関与する。[7] もう一つはCaSR受容体で、この名前はカルシウム感知受容体（calcium-sensing receptor）を意味する略語である。

（一つの受容体が複数の基本味の感知に関与できるというのは理解しにくいかもしれない。正確には、T1R3受容体は甘味やうま味の受容体を構成する半分のパーツにすぎない。二量体化というプロセスによって別の受容体と結合し、さまざまな分子に適合する形状となることができるのだ。パーツの組み合わせを変えることでさまざまな鍵に適合できる鍵穴のようなものと考えればよい。T1R3受容体は、T1R2受容体と結合すれば甘味の受容体となり、T1R1受容体と結合すればうま味の受容体となる。T1R3受容体が別の受容体――CaSRかもしれない――と結合して別の鍵穴を形成することでカルシウムが感知できるとトードフは主張している。）

トードフの研究室は、齧歯類がカルシウム含有量の高い野菜と低い野菜を識別できることを明らかにした。体内のカルシウムが欠乏しているときには高カルシウムの野菜を食べ、カルシウムが足りているときには低カルシウムの野菜を食べるのだ。これはホメオスタシス（恒常性維持）の原理であり、「体の知恵」と呼ばれることもある。「基本的に、体は何かが必要になると、それを探しに行って見つけるものなのです」とトードフは言う。

しかし人間については、トードフは言葉の問題に何度もぶつかってきた。とにかくカルシウムの味を表現しなくてはということでひねり出した「カルシウミー」という言葉がニュース記事で取り上げられたことに困惑している。それでも、これよりましな言葉にはまだたどり着いていない。「ミルキー」や「チョーキー（チョークのような）」では一部分しか伝わらない。ミネラルウォーターにたとえるのは、当たらずとも遠からずかもしれない。とりあえず今のところは「カルシウミー」でかまわない、と彼はため息交じりに言い、「もう考えるのもやめてしまいました」とそっけない。

デンヴァーの博物館が市民の力を借りて味を描写する言葉を集める取り組みをしているのとは違って、トードフの研究室では識別に焦点を当てている。カルシウムの存在を認識したり、その濃度を識別したりすることが学習によって可能になるのなら、カルシウムが無意識的な生理的反応を引き起こすだけで、その存在が知覚レベルで認識されることはないという説に異議が申し立てられる。認識するということは、ある程度の意識の存在を示唆するからだ。「しかしこれはカルシウムにまつわる味覚現象全体において氷山のほんの一角かもしれません。だから私たちにはまだ何とも言えないのです」とトードフは理にかなったことを言う。

被験者に二四種類の野菜をかませると、確実にカルシウム含有量の順位づけができる（ただし、どんな味か表現させようとすると、もっぱら苦味としか言わない）ことをトードフは発見した。「簡単ではありませんが、訓練すればカルシウムの味がわかるようになります」と彼は言う。彼はある研究で、被験者にさまざまな溶液の濃度を評価させた。それから一部の被験者にはラクチゾールを加えた液を与えた[8]。これはT1R3受容体の機能を妨げる化学物質で、おおまかに言うと受容体をこじ開けて分子との結合ができない状態にする。ラクチゾールを飲んだ被験者は、カルシウムの味が薄くなったと報告した。おそらく、受容体がこじ開けられたせいで、カルシウム味覚能力が妨げられたのだろう。「この結果は、T1R3受容体がカルシウムの味に関与していることを示すきわめて重要な証拠となりました」とトードフは言う。

私が訪れたときには、トードフの研究室ではカルシウムの味を感知させる訓練はしていなかった。しかし私に教えることはできると考えた彼は、私を実験室に連れていく。そこでは彼の助手がプラスチックカップをマフィンの焼き型に並べて、それぞれに透明な液体を入れていた。「カルシウムの味をお試しください！」とトードフが楽しげに言う。

一つ目のカップには、三〇ミリモルの塩化カルシウム溶液が入っている（飲みやすいように、水溶性のカルシウム塩を使う)。「スキムミルクと同じくらいのカルシウム濃度です」とトードフは言い、さらに続けて、ミルクの中ではカルシウムはタンパク質と結合しているのでじつは味がしないと言う。「では、お好きなだけどうぞ」

私はペリエみたいなものを期待する。しかし実際には、それよりずっととらえがたい。「確かに何かの味はするのですが、何と言えばいいのか」

「その通り!」とトードフが力を込めて言う。

「ミルクっぽい何かは感じるのですが」と私は口にしてから、その理由に気づいて気まずくなる。「さっき『ミルク』って聞いたからですね」

「人はものすごく暗示にかかりやすいのです。仮に私が『牛肉の味がしますよ』と言っていたら、あなたは牛肉の味がすると言ったはずです」

一〇〇ミリモルの液に進む。ミネラルウォーターの一〇〇倍ほどの「特濃」だ。「私たちが飲んだり食べたりするもので、カルシウムをこれほど高濃度で含むものはありません」とトードフに言われて、私は一口飲む。まるで金属部品でもなめたようだ。「口の中の何もかもが身もだえています」と、なんとか報告する。「舌がよじれそうです。でも、この味は何にも似ていません。たとえがなかなか出てきません」

また別のカップを試す。今度はそんなに濃くない乳酸カルシウムの液だ。これもカルシウム塩である。水道水みたいな味がしますと言って、私は肩をすくめる。不純物の混ざった水道水ですね、とトードフが口をはさむ。今度は私が、ちょっとチョークみたいな後味がしますと言う。言ったとたん、チョークの味を感じたのは、先ほどトードフがカルシウムの味を表す言葉として挙げていたせいではないかという気がしてくる。

最後は超高濃度の乳酸カルシウムだ。脂肪のテストのときと同じく、強烈な不快感の波が押し寄せてきて、胃の中が酸っぱく感じられる。どんな味か説明することはできないが、とにかくそれが過剰に存在するということはわかる。マッテスと同じように、トードフも過剰なカルシウムが不快感をかき立てることには理由があると考えている。カルシウムは必要だが、摂りすぎると細胞にとって命取りになるのだ。私たちは全身のカルシウム量が低下するとカルシウムを欲するが、適量を超えるとすぐさま不快感を覚える、というのがトードフの考えである。

トードフによれば、私が飲んだ液はどれもきわめて高濃度だったそうだ。彼の実験の参加者たちは、私が試したよりもずっと細かい濃度差が識別できるらしい。それでも今やった味覚テストは、彼の取り組む最大の問題をわかりやすく示してくれた。カルシウムの濃度差は容易に感知できるのに、その味を単純な言葉で言い表すのは困難を極めるということだ。苦味と酸味のあいだであることは確かだが、カルシウムの味というのが独立した一つの味なのか、それとも両方を合わせたものなのか、どうしたらわかるのか。私のボキャブラリーには、この味を表せる言葉が一つもない。

コク味とうま味、欧米人にとっての難しさ

うま味以来、新たな味として名乗りを上げたものが少なくとも五つくらいはあった。いくつかの研究室は、水がそれではないか確かめようとした。カリフォルニア大学サンディエゴ校の科学者たちは、動物が二酸化炭素の味を感知でき、この味覚能力が炭酸の泡に対する触覚応答とは別個のものだと主張している。[9] ニューヨーク市立大学ブルックリン校の心理学者アンソニー・スクラファニは、齧歯類は三種類の炭水化物の味が区別できることを示す研究を発表した。[10] 甘味（ふつうの砂糖の味）、大きなデンプン分子、そしてデンプンが分解されて生じる小さなマルトデキストリン分子を区別できるというのだ。

第六や第七、あるいは第八の基本味を探るこの研究分野には、冥王星のようなものが存在する。冥王星

とは、惑星の条件にあてはまるかどうかをめぐって議論を巻き起こしてきた、あの謎めいた天体だ。味の研究における冥王星はコク味と呼ばれるもので、うま味と同じくその名前は日本語に由来する。ただし同じ概念はほかのアジア料理にも存在する。先駆的な研究の多くをしてきた日本の食品会社、味の素は、すでにうま味研究とそれに関連した製品の製造で知られており、その一つが化学調味料のグルタミン酸ナトリウム（ＭＳＧ）だ。コク味をややおおざっぱに英訳すれば「yumminess」（おいしさ）とか「mouthfulness」（口中での広がり）となる。コク味とは、ほかの基本味を増強するがそれ自体は味をもたない性質だと言われることが多い。その擁護者（味の素を含む）の多くは、これを第六の味と呼ぶところまでは至らず、もっとおおまかに「効果」「現象」「感覚」と呼んでいる。

「日本では、コク味は食べ物の味の豊かさ、広がり、濃厚さ、持続性、複雑さを表現する言葉として昔から使われてきた」。一般人に広く使われる言葉ではなく「特別な料理用語だったのである」と、味の素で広報を担当する吉田真太郎が書いている。彼は獣医生理学者として同社の科学研究について公の場で語る立場にある。彼の記述によると、味の素は一九九〇年にコク味という言葉を採用した。ニンニクに含まれる呈味成分について調べていた研究員が、食品に前述の特性をもたらしてうま味、甘味、塩味を強める物質を記述するのにこの言葉を使ったときのことだ。吉田はコク味を第六の味ではなく「風味改良剤」と呼ぶ。これは「それ自体には味がない」とされる。

最も一般的な表現に従えば、コク味とは時間とともに現れる調和のとれた性質であり、おそらく食品の煮込み、熟成、発酵に伴うタンパク質の分解および風味の融合と関係している。コク味の研究をする人たちは、完成までに時間のかかる食品にそれを探している。たとえば熟成チーズであるゴーダや、肉からつくったブイヨン、それに醤油や魚醤といった発酵食品である。味の素を含めてアジアのいくつかの食品加工会社は、食品を長時間煮込んだときと同じ効果を短時間で付与するのを目的としたコク味増強剤を製造している。

味の素の研究員は、コク味がカルシウムを感知するCaSR受容体と関係すると考えている。[11] この受容体はグルタチオンなど数種のペプチドに応答する。研究員はこれらのペプチドが「コク味の風味」をもたらすと考えている。マウスの味蕾から採取した生細胞を使った実験で、これらのペプチドを添加すると細胞が応答し、CaSR阻害剤を添加すると応答が阻害された。しかしこれらの受容体の働きは単独の味を感知することではなく、単に近隣の味細胞か感覚神経線維の活動を修飾することによって、主として甘味とうま味を増強することかもしれない、と研究員は記している。

味の素の研究員は、コク味物質を加えたサンプルを被験者に味わってもらう実験もしている。[12] サンプルとして、うま味水、砂糖水、食塩水（以上は基本味の代表）、チキンブロスを用いた。被験者の報告によると、コク味物質を味つきの水に加えると基本味が増強し、ブロスに加えると「濃厚さ、持続性、広がり」が高まった。研究員は、市販の醤油や魚醤に含まれるコク味関連ペプチドを単離することにも成功した。[13] 醤油も魚醤も熟成食品である点が重要である。長時間の加熱や発酵のプロセスが「食品中のコク味物質を増やすと思われる。しかしコク味物質をつくる方法がほかにもあるのかは不明である」と吉田は記している。

ほかの味を強めるだけの味というものが理解できずに混乱した読者もいるかもしれないが、そういう人は少なくない。欧米の食品科学者のなかにも、その概念が理解できないという人はたくさんいる。しかしコク味という概念は奇妙で議論の余地がたっぷりあるが、考える価値はある。なぜならこれによって、生化学と知覚の違いや、意識的な味とそれを修飾するおそらく無意識的なプロセスという考え方、何かを分類しようとするときに文化や言語が複雑な網の目のように絡んでくることなど、味覚研究におけるほぼすべての重要な問題に取り組まざるをえなくなるからだ。コク味の正体が何であろうとも、言葉の問題が味覚にどう影響するかを示す完璧な例であることは間違いない。料理や食品の研究に携わる人にとってコク味というのはおなじみの言葉だが、それ以外の人にとってはほぼ無縁の言葉だ。うま味という言葉が二〇年前に欧米人にとってほぼ意味をなさなかったのと同じくらい、現在のところコク味という言葉は世界に対してほとんど意味をもたない。だからどこかにあるかもしれない第六の味を求める探索を終える前に足を止めて、第五の味を受け入れるまでに食品の世界が、そしてそれゆえすべての人が、どれほど変わる必要があったか見ておこう。

足を止めて何をするかと言うと、アリ・ブザーリ、カイル・コノートンとともにコーヒーを飲む。私たち三人は、サンフランシスコのミッション地区にある「フォー・バレル・コーヒー」でテーブルを囲んでいる。店内では、ヨガウェアを着た人や突拍子もないひげを生やした人たちがカウンターに長い列をなしている。料理の世界で新しいものが受け入れられる最前線を観察し、新たな味がどれほど人気を集めているか確かめたければ、この界隈こそうってつけだ。うま味たっぷりの宮保《ゴンバオ》パストラミを出す地味な中華料理店に入るために、長い列に並ぶのか？　もちろん。ハンガリーの加工肉とピクルスにカリフォルニア風の前衛的なひねりを加えた料理ができた？　そのとおり。肉フレーバーのアイスクリーム？　そんなのはもう流行遅れだ。フォー・バレルでは、いつまでも流行のピークを過ぎることのなさそうな食のトレンドの確固たる例も味わえる。風味の頂点を極めた少量焙煎のコーヒーだ。

ブザーリは料理の科学者である。コノートンはアメリカ生まれのシェフで、日本で修業し、最近はミシュランの星を獲得したイングランドの「ザ・ファット・ダック」で働いている。そして異国の料理の翻訳者として、欧米のシェフに東洋の技法を紹介している。ブザーリも同じく料理の翻訳者であり、シェフに食品科学を教え、トーマス・ケラー・レストラン・グループといった有名企業のコンサルタントを務めている。食品業界がスポンサーを務める東京の非営利団体「うま味インフォメーションセンター」でも仕事をしている。そしてプロジェクトの一つとして、アメリカ人の食におけるうま味に対する嗜好の進化をたどっている。おそらくその道のりには、基本的な味の知覚をめぐる物語、すなわち味を見極め（同定）、それを完全に自分のものにし（同化）、そして最終的に味わう（玩味）という物語が織り込まれている。「欧米人はうま味を新しいもののように語っているけど、池田博士の研究は一九〇八年に発表されている。ついこのあいだ、うま味が一〇〇周年の記念の年を迎えたわけだ」と、私たちとともに小さなテーブルを囲みながらコノートンが言う。

「日本人は一〇〇年前から正しかったということだね」とブザーリが言って、にやりと笑う。

「そのとおり！」とシェフのコノートンが力強く同意する。「前から研究されていた。それはまぎれもない事実だよ。それなのに、こんなに時間がかかった。欧米人の語彙に入ってくるまでにこれほど時間がかかったのはなぜなんだろう」

彼らが思うに、話は「なじみ深さ」から始まる。日本では、なじみ深い味と言えば「だし」を意味する。だしは「すべての和食の土台」だとコノートンは言う。「味噌汁、たれ、つゆ、煮汁――和食の九割近くはだしがベースだ」。だしは、乾燥と熟成によって風味を凝縮させた昆布を水に浸し、グルタミン酸を抽出してつくる。これにかつお節を加える。かつお節というのは、かつおの身を発酵させて燻製にしてから天日に干して熟成させたもので、大量のイノシン酸（肉類に存在し、うま味受容体が感知するヌクレオチド）を含んでいる。「この二つの食材が相乗効果を起こすことで、うま味のインパクトは二つの合計を上回る」とコノートンが説明する。基本的に、だしはうま味を最大限まで強めたものである（うま味を紹介した一九〇九年の論文で、池田はだしをうま味の典型として引き合いに出し、「鰹節、昆布などの煮出汁に於て其の味が最も明瞭に感せらるゝのであります」と記している）。

だしを基本とした食事とともに育った人は、生まれてからずっとうま味を経験していて、周囲の誰もがそれを表現する言葉を知っている。世界各地で料理をしてきたコノートンは、文化によってうま味に対する感受性がきわめて高い人やうま味をほとんど感知できない人が生じるということに気づいた。「透明なだし汁を出されたら、日本人はそのコンソメに似た美しいスープを飲んで、『うまい』と言うだろう。うま味という名前はこの『うまい』という言葉からきている。アメリカ人は『ああ、なんだか味が物足りないな。これは何？』などと言うのではないかな」

欧米人がうま味の豊富な食品を食べておいしさを感じないというわけではない。「ステーキには目がないよね」とブザーリが言う。

「ドリトスも大好きだよ」とコノートンが割って入る。

「わが国はA1《エーワン》ステーキソースも発明したしね」とブザーリが力を込めて言う。「アメリカ人はうま味の含まれる食べ物をまったく食べてこなかったわけではない。ただ、うま味はわが国の食文化の土台をなす特徴ではなかったんだ――」

「――日本とは違ってね。タイなどの東南アジアとも違う」と、コノートンがブザーリの言葉を引き継ぐ。

では、ステーキソースを愛するアメリカ人がうま味を理解するのに一〇〇年も余分にかかったのはなぜなのか。コノートンは、だしはシンプルで濃縮されているという点を指摘する。つまり、うま味がくっきりと際立つのだ。一方、アメリカでは「この国で口に入れられていたうま味は、脂肪と塩と甘味にまみれていた」。ケチャップやトマトソースを考えればわかる。トマトはグルタミン酸の豊富な食品だが、市販のケチャップやトマトソースはうま味の特性を引き出す熟成や煮込みがおこなわれることがほとんどなく、しばしば糖分や塩分がたっぷり加えられる。だからドリトスが好きだとしても――（「これは食品科学に起きた史上最大の奇跡みたいなものだね。最大のうま味を実現するために完全なだましをやっているわけだから！」とブザーリが声を上げる）――訓練されていない舌が、塩味の奥からナチョチーズフレーバーのうま味成分を感じ取るのは難しい。

欧米でうま味がなかなか認められなかった理由について、吉田も同様の見解を示している。研究者が査読つき研究論文を十分に発表してほかの研究者を納得させるまでに何十年もかかったのに加えて、「うま味はほとんどの伝統的な和食の土台でもある」と彼は書いている。「日本で使われるごく低脂肪でマイルドな味わいの透明なだし汁は、ほぼ純粋なうま味である。そのためうま味が非常にわかりやすい。一方、西洋料理はうま味の微妙な味を容易に覆い隠してしまう動物性脂肪や調味料を多用する。そうすると、うま味は背景に沈んでしまうので、意識させる手がかりがない限り感知するのは難しくなる」

ほかにも理由は考えられる。たとえば、世界市場で新製品を発売して利益を得ようとする食品会社による研究ということで、信用されにくかった（味の素は一九〇九年からグルタミン酸ナトリウムを調味料として販売してきた。今、同社は同様にしてコク味増強剤を販売している）。また、一九八〇年代にはグルタミン酸ナトリウムを摂ると神経障害が生じるとしてひどく恐れられた（現在ではそのような因果関係はおおむね否定されている）。「これももちろんプラスには働かなかった。うま味の最もわかりやすい例が毒だと思われてしまったのだから」とブザーリが冷ややかに言う。

モネル研究所の科学者たちが指摘した心理学から生化学への移行において、転換点となったのはうま味受容体の発見だったが、ブザーリとコノートンはそれと並行して別の変化が起こりつつあることに気づいている。世界的にアジア料理の受容が進んでいるということだ。ほんの数十年前まで、欧米では寿司を食べる機会などめったになかった。ところが今ではスーパーマーケットで買える。以前はせいぜい中華料理くらいしか食べなかった人が、韓国やタイやベトナムの料理も試すようになった。とっつきやすくアレンジされたタイ風焼きそばや味噌汁に消費者がなじみつつあることについて、「この手のいろいろなエスニック料理の初心者向けに、アメリカ化されたまがいもの料理が広まっている」と、コノートンが指摘する。アメリカ生まれのシェフたちがそうした料理の浸透に反応して、もっと本格的なアジアの風味を使った実験に乗り出し、「ツォ将軍のチキン」〔鶏の唐揚げを甘辛いソースであえたアメリカ風中華料理〕とは違って大量の塩分や糖分を使わずにうま味を際立たせる試みを始めた。「われわれはシェフだから、どんなものがおいしいかはわかる」と、コノートンは言う。しかし料理の味を最終的に判断するのは客だ。「お客さんの望みどおりの料理が出せず、満足してもらえず、楽しんでもらえなければ、われわれが何を考えて何を望もうとも意味がない。科学的に見てどれほどすばらしい料理でも、そんなことは関係なくて――」

「要するに文化に合わなければだめということだね」と、ブザーリがまとめる。

第六の味についても、それがどんなものであれ同様の文化変容のプロセスが生じると二人は考えている。ある分子の受容体が発見されると、それに関係する食品が突き止められ、調理や食事の習慣が変わり、それによって味の知覚も変化する。この過程のどこかで言語の変容が起きる。いったん特定の味を知ったら、私たちはその味を表す名前に同意する。あるいは新たに名前をつくり出せば、その味を一つの独立した味として切り出す助けとなる。「味の化学的特性は非常にわかりやすいから、まずはこっちが明らかになるだろう。その経験を概念化するには、もっと時間がかかる」とブザーリは言う。

二人はコク味の問題については答えを出していないが、基本味については現在の五つ以外にもあるだろうという見方で一致している。「第六の味を探すというのは、じつはきわめて穏当なことだね。基本味など知ったこっちゃないと言う人もいるのだから」とブザーリが言う。トードフと同じく、彼も苦味受容体を引き合いに出す。独立した受容体があるからといって、カフェインの苦味をキニーネやアルコールや塩化カリウムの苦味から区別できるようになると言えるのか？

「元素周期表と似たようなものだね。発見したものを追加していくという点で」と、コノートンが基本味について言う。「いつまで経っても、すべて出尽くしたと言い切ることはできず、常に次の発見を目指していく」。新たな発見がなされるたびに、ゆるやかな文化変容が起きる。二人によれば、この変容を導くのがシェフで、一般の人たちに微妙な違いがわかるように指導し、かつては変だとか魅力がないなどと思われていたものをおいしく感じるように教え込むという方法で、まさに味覚を創造している。「アメリカ人がルッコラやケールやキノアを食べるようになったのは、シェフがそうさせたいと思ったからにほかならない。ケールなど、以前は拷問のような食べ物と思われていたよね」とブザーリは言う。

「ところが今では、ケールサラダなど、ごくありふれた食べ物になっている」と、今度はコノートンが口を開く。二人は、かつては苦くてまずいと思われていたが、今では流行好きの人たちに大人気の食べ物を次々に挙げ始める。ネグローニとカクテルビターズ。芽キャベツ。エスプレッソ。「われわれが今いるのは、まさに苦味の神殿だね」と、コノートンがカウンターに目をやりながら言う。そこには五重に折れ曲がった列ができていて、海産物加工会社ゴートンのトレードマークの漁師に似た男性店員の淹れるエスプレッソを待っている。苦味の細かな識別へ向かう文化的志向のゆるやかな動きが、じつはもう始まっているのだろうかと私たちは考える。コク味も何かきっかけがあれば、いち早く飛びつくことが美徳とされるこの土地で人気を集めるかもしれない。「ここにいる人たちは、これから世界のコク味を味わうことになるわけだ」とブザーリが言って、店内の客たちを楽しそうに眺める。

「ヨガマットを持って、トムスの靴を履いて」と私は言いながら、ノートにメモをとる。

「苦味を楽しんで」と、今度はコノートンが言いながら二杯目のカプチーノを飲み干す。

「うま味を求める行列も相変わらず」と、ブザーリが言う。

コク味を味わうには？

モネル研究所のダニエル・リードの研究室は、アメリカ人が世界のコク味を味わえる人々の一員になれるかいち早く考えた。リードは甘味と苦味の知覚の遺伝学に関する研究で最もよく知られている。毎年、彼女の研究室はオハイオ州ツインズバーグで開かれる双子フェスティバルにブースを出し、研究のために双子のペアから唾液を提供してもらっている。二〇一三年には韓国食品研究所の科学者リュウ・ミラと共同で、双子がコク味を感知できるか調べる実験をおこなった。

韓国人のリュウは一〇年以上前からコク味に関心があり、その概念を直感的に理解している。カレーやじっくり煮込んだシチューを食べると「深み、複雑さ、広がり、持続性、濃厚さのある豊かな味が容易に感じられる。これがコク味だと思われる」と記している。リュウは、コク味というのはおそらく基本味を増強するが、それ自体は基本味ではないと考えている（実際、彼女はコク味成分を塩味の増強剤として使うことでナトリウム摂取量を減らせないか調べる研究をしている）。しかし彼女もやはり言葉の問題にぶつかった。「コク味」は日本語で、研究のほとんどが和食を対象としているので、日本の隣に位置する韓国でさえその言葉はあまり知られていない。

それでもリュウは、韓国にはコク味に関係する独自の概念があると考えている。韓国語でコク味に近い言葉といえば「キップンマッ」（深い味）だ。この味をもつとされるのは、発酵させた大豆ペーストのテンジャン、ある種のキムチ、朝鮮醤油、そして何より注目すべきものはミヨックッというわかめスープだ。このスープは誕生日に供される伝統的な料理だが、カルシウムが豊富なので妊娠中や授乳中にも食べる。ある国の国民がこの味の概念を表す独自の言葉を生み出して、それを自国の代表的な食べ物と結びつけても、他国の人にそれを伝える方法がないという状況について、リュウは「どこの国でも同じかもしれない」と記している。この概念は、共通の用語がないせいで認識されにくく、目の前にあるのに気づかれずにいるのかもしれない。リュウによれば、「コク味を表す普遍的な言葉が見つかれば、コク味研究にもっと科学的な進展が期待できると思われる」

しかしアメリカ側の共同研究者は、コク味について考えあぐねている。「コク味の典型と言われるものをいくつか味わってみましたが、わかりませんでした」とリードは言う。「私には『裸の王様』のように感じられます。しかしアジア出身の共同研究者たちはその存在を強く信じているので、私たちとしてはそれを一蹴するのではなく、『わかりました。ちゃんと調べましょう。実験して、いろいろな人の反応を見てみましょう』と考えました」

実験方法は単純だった。味をつけていないプレーンなポップコーンとコク味調味料の粉末をかけたポップコーンの違いがわかるか調べて、それからその経験を記述させるのだ。五〇〇人の双子で実験した結果、リードによると、「間違いなくコク味が感知できるということがわかりました。プレーンとコク味の違いがわかるのです。全体として見るとアメリカ人はコク味が大好きというわけではありませんが、個別に見ると反応は分かれます。すごく好きだという人と、すごく嫌いだという人に分かれるのです」。味を表現するように指示されると、「皆さん苦労します。『よい風味』とか『塩辛い』といった言葉にすがります。また、何かの味がすると言うのですが、それが何だかわかりません。『バーベキュー』や『チーズ』を持ち出す人もいます。しかし砂糖を口に入れて『甘い』と言うのとはわけが違うのです」とリードは言う。

リードの研究室で、実験に使った粉末を試食させてくれた。私にとって、それは「褐色」の味がする。焼いた肉から出る肉汁や、色の濃いライ麦パン、インスタントラーメンの調味料の入った小袋の内側をなめたときの味。リードもこの味をうまく言い表すことができない。「コク味が口の中にあると、『確かにある』と感じることはできます。でもそれを表す言葉がないのです。意味の上での制約があるのかもしれません」。言い表す言葉がないものを知覚するのは難しいのですかと私が尋ねると、リードはしばらく考え込んでから答える。「なぜ言葉がないのか、逆に訊いてみたいですね」

この種の実験にはややこしい問題がある。混合調味料は、食塩や砂糖とは違って単一の物質ではない。

リードはコク味について「関係する成分だけを取り出すのはちょっと難しいのです」と言う。そこでリードたちは、調理した食品に別の加工食品を加えた。どちらもそれ自体は「コク味」ではない。味の「増強」ではなく「増強剤」を味わうのだ。

コク味を理解したければ、その本質的な性質をわかりやすく示してくれる現実世界の食べ物である「だし」を見つけなくてはならない。しかし、どうやって？　欧米のシェフでコク味について聞いたことがある人はめったにいない。まして、だしを中心とした料理など食べられそうにない。和食材店に電話をしてもいっこうに埒《らち》が明かない。そんなとき、ファニー・セティョがディナーに連れていってくれた。

セティョは、分子ガストロノミスト〔科学的な知識や手法を調理に応用する料理人〕やシェフにスパイスミックスや調理器具を販売するル・サンクチュエール社のオーナーである。インドネシア生まれでしょっちゅう世界を旅して回る彼女は、言語と料理に関して多国籍派だ。コク味というのは聞いたことがないと言うが、その概念を聞くとすぐに塩麹を思い浮かべた。これはご飯に載せて食べる日本の調味料であり、それ自体はあまり味がしないが、どうやらご飯がおいしくなるらしい。「説明しろと言われても難しいわね。それだけを食べても特にこれといった味はしないのに、調理前でも調理後でも料理に加えると味わいが変わるのよ。まるで魔法の塩ね！」

麹はアスペルギルスと呼ばれるカビの菌を原料の穀類に付着させてつくったもので、アジア全域で味噌や酒、酢、かつお節などの発酵に使われる。さまざまな風味が合わさることで深まっていく熟成感が好まれている。この特徴はコク味とずいぶん似ている。セティョが有用な結びつきとして教えてくれた手がかりがもう一つある。味の素のコク味増強剤のなかにコウジ・アジという製品というのがあるという。同社の広報担当者の吉田によると、これは麹を原料としており、もちろん商品名もこれに由来する。麹菌は醤油の発酵によく使われるが、それは麹菌の産生する酵素がタンパク質を分解してペプチドに変えるからである、と吉田は記している。味の素の研究者たちは、醤油とコク味成分が関係すると考えている。「つまり、麹は食品中のコク味成分を増やすことができると考えられる」と彼は結論している。同様にリュウも、朝鮮醤油がやはり麹を使って製造され、韓国のコク味の典型だと彼女の考えるわかめスープの味つけに使われるということを指摘している。

ということは、コク味を理解したければ、麹を食べてみるとよいかもしれない。麹が食品に与える効果を知りたいのなら、「ユヅキ・ジャパニーズ・イータリー」に行くべきだとセティョが教えてくれる。

コク味と塩麹——サンフランシスコの和食店

ユヅキは日本料理店である。これもまたミッション地区にあるのは、おそらく偶然ではないだろう。オーナーのハヤシ・ユウコは、アメリカで麹を自家製造する初の店として二〇一一年にユヅキをオープンした。麹は上階の小さな厨房で手づくりしている。ある暑い秋の午後、サイトウ・タカシが麹の仕込みをしている。二〇一四年までここの料理長を務めていた彼は、木綿の板前服を着て、白色の長い味見用スプーンを持っている。考え込みながら話し、ときおりきっぱり「そう!」と言う。副料理長が大根をみじん切りにしているあいだに、サイトウはワイヤーラックに発泡スチロール箱を載せた「麹室《こうじむろ》」のようすを確かめに行く(日本では、麹はこれよりはるかに広い本物の部屋でつくられる)。肉用温度計が箱の中心に刺してある。箱の中では、浅い水の上にワインの木箱が置かれ、チーズクロスの上に米が広げてある。米粒はふっくらして輝き、数カ所に白い綿毛が生え始めている。

サイトウは昨夜のうちに米を蒸し、無臭で淡色の細かなほこりのような麹菌を植え付けておいた。箱の中の温度が上昇している。これは発酵が始まったサインだ。これから短くて三日間、長ければ二週間にわたり、サイトウは銀色の保温シートと箱に開けた穴を駆使して細かく温度を調節していく。彼によれば、米を発酵させるともっぱら甘味が出てくる。柄の長いスプーンを使って麹を取り、私たちの手に載せてくれる。米粒は心地よい舌触りがするが、味はまだふつうに蒸した米と変わらない。「まだだな」と、サイトウは何か考えているようすでつぶやく。しかし、まだ仕込んだばかりだ。「できあがるころには、花みたいでもあるし、カビのようでもあります。きれいな白い花ですね」

米の発酵が完了すると、サイトウはこれを液状にし、塩を加えて塩麹にする。そしてこの塩麹で肉を漬け込む。ピューレ状の塩麹は不透明な白色だ。味噌ドレッシングの刺激的な辛さと塩鮭の塩辛さの中間くらいの味がする。サイトウは米と水だけで甘い麹もつくる。こちらのほうがぶつぶつしていてソフトな甘味があり、菓子というより粥に近い。

サイトウは、コク味という言葉には聞き覚えがないという。しかしその語の由来が「コク」であることに気づくと、眼を輝かせる（「うま味」と同様、「コク味」も造語であり、語尾の「味《み》」は「味《あじ》」を意味する）。「『コク』という言葉は日本で確かに使います」とサイトウは言って、それを英語で説明しようとする。「コクというのは隠れたパンチです」と言い、「前面に出てくる味」ではなく「奥にひそむ味」だと続ける。奥行きや多層性を表すのにこの言葉が使われることもある。サイトウはひとしきり頭を振り絞ってから、別の比喩を思いつく。柱が何本か立っていて、味を支えていると考えてください、と言いだす。「たとえば家みたいなものです。柱がなければ、家は簡単に壊れてしまいます。しかし頑丈な柱で支えれば、とても丈夫な家ができます。コクというのはこの柱のような働きをするのです」

風味が一体となり、支えられ、まとまるということだろうか。「そう！」と彼が答える。「そう思います」。そして何より大事なのが時間だそうだ。シチューをつくるときに三〇分しか煮込まなければ、コクが生まれるには時間が足りない。材料の風味がまだばらばらなのだ。

金曜日の夜、ファニー・セティヨと私は腰をすえてこの変化を味わおうと、ユヅキのオーナーに麹の本質をとらえた最高の品を出してほしいと頼む。それからボイスレコーダーをスタートさせて、食べたものの描写を試みる。分厚い網焼きイカは、汁を絞ってかけるためのゆずが一切れ添えられている。網焼きによる炭火の風味がして、直火であぶった海の幸にしては驚くほど柔らかい。しかし最も注目すべき点は、漬け汁に塩が入っていたにもかかわらず、塩の味がしないことだとセティョが指摘する。「イカそのものの味が強くなっているわね」。これが私たちのテーマとなる。焼き鳥は感謝祭のときに食べる七面鳥のようなみずみずしさで……じつに鶏らしい味ではないか。鮭は、非の打ちどころのないピンクの切り身が繊細な杉の経木で包まれ、オレンジ色の秋の葉が飾られている。これはすごく……鮭の味がする。野菜の薄切りを散らしたご飯は、実際には白米を炊いたものなのに、ぬかから生じる木の実のような香りがして、まるで玄米か赤米のような味ではないか。食材がそれ自体のプラトン的イデアとなったのは麹のおかげだろうと私たちは推測する。麹が加わると、肉がさらに「肉っぽく」なるのかもしれない。

この説をオーナーのハヤシに話すと、彼女は笑う。「『どこの鶏肉を使っているのか』と訊かれることがあります」。この上もなくみずみずしい鶏肉を生み出すのはどこの養鶏場か、どの血統かを探り出そうと必死な美食マニアのまねをして、悪だくみの相談でもしているかのように声をひそめて言う。「大事なのはそこではありません。お客様は当店の鶏肉に感嘆なさっても、それが麹のおかげだとは考えもしません」。ということは、私たちは謎を解く手がかりを一つ突き止めたらしい。コク味とそのもととなるペプチドを生じさせるには、麹の漬け汁などを使って食材の分解をスタートさせる必要があるのだ。

私はこの話を食品科学者のブザーリに聞かせる。コク味を理解しようとする人たちがたびたび麹に遭遇するのは、麹が味を引き出すのにとてもすぐれているからだとブザーリは考えている。「麹のマジックは、麹というのが分子レベルの小さい器用なナイフの集まりで、このナイフがすべてを細かく切り刻み、人の受容体にぴったり合う大きさと形になる確率が上がることによってもたらされる」。彼によると、麹は炭水化物を分解する酵素だけでなくタンパク質や脂肪を分解する酵素もつくる。「この三種類の物質のどれか一つでも分解すれば、いろいろな味や香りが得られる。おそらくそれがおいしさの秘密だね」

しかし話はこれで終わりではない。コク味を生み出すにはどうやら熟成が非常に重要らしいが、それはなぜかと私が質問すると、ブザーリは、熟成によって大きな分子が分解されて小さな化合物となるので、あらゆる成分の味が引き出されるのだという答えをくれた。この作用は糖類やグルタミン酸に対しても起きるので、コク味成分に対しても起きるはずだ。「コク味は時間の産物かもしれない。しかし時間だけがコク味をつくるのではない」。ぎゅっと濃縮された明確なコク味の典型を見つけたければ、熟成食品を調べるべきだろう。しかしユヅキの料理はほとんどがほんの数時間しか漬け込まれていない。コク味の背後にどんな分子変化があるにしても、もっと長時間のプロセスに目を向ければもっと明確な変化が観察できるはずだ。冥王星へ行くのと同じように、コク味への旅にも時間がかかる。あと一カ所、訪ねたいところがある。

発酵の豊かさ――バークレーの漬物店

ある暖かな午後、カリフォルニア州のイーストベイにあるバークレーという小さな町の「ザ・カルチャード・ピックル・ショップ」で、鉄筋コンクリートの作業場はガラス瓶のぶつかり合う音と冷蔵装置のうなりで満ちている。ここでは、アレックス・ホズヴェンとケヴィン・ファーリーという夫婦のチームが、多彩な品ぞろえのザウアークラウト、紅茶キノコ、野菜の塩漬けをつくっている。エプロン姿のホズヴェンは、部屋の中央に置かれた木製テーブル――ステーションワゴンに匹敵する大きさのまな板と言ってよい――の前に立ち、丸まったアルメニアキュウリを計量している。ファーリーはテーブルをはさんでホズヴェンの向かいに立ち、ぬか床から根菜の漬物――黄色い触手のような物体――を取り出して小さなナイフで少しスライスすると、それをじっと見つめている。

この夫婦もコク味のことは聞いた覚えがないという。しかし麹は知っていた。今から一五年前、野菜の漬物が評判となる前に味噌づくりの実験をしたことがあった。米、大麦、小麦、大豆に麹菌の胞子を植え付けてから蒸し、菌が育つように温度を調節した。しかし塩麹とは違って、味噌には長時間の熟成が必要で、一カ月から長ければ三年かかることもある。この長期の熟成によって、米や大豆——ホズヴェンに言わせれば、それ自体では格別に風味が豊かなわけではない食材——が別のものに変わる。「麹にはさまざまなアミノ酸や酵素を解き放つ働きがあって」、そのおかげで材料の風味が変わるのだそうだ。

夫婦は商売としての味噌づくりはあきらめたが、店で味噌やその他の麹関連の発酵工程は利用している。種麹の保存もしている。そこでファーリーは先ほどの触手のような物体を片づけると、今度はウォークイン式の冷蔵庫に何度か出入りして、褐色のペーストの入ったガラス瓶をいくつか持ってくる。そして中身をすくい取り、皿に四つの小さな塊を置く。

これはファーリーの考えた、時間を味わう方法だ。

私たちは麹を使って発酵させたものを新しいものから古いものへと順番に味わっていく。彼は皿に載せた塊のうちオートミールのような色のものを指さす。仕込んでから数週間しか経っていない、最も若いものだ。「これは粕といいます。酒をつくったあとの残りかすです」と、彼が説明する。酒の原料となる米に麹菌を植え付けて発酵させ、酒を絞ったあとで残るかすのことだ。この粕は近くの酒造工場から入手する。ファーリーはこのパテ状の粕に砂糖と塩、そして漬け込みたい野菜を加えて、一年以上かけて発酵させる。

二つ目の粕の塊は、つぶしたバナナのような色と硬さだ。六カ月間発酵させたものだという。その隣にあるのが二年間発酵させた大麦味噌で、色は赤褐色である。次にファーリーは最も色が濃くて硬いペーストを指さす。「これはうちでつくった味噌の最後の残りです」。一二年物で色は黒に近い。じっくり炒めて焦げ色をつけた玉ねぎのような色をしている。

ファーリーからフォークを受け取って、一番若くて色の薄いものから試食を始める。まずは甘味が、それから塩味が、それぞれくっきりと感じられる。今度はさらに半年近く熟成させたものに移る。先ほどのよりフルーティーで、舌が激しく刺激されることはなく、口の先から喉の奥までを満たす口全体の経験となっている。「糖分はほとんど代謝されていて、塩分はとてもソフトでまろやかになります」とファーリーが言う。

続いて二年物の味噌に進む。こちらの風味はさらに深みがある。最後に一二年物の味噌を試食すると、ステーキのような味がすることに驚かされる。風味は濃厚だ。私は頭の中でウスターソースか醤油を連想しているのかもしれない。どちらも熟成させるし、牛肉の調味に使う。それでも、私たちが長期にわたる化学的プロセスの展開を目撃していること、そして麹が長い時間をかけて作用するということは間違いない。「若い粕ではいろいろな風味がよく調和していませんが、歳をとった味噌では風味が完全に調和しています」とファーリーが言う。若い粕では甘味と塩味がなじんでおらず、それぞれが別の波となって押し寄せてくる。熟成した味噌では、風味がもっとまとまって力強くなり、鼻にまで立ちのぼり、喉の奥まで漂っていく。味の素の研究者が持続性と「広がり」と言っていたのはこのことかと思い至る。

ホズヴェンがフォークを持って身を乗り出してくる。「味を表現するのは本当に難しいです。とてつもなく難しい」と、地球上のすべての味覚研究者と同じ嘆きを口にしながらも、表現を試みる。彼女の表現はほとんどが形と動きに関する比喩からなる。一番若い粕はほかのよりも「のっぺり」していると言う。もっと時間をかけて発酵させたものの味については、「はるかに丸みを帯びています。回り道をしながら進んでいくみたいな感じがします。食べた人を旅に誘《いざな》うような」と表現する。歳をとったものは「完成した味」がすると言う。「ただの甘味とか酸味とか塩味とかではなくて、しばらく考えないとわからない味です」

夫妻が私のリサーチについて聞きたがるので、私は第六の基本味の探求、言語の問題、そしてそれまで概念のなかった感覚を識別することの難しさについて語る。表現する言葉がない場合、自分が味わっているものが何なのか、どうしたらわかるというのか。

「私はあまりあなたのようには感じませんね」と、ホズヴェンが考えながら言う。言葉が見つからず、せいぜい比喩で表現することしかできなくても、別にかまわないと彼女は考えている。自分で味わえば、自分の味わっているものが何かわかるので、科学者にそれを受容体とか言語とか知覚カテゴリーなどと関連づけてもらう必要などない、と彼女は言う。彼女のように長く漬物に携わってきた人にとっては、時間こそまさに料理の道具だ。時間がコク味を引き出し、ほかにもいろいろな味を引き出すのかもしれない。それが何であれ、味に正確な名称や数値を与えるよりも、料理という現実的な経験と、食べるという個人的な経験に彼女は心を惹かれる。大事なのは虹そのものであって、虹のストライプをどう切り分けるかではない。

「時間は時間を生み出す材料です」とホズヴェンは言う。詳しく説明してほしいと頼むと、彼女はおだやかに笑う。「時間は時間ということです。時間とは何なのか、よくわからないことさえ私は楽しみます。過ぎゆく時間には、錬金術のような働きがあります。その働きかけを、私たちは目撃して堪能することはできますが、完全に理解することはできません。それでいいのです」

そろそろ彼女はキュウリに戻らなくてはいけない。私はフォークを返してノートをしまう。店から出ながら、振り返って声をかける。「謎が解けたらお知らせしますね」

ホズヴェンは微笑んで肩をすくめる。「それにはおよびませんよ」

2 嗅覚

記憶とにおい——パリの高齢者病棟にて

フランスにあるアンブロワーズ・パレ病院の上階の小さな部屋で、アンヌ・カミリは冷蔵庫のロックを解除し、冷えた庫内から箱を取り出す。箱の中にはビニール袋が入っていて、さらにその中には小さな袋がいくつも入っている。それぞれの中には郵便切手ほどの大きさの四角いガラス瓶が入っている。瓶の中には記憶が入っている。

正確に言えば、瓶に入っているのは果物や花やフランス人の好む食材から抽出した香料である。しかし彼女がこれから開くにおいのワークショップ「アトリエ・オルファクティフ」では、これらの香料はまさに記憶を助けるための手段となる。

カミリは手際よく仕事にかかり、瓶のふたを開けては一つひとつにおいをかいで、変質していないか、「あまりにも複雑」になっていないか確かめる。香料が効果を発揮するには、それが何のにおいかすぐにわかって心温まる思い出を呼び覚ますことのできるものでなくてはいけない。「こちらはルバーブです。とてもわかりやすいですね」と、瓶からにおいを深く吸い込みながら彼女が言う。「かいでみてください。私はイングランドを思い出します。カスタード入りのルバーブパイがよみがえります。目を閉じると、イングランドに行ったときの一二歳の自分が浮かんできます」

彼女は満足したようすで、瓶を運搬用トレイに置く。そして紫色のノートに紫色のインクでその名前を書き留める。瓶が一〇本並ぶと、今度は調香師が香りを鼻先に漂わせるのに使う「ブロッター」と呼ばれる細長い紙片の入った包みをトレイに加える。準備完了だ。

カミリは以前、香料の合成と天然原料（ビャクダン油やパチョリ葉やベチベル草など）を専門に扱う会社に勤めていた。そこで「鼻の訓練」を覚え、個々のにおいを記憶する能力や、別々に収穫された同じ種類の花やスパイスを識別する能力を身につけた。その後、化粧品のパッケージデザイン事務所で働いたこともあり、現在は調香師やプロダクトデザイナーをはじめとするクリエーターのためのエージェント会社を経営している。快活な女性で、シックなネイビーブルーのパンツスーツを着こなし、黒い髪をロングボブに整えている。今日はボランティアでこのワークショップに来ている。ワークショップはこれまでにないタイプのプロジェクトで、「コスメティック・エグゼクティブ・ウィメン」という非営利団体が運営している。

二〇〇一年から、この団体はフランスの一六の病院で、頭部外傷や脳卒中の後遺症、あるいはがんの化学療法の副作用で嗅覚を失った患者を対象に、「嗅覚療法」を実施している。しかしパリ市と西側の郊外地域との境界に位置するアンブロワーズ・パレ病院には、きわめて特殊な嗅覚の問題を抱えるきわめて特殊な患者がいる。ワークショップを開くのは高齢者病棟で、ここで治療を受ける患者の多くはアルツハイマー病などの認知症を患っているのだ。

アルツハイマー病になると脳の回路がむしばまれ、記憶の喪失が着実に進んでいくが、カミリの運んでいる小さな瓶は、この記憶障害から解放される貴重な瞬間をもたらすために使われる。妙なことに、記憶の喪失の進行は鼻腔の上部から始まる。嗅覚喪失はアルツハイマー病で最初に現れる臨床的に診断可能な症状なのだ。嗅覚喪失はパーキンソン病といったほかの神経変性疾患の初期症状でもあるが、嗅覚作用との関係については今のところアルツハイマー病の研究が最も進んでいる。(1)

エレベーターがなかなか来ないので、カミリは階段を急ぎ足で降りていく。歩きながら、ワークショップではいつもどんな人が参加するのか事前にはわからないのだと説明する。患者はショートステイに来ている人たちで、病状もいろいろだという。しかし年齢はだいたい八〇歳から一〇〇歳までで、認知障害を患っている人が多い。転倒や、自分のいる場所がわからなくなったなど、認知症の症状としてもっと広く知られている症状でこの病院に来て、それから認知症と診断されるケースもある。

そういった事情はさておき、カミリはただ参加者がにおいをかぎ、思い出し、楽しんでくれればよいと思っている。ワークショップでの感覚機能に対するアプローチは、グラインダーのやり方とは正反対だ。現時点では治療不可能とされる病気を扱う団体にふさわしく、ワークショップの目的は能力の向上ではなく喪失したものの回復であり、参加者にいらだちをぶつけることはなく粘り強く接する。しかしメンバーは、巧妙なやり方も知っている。失った記憶を直接取り戻させることはできないが、次善の策をとることはできる。失われた結びつきをつなぎ直すのだ。

カミリは患者の集まった部屋に入ると、高齢者病棟の責任者を務めるソフィー・ムーリア医師と、ワークショップの進行を手伝う生理学者のロール・ペルランに丁寧にあいさつをする。ほとんど何も置かれていない部屋で、男性一人と女性四人の合計五人の患者がテーブルを囲んで座っている（プライバシー保護のため、本章で登場する患者はみな仮名とする）。患者たちは興味深そうに瓶を眺める。

「今日は何をするかご存じですか？」とカミリが歯切れよく問いかける。

「たぶん」と一人がためらいがちに答える。

カミリは笑い、皆さんの鼻を「働かせる」ために来ました、においは人生の大切な一部ですし、食べ物を味わうにも大事ですからね、と告げる。今日は果物のにおいをかがせることになっている。いいにおいですよ、とカミリは約束する。話しながらブロッターを一つ目の瓶に浸し、鼻の下でそっと振ってにおいのそよ風を立てるやり方を実演してから、「マダム」と丁重に呼びかけながら患者に渡す。「いいにおいがしますか?」とカミリが訊くと、いっせいに「はい」と答えが返ってくる。そこでカミリはさらに質問する。「このにおいをかいで、心に浮かんだことはありますか?」

長い沈黙が続く。「オレンジ?」とジョゼフィーヌがようやく答える。愛らしくおちゃめな感じの女性で、青緑色の寝巻を着てカミリの右側で車椅子に座っている。

「惜しい!」とカミリが励ますように言う。「同じ仲間です。いい答えでした」

ムーリアが、この部屋で唯一の男性であるジュリアンに体を寄せる。ジュリアンは細身で、青いパジャマを着ている。「何か思い出しましたか? 特定の果物とか」

「いや、何も」とジュリアンが小声で言う。

とまどったような沈黙が部屋に広がる。やがて見るからにやさしそうなエレアノールという女性が思い切って声を上げる。派手な色のスカーフを巻いているが、腕を吊っているスリングはほとんど隠れていない。「レモン?」

「そう、レモンです。正解!」とカミリが告げる。使用済みのブロッターを回収しながら、カミリは患者の一人ひとりに声をかけ、香水やコロンを使うか訊く。言葉を交わしながら、じつはにおいと個人的な連想について考えさせるためのウォーミングアップも試みている。

二つ目のにおいが配られる。カミリはヒントを出す。「一年中食べられる果物です。食品店なら必ず売っています。ヨーロッパ原産で、よそから来たものではありません」。だが、参加者は口をつぐんでいる。ムーリアがまたジュリアンに顔を寄せて、何か思いつきましたかと訊く。「何も」とジュリアンはそっけなく答える。そこでカミリはヒントを出し続ける。「この果物には品種がたくさんあります。甘いのや酸っぱいのや。外側の色は赤です」。ここでエレアノールが答えを出す。「リンゴね」

この部屋にいる参加者のあいだには、認知機能の健康状態だけでなく、においの感受性についても大きな差のあることが容易にわかる。一番よく当てるエレアノールがここにいるのは明らかに腕のけがのせいであり、医師も彼女に認知障害があるとはまったく思っていない。ジョゼフィーヌともう一人、ワークショップのあいだ一言も発することなく、全員に愛想のよい笑顔を見せながら膝に載せた手提げ袋を握りしめている女性患者については、ある程度の認知障害があると医師は見立てている。二人とも別の病気でこの病院に来て、認知機能についてはまだ検査していない。しかし医師によると、ジュリアンはアルツハイマー病にかかっている。車椅子で体を縮こまらせている小柄でやせこけた女性患者のデルフィーヌも、やはりアルツハイマー病だそうだ。今までのところ、デルフィーヌはずっと黙っていて、ときおり居眠りしている。そばに座った生理学者のペルランがデルフィーヌの鼻の下でブロッターをそっと揺らしても、効き目がない。デルフィーヌの病気は進行しています、とムーリアが言う。多くの認知症患者と同じく、デルフィーヌは内向的で無口だ。この病棟では誰一人として、彼女がここに入って以来「はい」か「いいえ」以外の言葉を発するのを聞いたことがない。

三つ目のにおいに進む。今度はルバーブだ。難問でもある。参加者たちがにおいをかぐと、部屋は静まり返る。やがてデルフィーヌのいるあたりでちょっと動きがある。彼女が目を覚まし、ブロッターのにおいをかいだかと思うと、がっかりしてもとの姿勢に戻る。それでも満面の笑みを見せ、困惑と楽しさの中間のような表情を浮かべている。カミリと病院のスタッフはうれしげな視線を交わす。部屋の雰囲気が盛り上がってきた。参加者はゲームの要領をつかみ始めている。

そこでカミリはさらに次のにおいを配る。アーモンドだ。デルフィーヌが車椅子から身を乗り出してカミリの顔を正面から見つめるが、今度も答えはわからない。ほかの参加者がこのにおいについて口々に発言し——「アン・プ・アメール」（ちょっと苦味がある）という意見に全員同調する——アーモンドケーキやアマレットについて話すあいだ、デルフィーヌはペルランのほうへ顔を寄せ、ペルランは聞き取ろうと身をかがめる。デルフィーヌがカミリのほうへ腕を伸ばすと、ペルランがその意味を通訳する。「次はわかりやすいのにしてちょうだい」

アルツハイマー病と嗅覚

香水とマルセル・プルーストの国であるフランスは、においには記憶だけでなく情動反応も喚起する力があることを知っている。プルーストは文学におけるその最も有名な例を『失われた時を求めて』の第一巻で示している。マドレーヌを菩提樹のお茶に浸すと、コンブレに住むおばの家を訪れた幼少期の旅の記憶が押し寄せてくる。科学者は彼に敬意を表して、このように記憶から消えていた時が強烈な感情を伴ってよみがえってくる現象を「プルースト効果」と呼んでいる。

嗅覚は原始的な感覚で、危険な化学物質や望ましい化学物質に遭遇したときに知らせてくれる通報システムとして働く。脳の進化の歴史においてごく初期に嗅覚が発達したおかげで、記憶や学習や情動の中枢は嗅覚を足場として発達し、嗅覚と密接に結びついている。それゆえ嗅覚は、現在の感覚と過去の経験を結びつける方法となる。そしてその結びつきが壊れると、私たちは忘却する。

アルツハイマー病はいわば反プルースト効果をもたらす。記憶とそれをよみがえらせるにおいとの結びつきが絶たれるのだ。しかし、この病気はひそかに攻撃を加えてくる。嗅覚能力を完全に奪い去るのではなく、においの識別能力を徐々にむしばむのだ。やがてマドレーヌも菩提樹の花も、あるいはビーフシチューやタバコの煙も、さらには腐ったキャベツさえ、ほぼ同じにおいにしか感じられなくなる。こうなると、お茶にマドレーヌを浸しても、コンブレを思い出すことはできない。おばと過ごした夏を呼び覚ます特別な結びつきが失われ、あのときとのつながりが消え去っていく。

だが、あわてる必要はない。ある程度の嗅覚喪失は正常なのだ。嗅覚が最も鋭敏なのは若年期で、人生経験を積むにつれ、風邪をひいたり、アレルギーを発症したり、大気汚染物質を吸い込んだりするたびに、嗅覚は鈍っていく。鼻の中にある感覚細胞は、ダメージに対して驚くほどの回復力を示す。二八日周期で、すべての細胞が新しいものに入れ替わる（鼻以外の感覚細胞で再生するのは味覚受容体だけだ）。しかし、それにも限界がある。

アルツハイマー病は、嗅覚の自然な衰えを加速させたり反映したりするだけではない。この病気は、嗅索に現れてから脳の奥深くへ進みながら神経系を損傷していく病変の連鎖なのだ。世界にはおよそ四七五〇万人の認知症患者がいて、その大半がアルツハイマー病に冒されている。(2) 二〇五〇年までにアルツハイマー病と診断される人が今の三倍近くまで増えることが予想され、根治療法が見つかるあてもない状況で、医学の専門家はにおいの世界がこの病気への対処法の手がかりを与えてくれることを期待している。においが早期診断のきわめて有効なツールになるのではないか、そして早期に治療を開始できれば認知症の進行を遅らせることも可能ではないかと考える人がいる。また、すでに重症となった患者についても、においを使って記憶療法ができるのではないかと考える人もいる。においを区別したりそれが何のにおいか思い出したりする能力がアルツハイマー病によって衰えたあとでも、においにもとづく記憶は心の中に消え残っている。過去への直接的なアプローチが効かなくなった場合、別の方法で過去を呼び戻すことはできるのだろうか。

香水会社のオーナーを引退した南仏出身のマリー＝フランス・アルシャンボーがアトリエ・オルファクティフのもととなるアイディアを思いついた当初、彼女のミッションはアルツハイマー病よりはるかに広範だった。彼女の創設したコスメティック・エグゼクティブ・ウィメンは当初、まずい食事と薬のにおいに辟易している長期入院患者につかのまの喜びを与えることだけを目指していた。香料業界の巨大企業、インターナショナル・フレーバー・アンド・フレグランス（ワークショップ用の香料をつくっている）と提携し、入院患者の心に響きそうなものは何かとブレインストーミングでアイディアを出し合った。子どもも時代にかいだ甘いにおい、屋外のさわやかな香り、食欲をそそる食べ物などが挙げられた。選ばれたにおいのなかには、口紅の香りのように、化粧品会社の幹部から見れば当たり前かもしれないが、驚くほど細やかで気の利いたものもある。アルシャンボーが言うには、たいていの人は口紅にまつわる子ども時代のよい思い出をもっている。それは口紅が母親のキスと結びついているからだ。

しかし、プログラムでしばしば高齢患者や外傷患者と接するアルシャンボーはすぐに、においがいかに気持ちをかき立てるかに気づき、記憶を中心としてプログラムのこの部門を再編した。「においは必ず場所や人、患者でも、思い出をとても鮮烈によみがえらせることがあると彼女は言う。「においは必ず場所や人、あるいはそのにおいをかいだときにしていたことと結びついています。庭にいたとか、海辺にいた、ボートに乗っていた、おばあちゃんと一緒だった、親友と一緒だったなど」。彼女によると何より大事なのは「においが必ず感情と結びついているということです。絶対に、必ず」そうなのだそうだ。

それらの記憶は、休暇や若いころの習慣などを思い出させるような一般的なものかもしれない。カミリによれば、プログラムの参加者のあいだでは、くるみの香りをかぐと、キリスト教の公現祭で食べたガレット・デ・ロワや、フランスの子どもが学校で使うナッツのようなにおいの白い糊にまつわる楽しい思い出がよみがえるという人がたくさんいる。女性なら、花のにおいをかいで、自分が特別な場面でつけていた香水を思い出すことも多い。キノコや野イチゴのにおいから、森をそぞろ歩いたときを思い出したりもする。

だが、ちょっとしたエピソードを思い出すこともある。「あるとき、とても小柄な高齢の女性が参加していました。黒ずくめの装いで、ウィットに富んだ人です。年齢は九九歳で、もうすぐ一〇〇歳になろうというところでした」とカミリが語る。「その日は参加者に花のにおいをかいでもらっていました。オレンジの花です。するとその女性は眼を閉じて、『チュニジアを思い出すわ』と言ったのです」。この女性は十代のころチュニジアで暮らしたことがあり、ある村へ行ってオレンジの花を摘んだときのことをカミリに語り、男女が道路の同じ側を歩くことは許されなかったという昔話をした。

ムーリアは、アルツハイマー病の進行した男性のことを楽しく思い出す。その男性はジュリアンと同じように、においを感じにくくなっていた。「どの香料をかがせても、何も言わないのです。何も。『何のにおいもしない』とか『何のにおいだかわからない』とか言うのではなく、一言も口にしませんでした」。ところがコロンによく使われるベチベル草の香りをかがせると、にわかに生気を取り戻して「おお！」と声を上げたそうだ。「ベチベルを使って女をずいぶん口説いたもんだ！」。ムーリアは思い出して笑いだす。「若者みたいな口ぶりでしたよ」

アルシャンボーは元銀行員の話をする。認知症が進行していて、ずいぶん前から話さなくなっていたが、ワインの香りをつけたブロッターをかがせると、すぐさま思い出話を始めた。妻と二人でワインめぐりの旅をしたときのことを延々と語りだしたのだ。もっと若く、オートバイの事故で頭に重傷を負った男性は、ほとんど言葉を発しなくなっていたが、アスファルトのにおいをつけたブロッターを渡すと、不意に大声を上げた。「事故。バイク。死んだ」（よい思い出ばかりではないということをアルシャンボーは指摘する）。

においの思い出とともに「小さな引き出しが開きます。その中には小さな物語が入っているのです」とアルシャンボーが言う。認知症患者の場合、そこから物語を取り出すと、引き出しはすぐにまた閉まってしまう。「五分くらい経ったところで『あなたがこの話をしてくれたのを覚えていますか?』と訊いても、『いいえ、覚えていません』と言われます」

アルシャンボーは黙り込む。心の中で肩をすくめている音が聞こえそうだ。「それで終わりです」それでも、こんなふうにとっかかりを見つけることは大事だ。そこで、アンブロワーズ・パレ病院のグループは患者の家族にも参加を呼びかけている。意識がクリアになる瞬間は、家族が愛する人と心を通わせる助けとなるだろう。「患者の状態が変わらないわけではないということが理解できます。いつも同じというわけではないのです」とムーリアが言う。「認知症患者も、その人なりの過去や考えや好みをもつ一人の人間なのです」。認知症にかかっていても、家族の愛する人はまだそこにいる。においの記憶はその人の中にあるものを呼び出す手段となる。

デルフィーヌがじっと見守る前で、カミリのワークショップが進んでいく。部屋の雰囲気はとても明るくなり、何のにおいも感じないというジュリアンさえこの場にいることを楽しんでいるようすがうかがわれる。ほかの参加者たちは、野イチゴ、梨（これは全員かなりすぐにわかった。フランスでおなじみのリキュールの香りなのだ）、黒スグリ（これも同様。こちらはカシス・リキュールのベースである）、ココナッツ（これは誰にもわからない）のにおいに挑戦してきた。そして最後の黒イチゴは、ジョゼフィーヌがいかにもうれしそうにすぐさま正解を出す。

「マダム、調香師の修業をして、お仕事を始めてみてはいかがでしょう。お世辞ではなく、本当にいいお鼻をおもちですから」とカミリがやさしく軽口を叩く。「新しい仕事ね」と、ジョゼフィーヌもくすくすと愛らしく笑いながら冗談を返す。

ワークショップが終わりに近づく。デルフィーヌが前のめりになって、あごに手を当てている。「何かいいにおいのするものはありませんか?」と、ペルランがデルフィーヌのために注文を出す。

「いいにおいのするものですか？」とカミリは笑いながら言う。「やってみますが、いいにおいかどうかは人それぞれですから」

カミリがブロッターを用意するあいだ、病院のスタッフがデルフィーヌの変化について言葉を交わす。カミリがこちらに顔を近づけてきて、私にその意味をきちんと理解させようとする。「彼女は歩行も意思表示全般もすごく大変で、彼女のこんなようすを今まで見たことがない、とスタッフは言っているのです」

最後のブロッターとなった。「夏の果物です」とカミリは言って、参加者に眼を閉じさせる。「桃かしら」とエレアノールが言う。違います、もっと大きな果物です、とカミリがヒントを出す。料理にもデザートにもなります、とムーリアがさらにヒントを出す。全員の頭に答えが浮かび始める。うれしそうな反応が波のように室内に広がる。フランス人の好きな果物で、特に南部で暮らしたことのある人はこれが好きで、温暖な天候と甘味の代名詞とも言える。参加者は楽しそうにブロッターを振りながら、満足げに「うーん」と声を漏らす。

ペルランが担当の患者に向かって身をかがめ、ブロッターを差し出す。

「わかりますか？」とペルランが尋ねると、デルフィーヌは唇をかすかに動かす。

「ええ」と、とても小さな声で言う。「メロンね」

においが呼び覚ます記憶

においとアルツハイマー病研究は、記憶の研究で交差する。この交差点でおこなわれる研究によって、正常な嗅覚について、そして嗅覚が正常に機能しない場合の原因について、多くの事実が解明されている。科学者が長年にわたって取り組んでいながら嗅覚について正確な事実がわかっていないことに驚く人もいるかもしれないが、嗅覚の専門家は自分たちの研究分野がほかの感覚の研究より何十年も遅れていると考えて絶望的な気持ちになることもある。こんな状況になっているのは、悪臭を忌み嫌う文化や、においの定量化の難しさや、風味の感知においてじつは鼻も非常に大きな役割を担っているのに舌が栄誉をすべて奪ってしまったという悲運のせいで、嗅覚研究がないがしろにされてきたせいかもしれない。人生でおそらく最初に生じる感覚にしては、なんとも皮肉な運命である。そもそもにおいは、単に私たちが物語を思い出すためのよすがだったわけではない。物語をもてるほど十分に長く生き延びられるようにする手段だったのだ。

味を確かめるには体外にあるものを体内に入れる必要があるが、においは距離を隔てても感じ取ることができる。近くにどんな人がいるか、その人にすり寄るべきか逃げるべきかという情報をにおいは与えてくれる。おいしい食べ物のある場所へ導いてくれることもあれば、毒のある食べ物や腐った食べ物を口に入れないようにしてくれることもある。自分の今いる場所やこちらに近づいてくるものについても教えてくれる。「においの感知能力は、周囲でこれから何が起きるか予測する手段となります」と、ノースウェスタン大学でにおいの知覚を調べる研究室を主宰する神経学者、ジェイ・ゴットフリードが言う。

研究者たちは、嗅覚や味覚の前段階にあたる「化学的感覚」が最初に進化して、細菌のように原始的な生物に対し、近寄るべきものや回避すべきものについてのヒント（認知学の用語で言えば「ゴー」と「ノーゴー」の情報）を与えた可能性が高いと考えている。私たちの嗅覚器官はそれからの数万年で複雑化し、さらににおいの正体を覚える助けとなる記憶機能も進化した。

人間にはおよそ一〇〇〇種類のにおい受容体（嗅覚受容体）にかかわる遺伝子があるが、平均的な人間ではそのうちの三五〇種類から四〇〇種類ほどしか発現しない。この遺伝子によって、活性化する受容体の種類と数が決まり、においに対する感覚は人によってそれぞれ独自のものとなる。しかしどれほど嗅覚のすぐれた人でも、あらゆるにおいをかぎ分けることはできない。におい分子は空気中を漂えるほど小さくなくてはならないし、鼻道にある受容体に結合できなくてはいけない。においを感知するには、におい受容体の個数も十分に必要だ。齧歯類、イヌ、一部の昆虫は、人間よりもはるかに微量でにおいを感知することができる。ミツバチに爆弾のにおいが識別できて人間にはそれができないのはこのせいだ。

空気を吸い込むと、におい分子が嗅上皮（鼻の奥にある粘膜）に備わる二〇〇〇万個の感覚ニューロンの一部と結合する。このニューロンが情報を嗅球に送る。嗅球というのは左右の鼻孔に一つずつあり、眼球の後ろあたりに位置し、ちょうど鼻からファジーダイス〔車のバックミラーに吊るす、サイコロをかたどった二つ組の飾り〕がぶらさがったような形をしている。嗅球から前脳のいくつかの領域に情報が送られる。これらの領域で特に重要なのが梨状皮質であり、においを識別する際にはこれが大活躍する。

たいていのにおいは複雑な化合物である。たとえばバタートーストのにおいは、単独の分子から生じるのではない。「チョコレートには、おそらく五〇〇種類ほどのにおい成分が含まれています」とゴットフリードは言う。一つのにおいをコード（符号化）するのに分子が何百個も必要で、受容体にもさまざまな種類があることを考えると、可能な組み合わせは莫大な数に達する。脳はこの数学の問題に巧妙な方法で対処している。味細胞のように分子と受容体を一対一で対応させるのではなく、一つのにおいをコードするのにたくさんのニューロンを関与させるのだ。ニューロンが活性化すると、空間的（ニューロンの配置）および時間的（各ニューロンが関与する順番）に固有の三次元パターンが生じる。このパターンは地形図のようなものと考えればよい。あるものは点があたかも高山の連なった稜線のようなジグザグを描き、あるものはなだらかに起伏する丘のようになるかもしれない。「カンザス州の地形図を想像してください。それはミントの香りかもしれません」とゴットフリードが言う。「それから、アイダホ州の地形図はレモンの香りというのはどうでしょう」

じつは、一つのニューロンの集まりがミントとレモンの両方を表すことができる。ニューロンの集合が活性化する際のパターンが異なり、各ニューロンが異なる強度で応答するのだ。このような柔軟性があるおかげで、私たちは数万種類以上におよぶ膨大なにおいを認識することができる。二〇一四年にはニューヨークにあるロックフェラー大学の研究者たちが、この数は一兆以上だとする研究を発表した。[3]

この嗅覚処理がおこなわれる解剖学的位置も特別である。[4] ほかの感覚と違って、嗅覚は脳内の情動中枢や記憶中枢までほんの数回のシナプス結合を経て到達する。嗅覚が特別な喚起力をもつのはこのためだ。子どものころの甘美な記憶をよみがえらせるにおいについて考えてみよう。たとえば誕生日に自分の好きなケーキの焼ける香りが家中に漂っているところを想像しよう。嗅覚情報は、ほかの感覚の処理で最初の中継地点となる視床に立ち寄らない。ケーキの香りを吸い込んだら、その情報は嗅球から直接、大脳辺縁系に送られる。ここでは扁桃体が情動（ケーキと結びついた幸福感）を制御し、海馬が学習と記憶（過去の誕生日の想起）を助ける。その近くで、早くから進化した嗅内野も記憶と感覚の処理に携わっている。「嗅覚からの情報がそのまま脳のこの部分に送り込まれて、情動や連想が生じるようなものです」と、ブラウン大学の心理学者で認知神経科学者のレイチェル・ハーツが言う。彼女はにおいと記憶の研究を専門としていて、『あなたはなぜあの人の「におい」に魅かれるのか』（前田久仁子訳、原書房）という本の著者でもある。ケーキのにおいをかぐと、即座にえもいわれぬ温もりが感じられる。

人間の脳が進化するにつれて、各種の感覚のうちで視覚が支配的となった。視覚野が拡大し、嗅覚中枢が縮小し、嗅覚が担う警報機能の多くは大脳辺縁系に移行した。ハーツによると、今では動物の場合ににおいが果たす役割を人間では情動が果たすようになっている。「においは危険を知らせ、愛情を語り、ゴーかノーゴーかというじつに基本的な情報を伝えてくれるのです。情動の果たす役割を考えてみると、まさににおいと同じことをしていることがわかります」。情動は、私たちが個々のにおいの価値を知る助けとなる。なぜなら私たちはにおいをかいだあとで起きたことによって、ポジティブまたはネガティブな関連づけを形成するからだ。流れの遅い川の水を飲んだあとで体調が悪くなったなら？　海水の混ざった水のにおいは避けたほうがよい。ベチベル草のコロンで女性を誘惑できたなら？　今やその香りは若者の恋愛と結びついている。

関連づけによる学習は、地上のいたるところに定住するようになった私たちのような「ゼネラリスト」の種《しゅ》に役立つ。これができれば、新たな条件や場所に適応できるからだ。ハーツはこんなことを言う。「人間とゴキブリとネズミは、地球が与えてくれるどんな場所でも暮らすことができます。その結果、摂食できるものが果てしなく目の前に現れる可能性がありますが、一方で私たちを食べたがる生き物が現れる可能性も無限に存在します」。最初の関連づけから強烈な情動的痛手を被ったなら、危険な過ちを繰り返そうとはしないだろう。また、人間は他者の過ちからも学習する。誰かが悪臭のするものを食べてまずそうに顔をしかめたり吐き出したりするのを目撃したら、自分もそれを避けるべきということが察せられるはずだ。

実際、においの記憶は非常に強力なので、ハーツと共同研究者たちはにおいがじつはほかの感覚によるキュー（合図）よりも正確な想起を引き出すのではないかと考えた。そこで子ども時代に接したもの（クレヨン、工作用粘土、コパトーンの日焼け止めなど）の写真とにおいを使って記憶を想起させる実験をおこなったところ、被験者はどちらの記憶も同等に鮮明かつ正確に評価した。[5]ただし被験者は、においの記憶のほうがもっと情動的で気持ちをかき立て、距離と時間を遠く隔てた場所に連れ戻された気がすると述べた。

この結果にもとづき、ハーツの研究グループは懐かしさを喚起する三つのキューを用いた実験をおこなった。[6]キューとして使ったのは、ポップコーン、キャンプファイヤの煙、刈りたての芝である。まずこれらのキューを言葉で被験者に提示して思い出を頭に浮かべさせ、その鮮明さ、情動性、喚起性を評価させた。次にこれらについて嗅覚、視覚、聴覚によるキューを出し、先ほどと同様に思い出を頭に浮かべて評価させた。たとえば、キャンプファイヤの動画を見せたり、炎のはぜる音を聞かせたり、キャンプファイヤのにおいがするオイルビーズを入れた瓶のにおいをかがせたりした。やはり、嗅覚キューによって想起された思い出は、ほかのキューによる場合よりも気持ちを喚起し情動的であると評価された。ただし鮮明さは同等であった。

においが感情を最も呼び覚ますのは、長く忘れていた記憶を活性化させるときだ。これはしばしば、たとえばプルーストのマドレーヌと菩提樹茶のように、めったに混ざり合わないにおいが混ざり合ったときに起きる。「電球がぱっと灯るようなプルースト的記憶経験に遭遇した場合、それが特別なものになる要因の一つは意外性です」とハーツは言う。「永久に思い出さなかったかもしれないものが解き放たれるのですから」。この種の記憶は意図的に頭に浮かべる大事な思い出ではなく、日常的で単純なにおいに呼び起こされるのでもない。たとえて言うなら、ずっと忘れていたベビー毛布を屋根裏部屋で見つけたときの複雑なにおいだ。あるいは見知らぬ人とすれ違ったときに漂ってきた、祖父のアフターシェーブローションとパイプタバコのにおいだ。またはかつて通っていた小学校を訪れたときに感じる、校庭のアスファルト舗装と湿った秋の落ち葉とカフェテリアのスロッピージョーのにおいだ。

このマジックの鍵の一つは、これらの混ざり合ったにおいが非常に独特なので、そのにおいに関する記憶がほかの事柄から干渉されないということだ。「たとえばコーヒーのにおいはいろいろな経験と結びついているので、ある特定の記憶だけを解き放つということはほぼありえません。しかし食べ物のにおいと野外のにおいが特別な組み合わせとなっているなら、その混ざり合ったにおいによって、一二歳のときにキャンプで過ごした特定の時間を不意に思い出したりすることができるのです」

においによって過去へ引き戻されるときには、こんなことが起きているのだ。では、この仕組みが壊れ始めるアルツハイマー病の話に戻ろう。

アルツハイマー病と嗅覚の喪失

嗅覚は記憶と深く結びついている。そのせいで、嗅覚は記憶の病気から特別に影響を受けやすい。あるいはその逆で、嗅覚に関する何かがアルツハイマー病を招き進行させるのかもしれない。

嗅覚の喪失がアルツハイマー病の初期症状であることは、以前から科学者に知られていた。アルツハイマー病の病期分類を記述した一九九一年の画期的な論文[7]において、ドイツの解剖学者のハイコ・ブラークとエファ・ブラークはアルツハイマー病の病因物質が嗅内野と移行嗅内野（嗅内野を海馬とつなぐ領域）にまず発現することを指摘した（同様に、パーキンソン病の病期分類を記述した二〇〇三年の論文[8]では、ブラーク夫妻と共同研究者らが、初期に病変が生じる領域の一つが嗅球と梨状皮質のあいだに位置する前嗅核であることを指摘した）。アルツハイマー病患者は認知機能を喪失するが、ほとんどの患者において視覚、聴覚、触覚は正常であることが医師によって観察されてきた（嗅覚が鈍化するとともに味覚も衰えることがあるが、舌に異常が起きるわけではない）。嗅覚の喪失が、正常な老化に伴う神経の大量死によって起きるとは考えられない。そう考えるにはあまりにも急激で、あまりにもダメージが大きい。また、アルツハイマー病の病変が脳内で広がっていくパターンと嗅覚の喪失が合致するのは偶然ではない。

なぜこんなことが起きるのかというのはきわめて重大な問いであり、オハイオ州にあるケース・ウェスタン・リザーヴ大学の神経科学者、ダニエル・ウェッソンの率いる研究室は、マウスを使ってそれに答えようとしている。齧歯類は嗅覚系が人間と似ているので、実験モデルとして適している。そのうえ、特定の遺伝子を戦略的に発現させたマウスを作製するのは容易である。マウスは生存のために嗅覚を働かせるので、においをかぐ訓練をする必要がない。教えなくても勝手にやってくれるのだ。

ウェッソンは気さくな若い助教授で、薄茶色の髪を短く刈っている。今、彼は博士課程修了後研究員《ポスドク》だった二〇〇八年に残した記録を検分している。当時、アルツハイマー病の遺伝子を発現するように操作したマウスを使って、脳に病変が生じて学習と記憶に障害をきたすことを証明しようとする実験がすでにおこなわれていた。「しかし、アルツハイマー病のごく初期の特徴、すなわち嗅覚喪失が再現されるかどうかはわかっていませんでした」とウェッソンは言う。そこで彼は共同研究者とともに挑戦することにした。

彼の記録した実験に深入りする前に、アルツハイマー病に関する基本的な事柄を少し彼に説明してもらおう。アルツハイマー病は今のところ、答えよりも謎のほうが多い分野だ。症状に至る事象の複雑な連鎖を引き起こす要因や、ニューロンが正常に機能しなくなる詳細な仕組みについて、一致した見解は得られていない。アルツハイマー病との関係が認められた遺伝子はいくつかあるが、いずれも決定的な証拠とは言えない。それらの遺伝子がない人でも症状を発現することがあるし、それらの遺伝子があるのに発症しない人もいる。脳損傷やストレス、過去にかかった病気など、環境的な要因が遺伝子の発現に関与するのかもしれないが、その影響は予測できない。診断さえ絶対に確実ではない。最も確実な診断方法は、依然として死体解剖なのだ。

アルツハイマー病を引き起こす原因は何なのかと答えを迫られたら、たいていの研究者は二つの候補を挙げるだろう。それはプラークとタングルだ。

ウェッソンはもっぱらプラークに着目している。プラークというのは、アミロイドβ《ベータ》と呼ばれるペプチドが脳内に蓄積したものである。プラークはアミロイド前駆体タンパク質から生じると考えられている。このアミロイド前駆体タンパク質というのは、すべてのニューロンに存在しているが、機能はまだ完全に解明されていない。このタンパク質は麺を極小にしたような針金様の微細線維で、細胞内で酵素によって切断されて断片化する。この断片が可溶性アミロイドβとなり、脳内を浮遊する。やがてニューロンが負荷に耐えきれなくなる。アミロイドβを過剰に産生するせいかもしれないし、排除のスピードが十分でないのかもしれない。あるいは産生されるアミロイドβが脆弱すぎるのかもしれない。

いずれにしても、ニューロンが発火して近隣のニューロンとのあいだで情報伝達をするとき、脳細胞を取り巻く細胞外基質中に可溶性アミロイドβペプチドが放出される。このペプチドが近隣のニューロンの表面に付着し、粘着性のシートを形成する。これがプラークだ。ニューロンは互いに言葉を交わすために存在しているのに、プラークで覆われてしまったら話すのも聞くのも難しくなる。

プラークは細胞外基質中にも存在し、脳内で情報を伝える高速道路の障害となる。ニューロンはプラークを迂回して別のルートで情報を送ることはできるが、コストがかかる。「ニューロンが発火する際の微妙なタイミングがきわめて重要です」とウェッソンは言う。「その微妙なタイミングが変わってしまうのです。それが一つだけでなく何百万個ものニューロンで起きたら、問題が起きるのも当然ですね」

アルツハイマー病の原因候補にはもう一つ、タングル（神経原線維変化）というのもある。このタングルは「アルツハイマー病の基本的な病理学的特徴です」と精神科医のウェス・アシュフォードは言う。彼はスタンフォード大学と米国退役軍人省が共同運営するクリニックで加齢とアルツハイマー病の研究をしている。

この厄介なタングルの原因も、やはり自然に発生するタンパク質だ。こちらのタンパク質はタウという名前で、本来はニューロンの構造に関与し、脳のニューロンの内部で物質の輸送を助ける。しかし余分なリン酸基を拾ってしまうとタウどうしが凝集して微細線維の束を形成し、これがやがてもっと太い線維となる。この線維も近隣のニューロンが互いに情報伝達するのを妨げる。ニューロンは互いのあいだにシナプスと呼ばれる接合部を形成することによって情報伝達をする。ニューロンには細い枝か腕のような形をした軸索があり、この軸索がいわば電気化学的な握手によって近隣のニューロンに信号を送ると、シナプスが活性化する。軸索の発した信号を、受け手側のニューロンの樹状突起（小さな葉か指のような形をしている）が受け取る。アシュフォードによると、タウの凝集した線維が「軸索や樹状突起を切断することがあり」、そうなると軸索や樹状突起は機能できなくなる。このように切断されるとニューロンの安定性が損なわれる。「木から太い枝を切り落とすようなものですね」とアシュフォードが言う。あまりに多くの枝を失うと、木自体が枯れ始める。同様に、シナプスを大量に失うと、認知症が始まるらしい。

この線維が「ニューロンの細胞体に再び取り込まれてタングルを形成することもあります。これは認知症の発症に伴って視覚的に確認できるアルツハイマー病の病変の証拠となります」

アルツハイマー病の病因物質が最初に嗅内野に発現する理由をめぐって、科学者は頭を悩ませている。新たな記憶の形成において嗅内野がきわめて活発に働き、絶えずシナプスの形成と破壊を引き起こし、入ってくる情報に絶え間なく対応してそれを記憶するかどうか判断しているからかもしれない。アシュフォードは、アルツハイマー病が「新しい情報と記憶を処理する神経可塑性と呼ばれる基本的な機能を攻撃する」ことを指摘している。そうだとすると、脳で最も可塑的な部分がアルツハイマー病に最も冒されやすいというのは当然かもしれない。

私たちは常に呼吸しているので、嗅覚系のニューロンは休む間もなくおしゃべりをさせられる。だから嗅覚系は常に作動している。したがって、このような活動の激しさもまた問題の拡大に加担しているのかもしれない。「ニューロンが活発であればあるほど、病因物質を放出する可能性が高くなります。特に問題となるのがアミロイドβです」とウェッソンは言う。さらに、近隣のニューロンがアミロイドβを受け取って、同じことを繰り返す可能性も高くなる。ウェッソンは、嗅覚系が道路のような構造をとっていて、一本の道路が多くの道路に枝分かれしてそれぞれの道路でアミロイドが輸送される可能性があることも指摘する。「ある部位から情報が送り出され、それが脳全体に届けられるということもありえます」。ほかの説としては、この領域が水たまりのような役目を果たし、脳内の他部位で生じたアミロイドが流れ込んで蓄積するという説や、外傷や病気、毒素の吸入などによってこの領域に損傷が生じ、それが引き金となって、もともと遺伝的な素因のあった人に神経変性が生じる可能性を指摘する説もある。

問題の発端が何であれ、どんな病変が原因であれ、損傷は年齢とともに悪化する。ウェッソンによれば、「アルツハイマー病では年齢が最大の危険因子です。歳をとればとるほどそれまでに何か異変が起きていて、いろいろなものが蓄積している可能性が高くなりますから」とのことだ。最近では、アルツハイマー病は「マルチヒット」のプロセスであると考えられ、脳がしばらくは損傷に耐えるが、限界に達すると損傷の進行が正常な老化ではなく病的なものに変わるとする説が出されている。

ここでウェッソンの実験記録に戻ろう。彼の最初の実験は、マウスがにおいを覚えることとプラークの存在に関係があるかを調べることだけを目的としていた。健康なマウスは、すでに知っているにおいなら一度かぐだけでそれが何のにおいかわかると彼は考えていた。同じにおいをかがせ続けたら、マウスはクンクンとにおいをかぐスニッフィングをだんだんしなくなり、やがてスニッフィングが完全に不要となることが予想される。しかしウェッソンは、すでに生後わずか数ヵ月の時点で脳にアミロイドβの凝集が認められる遺伝子操作マウスを使って実験した。「このデータから実際にわかるのは」、何度もかいだことのあるにおいについても「遺伝子操作マウスは正常マウスより長くスニッフィングを続けたということです」と、彼は記録を見ながら言う。においを認識するのに苦労していたのだ。

次に彼は、遺伝子改変マウスにおいてこの問題が加齢とともに悪化するか確かめたいと考えた。調べてみると、やはりそうだった。加齢が進むにつれて、新しいにおいを覚えるまでの時間が長くなった。特に

「野生」（遺伝子を操作していない）のマウスと比べるとその差は顕著であった。これは脳全体へのアミロイドの広がりと関係していた。[9] 解剖したところ、わずか三カ月齢（嗅覚の欠損が現れ始める時期）ですでにアミロイドが嗅球に沈着していた。もっと高齢のマウスではアミロイドの沈着量が増え、梨状皮質など脳内のほかの部位にまで広がっていた。このことから、マウスにおいて加齢と嗅覚障害は脳内のプラークの広がりと関係していることが判明した。ウェッソンは、人間においても同じことが起きる可能性が高いと考えている。

アルツハイマー病の初期の患者を解剖するのは無理だが、においを認識し、覚えるのが困難になるということは実証可能だ。[10] たとえばノースウェスタン大学のゴットフリードの研究室では、同年齢の中期アルツハイマー病患者と健常者をfMRIスキャナーの内部に横たわらせてにおいをかがせる実験をおこなった。この装置は血流を追跡することで脳の活動を画像化する。被験者にミント二種類と花二種類の合計四種類のにおいをかがせたところ、どちらの被験者集団もにおいの強度と心地よさについては同様に評価した。このことから、においをかいだという事実については同等に認識したことがわかる。しかしアルツハイマー病患者の集団は、ミントまたは花の同じカテゴリーに属する二種類のにおいを区別することのみならず、二つのカテゴリーを区別することもうまくできなかった。fMRIのスキャンからは、前にかいだにおいと似たにおいをかいだときの梨状皮質の活動は健常被験者のほうが少ないということもわかった。つまり、健常被験者の梨状皮質は以前にかいだにおいを認識したということである。これに対しアルツハイマー病被験者はウェッソンのマウスと同様に、においを覚える度合いが健常被験者より低かった。

ウェッソンの初期の研究は行動学的研究だったが、まもなく彼はマウスに電極をつけてアルツハイマー病の進行に伴う脳の活動の変化を記録する実験をおこなった。この実験でもやはり、加齢に伴って脳の活動がしだいに異常になっていくことが確認できた。[11] 彼はアルツハイマー病マウスの嗅結節で記録したθ《シータ》

波を示すグラフを呼び出す。この波は脳の活動の特徴を表し、マウスの呼吸に合わせて上下動し、臭気物質をかぐと波のサイズが大きくなる。通常なら波はなめらかな正弦曲線を描くはずだが、アルツハイマー病マウスの波はギザギザだ。アルツハイマー病の初期には、嗅球の活動がじつは過剰になり、過剰な情報を嗅覚野に送ろうとするので信号がゆがむ、とウェッソンは考えている。「一〇〇人からいっせいに話しかけられているような状態です」

マウスに取り付けた電極から、この段階では海馬の活動はまだ正常であることがわかる。問題が生じるのは嗅覚だけで、学習や記憶には問題がないのはこのためだ。しかし、やがてこれらにも問題が生じる。ウェッソンの考えでは、これは過剰に活動する嗅球がアミロイドを梨状皮質や嗅内野、海馬といった「下流」部位に送り込むことによって起きる。七カ月齢ごろになるとこの過剰な活動はおさまるが、そのころまでに病因物質は広がっている。プラークの形成に伴って下流領域の応答性が低下していく。そして活動が過剰でも不十分でも、においを認識するのに欠かせない微妙な神経のタイミングが狂ってしまう。

私が研究室を訪れると、神経科学を専攻する大学院生のケイトリン・カールソンとポスドク研究員のマリー・ガジオラが次世代のプロジェクトに取り組んでいる。ガジオラは頭に電極をつけた黒褐色のマウスをそっと手に載せる。この電極から八本の細いワイヤが延びて嗅結節につながり、それぞれのワイヤがいくつかのニューロンに聞き耳を立てている。脳の活動とにおいの吸入との関係を確かめるために、マウスには呼吸を測定する装置も取り付けられている。鼻のあたりからいろいろなものが突き出ているせいで、マウスは体が毛で覆われた小さな恐竜のようにも見える。

ガジオラはハムスター用ケージに置いてあるようなプラスチック製の小さなトンネルにマウスを入れる。このトンネルは箱の中に置かれていて、その箱の中へにおいを送り込めるようになっている。ガジオラはマウスの頭に設置された電極にそっとコネクターをつなぎ、飲み口のついた小さな給水装置とにおいポート（ここからにおいのついた空気が放出される）のほうへ頭が向くようにする。マウスはバナナとパイナップルのにおいが区別できるように訓練されていて、バナナのにおいが流れたときに飲み口をなめたら、水が一滴もらえる。パイナップルのにおいのときになめると、水はもらえない。マウスがスニッフィングをしているあいだ、モニター画面には八本の曲線が表示される。ニューロンの応答に伴って生じる山形のスパイクによって、脳の活動を示すのだ（カールソンも齧歯類におけるにおいの処理について研究しているが、研究対象のラットは拘束せずにケージ内を自由に動き回れるようにしている。そして数個のニューロンの活動ではなく脳内のもっと大きな領域の脳波を観察する）。

どちらの研究でも健康な動物を使い、においの感知、識別、変化への適応（たとえばガジオラの実験で、「報酬」のもらえるにおいをバナナから別のものに変えたとき）に生じる神経の信号伝達について基本的な知見を得ようとしている。しかしウェッソンは、将来の研究ではアルツハイマー病マウスの脳の活動をのぞき見るのに使うのと同様の装置を使って、アルツハイマー病が進行する仕組みや、アミロイドが広がる前に上流のニューロンが下流での情報処理に障害を引き起こす仕組みを解明したいと考えている。一方ガジオラは、調べたい治療法がある場合、それを実施する前後の脳の活動を記録して、神経機能が変化するかどうかを確かめることがいずれできるようになるかもしれないと言う。「野生種でも同じ反応が実際に確認できるでしょうか」

これらの研究はすべて、ニューロンのやりとりする情報の量が不適切だという、嗅覚喪失の根底にある基礎的な問題の解明につながると彼らは考えている。においの認識はパターンをコードするニューロンのネットワークによっておこなわれるということを思い出そう。「バラの花のにおいをかいだとき、それがバラだとわかるためにはシナプス五〇〇個の活性化が必要だとしましょう」とウェッソンが言う。アルツハイマー病の初期には、嗅球が過剰に働き、たとえば五〇〇個ではなく七〇〇個のシナプスが活性化したりする。「そうなると、バラのにおいだということがわからず、混乱してしまうかもしれません」。病状が進行すると、逆の問題が生じる。適切に機能するシナプスが足りなくなるのだ。バラのにおいのパターンが半分しか活性化しなければ、何のにおいか判断できない。

嗅覚能力全般が損なわれるのではなく、においどうしの識別が正しくできなくなるのはこのせいだ。ゴットフリードが引き合いに出した地形図のたとえを思い出してほしい。カンザス州がミントでアイダホ州がレモンだという、あの話だ。ニューロンが損傷するにつれて、この地形図に記された点が消えていくとする。各州を識別する助けとなっていた差異がしだいにぼやけていく。「アリゾナ州の地形図があって、アリゾナ州だとわかる手がかりの一つがセドナ国立公園だとします。そこに小惑星が落下して、不意に公園が押しつぶされてしまったら？　この地形をコンピューターで調べても『もうアリゾナ州には見えない』ということになるでしょう」とゴットフリードが説明する。

地図が不鮮明になるにつれて、識別は難しくなる。こうなると、アリゾナ州がニューメキシコ州と区別できなくなり、カンザス州はアイダホ州と同じように感じられてしまう。ミントがレモンとそっくりになるのだ。

においテストでアルツハイマー病を発見する

長年にわたり、専門家はアルツハイマー病を早期に発見するために、においテストの作成を目指してきた。地形図が薄れ始める瞬間をとらえようというのだ。アルツハイマー病では嗅覚喪失が最初に現れるので、神経の損傷がｆＭＲＩやアミロイドの画像化では確認できない段階で、さらには本人が何の異変にも気づいていない段階で、においテストによって異常を把握できるかもしれない。においテストのアイディアを支持する医師たちは、早期診断は早期治療を意味し、機能障害の発現を遅らせることにもつながるかもしれないと主張する。医師と製薬会社にとって、アルツハイマー病を最初期から把握できれば各患者に合った治療を早くから開始できる。一方、においテストに批判的な人は、今までのところにおいテストはアルツハイマー病を嗅覚喪失のもっと一般的な原因から区別するのに十分な精度をもたず、患者に無用な不安を与えるおそれがあると主張する。

においテストがおこなわれている現場を見たければ、ペンシルヴェニア大学の嗅覚味覚研究所にあるリチャード・ドーティーのクリニックに足を運ぶべきだ。自作のにおいテストは、古くから診断に使われてきた。多くの医師がシナモンスティックやガーリックソルトといったにおいの強い材料を瓶に詰めて、においテストを自作している。しかし、この研究所の共同設立者として今も責任者の立場にある心理学者で耳鼻咽喉科の専門家でもあるドーティーは、自作のテストを使った嗅覚障害患者用の障害物コースのような検査を考案し、嗅覚のない人を受け入れる日を毎月三日ずつ設けている。打つ手のない医師が最後の望みをかけて、患者をここに送り込んでくるのだ。

今日、クリニックでドーティーを待っている患者は、生まれてから一度もにおいをかいだことがないという一〇歳くらいの男の子から、失神してローテーブルで頭を打った夜以来たびたび発生する不快なにおいしかわからなくなったという四〇代の女性までいろいろだ。しかし加齢性疾患が原因と思われる患者は一人しかいない。ハワードという男性で、妻のエスターとともにドーティーの机に向かい合う位置に着席したところだ。ハワードは長身で白髪の物静かな男性である。まじめな顔でウィットに富んだ発言をするエスターが、彼に代わって話のほとんどを引き受ける。長く連れ添ってきてあらゆることを二人三脚でするのに慣れている夫婦だけがもつ、驚くべきテレパシーのようなものがこの夫婦にも備わっている。「夫は九〇歳なんですが、今でも一人で飛行機を操縦しているって言ったら信じてもらえるかしら」とエスターが夫を紹介する。

「それはすごいですね」とドーティーが応じる。

「でも味がわからなくて」とエスターが続ける。数カ月前から、夫は食べる楽しみを失っている。甘味は少しわかるが、塩味はやたらと強烈で、それ以外の調味料は苦く感じられる。「たいていの食べ物はひたすら味気ない」と、今度はハワードが言う。

「においはどうですか」とドーティーが質問する。

「特に問題を感じたことはない」

ドーティーがうなずく。「味覚喪失を訴えてこられる患者さんを診察してみると、じつは嗅覚に問題があるということが少なくありません。味蕾にわかるのは甘味、酸味、苦味、塩味だけで、それ以外の味はステーキソースもチョコレートもコーヒーもすべてじつはにおいなんですよ」。ハワードの病歴に何か特筆すべき点はないか、ドーティーたちは調べ始める。最近何か病気をしたか、新しく飲み始めた薬はないか、特別な化学物質に触れたことはなかったか。しかし何も見つからない。「八〇歳を過ぎると、四人に三人が明らかな嗅覚喪失をきたします。六五歳から八〇歳までだと二人に一人です。この年代では、一割くらいの人が嗅覚を完全に失っています。ですからあなたの症状も年齢によるものかもしれませんね」とドーティーが夫妻に説明する。「でも、ちゃんと調べましょう」

ハワードは親切にも、八時間におよぶ検査のフルコースに私を立ち会わせてくれる。検査の多くはドーティーが自ら考案したものだ。ある検査では、巨大なヘアドライヤーの吹き出し口のような穴に顔を入れる。これはドーティーの最新の発明で、ローズオイルのようなにおいをさまざまな濃度で吹きつけて嗅覚の感度を調べる。風が二度吹きつけられ、ハワードはどちらのほうがにおいが強かったか答える。本当に味覚が働かないのか調べるための検査では、若い研究員がピペットを使って透明な液体（塩味、甘味、苦味、酸味のいずれか）をハワードの舌に滴下し、どの味か質問し、その強さを答えさせる。別の場所に移動して、鼻に閉塞や空気流の障害がないか、入念に検査する。金属製の杖に似た電気味覚測定器を舌に当て、弱い電流を二度流してどちらのときに味を強く感じたか判断させる。これは味蕾の機能を調べるためだ。認知機能検査もおこない、リストを復唱したり、単語のスペルを後ろから言ったり、絵をまねて描いたり、紙片を折って床に置いたりする。

しかしこのクリニックで最もよく知られているのは、さまざまなスクラッチ式のにおいテストだ。最初の検査はUPSIT（ペンシルヴェニア大学におい同定テスト）の名で親しまれている。この検査では、においをどのくらい正しく識別できるかを評価する。ドーティーは一九八〇年代に派手な色彩のテスト冊子を作成した。これは四〇項目からなる検査で、テレピン油や甘草《かんぞう》やディルピクルスといったなじみ深いにおいをかがせ、四つの選択肢から正しい答えを選ばせる。二つ目のスクラッチ式テストはにおい記憶検査で、ハワードの検査はドーティーのスタッフのジェラルディーン・ブレナンが担当する。検査場所の会議室は、壁がすべて羽目板張りで、年代物の医療器具でいっぱいの骨董品棚が並んでいる。この検査では何のにおいかを答えるのではなく、冊子のスクラッチ式タブをこすってにおいを一つだけかいでもらいます、とブレナンが説明する。それからハワードに二八〇から数字を三ずつ引いた数を言わせながら、一〇秒、三〇秒、または六〇秒待つ。ここでブレナンがページをめくると、新たに四つのスクラッチが現れる。一つは先ほどと同じにおいで、ほかの三つは別のにおいがする。ハワードは正しい答えを選ばなくてはいけない。

ブレナンは鉛筆で最初のスクラッチを引っかいて、においを放たせる。一〇秒後、ページをめくって四つのスクラッチをすべてこすり、ハワードに一つずつにおいをかがせる。「この四つのうちで、さっきのと一番近いのはどれだと思いますか？」

「いやあ、わからないなあ」とハワードがおだやかに答える。それでもとにかく選ばなくてはいけないので、一つを選ぶ。テストはだんだん難しくなっていく。最初のにおいをかいでから選択肢のにおいをかぐまでの時間が長くなっていくのだ。どのにおいもありふれたものだが、ハワードは少ししかわからない。彼はあるにおいを「ひどい悪臭」と呼ぶ。それから「バナナのにおい」もある。細かいことを言えば、何のにおいか答えることは検査で求められていない。考えるのを助けるために彼が自分でやっているだけだ。

一二セットを終えると、ブレナンはハワードに、検査はこれで終わりです、待合室にお戻りください、お疲れさまでした、と明るい口調で告げる。ハワードは「やれやれ。四〇問中二つくらいは合っていたかな」とまじめな顔で言う。

「いいえ、テストは一二問だけでしたよ」とブレナンが言うと、ハワードが笑いだし、「わかってる。でも四〇問くらいやった気がするんだ」と軽口を言う。

ハワードがこなした一連の検査から、においテストの長所がわかる。簡単に実施でき、単純な道具しか使わず、体を傷つけることがなく、MRIなどと比べてはるかに安い（UPSITは二七ドル）。世界保健機関の推定では、二〇五〇年には全世界で認知症患者の七〇％以上を低中所得国の国民が占めることになる。貧困地域で働く臨床医にとって、使用有効期間が長くて可動部品のないスクラッチ式においテストほど使いやすいものはなかなか見つからないはずだ。

何よりも大事なのは、においテストの支持者が主張しているとおり、これをほかの検査と併用すればさらに正確な診断ができる点である。二〇〇八年、コロンビア大学の精神科医・神経科医でニューヨーク・プレスビテリアン病院記憶障害センターの共同責任者でもあるダヴァンゲレ・デヴァナンドが、三年間にわたる研究の結果を発表した。[12] その研究で彼のグループは、UPSITを一般的な記憶検査、機能的能力検査、MRI検査と併用すると、軽度認知機能障害患者が完全なアルツハイマー病になるか予想する精度が高められることを明らかにした。

「このにおいテストでスコアの低い人は、記憶障害があってもスコアの低くない人と比べて、アルツハイマー病を発症する確率が四倍から五倍ほどになります」とデヴァナンドは言う。ほかの指標と組み合わせれば「進展の予想精度が大幅に上げられます」。一度に複数の検査をするのは、心臓発作の起きる可能性を予想するのに家族歴やコレステロール値、肥満度などの危険因子を五、六個ほど検討するのと同じことなのだ。

これらの検査が有効なのは、広範囲に網を投げることになるからだ、とドーティーは言う。かいだにおいが何であるか答えさせることによって、UPSITは感知、同定、識別、記憶の能力をすべて調べることができる。「この検査は、かいだにおいに意味を結びつける能力など、嗅覚系の機能のあらゆる面を網羅しています。嗅覚系の機能を広い視野でとらえることができるのです」

しかし、嗅覚喪失はさまざまな病気で起きる。アルツハイマー病以外にも、パーキンソン病のようなほかの認知機能障害に加えて、統合失調症、うつ病、風邪などでも起きる。においテストだけでは、これらのうちどの病気かを診断することはできない。このように病気が特定できない――そして神経学的に正常な人がたまたま鈍い嗅覚の持ち主だった場合に誤診してしまう可能性もある――ため、においテストに対しては否定的な見方もある。先に登場したフランスの医師ムーリアは、各個人について現在と比べることのできる過去の記録があれば、嗅覚喪失が正常な老化によるのか、あるいは異常な病変によるのかをもっと正確に判別できるはずだと指摘する。ハーツは、疾患のごく初期にはにおいテストが嗅覚の問題ではなく言葉の問題、すなわちにおいと名前を結びつける能力の低下を検出してしまうと考えている。

待合室に戻ったハワードはエスターの隣に座り、あきらめたような顔でリンゴをかじっている。「味がしない」と彼は不満をもらす。待っているあいだ、二人は嗅覚喪失によって生活の質がいかに低下したか語る。エスターは夫に、ゆうべの晩ごはんで食べた子牛肉のマルサラソース添えの味がわかったか尋ねる。

「三割くらいはわかったかな」とハワードが答えると、エスターは残念そうにため息をつく。ここでは誰もアルツハイマー病には触れず、それ以外にも九〇歳の高齢者に嗅覚喪失が起きた場合に原因として考えられる病気のことはいっさい口にしない。しかし考えられる原因について、ハワードは覚悟を決めている。「二つのうちのどちらかだね」と彼は淡々と言う。「その一方なら絶望するしかないし、もう一方なら歳のせいだからしかたがない」

「この人はユーモアのセンスがあるんですよ。今の言葉は本心かもしれませんが」と、妻が元気づけるように言う。「少なくとも夫は、できる限りのことはしたと納得できるはずです」

ここでドーティーが二人を診察室に呼ぶ。この場にいる誰もが冗談を言ったりしながらも、ぎこちない瞬間が何度か訪れる。そしてついにドーティーが診断を告げる。高齢によるものだという。検査の結果、認知症の徴候は見つからなかった。「におい記憶検査では、記憶を呼び出したり数を逆に数えたりしてもらいましたが、あの大変な検査は――よくできていました」。ローズオイル検査も、どの年代でも正常と言える成績だった。全体として、九〇代の人の上位四分の一に入っていた。ただし中等度の感覚低下があるが、これは六五歳前後でたいていの人に現れ始めるものだそうだ。

ドーティーが結果を告げるたびに、ハワードとエスターは「そうですか！」と言う。ドーティーはハワードに、サプリメント、特別な食事の本、においをかぐ練習をするための家庭用においキットを勧める。アトリエ・オルファクティフのカミリと同じように、ドーティーも患者に鼻の訓練を続けるようにとアドバイスする。

「ともかく、望みなしじゃないわね」とエスターが夫をやさしくからかうように言う。

「ああ、望みなしじゃない」とハワードが答えて妻にいたずらっぽい目を向ける。「少なくともこの方面ではね」

記憶と文化

アリエノール・マスネの机には、小さな四角いガラス瓶がいっぱいに置いてある。部屋自体が小さなガラス張りの四角い空間で、春の公園が一望できる。マスネはインターナショナル・フレーバー・アンド・フレグランスのパリ支社で働く調香師で、アトリエ・オルファクティフで使うにおいキットを作製した。しかし今日は別の仕事に取り組む。キットの中身を減らすのだ。

現在のところ、キットは一二〇種類のにおいで構成されているが、これを「ダイレクト」な八〇種類に絞りたい。シンプルで、簡単に何のにおいかわかり、記憶を喚起するものばかりにしたいのだ。純粋なにおいをつくるのは、調香師にとって興味深いが手ごわい挑戦だ。というのは、ふだんは何層にも重ねた香りを時間の経過とともに展開させて抽象的な観念を表現するという仕事をしているからである。しかし頭部損傷や認知症を抱える人にとって、複雑なにおいを読み解くのは負担が大きすぎる。そこでマスネはプログラムの「ライブラリー」として、瓶を収めた細長い箱をつくろうと考えている。瓶を一つ取って二枚のブロッターを浸し、一枚を私に渡すともう一枚を自分の鼻の下で振る。甘く軽やかなにおいがするが、何のにおいかはなかなかわからない。プログラムの頭部外傷患者グループでボランティアをしているマスネはすぐに、高齢者を相手にしていたカミリと同じことを始める。ヒントとなる問いかけをするのだ。

「食べ物でしょうか、それとも家の中で見かけるものでしょうか」

柑橘類？「食べ物ですが、柑橘類ではありません。果物でしょうか、野菜でしょうか」

果物？違います。花？違います。木？違います。

「おわかりでしょう。こういうにおいはダイレクトではないのです。いろいろなものが頭に浮かびますから」と、マスネは思わせぶりに首を振りながら言う。そして、甘い野菜です、とヒントを出してくる。ニンジン？　違います。「でも近づいてきました。アメリカ人の好きな食べ物です。特に秋によく食べます」

何だろう？

「ニンジンと同じ色です」

私はなんとか答えをひねり出す。カボチャですか？　そう、当たりです。

しかし私は納得できない。カボチャのにおいとはまったく思えない。マスネがつくったにおいは生のカボチャだからだ。カボチャと言われて私が思い浮かべるのは、感謝祭やハロウィーンといったアメリカの祝日、パイ、シナモンとナツメグ、ハロウィーンのカボチャランタンの焦げるにおいだ。私にとって、カボチャというのは熱の加わったものなのだ。

私がこんなことを話しているあいだ、マスネは眼を見開いて熱心に耳を傾ける。これこそまさに、万人向けの「ダイレクト」なにおいをつくろうとする彼女が取り組まなくてはいけない翻訳の問題だからだ。私たちは誰もがにおいと結びついたさまざまな記憶をもっているが、その結びつきは出身地や子どものころに食べたものや祝日の習慣によって変わってくる。だからフランスではカボチャのにおいが野菜として認識されるのに対し、アメリカではスパイスのように感じられるのだ。

「今度のは難しいですよ」とマスネが言って、新たなブロッターを渡してくる。甘いにおいがする。果物の砂糖漬けだろうか。それとも風船ガム？　綿菓子？

「風船ガムのフレーバーにあるものです」とヒントが出される。さらに何度かかぐと、答えがわかった。メロンだ。するとそのにおいは私の鼻の下で新たな広がりを見せ始める。言葉が結びつくと、においの最もメロンらしい部分、すなわちムスクのような甘ったるい香りがくっきりと浮かび上がってくる。味と同じで、においについても言葉によって知覚の焦点が絞られたのだ。しかし「ガムや綿菓子みたいなにおいがすると答えたのも間違いではないのです」とマスネが説明を加える。私の知っているメロンはデルフィーヌの知っているメロンとは違っていて、デルフィーヌのメロンは南仏の新鮮な果物と夏の香りだ。一方、私の知っているメロンのにおいは、一九八〇年代にカリフォルニアで幼少期を過ごした者の知る香りで、つまりそれはジョリーランチャー〔フルーツ味のキャンディー〕やハバババ〔長いひも状の風船ガム〕を通じて触れたメロンの香りなのだ。

「つまり、文化の問題なのです」とマスネが力を込めて言う。私は座ってブロッターのにおいをかぎながら、彼女が取り組まなくてはいけないのは言語の問題をほかの何かで置き換えることなのだと気づく。さらに文化も言語も「注意」というもっと広範な問題の一部であることにも思い至る。私たちは注意を向けるように学習したものを知覚する——言葉によって、文化的連想によって、あるいは個人的な記憶によって。同じにおい分子が鼻に結合しても、そのにおいをどう知覚するかは人によって大きく異なるかもしれない。

アルツハイマー病のにおいテストの研究をする人たちも、まさにこの問題にぶつかった。UPSITはアメリカの食べ物や風景に慣れ親しんでいる人を対象として作成された。しかし世界には「甘草を知らない人がいます。スカンクを知らない人もいます」とドーティーは言う。「パンプキンパイのにおいなど一度もかいだことがないという人もいます」。そこで現在、他国用バージョンの作成が進められている。台湾、オーストラリア、ブラジルでおこなわれた研究では、現地のにおいや言葉に合わせたほうが検査の成績がよいということが判明している。[13] たとえばブラジル版では、ルートビアの代わりに自動車タイヤのゴムのにおいを採用し、「松」をもっと一般的な「木」に変更した。

問題は単に国の違いにとどまらない。ほかにもにおいのとらえ方に影響する違いがある。一例として、マスネから強烈な花のにおいのするブロッターを渡される。洗濯用洗剤だ。これを参加者たちに回すと、女性はすぐに何のにおいかわかるが、男性ではそうはいかない。自分で洗濯をしない人がいるからだ。一方、「ガソリンのにおいをかがせたら、男性は全員――」と言ってマスネは指を鳴らし、「二秒でわかります。ガソリンだと」と話す。ドーティーのクリニックでは、待合室にいたある患者が、自分はUPSITで使われているにおいにてこずったが、それは自分が若すぎるせいではないかと話していた。UPSITは、固形石鹸で洗濯をして料理にクローブを使うのが日常だった世代を対象として三〇年前に作成された。だから固形石鹸とクローブのにおいが採用されている。また、消費者としての経験も影響する。シャンプーの香りとはどういうものかという考えは、バラにせよリンゴにせよ、自分の使っているシャンプーの香りがもととなっている可能性がある。

だが、あいまいさのまったくなさそうなにおいもいくつかある。マスネはそういうにおいをキットに残したいと考えている。コーヒーやバニラがそうだ。「これをかいでみてください」とマスネが言う。これは間違えようがない。チョコレートだ。「こういうのがダイレクトなにおいです」。ダイレクトなにおいがすべて心地よいわけではない。たとえば血のにおいを考えてほしい。マスネは実際にそのにおいをつくった。「考えるまでもなくわかるにおいです」と彼女は言い、その言葉は正しい。金属的で、即座に不快感をかき立て、鼻腔を直撃するにおい。私にとって、それは生物学の授業で解剖をやった日のにおいだ。病院で輸血管につながれている人や、手術を受けたばかりの人にとっては、このにおいがもっと重大な意味をもつかもしれない。

マスネは再びライブラリーの吟味を始め、古いにおいを取り出して、つくったばかりの新しいにおいをいくつか加える。そして同僚二人を部屋に呼ぶ。リサーチフェローのセリーヌ・マネッタと、心理学と食品科学が交差する領域の専門家であるドミニーク・ヴァランタンが入ってきて、三人は作製中のにおいについてちょっと手厳しくも楽しげに評価を始める。

三人は最初の候補のにおいを熱心にかぐ。しばらく沈黙してから、ヴァランタンがこれはハチミツのにおいだと言う。「集中しないとわからなかったわ」と彼女は言う。マスネはがっかりしたようすで首を振り、「もっと強くしないとだめね」と認める。メロンのときと同様に、私は概念を探っていた――ヘーゼルナッツ？　バクラヴァ〔ナッツを使った菓子〕？――が、言葉で認識すると、ハチミツのにおいがはっきりと感じられるようになる。

今度のは煙のようなにおいがする。「ニンニクかしら。そうでなければ、玉ねぎ？」とヴァランタンが言う。マスネは不満げだ。あいまいすぎる。目指していたのは「ごく自然なニンニクのにおい。切って食べたくなるような、リアルなニンニク。でもこれはだめね。ゴミ箱行き」

次のにおいは本当に生ゴミのにおいがする。天然ガスのにおい、あるいは少なくともガス漏れが発生した場合に利用者が気づくようにとフランスのガス会社がガスに混入している着臭剤のにおいだ。三人のフランス人女性にはそれが何のにおいか即座にわかる。アメリカ人ならガスと言えば腐った卵のにおいを思い浮かべるが、フランスでは別のにおいを使っているのだ。私には動物の排泄物のにおいのように感じられる。サーカスでひどいにおいに遭遇したときのようだ。「めちゃくちゃ強烈。きつすぎるわ」とマスネが言い、ブロッターを回収するとゴミ箱に捨てて廊下に運び出す。

どのにおいもいっこうに合格しない。物事を簡単にするのは、じつは難しいことなのだ。味覚に基本味があるのとは違い、においには基本臭と呼べるものがなく、ただ何百万種類ものパターンがあるだけなので、誰にでも認識できる普遍的なパターンをつくり出すのは至難の業だ。認識する側に立つのもまた大変だ。私は今日、何のにおいか当てようとして何度も失敗しては悔しい思いをしている。「正しい」答えはないにしても、立つ瀬がない気分だ。

マスネがまた新しいにおいを渡してくる。一見シンプルに思われるものをつくり出すのがどれほど大変かを話していたら思いついたらしい。ブロッターから漂うにおいは温かみがあって柔らかい。小麦粉でできたピザの生地が頭に浮かぶ。しかし、アーモンドかバニラをかすかに感じさせる甘みも混ざっている。「このにおいをフランスでかがせたら、あるいはイタリアやアメリカでかがせたら、皆さん答えが違うはずですよ」とマスネが言う。私自身はアメリカ人だが、祖父母はイタリア人だ。祖父母の家で食卓についた楽しい思い出をもつ私は、これがビスコッティのにおいだと不意にはっきりとわかった。

しかしフランス人調香師のマスネには、これが別のにおいとなる。マドレーヌだ。そう、マドレーヌ！ プルーストの愛した、失われた時を思い出させたあの有名な焼き菓子、世界中で知られている文学界の記憶の象徴！ 私がこのにおいをかいでマドレーヌを思い浮かべることはありえない。私は失われた記憶のにおいをかぐためにフランスに来たのだが、プルーストと同じ記憶がよみがえるはずはない。

自分の鈍感な鼻にいらだちながら座っていると、これも当然だと思い至る。私はフランス人ではないのだから、その連想をしろと言うほうが無理なのだ。コンブレにおばがいるわけではなく、子どものころにマドレーヌをお茶に浸した経験もない。私にとって、バニラとアーモンドと焼いた小麦粉生地は別の何かだ。においと記憶と時間、そしてこれらを互いに結びつける文化的および言語的な性向について一言で言うならば、私たちはみな確実にプルースト的な記憶をもっているが、ただ、プルーストと同じ記憶がないだけ、ということだ。

記憶をかぐ——シンガポールで

においの言語が違えば、必要なライブラリーも違うかもしれない。実際、フランスとはまったく違う文化に根差した別の嗅覚療法の取り組みが始まっている。「スメル・ア・メモリー」（記憶をかごう）というプロジェクトで、シンガポールを拠点としている。

広告代理店J・ウォルター・トンプソン（JWT）・シンガポールのクリエイティブチームが香料の

ワークショップに参加して、においと記憶の結びつきについて考えるようになったことからプロジェクトがスタートした。それがきっかけとなって、一部のメンバーがアルツハイマー病について調べ始めた。「世界的に高齢化が急激に進んでいます。データを調べたところ、認知症やアルツハイマー病にかかっている人の割合を知って愕然としました」と、JWTのクリエイティブディレクター、アイリン・タンが語る。メンバーは、家族のことがわからなくなってきた患者をめぐる話に心を揺さぶられた。「昔は母親とすごく仲がよかったのに、今では母親が自分のことを思い出してくれず、会話すらちゃんとできないとしたらどうでしょう」とタンが言う。母親が若いころにかいだにおいを詰め込んだ大きなパレットをつくったら、母親が記憶を取り戻す手がかりとなり、子どもとまた話す糸口が得られるのではないかとチームは考えた。

フランスでおこなわれているプログラムとは違って、スメル・ア・メモリーはアルツハイマー病患者だけを対象としており、ここで使うにおいが喚起するのは昔のシンガポール、つまり中国系、インド系、マレー系、ユーラシア系の混ざり合った多文化社会である。スイスの香料会社ジボダンと共同で、チームは東南アジアで育った人の心に響くと思われるライブラリーを作製した。

透明な箱にプラスチック容器が一〇個入っていて、それぞれににおいをつけた小さなスポンジが入れてある。一〇種の香りは本人の民族と文化的バックグラウンドに応じて、マスターパレットにある六三種から選ぶ。「海南コーヒー」は、豆をバターや砂糖とともに焙煎するこの地域特有のコーヒーの香りだ。「爆竹の祭り」は、中国の新年を祝う祭りでかつて使われていたが今は禁止されている爆竹を思い出させる。ショウガ、トウガラシ、タマリンド、タコヤシの葉など、食材のにおいもある。「ダイレクト」な香りばかりではなく、雰囲気を伝えるにおいもある。たとえば「寝る前のお話」は、タルカムパウダーと木綿のシーツを合わせたにおいで、入浴後にベッドで横たわっている時間を思わせる。海と日焼け止めのにおいを合わせた「海辺」や、ある特定の地域と時代を経験した人にしかおそらくわからない「アヘンの夜」というのもある。シンガポールの高齢者の多くが子ども時代を過ごした「カンポン」と呼ばれる村落のにおいを再現しようと、草、豚、鶏の糞を合わせた「えもいわれぬにおい《ジュヌセクワ》」もつくってみたが、草のにおいだけを使うことにした。ちょうどよい配合が見つからなかったのだ。

二〇一三年、グループは二つの高齢者介護施設でパイロットプログラムを開始した。タンたちは、参加者に何のにおいか考えるように促すのではなく、自由に連想させた。「においには正しい答えも間違った答えもありません。ただ、においを起点として会話をしてもらえればと考えています」とタンが説明する。フランスのプログラムでボランティアがしたのと同じように、ＪＷＴのチームも認知症がいかに嗅覚を奪うかすぐに理解した。タンは例として、八〇代ではげ頭のやせこけた男性のことを話してくれる。歯が何本か抜け、うっすらと無精ひげを生やしているが、威厳に満ちた雰囲気の持ち主だった。ＪＷＴのチームは、彼が母国のインドにいた若いころには教師か軍人だったのではないかと想像していた。しかしどんなにおいをかがせても、彼は首を振るばかりだった。何のにおいかわからなかったのだ。

「難しく考えないで、思いついたことをおっしゃってください」とタンは促した。

それでもうまくいかない。チームは急いで相談し、別のにおいを試すことにした。すると男性がにわかに笑顔を輝かせ、「バラだ！」と有無を言わせぬ口調で言った。

じつは違った。

実際にはジャスミンの香りだった。インドでは一般に寺院に奉納する花輪と結びついて好まれる香りなので、インド出身の彼のためにこれを選んだ。それはさておき、彼にとってはバラだった。その香りとともに、別の言葉が出てきた。「恋人」だ。この連想によって、記憶が解き放たれた。ＪＷＴの女性たちに促されて、彼は十代のころの話や、私立男子校に通っていたときのこと、通りを隔てた修道院付属学校の女生徒にバラを買って贈ろうと自分や同級生が小遣いを貯めていたことなどをぽつりぽつりと語りだした。

アルツハイマー病の嗅覚療法はこんなマジックをもたらす。ニューロンの活性化パターンを地形図に見立てたゴットフリードのたとえをここでまた思い出そう。ある男性が地形図のコレクションをもっているが、それはすでに色あせている。彼にとって、ジャスミンはバラと同じようなものだった。しかしどこか特定の場所を目指すのではなく、今ここで情動的経験を喚起するのに記憶——どんな記憶でもよい——を使うことだけが目的ならば、色あせた地形図でも問題はない。男性は答えを間違えたが、はるか昔の恋人に花を贈った思い出はまだ存在し、脳内で認知症によるダメージがあまり生じていない部分にしまわれていた。においの記憶は喚起力が強いので、当時の感情も依然として甘美なものとしてよみがえった。

タンはある雨の日、介護施設の食堂で同僚たちとテーブルを囲んで、悪天候による渋滞にはまったメンバーを待っていたときのことを語りだす。タンたちは、実験に参加していない人がこちらをじっと見ているのに気づいた。九〇代の元気な女性で、灰白色の髪を短く刈り、鼻は小ぶりで丸い。ゆったりとこちらに近づいてきて、どさりと腰を下ろした。

タンはすぐさまこの女性に心を惹かれた。「どうです？　ちょっとゲームをしてみますか？」と声をかけた。女性はすかさず「する」と答えた。単純だが心地よいにおいは何かと考えて、鼻の下でマンゴーのにおいを漂わせた。すると思いがけず、女性は後ろにのけぞった。「いや！　くさい！　犬のおしっこみたい」

この瞬間、女性の脳で何が起きていたのか考えてほしい。思い出と結びついた強烈で甘美なにおいが二つある。一つは果物、もう一つは犬の思い出だ。おそらく嗅覚ニューロンが電気信号による握手を十分に形成できないのだろう。地形図の一部が色あせているからだ。このせいで、間違ったにおいの地形図が呼び出されてしまう。ミントがレモンと重なり、ジャスミンがバラと同じになる。そしてマンゴーのにおいが犬の尿のように感じられる。

知覚とはこういうものだ。しかし、地形図が色あせていても、嗅覚療法によって、人は過去へと旅立つことができる。そんなわけで、こんな場面が繰り広げられる。ある高齢女性が間違ったにおいの記憶をきっかけとして、熱心に耳を傾ける若い聞き手たちに、マレーシアで過ごした子ども時代の話をする。あるカンポンに嫁いでいったこと、犬を三匹飼っていたこと、いたずら好きな一匹がどこへでもついてきたこと。さらに、海辺を訪れたこと、ダンスが大好きだったことも語る。立ち上がって「ケ・セラ・セラ」に似た短い歌を歌いだすが、歌詞はでたらめだ。若い女性スタッフの一人に両手を差し出すと、差し出された女性はその手を握る。

そして二人は踊りだす。

3　視覚

人工網膜システム、アーガスII

ディーン・ロイドはバスを降り、曲がり角に立っている。杖と黒革のブリーフケースを持ち、オフィスへ出勤するところだ。肩幅が広く、半白の髪がウェーブし、力強く響く大声は、弁護士らしさとサウスダコタ州の放牧農場出身者らしさを兼ね備えている。杖と重たげな黒メガネ（眼の横まで隠す太いプラスチックフレームに濃色のレンズ）を見たら、このパロアルトの街を行き交う人たちは、ロイドが完全に目が見えないと思うかもしれない。実際、かつては見えなかった。しかし今では見える。少なくとも、見えるものがある。

ロイドは世界でいち早く人工網膜の移植を受けた一人だ。多数の電極を配置した超小型電極アレイが眼の奥に埋め込まれていて、これがメガネフレームの中央に搭載されたビデオカメラからの情報を受け取って電気信号に変換し、視覚キューとして脳で解釈できるようにする。彼の装置は、正式には「アーガスII人工網膜システム」と呼ばれる。もう少しくだけた名前が好みなら、バイオニックアイと呼んでもいい。ロイドは愛着を込めて「T型」と呼ぶのが好きで、「ポケットにT型フォードを入れているようなものだからね」と言いながら、カメラからの信号を体内に埋め込まれたアンテナコイルに送るためのビデオプロセッサーをなでる。自分が世界で最初につくられた移植可能な視神経刺激装置の第一世代の実験台となっていることを、ちゃんと自覚していると言いたいのだ。

ロイドは生まれたときには目が見えたが、眼で光を感知する光受容細胞が破壊される網膜色素変性症という遺伝性疾患のせいで、成人になってから徐々に視力を失った。視力をほぼ完全に失ってから一七年になり、今では昼と夜を区別するくらいしかできない。二〇〇七年、アーガスⅡの臨床試験に参加し、アメリカ国内で七例目の移植を受けた。この臨床試験には世界全体で三〇人が参加しており、彼はその一人となったわけだ。これによって、ロイドは地球上で「見る」ことを再学習した数少ない人の一人というめずらしい立場に置かれることとなった。

私たちは視覚を受動的なもの、自然に生じる現象ととらえがちだが、視覚というのはじつは能動的で解釈を伴うプロセスである。視覚は私たちにとって支配的な感覚だが、世界が差し出す視覚情報の洪水（しかもその多くはあいまいかつ複雑で、とんでもない速さで押し寄せてくる）をすべて分析することはできない。言語や文化といった外的要因によって私たちが注意を向けるべき対象を学習するのと同様に、私たちの感覚系にもノイズから信号を選り分けるのを助けてくれる神経メカニズムが備わっている。注意を向けるべき対象を把握するというのは、ロイドのような人工網膜移植者が改めて習得しなければならない膨大な仕事なのだ。

今後のバージョンを改良するのに役立てるため、ロイドや同じ臨床試験の被験者は、自らの経験をアーガスⅡを開発したセカンド・サイト社と共有している（カリフォルニア州シルマーを本拠地とするこの会社は、アメリカで二〇一四年の初頭から、ヨーロッパで二〇一一年の終盤からアーガスⅡの販売を開始し、この装置は世界初の市販用人工網膜となった）。彼らの経験は、感覚入力が機能する仕組みを垣間見せてくれる興味深い例となる。専門用語では、このプロセスを「変換」と呼ぶ。現実世界の刺激を、神経と脳がやりとりする電気的言語に変換することである。脳に話しかける方法を学習すること――のちには脳からの指示を読み出す方法も学習すること――は、本書の第4章と第5章で知ることになるストーリーの発端であり、研究者が脳の言語をどんなふうに研究しているのか教えてくれる。人工網膜のような神経機能を代替する装置は、通常の感覚器官が働くのと同様に働き、脳に情報を伝える（つまり「書き込み」をする）。味覚と嗅覚では、入ってくる情報の伝達は、分子が受容体と結合することで生じる化学的信号として始まる。聴覚では、空気圧の変化、すなわち「音波」によって情報がもたらされる。触覚では、皮膚に対する物理的な圧力によって情報が生じる。そして視覚では、基本的な入力は光である。

ロイドには光の記憶がある。色の記憶もある。筆記や文字の記憶もある。物や人がどんなふうに見えるはずかも覚えている。記憶の中にイメージが残っているので、アーガスを通じて受け取る視覚的印象が単純だということを理解している。とはいえ、それらの印象には大きな意味がある。その証拠に、彼は日々それらを利用している。「人間の脳は、どんなものであれ受け取った情報を使って働くしかない。無意味なものから意味を引き出すことができる。だから、脳はわれわれの体内にある最も驚異的な器官というわけだ」とロイドは言う。

暖かい一〇月の朝、太陽は顔を出したばかりで、あたりはまだ薄暗い。ロイドは道路を渡り始める。歩きながら杖を勢いよく振り、アスファルト舗装の上でカツカツと音を立てて、見えるものについて早口で話す。二次元や三次元の像が見えているわけではない。リンゴは丸みを帯びた形で見えるのではなく、バスも円筒形には見えず、バスのタイヤも丸くない。「見えるのは輪郭や境界線だけだ」。つまりコントラストをなす点、暗部と明部の境目だけが見えるということだ。それが閃光として現れる。彼はこれを「知覚点」と呼ぶ。これによって物体や空間の輪郭がわかり、歩くときにはそれを目印として利用する。

「一時停止の標識のそばに白い線があっただろう？」と、左折車線の路面に描かれた標識を見下ろしながらロイドが言う。アーガスが塗料と黒っぽいアスファルトとのコントラストをとらえたのだ。「こういうものが目印になる」

彼は歩き続け、小さなオフィスビルの前を通り過ぎていく。右側に見える薄灰色の縁石について、私道と交差して縁石が途切れるところではそれが少し消えて見えると言う。かと思うと、今度は自分が歩いている歩道と近くのプランターの下に敷き詰められた砂利との境目のことを話しだす。「道路のほうを向けば、アスファルトが見える」と言って、左側のはるかに黒っぽい車道を指さす。

彼がこうやって見ているのは、白と黒で構成される街の通りだけではない。世界全体が、身のまわりで最も反射率が高くコントラストの強い部分を示す光の点で描かれるのだ。近づいてくる車はフロントガラスからの反射でとらえる。ビルの窓はガラスの輝きとしてとらえる。テーブルに置かれた皿といった日用品の大きさは、左端の光の点から右端の光の点までをスキャンするのにかかる時間によってわかる。「E」という文字も、コンピューターの画面上でいっぱいに拡大すれば、四本の線の輪郭と背景との境目で生じるコントラストによって、それが何かわかる。

彼は来る日も来る日も四六時中これをやっている。一秒も経たずに消えてしまう閃光の記憶を蓄えて、それを使って世界の心的イメージを描くのだ。このプロセスは、慣れた場所のほうがうまくいく。アーガスで得た情報を以前からの視覚的記憶や街を歩きながら集めている運動記憶と組み合わせる。「パロアルトのことはよく知っている。車でしょっちゅう走っていたからね。ベイエリアの全体像が頭に入っている。知り合いは迷子になると、たいてい私に電話してくるよ」と言って、しばらく愉快そうに笑う。「私は彼らのGPSというわけだ」

GPSの話は冗談ではない。ロイドのナビゲート能力は確かに尋常でない。彼は屋外では杖を使うが、屋内ではもっぱら記憶と触覚、そしてアーガスに頼って行動する。裁判関係の資料はアシスタントに読み上げてもらったりして、作業によっては人の助けを借りる。時刻を音声で知らせる腕時計など、補助用の電子装置もいくつか使う。しかし盲導犬は使わず、点字も読めない。文字入力にはふつうのキーボードを使う。こんなふうにできるのは、三〇年以上にわたって家族法を扱ってきたことも関係している。なにしろ細かい規則だらけの分野だから、もともと人並外れていた記憶力を磨かざるをえなかったのだ。しかしそれだけではない。彼はアーガスと同じように、きわめて乏しい情報だけを使って作業することができるのだ。「アーガスはごく限られた範囲の光しか感知しない。白か、グレーか、光がないか。光がないというのは黒ということだよ、もちろん。手がかりは多くない。だがそのわずかな情報をもとに作動して、ものすごく役に立ってくれる」

ロイドはオフィスに到着した。中庭のある静かなビルの一室だ。キッチンに向かい、コーヒーメーカーをセットする。「コーヒーメーカーの輪郭はわかる」。光沢のある白いプラスチック製の角ばった装置が、白い壁の手前で白いカウンターに載っている。白いものばかりというのは手ごわい。光る部分が多く、明確なコントラストを把握するのが難しいのだ。それでもコーヒーメーカーの輪郭、サイズ、形の見当をつけるには十分で、それがコーヒーメーカーだということは認識できる。「視覚的には輪郭としてとらえて、足りない部分は脳で補うんだ」

生き物はもっと難しい。「生き物は十分に明確な反射をしてくれないから、違いがわかりにくい」と、彼は顔をしかめて言う。彼にとってほかの人間は、たまに明るく光る部分がちょっとわかることもあるが、もっぱら音として存在する。「今、あなたを観察しているところだ。どこが端かわかってきたよ」と、彼はコーヒーを淹れているあいだにこちらをじっと見つめながら言う。「眼が光を反射している」。彼がこちらに向けて手を振ると、しばらく私たちは二人とも何か変だと感じる。やがて二人とも状況を把握する。彼は私のメガネを見ていたのだ。

視覚が働く仕組み

アーガスⅡがなかったら視覚系がどんなふうに働くのか、ここで説明しよう。

人間が感知できるおよそ四〇〇〜七〇〇ナノメートルの波長帯の電磁放射線を可視光と呼ぶ（人間の眼では見えない帯域には、X線、紫外線、赤外線、ラジオやテレビの電波などがある）。光は透明な角膜とその奥にある水晶体に入射し、ここで光の屈折や集束が起きる。水晶体に入る光の量は虹彩で調節される。虹彩とは眼球上の有色部分を指し、その中心にある穴（瞳孔）の大きさを調節する。光が少ないときには瞳孔が広がり、光が多ければ瞳孔は収縮する。光は眼球を満たす透明なゲル状物質である硝子体を通過し、焦点の合った像となって網膜に到達する。網膜は眼球の奥にある神経領域であり、ここで情報の変換、すなわち書き込みが始まる。

光受容細胞には、桿体細胞と錐体細胞という二種類がある。桿体細胞は光が弱いときによく働き、錐体細胞は光が強いときによく働く。錐体細胞は色覚ももたらす。世界に存在する物体にはじつは固有の色がない、色というのは知覚によって生じるものであるという驚愕すべき事実をここで指摘したい。私たちが色として知覚しているものは、実際には物体の表面で反射された光の波長であり、波長が短ければ紫色に見え、最も長い波長は赤色として認識される。これらの波長と錐体細胞の相互作用から色の経験が生じるのであり、物体や波長そのものにもとから色が備わっているのではない（暗闇では色が「消える」のもこのためで、桿体細胞がよく働いていても錐体細胞が働かないからなのだ）。

錐体細胞には青と緑と赤に対応する三種類があると学校で教わった人もいるのではないだろうか。しかし本当のところは、もう少し込み入っている。もっと正確に言えば、どの錐体細胞もすべての波長に応答するが、短い波長、中間の波長、長い波長のいずれかに最も高い感受性を示すようにできている。これら三種類の錐体細胞による応答が組み合わさったパターンによって、色が知覚される。

視覚処理の初めの段階は網膜で始まる。外界からの情報を選り分けるフィルターは多数用意されているが、視覚系が最初のフィルターを適用する場が網膜である。光受容細胞から送られてくる情報を受け取る神経節細胞がよい例だ。神経節細胞には二つの種類がある。オン中心細胞は受容野の中心に光が当たると応答する。受容野の中心部で光を感知するとニューロンの発火頻度が上昇し、光が周辺部に当たると発火頻度が低下する。オフ中心細胞は逆の働きをする。両細胞は中心と周辺の光強度のコントラストにも感受性を示し、その強度差を感知することができる。神経節細胞は、周囲環境の光の絶対的な強度を伝えることよりも、このコントラストに対して関心を示す。室内を照らすのがスタジアム用照明であるかマッチ一本であるかは重要でない。視野内にある二つの領域のあいだで明るさがどれほど違うか、つまり周囲の明るさとは無関係に一定であり続けるコントラストをとらえるように、神経節細胞は調整されている。したがって、ここで視覚系は本人に代わって選択を下している。全体的な明るさに関する情報を犠牲にして、コントラストに関する情報を伝達するという選択をしているのだ。見ている対象を理解するには、コントラストに関する情報のほうが役に立つからである。

情報が視覚経路を進む過程でこのようなフィルタリングが何度も繰り返され、入ってくる情報のさまざまな特徴あるいは状況に合うように調整されたニューロンが、最も顕著な事柄を優先的に伝えていく（このフィルタリングシステムの根底にある神経科学について、詳しくは第4章で扱う。これはきわめて複雑な研究分野であり、神経科学者はその解明に着手したばかりだ）。今のところ知っておくべき重要な点は、情報が眼を通過して視神経（神経節細胞の軸索が合わさってできている）を伝わっていく時点では、このプロセスは始まったばかりにすぎないということだ。情報が視覚野を通過していくとき、運動の位置関係、大きさ、方向といった性質に合わせて調整されたニューロンがこの情報を解読し、最終的に像が知覚できるようになる。ただしこれは像であって、客観的な現実の姿ではないことを忘れてはならない。利用できる情報をもとに、きわめてバイアスのかかったフィルタリングシステムと人間の眼で読み取れる狭い帯域の電磁波を使って、脳がつくり出したものなのだ。視覚健常者の視覚的世界は、ディーン・ロイドの世界よりは情報のきめが細かいかもしれない。というのは、視覚健常者は機能する光受容体を一億個ほどもっているのに対し、ロイドはほんの少ししかもっていないからだ。しかし、見えている世界がじつはつくり出された像であるという点では変わらない。

アーガスⅡはこの処理が始まる直前の段階に割り込み、光が網膜に届く前にその光を横取りする。つまり言うまでもないかもしれないが、これはまさにきわめてハードなバイオハッキングだ。第4章と第5章で取り上げる補完的な読み出し技術のように、脳や感覚器官とダイレクトに連携するのは技術的にきわめて高度で、体に対する侵襲の度合いが高く、ほとんどが大学や臨床研究者の扱う領域に属する。アーガスのように販売されているものも少しはあるが、ユーザーとなる対象者はごく限られている。今までのところどの装置も、生まれつき感覚機能がない人や病気か事故で感覚機能を失った人にその機能を回復させる目的で、医学的に必要な人のための支援装置として開発されている。本書でこれから登場してくる未来主義者のなかには、健康な人の感覚経験を増強したり拡張したりできる埋め込み型の書き込み装置を夢見る人もいるが、現在のところ、神経機能を代替する装置はそれよりはるかに単純である。入ってくる情報の流れをサイケデリックな音と光のショーに仕立て上げるのではなく、ミニマリストのスケッチに変えるだけだ。

網膜色素変性症患者はアーガスの臨床試験の被験者として完璧だったと、セカンド・サイト社の事業開発部長のブライアン・メックは言う。この病気では桿体細胞と錐体細胞が破壊されるが、神経節細胞と双極細胞は傷つかず、視神経も健康な状態で残存するからだ。一部の細胞は機能を維持するので、装置を使ってその細胞を刺激することができる。「私たちがするのは、それらの細胞を発火させることで、あとは本来の視覚経路に任せます」とメックは言う。

アーガスⅡを移植された人は、自分の眼の光学系を使わない。代わりにメガネのブリッジに搭載されたカメラで光を捕捉して網膜に送り込む。ただしカメラから送り出された情報は、まずユーザーがポケットに入れているビデオプロセッサーにケーブルで送られる。ここで画像の質を高めてから、プラスチック製メガネの側面で眼のそばについているディスク型のメインアンテナにケーブルで画像を送る。このアンテナには、体内に埋め込まれた装置に電力と画像を送る役目がある。

ロイドが移植を受けたとき、手術を担当した医師は連結された三つのパーツを埋め込んだ。コイルと電子機器パッケージと電極アレイである。電子機器パッケージというのは、外観は銀色の金属製でアスピリンの錠剤ほどの大きさの円盤型容器だ。この小さな容器には、電極アレイの発火を制御するチップが格納されている。医師はこれをロイドの右眼の強膜（眼球の外層の白色組織）に張り付けて、結膜（強膜を覆う保護膜）の下に固定した。人工網膜のこのパーツは眼窩内の奥にある。ロイドがメガネを持ち上げて手術された部位を見せてくれても、パーツはまったく見えない。ポリマーでコートされた金色の平べったい楕円形のコイルでできた内部アンテナも埋め込まれている。これは外部アンテナから信号を受信して、電力とビデオ画像を電子機器パッケージに送る。これも眼窩の奥にあり、強膜に付着して結膜で覆われている。

それからもう一つ、電極アレイも埋め込まれている。これは機械と体のあいだで情報伝達の架け橋となるパーツだ。シリコンポリマー製の柔軟なテープが銀色の円盤型の電子機器パッケージから眼球の表面を通って（ただし結膜の下なので外からは見えない）虹彩付近で眼球の表面を貫通している。そして眼内の液体部分を通過する。医師がレンズごしにのぞくと、この部分はきらめく水をたたえた洞窟のように見える。アレイの終端は広がってタブ状になり、六〇個の小さな金属の点でグリッドが構成されている。各点はポリマーテープにフォトリソグラフィーでパターンをプリントした配線回路の末端である。これらはロイドの生き残っている細胞に視覚刺激を伝える電極として機能する。

アレイは眼球の曲面に沿うようにゆるく湾曲している。医師は網膜の中心部にある黄斑（眼球内部の一番奥に位置する）にアレイを慎重に設置した。病気のせいでロイドの眼に生じた損傷が見られるのはここだ。網膜色素上皮に生じた異常によって、組織が濃色のまだら模様になっている。医師は苦心の末にアレイを設置すると、小さな鋲で固定した。これで、アーガスのカメラから送られてくるビデオ情報がアレイから細胞体へと電気的に送られ、さらにロイドの視神経に送られて、ここからは通常の経路で信号が脳に伝えられることになる。

これらの電極を使って、ロイドの網膜は六〇個の点からなる情報を受け取る（実際には機能しない点もあるので、ロイドの場合は五二個くらいだ）。これらの電極はサッカー場のスコアボードに取り付けられた電球のようなものだと考えるとよい。つまり、点灯せよという信号を受け取ったものが点灯するのだ。ただしロイドのスコアボードでは、電球はごく短時間しか点灯しない。しかも、像を描くのに必要な電球がすべて同時に点灯するとは限らない。このスコアボードを使って持続的な像や解像度の高い像を生成するのは難しいだろう。細部までは描かれず、陰影もあまりない。それでも対象について役立つ情報を伝えることはできる。対象の位置、大きさ、向き、明るさ、有無くらいはわかる。その気があれば、これらの情報を使って歩き回ることもできるようになる。

アーガスは、かなり前に考案された人工内耳という人工感覚器の直系の子孫にあたる。(1) 人工内耳では、体外にあるマイクと音声処理装置を体内の電極アレイ（音声を電気信号に変換して聴神経に伝える）と組み合わせることによって、聴覚障害者に聴覚をいくらか回復させる。研究者は一九六〇年代から七〇年代にかけて人工内耳の実験に乗り出し、アメリカでは一九八四年に複数の電極を搭載した人工内耳の販売が初めて承認された[2]。

人工内耳は人工網膜よりもさらに入力が少ないので、音の世界全体が大幅に単純化されるのは避けられない。ユーザーのなかには、鍵《けん》がほんの数個しかないピアノにたとえて、慣れないうちは感覚が狂って不快に感じられると言う人もいる。人工網膜と同様、ユーザーは音の記憶があればそれを参考にして、ノイズから信号を選り分ける方法を習得する必要がある。人工内耳は、聴覚障害の「治療法」であるかのごとく喧伝されていることや、患者によって効果に差があること、幼児に移植した場合の影響などに懸念があるとして批判されてきた。それでも全体として、業界は成功を収めている。米国食品医薬品局（ＦＤＡ）の推定によると、二〇一二年には世界全体で三二万四〇〇〇人が人工内耳を使用していた。神経機能代替装置を長期に使用しても装置の劣化や感染症が起きないことや、ユーザーは情報の書き込みが乏しくてもそれに適応できるということが人工内耳で示されたおかげで、人工網膜への道が開けた。

セカンド・サイト社の共同創業者の一人、アルフレッド・マンは、かつて南カリフォルニアで人工内耳を製造するアドヴァンスト・バイオニクス社を創業した人物だ。同僚が網膜色素変性症を患っていたことから、彼は人工内耳と同じような人工器官を視覚にも応用できないかと考え始めた。一九九〇年代の終盤、マンは数人の研究者とともにこのアイディアの検討に乗り出した。その一人がロブ・グリーンバーグ（以前はジョンズ・ホプキンズ大学医学部に所属していた）で、彼は眼内に小さなプローブを挿入して網膜を電気刺激する実験をしていた[3]。メックによると、この実験で患者は「プローブのワイヤが一本なら光の点が一つ見え、ワイヤが二本なら点が二つ見えた」。これは重要な成果だった。この初期の段階で、研究者たちは電気刺激によって光が明確な点として見えるのではなく無意味な面状の光が見えることを懸念していたのだ。光が点として見えることが確認できたので、すべきことが見えてきた。「そこでグリーンバーグは、あとはひたすら工学的な問題だと考えました」とメックは語る。

一九九八年にセカンド・サイト社が設立され、グリーンバーグはCEO兼社長に就任した。それ以来、アーガスの開発が進められている。メックによれば、最初のバージョンはかなり単純なもので、二つの問いに答えるために設計された。長期にわたって網膜を刺激しても安全性に問題はないか、いずれ効果が消失することはないのか、という二つである。第一号のアーガスIはまさにアドヴァンスト・バイオニクス社の技術をもとにしていた。「承認済みの人工内耳を持ってきて、眼の中で使えるように電極のリード線を加工しただけです」とメックは打ち明ける。

二〇〇二年から〇四年にかけて、六人の臨床試験参加者にアーガスIが移植された。メックによると、その結果は期待のもてるものだったが、限界があった。人工内耳と同じく一六個の電極を配置しただけの小さなアレイでは、十分な解像度が得られなかったのだ。ほぼ完全に目が見えない人については、改善の度合いを測定するのも場合によっては難しい。もう少し視力の高い人のために設計されている視力検査表や検査方法が使えないのだ。「被験者がどんなことならできるかを調べるしかありません」とメックが言う。「被験者は、歩き回って進路にある障害物をよけたり、ドアや窓を見つけたりすることはできました。一人は自宅のキッチンでミキサーやコーヒーメーカーなどのある場所がわかりました。外に出て屋根の輪郭も見分けられましたし、室内にいる人も見つけられました」

次のバージョンでは、電極の数を増やす一方で電子機器パッケージを小型化することに成功し、そのおかげで手術の所要時間を短縮することができた。アーガスIの移植手術では、外科の専門医が三人の体制で八時間かかった。セカンド・サイト社は次のバージョンを医師一人ではるかに短時間で移植できるようにしたいと考えた。そうなれば手術プロセスのリスクが抑制できるし、保険料も抑えられる。解決すべき技術的な課題もいくつかあった。脆弱な網膜が電極アレイで損傷されないようにするというのもその一つだった。メックによれば、網膜というのは「濡れたティッシュペーパーみたいなもの」だそうだ。この問題に対し、アレイのために湾曲した設計やポリマー混合材を開発した。また、六〇個の電極につながる電流導入端子を、眼内に留置できる小型の水密性カプセルに収める方法を見つけるという問題もあった。それでも、二〇〇六年には新設計が完成した。

次に必要なのは、この装置を試用してもよいという人を見つけることだった。

人工網膜を移植する——ディーン・ロイド

ディーン・ロイドのオフィスでは、コンピューターは彼のデスクチェアからそっぽを向くかのごとく、アシスタントが彼の代わりに画面を読めるように設置されている。この点を除けば、ごくふつうの弁護士事務所だ。司法試験の合格証書が壁に掲げられ、机の上でファイルが山積みになり、コーヒーカップがあちらこちらに置いてある。今日、ロイドは裁判所に行くので、ピンストライプの入ったダークブルーのスーツを着ている。机の前に座ると、顔をわずかに上へ向ける。カメラを真正面に向けて、目の前に座る人を凝視することはほとんどない。

ロイドがメガネを外し、人工網膜の入っている右眼を見せてくれる。黒っぽい瞳孔とそれを取り巻く淡い緑褐色の虹彩は見えるが、ぶしつけにのぞき込んだとしてもその奥にある電極アレイは見えない。神経刺激装置を使っていることを示す唯一のしるしは、メガネを外すと装置が耳障りな警告音を発することである。これはメガネのフレーム内に設置されたアンテナが眼内のアンテナとの接続を失ったことを知らせる合図だ。

ロイドはもともと医学の道に進むつもりだった。「そういう家系でね。祖父は昔かたぎの田舎医師だったし、おじもそうだった。だからみんなは私も医者になるべきだと思っていた」とロイドは言う（彼は牧場で三週間働いてみて、一族の携わるもう一つの職業もあきらめた。牧場の仕事は無理だった。「馬は私を嫌っていたし、私も馬が嫌いだった。互いに軽蔑しあっていたんだ」）。サウスダコタ大学の医学部に進学したが、在学中に、顕微鏡を使った組織検体の識別がしづらくなった。ロイドには事態が呑み込めなかった。日常生活では視力に大きな問題はなく、〇・五くらいだったそうだ。「車の運転はできたし、何をするにも問題はなかった」。視界がぼやけるのは、顕微鏡をのぞくときだけだった。

眼科に行ったら、アッシャー症候群と誤診された。これは視覚と聴覚の両方が損なわれる病気だ。あと三年から五年くらいで失明すると思って、ロイドは医学部を退学した。「生化学で『鼻もちならぬやつ』賞をもらったこともあるんだ」と彼は愉快そうに笑う。「生化学と解剖学はオールAだったから」

カリフォルニアに引っ越してスタンフォード大学に就職し、五年間は生化学者として働いた。そこにいたあいだに、医師のセカンドオピニオンを求めた。すると今度は網膜色素変性症と正しく診断された。この病気に関係する遺伝的変異は一〇種類以上にのぼるので、現れ方もいろいろだ。このため医師は、いつどのような症状が現れるかは予想できないと告げた。心配しないようにと医師から言われたロイドはこう語る。「常に目の前の一日だけに気持ちを向ける。私はこの方針をとることにした」

ロイドは自分がコンピューターに向いていると気づくと、ソフトウェアエンジニアリングに方向転換した。結婚して子どもを二人授かり、ベイエリアでいろいろな会社に勤めては、車の流れを制御するための道路照明システムや、医療データ用ソフトウェア、ホームセンターでペンキをうまく混色するためのプログラムなどを設計した。コンピューターを使った仕事は眼に負担がかかる。まぶしい画面で何時間も小さな文字を見つめる必要があるからだ。それでも一九七〇年代の初めごろまでは、予告されていた失明はまだ起きていなかった。「夜になると、自分の眼がほかの人ほどうまく暗闇に適応できないということは感じていた」。しかし、それ以外に問題はなかった。あるとき、裏庭のテラスに屋根を付けようとファイバーグラスにドリルで穴を開けていると、破片が眼に入った。自分では取れなかったので、急いで医師に診てもらった。「医師は眼を調べると、『おや、ファイバーグラスだけではありませんね』と言った。『眼の中がひどいことになっている。白内障です』と」

まだ三〇代だったので、白内障を発症するにはずいぶん若かったが、白内障は網膜色素変性症に併発することがある。ロイドは手術を受けたが、症状が一時的に緩和しただけで、視力の低下が感じられるようになった。「たとえば道路の先にある車のナンバープレートを見ても、何と書いてあるかわからない」。それから視力は急激に低下した。「ほぼ正常な視力だったのが、半年でほとんど何も見えなくなった」。彼は淡々と、満足げとも言える口調で語る。三年ほどで失明すると覚悟していたが、実際には一〇年もちこたえたのだ。

視力が低下するにつれて、ロイドは解剖学と生化学を学んでいた学生時代に役立てていた暗記力に頼るようになった。コードを暗記して頭の中でデバッグし、修正したものをブラインドタッチで入力した。しかしやがてそれでは間に合わなくなり、プログラマーの仕事を辞めざるをえなかった。結婚生活も終わりを迎えた。親権交渉をするうちに、法律に関心がわいてきた。そして小さなカレッジの夜間コースで授業を受け始めた。「弁護士になるつもりはまったくなかった。ただ『自分の役に立つはずだ』と思っただけでね」

ところが法学は大量の資料を読む必要があるものの、自分に向いていることがわかった。弁護士業務の多くは口頭でおこなわれる。ロイドは人前で話すのが好きなので、法廷に行けば気持ちが晴れたし、自分の主張を相手に納得させるために口頭でやりとりするのも楽しかった。法律書を視覚障害者のための録音センターに持ち込んで、テープに吹き込んでもらった。司法試験では大量の資料を読みこなすことが求められるが、彼は二人の音読者に文章を読み上げてもらった。二人とも声がかれないように、氷とレモンをなめ続けていた。

　ロイドは法廷でのふるまいを独力で身につけた。裁判の始まる前に法廷に入って物の位置を確認することによって、常に正しい方向に顔を向けることができ、陪審員に話すときには陪審員のいるほうに向かって声を出す。歩くときには友人の右肩に軽く手をかけ、半歩後ろをついていく。屋内では、指で壁をなでて、自分のいる場所を確かめることもある。ロイド・ロッジ（彼は専門職に従事する四人と同居していて、坂の途中にあるその家を彼はこう呼んでいる）では、家の中央に階段がある。彼はふだんエレベーターを使わず階段を使う。壁に軽く触れて段数を数えながら昇り降りするのだ。空間、音、触感、記憶——アーガスに出会うまでの一七年間、これらが彼のツールだった。「必要は発明の母とはよく言ったもので、欠けている感覚は基本的にほかの感覚で補えるのだ」とロイドは言う。

　とはいえ、ロイドは視覚をいくらか取り戻すという考えにも心を惹かれた。アーガスⅡのことを最初に教えてくれたのは、眼科医のジャック・ダンカンだった。ダンカンはカリフォルニア大学サンフランシスコ校で診療していて、そこはアーガスⅡの臨床試験実施施設の一つだった。ロイドは臨床試験の参加条件を満たしていた。年齢は五〇歳を超えていたし、昼と夜は区別でき、光を小さな点に絞って眼に照射すれば感知できるが、見えるのはそれだけだった。アーガスⅡはそれまでにない装置で、手術にリスクはつきものだが、ロイドはやってみることにした。「どうせ失うものはほとんどないのだからと考えてね」。こんなわけで二〇〇七年七月、彼はアメリカで七人目の被験者となった。

　ノックの音がして、ロイドの話がさえぎられる。弁護士助手のアレックス・サンドヴァルが、午後の審理のために書類の確認をしにきた。サンドヴァルは子の扶養をめぐる係争に関する詳細の書かれた書類を広げ、日付や数字を延々と読み上げる。ロイドはじっと耳を傾けて、数字を復唱する。そのあいだずっと、ロイドは紙に何かを書きつけている。メモをとっているのだが、文字らしいのは一部だけで、ほとんどはただの円を描いているように見える。「落書きしていると思われてもしかたないが、本当は聞いた言葉を記憶に変換しているところだ」。ペンを紙に当てるという昔から体にしみついている動作は、耳から入る情報を記憶する助けとなるのだ。

出かける時刻になると、ロイドはブリーフケースに持ち物を詰め込む。それから書棚の前に行く。そこでは二台の充電器がアーガスの予備バッテリーを充電している。朝から使っているバッテリーはほとんど空《から》になっている。「このバッテリーをここにセットしてバックアップさせれば、あと八時間は大丈夫だ」とロイドは言いながら新しいバッテリーをビデオプロセッサーに入れると、上着のポケットに装置を戻し、サンドヴァルの車に乗り込む（裁判所へ向かうとき、私は別の車に乗った。道に迷ってしまい、ロイドに二度も電話して道案内を頼むはめになった。どこの交差点にいるか伝えると、彼は即座に記憶の中から情報を呼び出す。彼が言っていたGPSの話は、やはり冗談ではなかった）。

裁判所に着くと、ロイドとアシスタントは廊下で依頼人と打ち合わせをしてから法廷に入る。長く退屈な午後の始まりだ。審理は行き詰まっている。ようやくロイドの依頼人側にとって、この日最後の申し立ての番となる。ロイドは手持ちの数字や日付をすべて二〇分間に詰め込まなくてはならない。依頼人の隣に座るロイドは、ときおり椅子の背にもたれて指先であごの下をこする。まるでそこについた砂糖を払い落としているかのようだ。あるときにはまったく感情を示さず、紙に何かを書き加える。紙はもう青や黒の円でいっぱいだ（正式な記録はサンドヴァルがとっている）。ロイドが発言するとき、その声はしゃがれ、軽く母音を引き延ばして話す。裁判官に話しかけるときには首を少し左に傾ける。ときおりアーガスから小さな電子音が聞こえる。

この日に下されたのは全員が次にまた集まって審理をやり直すという決定だけで、法廷にありがちなもどかしい一日となった。ロイドと依頼人は廊下に出て、再び何か相談する。このころには、仮に人工網膜がなくてもロイド自身が機械のようなものだということがわかってくる。彼が今朝バスに乗ってから一二時間近く経ったが、短い休憩以外に彼はほとんど休んでいない。バッテリーの交換はしたが、昼食はとっていない。食べなくても大丈夫なのだろうか。「コーヒーを飲んだからね」と彼は肩をすくめ、オフィスへ戻っていく。

人工網膜を開発する――セカンド・サイト社

セカンド・サイト社は、州間高速道路五号線でロサンゼルス国有林の低木地帯を抜けたところに位置する郊外の工業地、シルマーに本社を置いている。社屋は特徴らしきものがほとんどない一階建ての建物で、周囲には見分けがつかないくらいよく似た建物が並んでいる。中に入ると、ブライアン・メックがガラスごしにクリーンルームをのぞき込み、そこでは作業員がアーガスⅡ用の電極アレイを組み立てている。フォトリソグラフィーに必要な黄色光を浴びて、作業服、紙製のマスク、青いゴム手袋を着用した人たちが小さなタブを検査している。メックは、いかにも高性能そうな顕微鏡をのぞき込む人たちを指し示す。すべての電極が作動するか確認しているそうだ。ラインの先には、チップを格納した電子機器パッケージとアレイをつなぐ装置がある。「とりわけ難しい作業です、技術的に」とメックが言う。「今までに開発されて医療用に承認されたなかで、最も小型で高密度の神経刺激装置なのです。この狭いスペースにきわめて多数の電気接点を入れ込み、しかも水でショートしないように水密性を保たせるというのは至難の業です」

メックは廊下を進み、別のクリーンルームをのぞく。ここでは電子機器パッケージをレーザー溶接し、水密性をテストして、再び検査する。まもなくこの装置は発売される準備が整う。明日には、ミシガン大学で実施した市販用人工網膜の最初の試験が順調に完了したことをセカンド・サイト社が発表することになっている。近い将来にどのくらいのユーザーがこの製品を使用するかメックにはわからないが、同社の推定によれば網膜色素変性症患者は全世界で一五〇〇万人ほどいるらしい。ということは、ユーザーがどのくらいになるか想像してみてほしい。

セカンド・サイト社にはライバルが存在する。複数の有力大学で研究グループが人工網膜の開発を進めていて、二〇一三年にはドイツのレティナ・インプラント社が、網膜色素変性症患者を対象に臨床試験をした人工網膜アルファIMSを欧州圏内で販売するための承認を取得した。(4) このアルファIMSでは、一五〇〇個の感光性フォトダイオードを電極にはめ込み、これを搭載したチップを網膜の手前ではなく奥(つまり、網膜と網膜色素上皮との間)に埋め込んで、生き残っている光受容細胞を刺激する。アーガスと同様、視神経がこの信号を受け取って、通常の方法で脳に伝える。しかし光から信号への変換を眼内でおこなうので、外部カメラは使わない(外部電力源は携帯する必要がある。これは耳の後ろの頭皮に埋め込んだコイルに磁石で張り付ける)。

眼内に装置を埋め込まずにすむ方法も提案されている。コーネル大学医学部のシーラ・ニレンバーグの研究室では、メガネに組み込んだ装置とオプトジェネティクス(光遺伝学)という技術を組み合わせたシステムを構想している。(5) オプトジェネティクスは、情報が脳に書き込まれる仕組みが明らかになるにつれて重要性を増しつつある分野だ。このオプトジェネティクスを利用すると、特定の波長の光を当てて刺激を加えることによって、きわめて高精度でニューロンを制御することができる。オプトジェネティクスでは遺伝子治療をおこなって、光感受性タンパク質のオプシンを細胞内に挿入する必要がある。中身を取り出して空《から》にしたウイルスの外殻に、オプシンをコードする遺伝子を詰め込む。そして網膜色素変性症の場合には、眼の網膜神経節細胞にこの遺伝子を導入する。思い出してほしいのだが、網膜神経節細胞は光受容体と視神経のあいだにあり、網膜色素変性症などの病気で光受容体が攻撃されても、この細胞は生き延びる。したがって、この遺伝子治療をおこなうと、特定の光で活性化できる健康な細胞の層が生じる。

次に、処理すべき情報を与える必要がある。計算論的神経科学者であるニレンバーグは、現在の人工網膜で与えられる刺激は正常な入力に十分に近いとは言えず、ユーザーが閃光や輪郭といった低レベルの情報しか見ることができないのはそのせいだと主張している[6]。現実世界の像から脳の電気的言語への翻訳がもっとスムーズにできれば、もっと解像度の高い視力が得られるとニレンバーグは考えている。そこで研究室では、身近な像を見たときに網膜が感知する光のパターンを網膜細胞の活動パターンと関連づける方程式を考案した。この数学によるコードを逆方向に適用すれば、像を電気パルスに変換し、網膜の言語を再現することができる。

目の見えない人が治療を試しているとしよう。その治療では、オプシン遺伝子を眼内に導入し、カメラを搭載したメガネをかける。メガネの内側には、ビデオ画像を電気パルスに変換する「エンコーダー」と呼ばれるチップが取り付けられている。メガネの内側の小型プロジェクターが電気信号を光のパターンに変換し、眼に照射する。このタイプの光に応答するように操作された神経節細胞が信号を受け取る。この信号は通常の網膜がつくり出すパターンにとても近い。そして、信号が神経節細胞から視神経に送られる。この人工網膜システムのマウス版モデル——残念ながらメガネは使わない——を使って、ニレンバーグの研究室は失明マウスにおいて正常に近い網膜の活動を生じさせられることを示した（ニレンバーグはただちにマッカーサー基金から「天才助成金」を授与された）。

しかし、いち早く市場に到達したのはセカンド・サイト社だった。メックは、同社製品の新規ユーザーのほとんどがロイドよりもすぐれた視力を取り戻せると予想している。メックによると、ロイドは視覚刺激が長く続かない低持続性網膜の持ち主で、だから閃光しか見えないのだ。網膜の持続性がもっと高い患者のなかには、三次元の像は無理だがシルエットは見えるという人もいる。また、グレースケールで五つから七つくらいの階調が見分けられるという人もいる。これだけ見えれば、人の顔と服は十分に区別できる。これは大事だとメックは言う。相手が誰だかわからなくても、人が近づいてきたときや遠ざかっていくときに、相手がこちらに注意を向けているのかよそを見ているのかという、社会的に有用な情報が得られるからだ。

もっと性能が上がるとどうなるのか、メックはフランス人の臨床試験参加者のビデオを見せてくれる。その男性参加者は広場に立っていて、黒いコートを着た女性が目の前を通り過ぎていくあいだ、女性を指さしている。つまり、女性の動きが追えるということだ。別のビデオでは、男性は通りに並ぶ街灯を数えている。杖をジグザグに動かしながら歩道を歩いていく姿を映したビデオもある。「どうなるか、よく見ていてください」とメックが勢い込んで言う。画面上で、不意に通行人が目の前に飛び出してきて、男性は立ちすくむ。「止まりました。立ち止まったでしょう！　杖で触れたからではありません。相手の姿が見えたからです」とメックは言う。

アーガスではわずかなデータしか得られないが、便利な機能が備わっている。各ユーザーが携帯するビデオプロセッサーには三つのボタンがついていて、メーカーがプログラムすることでふつうの眼にはない特別な機能をもたせることができるのだ。ロイドの場合、白黒反転機能がプログラムされている。これを使うと、ドアや窓が見つけやすくなる。濃い色をもっと濃くして薄い色をもっと薄くするコントラスト強調オプションも入れてある。それからもう一つのオプションである輪郭検出機能を使うと、鮮明な線と直角で構成される人工的な環境や屋内で動くときに役立つ。

将来的には、顔認識ソフトウェアが役に立つかもしれない、とメックは言う。さらにもう少し先へ進みたいなら「通常波長のカメラではなく赤外線カメラをシステムに接続すれば、ユーザーはあなたや私よりも暗闇で物がよく見えるようになります」。それどころか、アーガスのメガネフレームに搭載されたカメラを使わなくてはいけない理由はない。接続するのはどんなカメラでもかまわないし、インターネット上のデータを利用することもできる。「あなたのノートパソコンについているあなたのカメラから見ることもできますよ、本人が望むなら」。簡単に言うと、真のテレビジョン——遠隔（tele）の視力（vision）——が患者のものになるのだ。現在のところ、ビデオの画像はリアルタイムで流れていくだけで、保存はしていない。そこで私は質問する。巻き戻しボタンは？　「ありません」とメックが考えながら答える。「あればおもしろいですが」

セカンド・サイト社は、視覚を助ける能力の再学習を助けるための自宅用キットを開発した。その中には、図形や文字をかたどった黒いピースを貼り付けられる白いマグネットボードが入っている。手で触れながら目で見ることにより、視覚と触覚を協調させることができる（ロイドが自宅で訓練に使っているのは初期のバージョンで、ボール紙の表面にあいまいな幾何学図形が盛り上がっている）。しかしこれらの像が何を意味するのかを思い出すのは、視力を失って久しい人にとっては難しい場合もある。メックはコンピューターを使って同様の訓練を受けた一人の臨床試験参加者のことを教えてくれる。その女性は「画面上で『S』の文字をきちんとなぞることができました。形をなぞることができ、はっきり見ることもできました。でも、それが何という文字だかわかりませんでした。忘れてしまっていたからです」

アーガスIIの臨床試験で得られた結果のなかでとりわけ興味深いのは、この再学習プロセスの個人差だ。メックによると、ユーザーの半数以上は「視覚を再学習して再調整するのに時間がかかります。ところが、そうでない人もいます。ほぼたちどころにマスターしてしまうのです。装置をオンにするだけで、すぐにすべて理解できるのです。一方、時間のかかる人たちは、よくこんなことを言います。『もう、本当にいらいらしました。たまりませんでした！　宿題は毎日ちゃんとやって、装置を二、三時間使っても、いっこうに理解できませんでした。まったく！　それでもあるときついに、すべてがわかるようになったのです』と」

なぜこのような差が生じるのか、メックと同僚たちはぜひ知りたいと思っている。影響する要因は一〇〇個以上ありそうだ。しかしアーガスを使った人はまだ一〇〇人を少し超えただけ（二つの臨床試験の参加者と最初期の市販品ユーザーも含めて）なので、結論を出せるほどのデータがない。失明してからの期間という最も明白と思われる要因についてさえ、今のところ相関性は何も見出せていない。遺伝的変異が多数存在する病気には、答えも当然たくさんあるのかもしれない。

人工網膜を使う人が増えれば、答えがもっとはっきりする可能性がある。これまでのところ、アーガスを使っているのは網膜色素変性症患者だけだが、機能する網膜細胞の一部が残存する別の病気においても使用できると考えられる。特に、視野の中心が欠損するが周辺視野は保たれるのが一般的な加齢性黄斑変性症がこれにあてはまる。この病気にアーガスを使うことができれば、対象となる患者は大幅に増えるはずだ。セカンド・サイト社の推定では、世界全体で加齢性黄斑変性症を原因とする法定失明者（矯正視力が〇・一以下）がおよそ二〇〇万人いる。網膜や視神経を破壊する病気はほかにもあり、それらの患者はさらに多数にのぼる。視覚経路のもっと先まで装置が挿入できるようになれば、そうした患者も救えるかもしれない。

現在、セカンド・サイト社は次世代の装置について二つの可能性を探っている。一つは現在のものと同じく眼の中に埋め込むが、もっと性能を上げた製品である。同社では、アレイ上の電極間で電場を形成して電流を操作する「電流ステアリング」という技術を研究している。これによって「仮想電極」が増設されることになるので、同じ装置を使いながら入力を増やすことができる。ビデオプロセッサーの改良に加えてこの技術を使えば、理論的には視野の解像度が上げられるはずである。

しかし実用できる電極の数には生体側の限界があるだろう、とメックは言う。電極とそれが刺激する細胞とのあいだには、一対一の対応があるわけではない。実際には、各電極が複数の細胞を刺激する可能性がある。入力が過剰になると、一つの信号が多数の細胞にあふれ出て、光がピンポイントではなくなってぼやける「雲効果」という現象が生じるおそれがある（オプトジェネティクスの手法は、この問題の回避にもつながる）。そこでセカンド・サイト社では、眼と視神経を完全にスキップする人工視覚野の開発も検討している。このバージョンでは、電極アレイを脳の視覚野に設置し、電子機器パッケージは頭蓋の表面か内部に埋め込むことになりそうだ。メックによれば、この装置は視神経を飛ばしてすぐに脳に到達するので、ほかに治療の手立てのない視覚障害のほとんどに使うことができる。

設計については「アーガスⅡとあまり変わらないでしょう。電極はおそらく六〇個になります」とメックは言う。メガネを使わないバージョンでは、外部アンテナとカメラを専用の帽子に取り付けるか、またはカメラを手持ち式にするかもしれない。しかしこれには大がかりな技術開発が必要となるだろう。ノイズから信号を選り分けるのは従来よりもさらに難しくなる。眼と視神経による解釈プロセスをスキップするため、視覚経路のかなりあとの方で信号を中継することになるからだ。「視覚野に到達する前に視覚経路でのコード化がまったくおこなわれないので、視覚野に届く信号はきわめて粗いものとなります。ユーザーはクリニックで相当の訓練をする必要があるでしょう。脳が情報を理解して本人がその意味を理解できるように、信号をうまく調整する方法を習得しなくてはなりませんから」とメックが説明する。

これは驚くべき発想だが、脳をじかに刺激することに関心をもっているのはセカンド・サイト社だけではない。このアイディアはすでに数十年前には生まれていたが、感染症のおそれがあることや、埋め込んだ装置への電力供給が難しいことから、初期の研究はなかなか進展しなかった。初期の脳埋め込み装置でうまくいったのは、感覚系ではなく運動系にかかわるものだった。パーキンソン病の筋振戦を治療するための脳深部刺激電極がその一例である。触覚をテーマとする第5章で取り上げるが、義肢を動かす脳埋め込み装置の開発も進められている。

第4章と第5章では、科学者が脳の感覚野に話しかける（そしてそこから情報を読み出す）方法をどうやって解明しているかについて、そしてその解明によって生じてくる難題と夢のような可能性について、さらに深く掘り下げる。しかし今のところは、脳への書き込みだけならもはやSF的な夢物語ではない、ということがセカンド・サイト社の工場を見ればはっきりとわかる。すでにそれが製品化されているのだ。オフィスを出る前に、私たちは無人のデスクスペースがずらりと並んだ場所を通り過ぎる。今はまだ使われていないが、ここが営業部になるという。この会社が成長するつもりでいるのは間違いない。

人工網膜で見るということ

ディーン・ロイドは車で眼科の検査に向かっている。検査は半年に一回だ。臨床試験の被験者として、装置がトラブルを起こしていないか調べる定期検査を受けることになっている。今日は出勤日ではないが、ロイドはスーツを着ている。ふだんよりほんの少し気楽な午後を過ごしていることを示すのは、愛用の黒いカウボーイブーツだけだ。

空気の乾燥した冬の日で、高速道路沿いには道路と同じくくすんだ灰褐色の山の斜面が広がっている。ロイドは遠くを見ようとするかのごとく首を伸ばしているが、じつは見えているのはフロントガラスの閃光だけだ。「いつかガラスの向こう側まで見えるようになるのか、それはまったくわからない」と、彼はアーガスのことを話す。

ロイドはアーガスの実験に熱心で、朝から晩までずっと装着している。視覚のとりわけ興味深い点を彼はすぐに理解した。視覚には動きが必要だということである。眼は常に動いている。私たちは眼球を急速に動かす「サッケード眼球運動」を一秒間に何回もして、固視点を移動させることによって、見えているものを詳細に検分する。アーガスのユーザーが装着しているカメラは鼻の上にあるので、眼を動かしてもサッケードができない。代わりに頭全体を動かす必要がある。これは鳥と同じやり方だ。「私のように農家で育った人間は、鶏が頭を前後に動かしているのを見て、何のためにそんな動作をするのかと不思議に思ったことがあるはずだ。アーガスⅡを埋め込んだときにようやく、その答えがはっきりわかったよ」

実際、ロイドがアーガスから視覚像を受け取ったときの最初の記憶は、この「鶏の動作」を習得する必要があったということだ。アーガスの埋め込み手術を受ければすぐに物が見えるようになると思っている人が多いが、それは違う。カメラを搭載したメガネに埋め込み装置がすぐに接続されるわけではない。手術から回復したら、ユーザーはまず装置を自分に合うように調整してもらう。各電極の刺激閾値を測定し、ユーザーごとに最もうまく機能する周波数帯域に設定する（周波数が低すぎると像は脈打つように揺らぎ、高すぎると像が薄くなってしまう）。

装置を自宅に持ち帰る前に使い方を練習する必要もあり、その際に見方を習う。ロイドは手術の一カ月後、神経生理学医に連れられて、カリフォルニア大学サンフランシスコ校の裏手にある庭園を歩いたときのことを話してくれる。医師が物の前で立ち止まっては、何が見えているか言わせたそうだ。「何が『見えている』かと訊かれて、私は画像を探していた。しかしアーガスを埋め込んだだけでは画像は見えない。そこでドクターは『ディーン、装置を左右に動かしてみてください。鶏を思い出して！』と言った」。ロイドは頭を左右に動かし、それから上下に動かし、一七年ぶりにようやく視覚像をとらえることができた。閃光によって、目の前の物体が幅一メートル、高さ三メートルほどの大きさだということがわかったのだ。大きさはわかったが、それが何かを知るには十分ではなかった。そこにあったのは、大学創設者の一人の像だった。

このように得られる情報が乏しいので、ロイドはアーガスがさほど役に立つとは思えなかった。そこで、あるテストを考え出した。今では彼のまわりの人たちが「靴下テスト」と呼んでいるものだ。ロイドはスポーツジムの常連で、午前のトレーニング時には白いスポーツソックスを履く。そして法廷へ行く前に「もう少しきちんとしたもの」、つまり黒い靴下に履き替える。「ところがあるとき、ヘマをした。片足に黒い靴下、もう片足に白い靴下を履いてしまってね」。相手側の弁護士がそれに気づいて嫌味を言ってきた。「おやおや、ロイドさん、そんなで裁判に勝てるとお思いですか？　靴下さえちゃんと選べないのに！」。この件で発憤したロイドは、帰宅すると「靴下を脱いで『あのアホな弁護士に恥をかかされた。洗濯してから靴下が区別できるか確かめてみる』と宣言した」

靴下テストには三〇本の靴下を使う。白とグレーと黒を一〇本ずつだ。最初のテストでは、白い靴下はわかったがほかの色は区別できなかった。しかしこの実験には予期せぬ要因が影響していた。埋め込み装置から網膜までの距離が遠すぎて、きちんと接触していなかったのだ。そこで前よりも簡単な手術（ロイドとメックは「リセット」と呼んでいる）を受けて、アレイを眼の奥にもっとしっかり留めつけた。手術から回復すると、ロイドはまた靴下テストに挑戦し、今度はうまくいった。「それで、この装置が本当に役立ちそうだと確信できたというわけだ」

見方が上達すると、思いがけない現象に気づいた。閃光が色をほとばしらせるように見えることがあるのだ。といっても、プロセッサーが色をきちんと解釈するわけではない。アーガスのユーザーに見えるのは、白、黒、さまざまな階調のグレーだけとされている。なかには黄色が見える人もいますが、とメックは言う。ロイドが知覚する色は、彼が見ている現実世界の物に合致しない。「実際には緑色の木を見ているのに、それがピンクとか紫とかオレンジとか赤とか、とんでもない色に見えたりする」とロイドが言う。それでも彼は、自分が知覚しているものが何かはちゃんとわかる。「子どものころは色が見えていたからね。だから脳内の認識因子がまだ残っているんだ」

ロイドの担当医とメックも、ロイドの言うとおりだと思っている。色が見えると報告してきたユーザーはロイドだけではない。かつて錐体細胞からの色の情報を伝えていた双極細胞が生き残っていて、それをランダムに刺激しているのかもしれない。見ているものの色と閃光が対応していないこともそれで説明がつく。あるいは特定の刺激周波数が心的色覚を生み出しているのかもしれない（その場合、将来的にもっと高精度で周波数を調整できるようになれば、アーガスのカラー版も実現できるのではないだろうか）。いずれにしても、ロイドはそうしたはかない瞬間をこよなく愛し、美しいと感じる。「見えるのはたいてい赤だ。完璧なルビーレッド、きれいなルビーレッドが見えたりする。青はなかなか興味深い。混ざり気のない青が見えるとしたら、それは空みたいに静かに光を放つんじゃないかな」。ロイドにとって、色は世界の大切な要素で、恋焦がれる対象である。微妙な色調や濃淡をもつすべての色を見る能力は取り戻せないかもしれない。それはわかっている。しかし彼にはもっと単純な願いがある。「緑の木を見て、緑だと感じたい」

練習のおかげで、ロイドはアーガスで得られる視覚による手がかりをこれまでに順応してきたその他の能力と十分に結びつけるようになっていて、じつはふつうに目が見えているのではないかと人から冗談を言われたりするほどである。ロイドはもう車の運転はしないが、道路のことはよくわかっている。ガレージには彼の「大学時代の夢」が鎮座している。新品同様の一九六九年式マスタングのコンバーチブルだ。ボディーは深緑色で屋根はクリーム色のこの車は、「グリーン・マシン」という呼び名でよく知られている。彼は友人のバイシクル・ボブにハンドルを握らせて、この車でドライブに出かける（この友人がバイシクル・ボブと呼ばれているのは、ロイドとボブが二人乗り自転車で海岸やフォーティナイナーズ・スタジアムなどへ出かけることもあるからだ）。グリーン・マシンでドライブすると「胸が熱くなる。力強い車で、アクセルを踏み込むとジャンプするんだ」と、ロイドはさもいとおしげに言う。グリーン・マシンにはとうていおよばない私のおんぼろなサターンで医師の診察室に向かって走りだしてから二〇分ほど経つと、ロイドが――思い出してほしいのだが、彼はフロントガラスの向こう側は何一つ知覚できない――デイリーシティー（近くの郊外の町）に降りる出口を抜けるところだねと何気なく言う。実際にそのとおりだ。なぜわかったのだろう。「時間は距離に等しいから。時速一〇〇キロくらいで、ときどきは一一〇キロくらいで走っているよね？　走っている速度は車の感触でわかる。時間を調べれば、どこを走っているのか正確にわかるよ」

ロイドは実験台の立場におおむね満足している。自分は実験用のモルモットだからと軽口を叩き、時間のかかる検査にも文句を言わずにつきあう。アーガスがどれほど役立つかをFDAに対して熱心に証言したこともあるし、私が取材するまでに、おもしろい話題を求める記者からの取材を六五回も受けていた（彼は回数を記録している）。彼の唯一のこだわりと言えば、自分を「患者」と呼ばないことだ（「私は患者ではないから。この点については、自分にもまわりの人にも厳しく要求する。いいね？」）。彼は、自分のあとに続くユーザーのために、もっとすぐれた製品をセカンド・サイト社がつくる助けとなるのが自分の役目だと心得ている。「私のはT型フォードだからね。キャデラックには近づいてさえいない」

彼は自分がサイボーグ的な存在であることにまったく気おくれしていない。機械が自分の体の一部であり、機械も体も定期的にメンテナンスする必要があるという事実を淡々と受け止めている。病院に着いて車から降りるとき、彼はブリーフケースを忘れずに持つ。予備バッテリーが入っているからだ。「バッテリーが終わってしまったら、私も終わりだ」と言う口調はおだやかだ。

病院の暗い検査室で、眼科技師がいくつかの基本的な検査をする。眼圧も血圧も正常だ。それから眼筋を調べるために、ロイドに眼を動かさせる。瞳孔のサイズを測り、開かせる。ここでロイドを臨床試験に踏み出させた眼科医のダンカンが検査室に現れて、ロイドに向かって親しげにあいさつする。「今日で六年半ですね！」と医師は言って、ロイドのデータを入力するためにコンピューターの前に座る。ロイドにアーガスを使う頻度を尋ね、薬について質問する。眼軟膏を使うのはやめました、もう必要ありませんから、とロイドが答える。「時間が経つにつれてよくなっています。妙な話ですが」

「それはいいことですよ。眼がだんだん慣れてきたのですね」とダンカンが言い、小声でつぶやきながらキーボードを叩く。「睡眠時を除き装置を常時使用」

「では、眼を見せてください」。ダンカンが検眼鏡を点灯し、ロイドの眼に白い光を正面から当てる。

「もちろん、この明るい光は見えますよ。閃光ではなく、安定した光のように感じます」とロイドが言う。

「両眼とも見えますか、それとも片眼だけですか？」

「右眼だけです」

ダンカンはもっと詳しく調べようとロイドに近づく。頭に検眼鏡をつけて、もっと大きなレンズを手に持ち、先ほどよりも入念に眼をのぞき込む。「網膜を見て、眼の健康状態を調べています。埋め込み装置に見たところ問題がないか、眼に炎症などの問題を示す徴候がないか、確かめているのです」と診察を続けながら言う。「上を見て。左を見て。そう。今度は下を見て」。ダンカンは身を乗り出して小声で言う。

「今度は右。はい、けっこうです」

ロイドは黙って指示に従い、眼をさまざまな方向に動かして、そこにあるものを見る。さらに数分ほど詳しく調べたところで、ダンカンはT型サイボーグとバイオニックアイの健康状態についての所見を告げる。問題なのは、まつげが眼に入っていたことだけです、と。

4　聴覚

書き込みと読み出し——脳の活動を解読する

本章では、すべてが頭の中で起きる。

今この瞬間、舞台はアーロン・フリードマンの頭の中だ。カリフォルニア大学バークレー校の研究棟の奥深くで、フリードマンは巨大なfMRIスキャナーの中に横たわっている。装置の狭いトンネルに出入りするスライド式ベッドの上で、仰向けになって手を体の横につけている。眼の上には、ヘルメットのバイザーのようなヘッドコイルがかぶさっている。入念な計画にもとづいて膝の下と頭頂のまわりに詰め込まれたくさび型スポンジで一定の体位が保たれ、体はビーズの詰まった柔らかい掛布団で覆われている。これらはすべて、スキャナーが作動しているあいだに彼を快適に、そして完全に静止した状態で、横たわらせておくための手立てだ。脳の活動を読み出す際に磁石が発する電動のこぎりのような騒音に耐えられるように、両耳にはプラスチック製の巨大な耳栓が差し込まれている。

横たわったフリードマンは、ずっと前に放送された『ザ・モス・ラジオ・アワー』のポッドキャストを聞いている。作家やコメディアンが自分の体験したためずらしい出来事や災難の話を語る番組だ。今流れているエピソードでは、ジェニファー・ヒクソンが登場し、二人の女性がタバコを吸いながら互いの境遇を同情しあう「火のないところに」という話をしている。隣の観察室では、話が終わりかけているのに気づいた大学院生のアレックス・ハスとウェンディー・デ・ヘールが、回転椅子を滑らせて机の前に移動する。

「大丈夫ですか?」と、ハスが装置内のフリードマンとつながったマイクに向かって言う。

「大丈夫です」と、フリードマンの声が返ってくる。頭のまわりにスポンジが詰め込まれているせいで、いくぶん声がくぐもっている。

「では、次の話に進みます。いいですか?」とハスが確認し、デ・ヘールが次の音声を準備する。再び音声が流れ始めると、二人は今日の実験の目的に戻る。フリードマンの脳が人間の声を聞いているときに、その脳を盗み聞きするのだ。「そのデータを使って、聴覚の言語処理経路全体を調べようとしています」とハスが説明する。

　ハスは、その経路の頂点、すなわち脳が意味を処理する部分で何が起きているか知りたいと思っている。デ・ヘールは、音素（単語を構成する個々の音）や調音（口などの器官を使って言語音声を発すること）といった、もっと低次の構造を脳が処理する方法を知ることにもっと関心がある。ディーン・ロイドの人工網膜を可能にしたのは「書き込み」という技術だが、ハスとデ・ヘールは共同でこの「書き込み」と対《つい》をなすプロセスを研究している。二人は脳の活動の「読み出し」をしているのだ。「コード（符号）化」と「解読」という二つのプロセスを使っているが、解読にはじつに驚くべき潜在的用途がいくつかある。脳の電気的言語に精通できれば、人が過去に見たものや聞いたことを知ることができる。これより精度は落ちるが、脳の活動を変換してもとの刺激に戻すこともできる。理論上は、これによって人工網膜や人工内耳と逆の役割を果たす新たな神経機能代替装置が実現できる可能性がある。つまり、脳のインパルスを現実世界の信号に変換できるということだ。聴覚に関しては、頭の中で聞こえるかすかな声を外部まで届く音声に変えることができる。

カリフォルニア大学バークレー校（および他の研究機関）では、いくつかの研究室が聴覚処理の正確なモデルを把握しようと研究を進めている。[1] これがうまくいけば、頭の中の発話を画面上に文字として表示するか、あるいはなんらかの装置を使って音声化するという形で読み出すことがいつか可能になるかもしれない。これはつまり、思考によって直接コントロールするブレイン・マシン・インターフェース（脳と機械のインターフェース）だ。このようなインターフェースは義肢を動かす手段として、神経科学の運動分野で研究されている。たとえば、コーヒーカップを持ち上げたいと思うだけで、ロボットアームが動いてくれる。

運動分野だけでなく、知覚科学の分野でも応用できる可能性がある。聴覚については、脳卒中や筋萎縮性側索硬化症など、身体に麻痺が生じ、頭の中で言葉を考えることはできても話す能力を失う病気に見舞われた人を助けることができるのではないかと、研究者は考えている。また、この技術を使って万能翻訳機をつくろうと考える研究者もいる。頭の中で言葉を考えると、機械が通訳してくれるというものだ。あるいは、キーを叩いたり声に出したりする代わりに頭の中で命令を考えることによって、コンピューターや電話を操作するというのはどうでしょう、とデ・ヘールが言う。「機械とのコミュニケーションはたやすく想像できます。Ｓｉｒｉと同じようなものですが、指示を声に出す必要がないのです」。音楽にも応用できるのではないでしょうかと、今度はハスが言う。「メロディーを考えるだけで、音が外に出てくるのです。実現したらすばらしいと思います」

誤解のないように言っておくが、今のところそんな装置は存在しない。しかし装置の実現につながるかもしれない「刺激の再構成」と呼ばれる最先端の技術はある。フリードマンがｆＭＲＩスキャナーの中で横たわってポッドキャストを聞いている理由の一つがそれなのだ。刺激の再構成においては、ほかの人が見たり聞いたりしたものを、それがどんなものか知らない状態で正確に再現することを目指す。二〇〇八年以降、カリフォルニア大学バークレー校の心理学者ジャック・ギャラントの研究室は、刺激の再構成を視覚に適用した実験をおこない、被験者の見た複数の写真をかなり正確に結びつけたり、動画を再現したりできることを示して世間を感嘆（場合によっては震撼）させている（ハスはギャラントの研究室に所属する博士課程学生、デ・ヘールはバークレーでギャラントと共同研究している別の研究室に所属している）。

ギャラントは自分の研究が「脳の読み取り」と呼ばれても気にしないだろう。「実際、われわれがやっているのは脳の活動の解読なのだから」と彼は言う。ギャラントたちが読み取っているのは、各時点における各ニューロンの働きそのものではない。fMRIでは速度が足りず、ニューロンを一つひとつ読み取ることはできないのだ。しかし人間を磁石で取り囲んで調べることによって、ニューロンの全体的な活動を表す低解像度の画像が得られ、感覚入力とそれに対する脳の反応の関係を見出すことができる。そこから、両者の関係を示すモデルが作成できる。

このようなモデルは、ポスト・ベビーブーマーの時代には有効な医療ツールとして使えるだろう、とギャラントが言う。老化に伴う脳の機能低下が医療において重大な問題となるからだ。「寿命がどんどん延びていくなかで、脳の老化にかかわる問題は深刻化していくだろう。体は元気でも、脳の健康状態は悪化する。この問題に対処できるのは、神経科学の研究をおいてほかにない」。この基礎研究から技術面の副産物が生まれる、と彼はさらに指摘する。脳の働く仕組みがわかれば、その活動を解読することができるようになるのだ。

ギャラントの研究室は視覚で成功を収めると、今度は脳の別のプロセスとして主に言語の解読に取り組み始めた。脳における聴覚信号処理の仕組みを十分に理解すれば、耳から聞こえたことを解釈するだけでなく、心の耳で聞いて想像した言葉を解釈することもできるとギャラントらは考えている。「人間がつくれる最も有用な脳の解読装置《デコーダー》は『思考帽』だろうって、私はよく言うんだ。頭の中で絶えず話しかけてくる小人の言葉を解読できる装置だね」とギャラントが言う。「その言葉が解読できるようになったら、たちまちその分野は数十億ドル規模の産業になるはずだ。誰もがその装置をほしがるから。どんなことも解読できる。ほかのブレイン・マシン・インターフェースのほとんどがこれに置き換わるだろうね」

しかし人が音声として聞いた言葉や頭の中で考えた言葉を再現するには、脳が音をどう処理するのかを示すモデルがまず必要だ。ハスとデ・ヘールは発話に関心があるので、fMRIスキャナーに入っている被験者にジャズコンボや雷鳴ではなくトーク番組のポッドキャストを聞かせている。

ハスの前にはフラットスクリーンのモニターが二台ある。ほんの数秒前に撮影されたフリードマンの脳の画像が画面に表示される。fMRIスキャナーは、血中酸素濃度、血液量、血流速度の変化を測定することで脳の活動を追跡する。ニューロンが働くときには糖と酸素が消費されるので、これらを補充しなくてはいけない。新鮮な血液が流れ込んで細胞に燃料が補給されると、局所的に磁場が変化し、装置はこの変化を検出することができる。研究者たちの取得するフリードマンの脳活動を表す画像は、いくらか間接的で時差がある。しかし神経信号を記録するために電極を埋め込む方法とは違って、手術が不要で、限られた範囲の細胞だけでなく皮質全体の活動を観察することができる。

fMRIでは、脳に存在する八六〇億個のニューロンを一つひとつ調べるのではなく、脳を「ボクセル」（体積を意味する「ボリューム」と画素を意味する「ピクセル」をもとにした造語）からなる架空の立方体に分割し、数立方ミリメートルの領域内に存在するすべてのニューロンをまとめて調べる。一つのボクセルには五〇万個から二〇〇万個のニューロンが含まれる。研究者は、特定の刺激への応答として各ボクセルがどのような活動を示すか調べる。

今日の実験では、ハスとデ・ヘールはフリードマンの聴覚野で起きていることを記録しているだけだ。

画面に映る脳の断面図では、ニューロンが密に詰まった灰白質は全体が淡いオフホワイトで描出され、そこをもっと色の濃い脳脊髄液の領域と、脳のパーツをつなぐ暗灰色の有髄軸索の束が横切っている。血流の変化を示す数値が表示されている。三角州の潮の干満を撮影した動画を早送りで見ているかのようだ。

「この部分は忙しく活動していますね」と言って、ハスが画面上の聴覚野で踊る光を指さす。

「今、被験者は音を聞いているということです。点滅していますね」と言って、ちゃんとやっています」とデ・ヘールが続ける。

聴覚は音をどう処理するか

フリードマンの脳の中で起きていることにあわてて深入りする前に、そもそも音がどうやって脳に到達するのか、おさらいをしておこう。耳の仕事は音の圧力波を電気信号に変換することである。外耳で圧力波を集めて増幅し、外耳道から鼓膜へ送り込む。ここで槌骨《つちこつ》と砧骨《きぬたこつ》と鐙骨《あぶみこつ》という三つのかわいらしい小骨が、互いに対して小さな梃子《てこ》のように作用して音をさらに増幅し、音波のエネルギーを卵円窓《らんえんそう》と呼ばれる小さな膜に集中させる。

波のエネルギーは、蝸牛内の水分をたたえた環境で電気エネルギーに変換される。蝸牛というのは液の詰まった三つの管で構成される、カタツムリのような形をした構造物である。三つの小骨が卵円窓を圧迫すると、その運動によって進行中の波が液を通過し、蝸牛の管全体で膨隆や膜の振動が生じる。これによって基底膜が圧迫され、この運動を有毛細胞（不動毛という小さな突起構造を液内へ伸ばしている聴神経線維）がとらえる。この運動によって不動毛がたわんで力学的エネルギーを生み出し、有毛細胞がこのエネルギーを電気信号に変換する。電気信号は聴神経線維に送られ、聴神経によって脳に伝えられる。

視覚と同じく、聴覚に関しても脳に入っていく信号は途中で分解される。そのプロセスは蝸牛で始まり、複雑な波形が分解されて低・中・高周波となり、それぞれの音を構成する低周波と高周波の比率が聴覚系内に提示される。しかし次にどんな分解が正確には脳のどの部分で起きるかはまだ解明されていない。蝸牛を通過した聴覚情報は、さらに七個から一〇個ほどのシナプスを通っていく。つまり七段階から一〇段階の情報処理を経て、それからようやく私たちは音の経験を知覚することができる。

聴覚経路の各段階で、それぞれの場に存在するニューロンはこれから受け取って処理することになる情報を「気に入ったり」「気にかけたり」「(その周波数に)チューニングを合わせたり」していると考えられる。神経科学者は、これらの性質をその領域の「特徴空間」と呼ぶ。これはそこにあるニューロンが表すものという意味である。実際、各領域はおそらくそれぞれいくつかの特徴を処理し、経路を進むにつれてそれらの特徴はしだいに抽象的になっていく。発話を聞く場合には、聴覚経路は音声を周波数によって処理することから始まる。経路の途中で、ニューロンは言語に特有の音の特性を気にしなくてはならず、終点に近づいたら意味を考慮する必要がある。しかし研究者は依然として、それらの処理がいつどこで起きるのか、そして経路を進むうちに音がどのように分解されるのかについて解明する努力を続けている。

「当然といえば当然ですが、この経路の始まる部分で起きていることについてはかなりわかっています。しかし各段階でその情報がどう処理されているのかについてはまだよくわからないのです」と、カリフォルニア大学サンフランシスコ校の神経外科医で生理学者のエドワード・チャンは言う。彼は、脳機能マッピングのさまざまな側面を研究していて、そのなかにはマッピングを聴取と発話に応用する研究も含まれている。彼はカリフォルニア大学バークレー校のロバート・ナイトの研究室でポスドクの研究をおこなった。この研究室はギャラントの研究室と同様、聴覚刺激を再構成する研究に大きく貢献している。どちらの研究室もヘレン・ウィルス神経科学研究所に属し、聴覚処理の謎の解明に取り組んでいる。具体的には「知覚とは何か。つまり、耳から入ってくるものと私たちが実際に経験するものはどう違うのか」を明らかにしようとしている、とチャンは自身の関心領域を説明する。「この二つは同じでないことがしばしばあるのです」

視覚系と同じく、聴覚系もおびただしい量の情報を受け取る。聴覚の場合、受け取る情報はまさに雑音《ノイズ》であり、そこから意味のある信号を選り分けなくてはいけない。「聴覚系は受動的な傍観者ではないのです。それどころか、知覚というのはじつは非常に能動的なプロセスです」とチャンが言う。脳がこの情報をどうやって操作しているかがわかれば、経路の各段階でどの特徴が処理されているかを知る手がかりが得られるかもしれない。

人間にとって、特別に目立つ音というのは別の人間が発する特別な音、すなわち発話である。発話がよく理解できるように、脳はカテゴリー知覚と呼ばれるフィルタリング戦略を使う(2)。チャンはナイト研究室でおこなった実験のファイルを呼び出す。画面上に一四個の音声ファイルが表示され、それぞれに小さな「再生」ボタンが用意されている。チャンが一つ目のボタンをクリックする。

「バ」とロボットのようなコンピューター音声が言う。

チャンが次のボタンをクリックすると、「バ」という音声がまた流れる。さらに三回クリックすると「バ、バ、バ」という音声が続く。

六つ目のボタンをクリックすると、今度の音声は「ダ」と聞こえる。

「『バ』から『ダ』に変わりました」とチャンが指摘する。それからさらに続いて、いくつかのボタンをクリックする。さらに四回、「ダ」という音声がコンピューターから聞こえる。

それからまた音声が変わり、今度ははっきり「ガ」と言っている。

しかし実際には、これほど単純な話ではない。音は三種類だけで、それぞれ数回ずつ再生されたように聞こえたが、じつは一四種類あったのだ。すべて別の音で、「バ」から「ガ」までゆるやかに移行している。徐々に変化する音のスペクトル上で生じる一四個の音として脳がとらえるべきものが、知覚としては三つにしか聞こえなかった。「音はなめらかな連続体として存在するのですが、私たちはそれを知覚しないのです」とチャンが言う。

なぜ知覚しないのか。脳はノイズを信号に分類したがり、音を意味のあるカテゴリーに区分したがる。今の実験では、口の中のどこでつくられるかによって脳が音を区別している、とチャンは考えている。『バ』の音を出すときには口を閉じますね」と言いながら、チャンは自分の唇を閉じて実演してみせる。『ダ』の音を出すときは、舌を前のほうで使います」と、今度は舌が口蓋に押し当てられているところを実演する。『ガ』の音のときには、舌は奥に引っ込みます」

他人から見られないところで試してみてほしい。この三つの音は、舌と唇の動きがまったく違うことがわかる。では、チャンの言う次の点を確かめるために、いずれか二つの音を選んで、その中間の音を出してみよう。ぎこちなく空気を口から吐き出しているのではないだろうか。「中間の音を出すのは容易ではないのです」とチャンが言う。

バ、ガ、ダの中間にあたる自然な言語音は存在しないので、人間の言語ではそのような音は使われない。そのため、その音の知覚表象、あるいはその音の属するカテゴリーというものは頭の中に存在しない。したがって、二つの音の中間の音を脳に聞かせると――コンピューターを使えばその音をつくれるが、人間の声道では無理だ――脳は細かな点を無視して、自分の知っているなかでそれに最も近いカテゴリーの音だと判断する。これが脳のいつものやり方だ。これなら聴覚経験の細かな部分は犠牲になるが、ほかの人が言おうとしていることを理解する助けとなるし、それこそ私たちにとって真に大事なことなのだ（どこかで聞いたような話だと感じられるかもしれない。この考え方は、第六の味を切り出すのが難しいのはなぜか、そして脂肪やカルシウムといった新たな基本味の候補の味を感知したときに「苦い」のような既存の言葉でしか表現できないのはなぜか、その理由を説明するために味覚研究者が言うことと重なるのだ。新しい味については知覚表象が心の中にまだ存在しないので、私たちは最も近いカテゴリーに飛びつくのだと考えられている。私たちは「苦味」と「カルシウミー」の違いが感知できないのと同様に、バとガのあいだの微妙なグラデーションも感知できないのだ）。

　言語音と脳の活動との関係を明らかにすることはチャンの研究の重要な部分であり、そのために彼は、生きている人間の脳の奥深くへ踏み込んでいる。カリフォルニア大学サンフランシスコ校にある彼の研究室では、脳の上側頭回に着目した実験をしている。この上側頭回という領域は側頭葉にあって、聴覚野のヒエラルキーの頂点に君臨している。「この領域は、言語と発話の処理においてきわめて重要な役割を果たします。私たちはこの働きを知覚と呼んでいます」とチャンは言う。

　ギャラントの研究室がｆＭＲＩを使って脳内の音を傍聴しているのに対し、チャンは電極アレイを脳の表面に直接設置する皮質脳波（ＥＣｏＧ）記録法を使う。チャンは聴覚だけでなく癲癇《てんかん》についても研究しているので、きわめて特殊な患者に臨床試験の被験者となってもらえるつてがある。癲癇患者のなかには、頭蓋を切開して脳の表面に電極アレイを設置する手術が必要な人もいる。アレイは脳の表面に留置されるだけで、脳内に挿入されることはない。一辺がおよそ二・五ミリから一〇センチまでのさまざまなサイズの正方形だ。患者はこのアレイを設置してから癲癇の発作が起きるまで、病院で一週間ほど待機する。発作が起きたら電極が脳波を記録し、その発生源の位置を突き止めることができる。これは神経外科医が手術すべき部位を知る助けとなる。

　待機が長引いて、患者が退屈することもある。そこでカリフォルニア大学サンフランシスコ校などのクリニックでは、患者が待機中に自ら志願してさまざまな認知タスク（読解、発話、移動、パズルなど）に挑み、研究者はこの貴重な機会を利用して、活動中の人間の脳を記録する。ｆＭＲＩと比べれば侵襲性ははるかに高いが、ＥＣｏＧ法には長所が一つある。脳の活動を間接的に探るのではなく、ニューロンの大きな集団に刺激を与えるとどうなるのか、細部まで鮮明にリアルタイムで読み取ることができるのだ。言語音はすばやく変化するので、発話研究においてこのタイミングは特別に大きな意味をもつ。

チャンが、ある実験の結果を示した図を呼び出す。アレイを設置された被験者に発話されたフレーズを聞かせるという実験だった[3]。チャンと共同研究者たちは、どんな神経活動パターンが生じるか、上側頭回のニューロンは音のどんな特性を「気に入る」のかを明らかにしようと、電極を一つずつ入念に調べていった。そして、ニューロンは人が声を出すときの口の動き、すなわち調音素性に応答して活性化していると結論した。「発話のための聴覚系は、声道から実際に発せられる音にぴったり合うようにチューニングされているようです。唇や舌、あご、喉頭では、どんなことが起きているのでしょうか」とチャンが言う。

彼は、特定の電極でニューロンが応答していると思われた音のリストを指し示す。そこに書かれているのは、おなじみのバ、ダ、ガだ。これらの音を出す方法はそれぞれ異なるが、共通の重要な性質が一つある。音を出すときに、声道を閉じて空気の流れをいったん遮断するのだ。発話研究では、このタイプの音を「破裂音」と呼ぶ。

チャンは別の電極で得られた結果を示す。こちらは「摩擦音」と呼ばれる「ｚ」「ｆ」「ｓｈ」の音に最も高い感度を示したそうだ。摩擦音とは、口の一部に細い隙間をつくって、そこに空気を無理やり通すことで生じる音である。

リストをたどっていくと、さまざまな領域のニューロンが、声道内でそれぞれ別々の方法によってつくられる音に注意を払っていたことがわかる。これは大事です、とチャンが言う。これらの音はアルファベットの文字や個々の子音や母音であるだけでなく、発話の構成要素でもあるからだ。「これらのキューによって、世界中のあらゆる言語が形づくられます」。これらの音はいわば元素周期表の音声版であり、個々の要素を組み合わせることで意味を無限に生み出すことができる。したがって、彼の研究室の見方が正しければ、聴覚経路の地図上で未解明の空白が一つ埋まったことになり、ニューロンが私たちのために音の世界をフィルタリングする仕組みの解明が一歩進んだことになる。

聞いた言葉を再現する

ブライアン・パスリーも地図上の空白を埋めることに関心をもっている。パスリーは、かつてチャンも在籍していたカリフォルニア大学バークレー校のナイト研究室に所属するポスドクで、おだやかな話し方をする。そしてチャンと同様、聴覚経路の各段階で脳が何に注意を向けているかを解明するのに力を注いでいる。しかしパスリーは工学的な応用の可能性にも関心があり、二〇一二年にはチャンらとの共同研究の責任者となり、その研究を報告した論文によって内的発話の再構成という考え方を世に伝えた。

じつは、この論文は脳による二種類の解読戦略を比較するという、ずいぶん堅苦しいものになるはずだった。[4]ところが実際には、多くの注目を集めることとなった。被験者の聞いた音をかなりクリアに再構成することに研究グループが成功した（そして証拠として音声ファイルをネット上で公開した）ことがその一因であり、またこの技術が次世代の神経機能代替装置にどうつながるかについて思い切った見解を提示したこともまた一因であった。パスリーは、閉じ込め症候群や筋萎縮性側索硬化症などの患者の助けとなる装置を構想している。「体が麻痺して話せない人も、たいていの場合、言語系はまだちゃんと機能しています」と彼は言う。彼の研究室がつくった初期のデコーダーは他者の発話を聞いている人を対象として開発されたが、二〇一三年に研究所では頭の中で想像された発話を解読する装置の実験を始めた。これによってパスリーは、話すことのできない人のために心の声を読み取る装置がいずれはつくれると考えている。「おおまかに言うと、話せない人が伝えたいメッセージを頭の中で考えて、私たちはその意図された発話を同様の方法で再現するのです」

パスリーの研究はECoG法も利用する。彼はカリフォルニア大学サンフランシスコ校や他の施設でボランティアの患者からデータを集めている。二〇一二年の研究では、上側頭回にアレイを設置した患者から得たデータを利用した。彼の研究の多くは、上側頭回が周波数（すなわち音の高さ）を処理する仕組みに焦点を当てている。上側頭回を三次元のピアノの鍵盤だと考えよう。鍵盤上のさまざまな位置にあるニューロンが高い周波数や低い周波数に合うようにそれぞれ調律されている。私たちが人の話を聞いているとき、声の周波数は時間とともに変化する。それに伴って、さまざまな領域に存在してそれぞれ固有の周波数を感知するニューロンは、活性化するかしないかのどちらかである。これによって脳の運動パターンが生じる。ここで、ニューロンの鍵盤を自動ピアノとしてとらえてみよう。鍵《けん》の押されるパターンがわかれば、演奏されているのがどんな曲かもわかる。

これがパスリーの研究を支える理論だった。被験者には、病院のベッドに座った状態で、あらかじめ録音しておいた言葉をスピーカーで聞かせるという単純な課題を実行させた。それぞれの音に対して上側頭回の各部分が応答するようすを電極が伝えた。これによって、きれいに対応する二つのデータセットが得られた。「患者が何を聞いていたか、私たちには正確にわかります。脳の信号がどんなものだったかも正確にわかります」とパスリーは言う。「特定の音を聞かせた場合に、その音が脳に電気活動として何をさせるか、私たちは調べたのです」

「つまり入力と出力があるわけです」とパスリーが続ける。「この二つを関係づける統計モデルをつくりたいと考えています」。まず、刺激から脳の応答に至る符号化装置《エンコーダー》をつくる（数学好きな人向けに説明しよう。基本的にはこれは線形回帰モデルで、さまざまな刺激に重みづけして掛け算することにより、引き起こされる脳の活動について最適な予測をするという手法だ)。とても注意深く本書を読んできた人なら気づくはずだが、このタイプの刺激‐コード化プロセスは、シーラ・ニレンバーグの研究室が人工視覚システムの基盤として画像を神経節細胞の電気信号へ数学的に変換する際にも用いていた。

このコード化モデルがどれほど有効か知りたければ、逆方向のプロセス、すなわち「解読」をしてみればよい。ニューロンの活動を利用してもとの刺激を再構成するのだ。これについてパスリーは、声に出した場合に人間の耳に正しいものとして聞こえる言葉が、自分のモデルで再現されるか調べた(数学好きな人へ。各ボクセルや電極で測定した応答がもとの入力と合致する度合いを調べることによって、エンコーダーをテストする。それからデコーダーをつくるために、ここでも線形回帰分析をおこなう。各ボクセルの値を合計し、各応答をその尤度《ゆうど》またはもとの刺激に関する予測精度によって重みづけするのだ)。

パスリーはコンピューターのキーボードを何回か叩き、研究室で初めておこなった発話の再構成実験を呼び出す。一つの単語の音声が三回ずつ流れる。一回目は患者が聞いたもとの音で、あとの二回は比較している二種類のデコーダーで再構成した音だ。

「ウォルドー」と、女性の声がはっきりと聞こえる。

「ウォルドー」と、今度は水中でロボットが声を出しているように聞こえる。

「ウォルドー」と、今度は水中のロボットが砂でうがいをしているような音が聞こえる。

さらに「ストラクチャー」「ダウト」「プロパティー」の三語でも同じことが起きる。復元した音は、何という言葉かはわかるが、不明瞭で金属的に聞こえる。「率直に言って、最初にもとの音を聞いておかないと無理ですね」と、パスリーが笑いながら言う。「聞いておけばかなり助けになります。事前の情報をもたずに再構成された音だけを聞いたら、たぶん何と言っているかわかりません。でも先にもとの音を聞いていれば、どんな音が聞こえてくるかある程度わかっているので、おおまかに似ている点がいくらか識別できるのです」

それももっともだが、ここで大事なのは音の明瞭さではなく概念実証だ。これは基本的に数学の問題であり、研究者がもっとすぐれた統計モデルを構築するにつれて改善していくだろう。そしてパスリーが指摘するとおり、脳で音の周波数が分類される仕組みを解明したい場合に上側頭回を調べるのがベストかどうかすら定かでない。そのプロセスは、聴覚経路のもっと早い段階で、脳のもっと奥深くで始まっているかもしれない。しかし、電極をそんなところに押し込むのは難しすぎる。

これまでのところパスリーは、人に音を聞かせながら聴覚野のいくつかの部分で生じるニューロンの活動を記録して、音とニューロンの活動を関連づけるモデルをつくり、その音（の電子音的なバージョン）を再構成することが可能だということを示している。しかしこれだけでは、ギャラントの考えるような内的発話の読み出しにはたどり着けない。ギャラントの言う「頭の中の小人」や、パスリーの言う聴覚的「心像」をとらえることはできないのだ。そしてこれこそ、実際の音と想像された音との大きなギャップである。

「『心像』をとらえるのは難しいですね。もともとそれは心の中で生じる主観的な経験ですから」とパスリーが言う。しかしそれは、本書を黙読している読者が今やっていること、つまりページに印刷された文字を内的な聴覚表現に変換するのと基本的に同じことだ。あるいは、鏡の中の自分を鼓舞するときや、オーブンを消し忘れたのではないかと気がかりなときに聞こえるかすかな声と同じだ。「視覚心像で人の顔や何かの場面を想像できるのと同じように、ほとんどの人にはある程度の聴覚心像が生じると考えられます。好きな歌のメロディーやしつこいCMソングを頭の中で流すことができますし、意に反してそうなることもありますね」

これを指す専門用語として、外言（発声を伴う発話）と内言（発声を伴わず、頭の中で聞こえる声）がある。二〇一三年、パスリーのグループは内言の再構成について調べる新たな実験を開始した[5]。被験者に文を音読させてから、次に今度は黙読させて、そのときの内的聴覚心像を描出することを目指した。彼は被験者に読ませたフレーズをいくつか挙げる。「それを聞いて私もうれしいです」とか「おなかが空いています」などだ。それからパスリーのグループは、被験者が音読したときの脳の活動をもとにしてデコーダーモデルの作成にとりかかった。ただしこのときには「音声を聞かせているときに記録したデータに適用する」のではなく、想像させているときに記録したデータにそれを適用するというひねりを加えた。

モデルの有効性を調べるため、研究者たちは再構成した文をもとの文と照合した。この作業は「同定」と呼ばれ、限られた選択肢群の中でペアがつくれるかテストするだけだ。マジシャンが客に一組のトランプを差し出し、好きなカードを一枚引いてくださいと言うところを想像しよう。客がどれを引いても、正解は五二枚のいずれかに決まっている。「私たちの再構成しているものが意味のないパターンを示すただのノイズではないということを確かめるのが基本的な目標です」とパスリーは言う。「それらのパターンを使って、被験者が頭の中で考えていたのはどの文か正確に選べるようになることを目指しています。そして少なくともこの初期のデータについては、それができています」

音の再構成も試みた。パスリーがボタンを押すと、「それを聞いて私もうれしいです」というフレーズが流れる。一度目は外言の再構成、二度目は内言の再構成だ。次に「おなかが空いています」バージョンを再生する。外言の再構成は砂でうがいをするロボットのような音声で、ひずんでいるが聞き取れなくはない。内言の再構成のほうがはるかに聞き取りにくい。音節がごちゃ混ぜになり、各単語がまとまって一つの長い音となり、しばしばひずんで電子音のうなりにしか聞こえない。だが、それらの文には明らかに発話らしい性質が存在する。オリジナルと同様の抑揚があり、ときおり一つの母音や子音がはっきりと聞こえる。フレーズの全体的な「形状」はそれらしく感じられるのだ。それでも、事前情報のない人が理解するのはまったく無理だろう。とはいえ現時点のデータ解析では（まだもう少し被験者が残っている）、偶然よりは高い割合でペアが見つけられるとパスリーは考えている。「何らかの意味はあると思っています」と彼は言う（翌年の春までに、彼のグループは、実験に参加した患者七人について平均すると、確かに偶然よりも高い割合で正解が選べるという結論に至った。ただしその割合は偶然をほんのわずかに上回るだけだった）。

再生された音声の質の低さから考えると、刺激の再構成などただの空論とか空想と思われるかもしれない。しかしじつは、これはすでに実現している。何度も、パスリーが実験しているのと同じキャンパスで隣に建つ棟の中で――ただし別の感覚を対象として。パスリーが聴覚について目指していることを理解するには、ギャラントの研究室に戻る必要がある。被験者をｆＭＲＩスキャナーに送り込んでポッドキャストを聞かせていた、あの研究室だ。この研究室は、数年前から刺激再構成プロジェクトで世界を驚嘆させるようになった。ただし、こちらで扱うのは視覚である。

脳をリバースエンジニアリングする

ジャック・ギャラントは細身で饒舌な人物だ。高度な神経科学の話をしている最中に、愉快なジョークをさらりと突っ込んできたりする。グループの実験スペースで会うと、彼はクリーム色のセーター、ジーンズ、青いテニスシューズといういでたちで、濃褐色の髪が少し乱れている。そもそも脳のニューロンが感覚入力を処理する仕組みについてほんのわずかしか解明されていないということを考えると、ギャラントたちが目指していることは相当難しいが、彼はひるむことがない。「簡単に言うと、私たちは脳をリバースエンジニアリングしようとしているわけだ。必ずしも各パーツがどんなものかを知る必要はない」とギャラントは言う。「こう考えてみてほしい。誰かから肉の塊をもらったが、その肉はたくさんの部分で成り立っている。それらの部分をどうしたら区別できるだろう」

ギャラントは、キャリアのほとんどを視覚の研究に費やしてきた。部分を区別するのは、視覚分野ではとりわけ手ごわい問題だ。というのは、視覚系には大量の「肉」が存在するからだ。霊長類には一般に視覚野が三二個から四〇個ある。人間は脳がほかの霊長類より大きく、言語能力ももつので、おそらく視覚野の数はもっと多いだろう。視覚野は、後頭葉、後頭‐頭頂領域、後頭‐側頭領域にまたがって存在する。これらを大きく分けた最初の六個はV1からV6と呼ばれるが、それ以外にも数十個の視覚野が存在する。

聴覚と同じく、各視覚野はたいてい複数の役割を担う。V1（一次視覚野）だけでも、ニューロンは一〇から一五ほどの視覚的特徴を処理し、そのなかには網膜座標系上の像の位置、像が入ってきた眼（左右のどちらか）、像の向き、対象の大きさ、時間周波数（物が変化する速度）の把握などが含まれる。情報が視覚経路を伝わるうちに、どの視覚的特徴が表象されているのかはわかりにくくなる。脳は全体で一〇〇〇種類を大きく上回る視覚的特徴をつかさどるとギャラントは考えている。

視覚野が、あるいは視覚に限らずあらゆる感覚信号を処理する領域が、これほどたくさんあるのはなぜかと疑問に思われるかもしれない、とギャラントは続ける。「この疑問にはさまざまな答えが考えられる。第一に、ニューロンがじつはバカだということ」と彼はまじめな顔で言う。彼によると、ニューロンというのは基本的に信号をアナログからデジタルに変換する単純な装置であり、一方の端が分枝していて、そこから情報を取り込む。それから判断を下し、軸索に活動電位を放つことによって、メッセージを次のニューロンに伝達する。たとえば複雑な計算をしたい場合には、非常に長い情報伝達の連鎖が必要となる。あるいは進化によって脳にさまざまな冗長性や付加物が加わり、非効率的になったのかもしれない。「自分が本当に頭の悪い動物で、V1しかないのに、視覚を使ってもっと複雑なことをしたいとしたら――どうするだろう？　V1を変えるか、それとも新たな視覚野を急いでつくり出して、そこに仕事を任せるか？　おそらく実際にこういうことが起きたんだ」

特別な部品など使わずに、長い時間をかけてこれほど複雑なシステムがランダムに構築されたのだから、詳しいことがまだわからないというのは当然だ、とギャラントは言う。しかしどんな働きをするかがわかれば、使われている部品がどんなものであるかを突き止めることもできる。「神経科学者たる私たちの仕事は、ピクセルを設定して活動を測定し、その結果から特徴空間がどんなものか解明することだ」と彼が言う。つまり、人に画像を見せて、そのときのニューロンの応答を調べることによって、その人の見たものを推測するのだ。見たものについての十分にすぐれたモデルがあれば、それを再現する試みが可能になる。

そろそろお気づきかと思うが、これは刺激の再構成とよく似ている。

誤解のないように言うと、脳の読み出しがすべて刺激の再構成だというわけではない。ギャラントは脳の読み出しを三つのレベルに分けている。最も単純なのが「分類」である。被験者に画像を見せて、被験者の脳の活動にもとづいて、その画像がなんらかの大きなカテゴリーにあてはまるか推測する。「私があなたにトランプ一組を渡して、『カードを一枚取ってｆＭＲＩスキャナーに入り、カードを見てからここに戻ってきてください』と言ったとしよう。『では、絵札だったかどうか当てます』と私が言ったなら、それは分類ということになる」とギャラントが説明する。

次のレベルは「同定」だ。マジシャンが一組のトランプ五二枚から客の取ったカードを当てるときのように、限られた選択肢を与えられて推測するのが同定である。「同定というのは『では、ダイヤのジャックだったか、クラブの一〇だったか当てましょう』という状況にあたる」。これはまさに、パスリーが内言を再構成した文ともとの文をペアにしようとしてやっていたことと同じだ。また、ギャラントの研究室も静止画像を使って、ここから研究を始めていた。[6] 二〇〇八年、ギャラントらは食べ物や動物や屋外の風景といった現実世界の物を写した白黒写真を被験者に見せて、信頼度の高い同定ができることを示したのだ。

ギャラントらは次に、最も難度の高い「刺激の再構成」へと進んだ。これが格段に手ごわいのは、もとの入力に制限がなく、事前にいかなる手がかりも得られないからだ。「再構成をする場合には、『あなたが一組のトランプを見たのかどうかすら私にはわかりません。写真の束を見たのかもしれませんね。実際にあなたが見たものが何だったのか、私にはまったくわかりません』と言うことになる」とギャラントは言う。これはロボットが砂でうがいをしているような音声で「ウォルドー」というのが聞こえたあの実験で、パスリーがやっていたことと同じだ。また、ギャラントの研究室がこの数年間に不思議なほど成功を収めていることでもある。

ギャラントは二〇〇九年の実験を呼び出す。この実験では、被験者に写真を見せて、そこに写っていたものを再構成することを目指した。[7] 刺激の再構成では、ペアとなるべき同じ画像の含まれたセットを使わないことにより、難度が上がる。代わりに、最初のセットと重複しない、完全に別の写真からなる第二のセット（「プライアー」と呼ばれる）を必要とする。プライアーは、写真の数が多くてランダムであるほどよい。そのほうが、被験者に見せた写真と完全に同じではないがきわめてよく似た画像が見つかる可能性が高くなる。そこでこの実験では、五〇〇〇万枚の写真で構成されるプライアーを用いて、そこから最も近い写真を選ぶモデルを構築した。

ギャラントが、この実験で得られた特にすぐれたペアをいくつか見せてくれる。港はよく似た形の湾とペアになっている。一列に並んだ劇場の俳優たちは、階段で一列に並んだ子どもたちと思われるものとペアになっている。どちらももとの写真と間違うほどそっくりではないが、かなりいい線まで行っている。

しかし、常にこうなるわけではなかった。実験の最初の段階では、かなり低レベルの視覚的特徴に関係する脳活動しかモデルに取り入れなかった。コントラスト、位置関係、空間周波数など、空間的特徴だけを用いたのだ。ギャラントはこの段階で得られたペアを一つ呼び出す。もとの写真は二棟のビルで、ペアの相手は一匹の犬だ。これはとうてい当たっているとは言えない。まあ、それぞれの写真をもっとよく見て、被写体の形に目を向けるだけで、それらが何なのかを考えなければ、いくらか納得できるかもしれない。二棟のビルにはさまれた空間が、犬の頭上の暗い空間と似た形をしているのだ。犬は格子柄のベッドカバーの前に座っていて、その模様が一方のビルに並んだ窓の配置と似ている。それぞれの写真に写る被写体の輪郭の一部はかなり重なっている。形状をきわめてストレートに解釈したものとしては、このペアは正しいとも言える。しかし意味を考えると、まったく合っていない。

そんなわけで実験の第二段階では、被写体の意味的な区分という、もっと高次の特徴も取り入れた。つまり、動物か、野菜か、建物か、という区別もするようにしたのだ。ギャラントは、空間的特徴のみを用いたアルゴリズムでペアにされた二枚の写真を呼び出す。一枚には一房のブドウが写り、もう一枚では大人の手が赤ん坊の指に触れている。これもやはりすばらしい成績とは言えない。次に彼が見せてくれるのは、モデルに意味的情報を加えたうえで改めてペアを探させた結果だ。今度は先ほどと同じブドウの写真とキノコがいくつか写った写真がペアになっている。どちらもだいたい同じ大きさの丸い食べ物が集まっている。正解ではないが、前よりはましだ。ペアを見つける精度は、空間的特徴と意味的特徴というたった二種類の特徴を関連づけるだけで改善できた。ギャラントの推測が正しければ、写真の一致度をさらに上げるために取り入れられる特徴はあと何百種類もあるらしい。

写真を使ったこれらの実験で、ペアを見つける精度は上がっていったが、ギャラントはあまり満足できなかった。「脳が静止画像にどう応答するかなど、意味がないからね。静止した画像なんて不自然でしかない」。そこで二〇一一年、研究室は被験者に見せるものをそれまでの写真から動画に切り替えた。(8) 当時ポスドクだった西本伸志《にしもとしんじ》（現在は日本の情報通信研究機構に所属）は、被験者に映画の予告編を見せることにした。これなら日常生活で目にする動きが見られるだろうし、fMRIを使った実験で刺激としてよく使われる幾何学的パターンや顔のパーツほどつまらなくはないはずだと彼は考えた。「fMRIスキャナーの中で映画が見られるのは、明滅する格子を何時間も見せられるのと比べれば楽しかったです」と、西本は日本から送ってくれたメールに書いている（fMRIを使った実験では、長時間にわたって装置内で横たわってくれる被験者がなかなか見つからないので、研究メンバーが自ら被験者となることも多い）。

西本とほかの研究メンバー二人は映画の予告編を見て、自分たちの脳の活動にもとづいてモデルを作成した。それから再構成にかかった。プライアーを用意するために、ユーチューブからひたすら動画をダウンロードするコンピュータープログラムをセットして、ランダムに五〇〇〇時間分の動画を集めた（これについてギャラントが説明する。「なぜ五〇〇〇時間なのかと疑問に思われるかもしれないね。五〇〇〇時間というのは、人が一年間に目覚めている時間にほぼ相当する。だから、私たちの用意したプライアーというのは、一年間ずっとユーチューブの動画を見続けた場合の視覚経験と思えばいい」。想像すると、なんとも涙ぐましい話だ）。

それから膨大な動画の集積を使ってこのモデルを実行し、オリジナルの再構成を目指した。ギャラントが被験者に見せた映画の予告編と、それに最も近い動画を左右に並べた画面を呼び出す。「ご覧のとおり、うまくいくこともあれば、だめなときもある」。画面の左側にはインクの染みが広がっていく動画が表示されているが、右側の動画はペアの相手としては納得しがたい。さまざまな色が入り混じってぼんやりと見えるだけだ。「これはひどい例。なぜこんなことになってしまうかというと、用意したプライアーの中に、このようなランダムなインクの染みに少しでも似た動画がないからだ」

今度は別のペアが表示される。「プライアーには、この象に似た動画も入っていない」とギャラントが言う。なるほど、モデルは象と雄鶏をペアにしている。

次のペアでは、鳥とコメディアンのエディー・イザードが並んでいる。

しかし、ここからは成績がよくなっていく。人間どうしのペアでは、全体的な形と位置が正しくとらえられている。クルーゾー警部に扮したスティーヴ・マーティンの動画が、テレビ番組『怪しい伝説』でホストを務めたアダム・サヴェッジの動画とペアになっている。どちらも男性で、立っていて、画面の同じ側に映っている。このモデルは、クローズアップの顔どうしや、文字どうしのペアを見つけるのも得意だ。「そう。ユーチューブには文字の映る動画がたくさんあるからね。それに顔の映る動画もたくさんある。猫の動画を使う場合、ユーチューブには猫の動画が山ほどあるから、きちんと猫の動画が見つけられる。プライアーの中に同種のものがたくさんあると、とてもうまくペアが見つかるんだ。でもめったにないものだと、対応するものが見つけられない」とギャラントが説明する。さらに、プライアーが大きければそれだけ精度が上がるはずだと指摘する。「私たちのプライアーには五〇〇〇時間分の動画しか入っていない。これが五〇〇〇万時間だったら、各段にうまくいくはずだ」

ギャラントによると、彼自身は概念実証としてこの実験にかなり満足したが、西本は満足しなかった。そこで西本は「アベレージド・ハイ・ポステリアー」（尤度の高いサンプルの平均を使った事後確率）というモデルを開発した。適合度が上位の動画一〇〇点を選んで平均し、単独の動画の場合よりもよく適合するか調べるのだ。西本からのメールによると、各動画はなんらかの点でもとの動画と異なるので、「上位一〇〇点の動画を平均することで、もとの動画との差をならしてみました。この方法による解読精度が非常に高かったとは思いませんが、最初の一歩としてはそんなに悪くもなかったと思います」

西本は控えめに言っているのかもしれない。ギャラントがこの方法による再構成の例をいくつか呼び出すと、驚くべきものが見られる。オリジナルは砂漠を歩く象の動画だ。その隣に映っている再構成された映像は、ワセリンを塗って曇らせた画面でオリジナルの動画を見ているかのようだ。象が象だとはわからない。しかし象と同じくらいの大きさで形状も象とおよそ一致する生き物が、歩く速度で左から右へ移動していて、背景に空が映っていることはわかる。工学技術に関心があるか、それとも哲学志向かによって、見る人が大興奮するか強い恐怖に駆られるか、このあたりから分かれ始める。再構成された動画がもとの動画とあまりにもよく似ているからだ。

研究室では試したいアイディアがもう一つあり、それが架け橋となって、彼らが今やっている聴覚の研究につながった。意味機能に関心をもつハスが中心となって、五人の被験者をfMRIスキャナーに横たわらせ、前の実験と同じ映画の予告編を集めたコレクションを見せた。今回は、一七〇五個のありふれた物や動作が動画に現れる回数を数えた。それから脳の活動をそれらの物や動作の出現と関連づけるモデルを作成した。これをもとにして、脳の「連続的意味空間」モデルを作成し、脳が互いに似たものとして提示するカテゴリー（たとえば「動物」と「犬」）はモデル内では近くに位置し、大きく異なるものとして提示するカテゴリーは離れて位置することを示した(9)。

ギャラントが再び左右に並んだ動画のペアを呼び出す。左側に映っているのがオリジナルの予告編だ。今回、右側には雲のようにうごめく言葉の群れが映し出され、予告編の画像で起きていることに応じて、関係のある言葉が現れては消えていく。左側の画面ではアン・ハサウェイ主演のラブコメディーのワンシーンが数秒間流れる。ハサウェイは友人たちとおしゃべりをしているようだ。右側の画面には「『女性』『男性』『おしゃべり』『部屋』『歩いている』『顔』という単語が現れる」とギャラントが説明するあいだにも、言葉が続々と画面に現れる。どれも左側の動画で起きていることをきちんと表している。ここで画面は水中で撮影された動画に切り替わる。「海が映っているから、『魚』『泳ぐ』『水』『海底』『水域』などの言葉が出てくる。これはマナティー」と言って、ギャラントは飛行船のような姿の生き物が泳いでいるのを指さす。『マナティー』という言葉は出てこないが、『鯨』が出てくる。かなり近いよね」

ここでモデルが何回かミスをする。一面に広がる白銀の雪を水と誤認する。戦車に似た極地雪上車を「ビル」と間違える。映画『モール・コップ』でショッピングモールの警備員ポール・ブラートに扮したケヴィン・ジェイムズがガラスドアにぶつかって尻もちをつく場面が流れると、モデルは「部屋」「歩く」「ビル」という言葉を挙げる。これらはすべて合っているが、「道路」という間違った言葉も現れる。ジェイムズの背後にあるのはモールの長い通路なのだが、モデルはそれを道路と誤解したのだ。

脳による意味処理のモデル化に取り組み始めたら、発話と聴取の研究までは遠い道のりではなかった。刺激の再構成はどんなタイプの刺激にも適用できる、とギャラントは言う。「私たちは視覚を土台としてこの技術を開発し、もうほぼ完成している。これからはこの技術をあらゆるものに応用できる。聴覚や言語にも応用できるし、意思決定や記憶のシステムにも応用できる。同様のきわめて感度の高い技術を使って、脳のあらゆる系を攻略することができる」

ということは、脳のあらゆる働きを再構成できる研究が大詰めを迎えているということですか、と私は質問する。「私は誇大妄想の気味があってね」とギャラントが真顔で言うが、仕切りの向こうで大学院生が噴き出して話を中断させる。「人が経験するあらゆる状況で生じる脳の活動をすべて予測できるようになりたい。それが目標だ」と、ギャラントは動じることなく話し続ける。

「冗談だと思っているでしょう！」と、間仕切りの向こうから姿の見えない大学院生が声を張り上げる。

冗談だとは思わない。

「うん、あいつは本気のようだね」とギャラントが皮肉っぽく言う。

記憶や夢を再現できるか？

再構成の精度が上がると、この技術はどこまで進歩できるのか、どんな利用が可能か、といったきわめて重要な問題が浮上してくる。アーロン・フリードマンはまだｆＭＲＩスキャナーの中にいて、最後のポッドキャストを聞いている。ハスとデ・ヘールは隣の部屋にいて、この分野でまだ解明されていない重大な点について議論している。脳は本物の刺激を受けたときと同様に、想像上の刺激を受けても活性化するのかという問題だ。つまり、体の耳で聞く音と同様に、心の耳で聞く音にも応答するのだろうか。

第一世代の再構成モデルは、想像上の音や画像ではなく実際の音や画像を知覚する被験者の経験をもとに作成されていた。同様に、被験者に声を出して発話させて構築したモデルは、頭の中だけで発話しているときに起きることにはうまく適用できないかもしれない。声を出す発話には身体の運動が伴うからだ。舌とあごを動かす必要があり、それに伴う神経の情報伝達が生じる。「想像上の発話と実際の発話はまったく違うのかもしれません。しかしｆＭＲＩでそれを確かめるのはとても困難です。声を出すと、本当に厄介な問題が生じるので」とハスが言う。あごを動かせば頭部周辺の磁場が変化して脳を動揺させる。このため表象を読み取るのが難しくなるのだ。

発話は短い時間尺度に依存するという問題もある。「単語をどの順番で言うかによって、意味に大きな違いが生じます」とハスが言い、さらにデ・ヘールが続ける。「単語の中で音素の並ぶ順番によっても、まったく別の単語になったりします」。少なくともｆＭＲＩはこうした短時間に起きる変化をとらえるのに適したツールではない。

現実問題として、心像や知覚認知にかかわるニューロンの活動はいつも一定ではない、とギャラントは言う。「心像を生成するときの脳の働きは、ただ周囲を眺めているときの脳の働きとは違うはずだからね」。仮にそれらの働きが完全に同じだったら、「心像と現実世界の違いがわからず、人類の祖先は虎に食べられてしまったに違いない」。私たちは外界からもたらされる感覚刺激と空想の断片とのあいだにとらわれて、永久に覚めない白昼夢の中で生きることになるかもしれない。内的発話についても同じことが言える、とギャラントが続ける。「頭の中だけで声を聞いた場合、実際に声を聞いたときと同じふるまいを脳がすることはありえない。仮に同じようにふるまうなら、頭の中で聞こえる声が外の世界からの声だと勘違いしてしまう」。つまり私たちの脳は、どちらの声なのか識別する仕組みをもっているのだろう。霊長類を用いた研究で、発声中には聴覚野の活動が抑制されることがわかっている。これはおそらく、その声が自分の発しているものであることを示す手段なのだろう。

しかしこのように違いがありそうだとしても、想像したものを再構成しようという挑戦がやむことはない。ギャラントの研究室がすでにそうしたことを視覚で試みていると言われても、誰も驚かないだろう。二〇一四年、当時研究室にいたトマス・ナセラリス（現在はサウスカロライナ医科大学に所属）が中心となって、記憶された画像の再構成に挑んだ。[10] 被験者に五点の絵画（《モナ・リザ》など）を覚えさせた。その際に、心の中で完璧にイメージが描けるように何度も作品を見させた。それから言葉でキューが出されたらそのイメージを想起するように指示したうえで、被験者をfMRIスキャナーに入れた。それから研究室は、被験者が絵画を思い出しているときの脳の活動にもとづいて、心的イメージの再構成を目指した。「問題は、私たちがどのくらいうまくできるかということだ」とギャラントが言って、いくつかの結果を次々に表示する。デコーダーは《モナ・リザ》を思い出しているときの脳の活動を、女優サルマ・ハエックの写真と結びつけた。猫と犬がペアになったケースや、種類の異なる野菜どうしをペアにしたケースもあった。ギャラントによると、全体として、実際に見ている画像を解読するときと比べて、記憶した画像の解読はおよそ三分の一の精度しかなかった。

それでも心像の読み出しは、とてつもない威力をもつツールになる可能性がある。それもパスリーが考えているような、人の意思疎通を助けるといった医療用途だけではない。細かな運動制御ができなくても絵が描けるとか、音感が鈍い人や音痴な人でも作曲ができるとしたらどうか、想像してほしい。頭の中で考えるだけで、コンピューターが画像や音を出力してくれるのだ（ギャラントはこれを「脳のアート」と呼ぶ）。あるいは《モナ・リザ》実験から示唆されるように、心像を思い浮かべるだけでインターネット検索ができる。キーボードを叩く代わりに記憶にある写真を探すのだ。実際、たいていの装置が心で操作できるようになる。「とんでもなくすばらしいことです。SF的な夢が現実になるようなものです。自分の考えをダイレクトにコンピューターに伝えられるなんて」とハスは言う。

しかし、読み出しは危険もはらんでいる。映画『マイノリティ・リポート』のような「犯罪予知」や思考監視の時代が到来し、頭の中で起きていることを秘密にできなくなるのは想像に難くない。他人に頭をスキャンされて、隠しておきたい情報を読み取られてしまうとしたらどうだろう。誰かが何かを考えるたびにいちいちそれを外部に伝えてしまう装置など、本気で望む人がいるだろうか。

とはいえ、そんなSF的なシナリオが現実味を帯びるには、再構成技術にとって越えるべき高いハードルが二つある。一つは抽象概念に関するものだ。これまでのところ、再構成技術は実際の感覚入力の再現についてはまずまずの成功を収めているが、厳密に記憶による入力についてはあまりうまくいっていない。ところが多くの思考プロセスはこれらの入力よりもはるかに実体がなく、それゆえとらえがたい。

夢の話から始めよう(11)。今のところ、脳の視覚野が高度に活性化しているときの夢に現れる要素を同定することは可能と思われる。二〇一三年、京都にある国際電気通信基礎技術研究所の神谷之康《かみたにゆきやす》研究室は、三人の被験者が入眠時心像を体験しているとき（より深いREM睡眠に入る前に訪れる夢見の状態）に夢の中で見た物体のカテゴリーを明らかにすることに成功したと発表した（覚醒中に動画を見せたときとfMRIスキャナー内で眠っているときにfMRIで測定した脳活動パターンを相関させるモデルを用いた。

研究チームはまた、被験者をたびたび目覚めさせて夢の内容を質問した。夢は見事なほどすぐさま消え去ってしまうからだ)。これは分類タスクであり、カテゴリーを結びつけることはできたが、夢の中で見られた動作や画像そのものを再構成することはできなかった。

何度もよく見た画像ではなくふつうの記憶を再構成するとなると、さらに大きな問題が生じる。心的イメージはもとの記憶と同程度の精度しかなく、必ずしもすばらしく高精度なわけではないのだ。ギャラントはよく、再構成技術を使って犯罪目撃者の記憶に入り込むことはできないのかと訊かれる。そんなとき、彼はきっぱりと「できない」と答える。「目撃者の証言というのは信頼に値しないことで知られているからね」。記憶は写真のフィルムとは違って、光を忠実にとらえることができない。目や耳で知覚したものを思い出しているつもりでも、それはバイアスや錯誤が加わったり、感情によってゆがめられたり、時間とともに消えていったりといった影響を受けやすい。「脳の解読をして得られる答えはじつにいい加減で」、その程度の証言なら、わざわざ脳の解読などしなくても証言台に立った人に質問すれば十分だ、とギャラントは言う。

「思考」を読み取るとなると、それがどんな思考であろうとさらに難しい。パスリーによれば、内的発話を再構成するには「明確に言語化された要素が心像に備わっている必要があります」。ところが思考というのは、意識的な言語化がなされていない漠然とした意図や判断や欲望であることが多い。内的対話はそれよりさらに一段階レベルが高く、「思考の翻訳」をすることになるとパスリーは言う。再構成を翻訳に到達させることは可能かもしれないが、もとの思考を読み取ることができるかどうかは定かでない。

第二の高いハードルは、頭の中に入り込むにはものすごく手間がかかるという問題である。現在のところ、本人の許可がない限り再構成はできない。現在用いられている技術はすべて侵襲的で、時間がかかり、本人の知らないうちに実行するのは絶対に無理だ。大がかりな外科手術をするか、スキャナーの中にじっと横たわるという多大な協力をしてもらう必要がある。これは非常にハードなバイオハッキングであり、きわめて高度な技能と監視が必要となる。「これが役立つのは、ほかに手立てがない人に対する医療目的の場合だけです。頭皮に電極を設置するような簡単なこととは違うのです」とパスリーは言う。

それでもギャラントは、「iハット」とか「グーグルハット」と自ら名づけた未来の発明品の話を冗談半分でするのが好きだ。これはウェアラブルな脳読み取り装置だが、一般消費者が使えるようになるのは何十年先になるやら、まだわからない。ギャラントは個人的にはこの種の装置の先行きに複雑な気持ちを抱いている。「頭の中の思考は私たちがもつ最もプライベートなものだから、それを解読する装置をつくることができると思うと、ものすごく楽しみな反面、とても恐ろしくもある」。職権の乱用は容易に想像できる。たとえば「警官が自動車のスピード測定器みたいな装置をこちらに向けて、頭の中の言葉を読み取るとしたらどうだろう。これは考えられないことではない。脳は信号を発するコンピューターなんだから」。もちろん現時点では遠くから脳を読み取れる技術はないが、この先に実現しないと言い切ることはできない、と彼は続ける。グーグルハットの実現に近づく前に「じつに深刻でとても重大な倫理上の問題がたくさんあって、それらをクリアする必要がある」

人の情報を読み出す人をどう制限するか。読み出した情報の使用をどう管理するか。プライバシーと監視の問題については、知覚と機械をつなぐ別の技術を見てから第10章と第11章でさらに掘り下げるつもりだ。とりあえず、私たちの暮らす現代は、政府によるプライバシー侵害が強まっているだけでなく、スマートウォッチやスマートリストバンド、スマートフォンなどのデバイスを通じて収集される生体データといった個人情報を自主的に共有する時代だという点を指摘しておきたい。しかし、脳の活動を読み出す装置から多数の人が恩恵を受けられる時代でもある。アメリカでは毎年およそ八〇万人が脳卒中を起こす。脊髄損傷を負う人が一万二五〇〇人、筋萎縮性側索硬化症と診断される人が五六〇〇人ほどいる。

読み出しと書き込みの習得はまだ新しい技術だが、両者は同じ到達点へ向かっている。二つを同時におこなって、人間とコンピューターとのあいだでスムーズなやりとりを実現させることを目指しているのだ。これが現実になればブレイン・マシン・インターフェースを日常生活で活用できるだろうし、今のところはおそらくそれが、この技術を支持する最も強力な根拠だろう。では次に、この研究分野へ進もう。それは最終的に人間で終わるが、最初はロボットで始まる物語である。

5 触覚

手術支援ロボット、ダ・ヴィンチ

シェリー・レン医師は手術中だ。滅菌された青い手術着、ヘアネット、フェイスシールドで全身が覆われ、外からは褐色の眼しか見えない。手術室は暗く涼しく、ビデオモニターの光以外に室内を照らすものはほとんどない。患者の体内に挿入したカメラからの画像がモニターに表示されるので、手術チームはレンが操作する鉗子の先端を見ることができる。

「今見えているのは胆嚢です」とレンが言って、ナメクジのような形の青白い臓器を示す。結石が生じているので、摘出する必要がある。その上には、もっとなめらかな紫色の臓器が見える。肝臓だ。これはいじりたくないとレンは考えている。すべての臓器を取り囲む、黄色くふわふわに見えるものは脂肪である。レンは手際よくこれを胆嚢からはがし始める。胆嚢を露出すると、体と胆嚢をつなぐ胆嚢管をクリップで結紮《けっさつ》する。準備完了だ。

レンは左手で器用に把持器を操作し、右手には電気メスを持っている。電気メスというのは、電気で組織を焼いて切開する器具である。アルガヴァン・サレス医師が患者の腰のそばに立ち、レンが作業しやすいように別の把持器で周囲の臓器を押さえている。しかしじつは、レン自身は手術室内の離れた一角にいて、ロボットアームで患者を処置している。ベッドに横たわって眠る患者の体には青い紙製のドレープがかけられ、ドレープに開けられた四角い穴から腹部がわずかにのぞいている。アームはその上でなめらかな動きを見せる。

このロボットは、正式には「ダ・ヴィンチ・サージカル・システム」と呼ばれる。世界でいち早く発売された手術支援ロボットの一つである。シリコンヴァレーにあるインテュイティブ・サージカル社が製造し、一九九九年の発売以来、膵臓、心臓、腸、生殖器といった深部臓器に対して侵襲性を抑えた手術を支援するために使用される場面が増えている。レンはこれを使って、自分の手で執刀する場合よりもはるかに小さな切開で精密に体内へ進入することができる。「小さな暗い穴の中で、すばらしい仕事をしてくれます」とレンは言う。

今、患者の体内には三本の鉗子とカメラ一台が、いずれもへそに設けた長さ二・五センチの切開部から挿入されている。これならレンの言う「きれいな傷あと、おへそのようにしか見えない傷あと」しか残らない。砂時計のような形をしたシリコン製のポートを装着して切開部が開いた状態に保持されており、器具はそこから体内に入る。トロッカーと呼ばれる長い管が四本、ポートから体内に挿入されていて、鉗子はその管を通して出し入れする。鉗子には柔軟な柄がついているので、その部分をロボットのアームに接続して操作する。今は把持器や鉤を取り付けた鉗子の先端が体内に入っている。レンは室内の離れた場所に設置されたマスターコンソールからそれらを操作する。患者の腹部は炭酸ガスを送り込まれてビーチボールほどの大きさに膨らんでいる。切開部はごく小さいにもかかわらず、ガスと三本の鉗子とカメラに搭載されたライトに囲まれた術野は、見通しがよく十分に照明されている。ロボットアームはクモの脚を思わせる。レンが操作すると、アームは患者の上で静かに舞い、各アームについたランプが暗い室内で白や青に明滅する。

「アレックス、クリップアプライヤーを準備して」。レンは離れた場所に立つ手術室看護師のアレクサンダー・ラオに声をかける。レンが患者のそばに立って執刀していたなら、ラオは白いプラスチック製のクリップをセットした小さなはさみのような器具をレンに手渡しただろう。レンがこの器具で胆嚢管をはさむとクリップが器具から外れ、胆嚢管が結紮される。しかしこの手術では、ラオがクリップアプライヤーをロボットのアームに取り付けて、トロッカーから体内に挿入する。コンソールで作業するレンの目の前で、鉗子が一つ消えて、代わりに別の鉗子が現れる。

レンは両手の親指と中指でコントローラーをつまんで鉗子を操作する。鉤で組織を引き上げたり、把持器で組織をつかむために指を開閉したりするときに手首を自然に動かして自在な動作ができるように、これらの鉗子は設計されている。あたかも実際に手で手術器具を持っているかのように、レンは空中で手を下ろしたり、弧を描くように動かしたり、ひねったりする。

レンには自分の手の動きが直接は見えない。コンソールは巨大で、ゲームセンターのゲーム機のような形状をしている。レンは頭をコンソールの中に入れて、その下で手を動かす。鉗子の先端の動きを伝える画像だけが見える。画面には、手術中の体腔を拡大した明るい3D画像が映し出される。電気メスの先が組織に触れると火花と白い湯気が吹き上がり、その向こうに黄色とピンクで鮮やかに彩られて輝く妙に美しい世界が見える。しかし目の前の世界はもっぱら視覚によるもので、触覚は存在しない。レンが外科教授を務めるスタンフォード大学では、このシステムで術者に触覚をもたせることができるのか、できるとしたらどんな方法が可能なのか、研究者たちが探っている。

触覚というのは想像をはるかに超えて複雑であり、圧力や質感といった次元を網羅する（痛刺激に反応する侵害受容器が皮膚に存在することから、知覚科学者のなかには痛みを触覚の一部と考える人もいる。しかし第7章で見るとおり、痛みは多感覚の知覚でもある）。触覚を構成するさまざまな要素を機械のインターフェースで伝えるのは難しく、手術で求められる繊細なレベルで伝えるのはとりわけ難しい。この問題への取り組みで先頭に立っているのはロボット工学という比較的古くからある学問分野だが、この研究の成果は人間の神経機能代替という発展途上の研究分野にとって大きな意義をもつだろう。いずれはレンが今しているようにロボットアームをコンソールから遠隔操作するのではなく、術者の体に取り付けて思考で操作するようになる。この分野の前に立ちはだかる問いの一つは、ロボットアームに細かな運動能力だけでなく、外科医の手がもつ繊細な触覚も与えることができるかということだ。

両分野には共通のビジョンがある。書き込みと読み出しを結びつけて両者をシームレスにおこなうことによって、動作が完璧に自然なものと感じられるようにするとともに、自分の手で感じているかのような感触を装置を通じて得られるようにすることだ。ロボット工学ではこの性質を「トランスペアレンシー」（透明性）と呼ぶ。一方、神経機能代替の分野では「低レイテンシー」（低遅延）と呼ぶかもしれない。今おこなわれている手術では、この問題の半分がすでに解決済みである。医師の動作をリアルタイムで機械に伝えることは実現できているのだ。レンはとてもスムーズに動作できるので「意識さえしません。自分の手が何をしているかなんて考えません」と言う。

しかし情報をレンに送り返して、彼女に触れられた患者の体がどう応答したかを感じさせるには、ロボット設計者は今のところ近道として別の感覚を使うしかない。触覚が使えないので、レンはほぼ全面的に視覚に頼っている。「触れている感じがするか、ですか?」と、レンは画面上の胆嚢を処置しながら言う。「妙な話ですが、触れている感じはしますよ。視野の没入感がすごいので」

さらにレンは続ける。「脳がだまされるのです。そのおかげで私も何かに触れていると感じます」

しかしいったいどうやって? 「さあ、どうなんでしょう」とレンは困惑したように言う。「自分が何かをしているという感触に近いものを感じます。それに近い感じがするのです。言葉ではうまく説明できないのですが」

触覚と感覚代行

レンが探しているのは、「感覚代行」という言葉かもしれない。[1] この言葉は、一つの感覚が別の感覚の代理を務めることを指す。触覚を医師に伝える方法、そしてうまくいけば超人的な触覚を医師に与える方法を探索するなかで、この感覚代行という概念を検討している。機械工学教授のアリソン・オカムラの研究室は、スタンフォード大学でCHARM（医療における触覚学とロボット工学の共同研究）ラボを主宰しており、この研究室はインテュイティブ・サージカル社と提携している。ダ・ヴィンチのコンソールからスクリーンやプラスチック製の外装を除いた金属製の骨格部分が研究室の中心に据えられている。これを使って研究を進めていく。

オカムラによると、感覚代行のおかげで「ダ・ヴィンチは触覚のフィードバックがなくても機能できるのです。人は視覚情報の使い方をすぐに習得しますから」。とはいえ、それだけでは必ずしも十分ではないらしい。「視覚情報だけでは必要な情報が得られない状況で何かをしたいという場合もあるでしょう。手術の内容によっては手術ロボットがなかなか広まらないのはそのせいだと思います」。たとえば、ダ・ヴィンチを使う医師は力のフィードバックのない世界で作業をするので、鉗子で組織を押しても抵抗を感じることができない。医師は視覚を手がかりに自分がどのくらいの力を加えているか読み取ることを習得するが、力のフィードバックは圧力の強さを伝えるだけではない、とオカムラは指摘する。じつは、力のフィードバックは人が体をどう動かすかに影響するのだ。人がテーブルに寄りかかって体を支えることができるのは、テーブルが体を押し返しているからだ。物を手に取るときには、その重さによる力のフィードバックから、どのくらい強く握ればよいかがわかる。「力のフィードバックを受けることで、物理的現象がリアルなものとして実感できる。そのおかげで、人は適切なふるまいができるのです」。組織を間違って強く押しすぎてはいけない場合などに、これは大事な点だ。

オカムラはリアルさをいくらか再現できるか確かめようとしている。「複雑に連なった装置を通じて操作しているのではなく、じかに組織に触れているような臨場感をユーザーに与えるにはどうしたらよいでしょう」。現在の技術では医師の手による感覚を再現することはできないので、まだまだ道のりは遠い。「でもいずれは、医師の触覚をただありのままに再現するだけでなく、触覚を増強できる段階まで触覚技術は到達するでしょう」

オカムラは、人とともに働くロボットの設計にとりわけ関心がある。学生時代には、物理学の扱う原子のミクロのスケールや宇宙のマクロのスケールよりも「人間のスケール」で作業するのが好きだったので、機械工学に惹かれた。「人間が物理的にロボットと交わる場こそ、まさに人間のスケールではないでしょうか」。大学院ではロボットフィンガーに触覚をもたせる研究に取り組んだが、その感覚をロボットの操作者に伝えることはできなかった。その後、医師の訓練用シミュレーターに搭載する触覚フィードバックを開発する触覚関連の会社でパートタイムの仕事を得た。オカムラの携わったプロジェクトのなかに、副鼻腔手術を練習するための頭部模型というのがあった。医師が模型の鼻から器具を挿入すると、模型からはあたかも手術をしているかのような力のフィードバックが返ってくる。「医療関連で私が手がけた最初の仕事がこれでした。それまでは、採血されると聞くだけで卒倒していたものです。そのくらい医療には関心がなかったのです」とオカムラは語る。「でも、この技術が医師の訓練にとって大きな助けとなることに気づいて、すごく有意義だと思いました」。オカムラはジョンズ・ホプキンズ大学で教壇に立ちながらインテュイティブ・サージカル社との共同研究に乗り出し、スタンフォードに移ってからもそれを続けた。

外科医の熟練した手と患者とのあいだにあえて機械を持ち込もうとするのはなぜかと不思議に思われるかもしれない。その答えは、じつは医師の手にある。手は大きい。ということは、手を差し入れるのに大きな穴が必要だ。照明が当たるように、体腔を十分に広げることも必要だ。これに対し、ロボットアームなら医師の手よりもはるかに小さくできるし、穴も小さくてすむ。とすれば、手術の傷や周囲組織の損傷も軽減できる。「切開して医師が大きな手を入れるよりも、患者の体に生じる傷が抑えられます」とオカムラは言う。そのうえ、手術で使う道具として手が必ずしも適切とは限らない。ロボットツールは特定の作業にぴったり合った動作をするように設計することができ、きわめて細かい作業に合わせて動きを調節することもできる。このため、コントローラーで大きな動作をしても、実際の作業をする装置では動作を小さくすることができる。「人形の靴ひもを結ぼうとしていると考えてください。人間が人間用の靴ひもを結ぶと、ロボットが人形に対してその動作を再現するというわけです」

オカムラの研究室が開発した技術には、手の形状は再現せずに、手がもつ触覚の感度と能力だけを再現するというものがある。触覚は、皮膚や筋肉で感じられるあらゆる感覚を指す「体性感覚」という広い領域に属する。ここには温覚も含まれる。私たちは、皮膚の温度が変化するとそれを感知する温度受容器を二種類もっている。本章でのちほど見るが、筋肉と関節には体の位置を感知するセンサーがある。しかし「触覚」が感知するのは圧力だけだ。表皮とその下にある真皮には、力学的刺激に応答する受容器が備わっている。そして他の感覚の受容器と同様、この機械受容器もさまざまな性質の情報に応答する仕事を担っている。受容野（応答するのに必要な接触面積）は受容器によってさまざまであり、また接触の種類や刺激の持続性（持続的か急激に変化するか）も受容器によって異なる。

これらの受容器の内部には、感受性の異なる四種類の神経線維のいずれかが入っている。指の腹にはメルケル細胞と神経突起で構成される複合体が多く存在し、わずかしか離れていない二点を弁別したり、点、端、質感を検出したりするのに最適となるように調整されている。マイスナー小体は、手から物が滑り落ちるときなどに生じる低周波の振動に応答し、握力の制御を助ける。パチニ小体は、手で持った工具が硬い物体の表面に接触したときなどに生じる高周波の振動に応答する。そしてルフィニ終末は広い範囲にわたって互いに協調して作用し、体を動かしたときの皮膚の伸展を感知する。

CHARMラボに所属する大学院生のサム・ショアは、物体に押されて皮膚が引き伸ばされる「皮膚伸展」を感知したときの、これらの細胞の活性化を研究している。[2] 外科医がこの感覚をもつことができれば役に立つかもしれない。手に持ったペンを机に押しつけて文字を書いているとしましょう、とショアが言う。自分がどのくらいの強さでペンを押しつけているかはすぐにわかるが、その情報はどこから来るのだろう。「腕の筋肉の活性化、つまり肘がかけている力の強さからは、あまり情報は生じないようです」とショアは言い、マーカーを手に持って自分で試す。「自分がどのくらい力を加えているかという知覚の多くは、指先で生じる感覚に由来すると私は考えています。特に指の腹とそこの皮膚です」

皮膚の伸展という感覚が力のフィードバック情報をどのくらいうまく伝えるか調べるために、ショアは実験をしている。人間の臓器の感触を模した「組織ファントム」と呼ばれる淡い灰褐色のゴムの塊を用意し、その中にプラスチック製のコーヒーマドラーを埋め込む。この装置は、硬化した心臓の動脈に触れたときに医師が感じる感触を再現している。指でファントムを押すと、内部の擬似動脈がかろうじて感じられる。ショアはファントムを皿に載せ、小型のロボットアームの下に設置された回転台に置く。アームの先端には、小石大の白いプラスチック球がついている。このロボットの「指」に皿を探索させ、隠れた動脈を探し出させる。ショアは動脈の位置を細かく記録し、装置全体を厚紙でつくった目隠しで囲う。これで、実験の被験者にはロボットアームの動きが見えなくなる。

被験者になってもらう学生を呼び、離れたところにあるワークステーションにつかせる。そこではコンピューターモニターが、暗い囲いの中から送られてくる暗い画像を表示する。皿を接写した画像だ。被験者はごく限られた視覚フィードバックしか得られない。被験者の右側にはロボットの制御アームがあり、その先端には大きさも形もレコードプレイヤーのアームに似た、くさび型のプラスチックでできたスタイラスがついている。被験者は親指と人差し指でスタイラスをつまみ、そっと上下に動かす。暗い囲いの中で、ロボットフィンガーが同調して動き、ファントムをそっと押す。ここでショアが被験者にこれからやってもらうことを説明する。隠れた動脈の位置を特定するのだ。

被験者は五種類の条件設定で実験を数十回おこなう。ある設定では、被験者はスタイラスからフィードバックを与えられず、コンピューター画面上の棒グラフで自分の加えている力の強さがわかるようになっている。別の設定では、スタイラスが振動する。別の二種類の設定では、ある程度の力のフィードバックが得られ、それによって被験者は自分の加えている力の強さを感じることができる。皮膚の伸展が与えられるという条件設定では、鉛筆の後ろについている消しゴムほどの大きさの赤いボタンがスタイラスに設置されていて、被験者が装置を操作するとボタンが作動して親指の皮膚を軽く引き伸ばす（じつはこのボタンはIBMのシンクパッドのトラックポイントだ。手近なノートパソコンに同じものがついているかもしれない）。「指の腹の感覚を生じさせているつもりです」とショアが説明する。つまり皮膚が物体から押されるときの感覚を再現しているのだ。

被験者は身を乗り出し、ロボットアームを上下に動かすことに意識を集中する。動脈の角度がわかったと思ったら、コンピューター画面上でそれに対応する線を描く。被験者が答えるたびに、ショアは囲いの中に上体を入れ、皿を回転させて位置を変える。さらに多くの被験者でこの実験をしたら、皮膚伸展がどのくらいの精度で触覚フィードバックを与えるのか明らかになるだろう。

医師の手に加わる圧力によって、鉗子がどのくらい深くまで押し込まれているか知らせてくれるようなインターフェースをつくって、医師に力のフィードバックを与えるだけではいけないのだろうか。問題は安定性です、とショアが言う。力のフィードバックに遅延が生じると、ユーザーとロボットのあいだに同期エラーが生じるおそれがある。一度力を加えても反応がなければ、ユーザーはもう一度力を加える。ロボットは動けという信号を二回受け取るので、二度動く。その結果、動作が過剰になってしまう。ショアはシステムに短い遅延を加えて実演する。「振動が激しくなって、制御不能になりますよ」。そして予告どおり、ロボットフィンガーは数秒間揺れ動いたかと思うと、勢いよく跳ね上がる。手術中にこんな事態は避けたい。皮膚伸展が力のフィードバックのすぐれた代替となるのなら、こんなエラーのループを起こすリスクなしで感覚を伝えることができるはずだ。オカムラは、研究室でダ・ヴィンチの操作装置に皮膚伸展ボタンを取り付けてみるつもりだと話す。医師が鉗子を組織に押しつけているとき、親指と人差し指でつまんだボタンが動くようにするという。オカムラは、皮膚伸展というのはある種の感覚代行だと考えている。正確に言えば、「感覚の引き算」である。というのは、触覚の領域で機能しているという点は変わらないが、本物の力のフィードバックではないからだ。皮膚伸展ではキューの一部だけが与えられる。

「ジャミング（粒子凝集）式触覚提示装置」と呼ばれるインターフェースを使って、もっと直接的にフィードバックを与えるという手もある。(3) このプロジェクトを率いる大学院生のアンドリュー・スタンリーが、目の前の机に二つのプロトタイプを並べる。「セル」が一つのタイプと、一二のセルからできているタイプの二つである。セルは軟らかいシリコンの膜でできており、中に粒状の物質が詰まっている。セルの中の空気を吸引すると内部の粒が凝集するので、好きな形で固まらせることができる。研究室では、さまざまな身体部位の形状と硬さを再現できることから、まずはこの装置を触診シミュレーターとして採用してもらうことを考えている。「軟部組織の触診、硬いしこりの位置特定、腫瘍と嚢胞の区別を習得するには、触覚に大きく頼ることになります」とスタンリーが言う。皮膚病変、骨格、傷の内部の感触を確かめたり、砲弾の破片などが体内に入ったときにそれを見つけたりする方法を覚えるための訓練でも、この装置は役に立つかもしれない。

この技術に取り組んでいるよその研究室では、膜の中にガラスビーズやその他の小さな物体、おがくずなどを入れているが、スタンリーは挽いたコーヒー豆を入れることにした。形の不ぞろいな粒が互いによくかみ合うからだ。スタンリーは、3Dプリンターでつくったプラスチックの箱に載った一二セルの装置を引き寄せる。吸引のスイッチを入れると、各セルを膨らませたりへこませたりしてさまざまな形にする。硬く締まったセルもあれば、たるんだセルもある。各セルは一辺が二・五センチほどでかなり大きいが、スタンリーはセルを細かくしてもっと複雑な形状もつくれるようにしたいと考えている。「画像のピクセルと同じことです。ピクセルのサイズを小さくすれば解像度が上がり、ピクセルの数が多ければ複雑な形状が表現できます」(二〇一五年初めの時点で、彼の研究室が扱う装置は一〇〇セルになっていた)。

このプロジェクトは、国防総省から助成金を受けてインテリジェント・オートメーション社と共同で進められ、仮想現実ディスプレイへの搭載を目指している(4)。スタンリーの背後にはゲームセンターのゲーム機に似た巨大な黒い箱があり、今のところ中はほぼ空っぽだ。これが医学部生の訓練用の仮想ベッドサイドになります、と彼が説明する。学生がコンソールの前に立ち、調べたい身体部位が表示されたスクリーンを見下ろす。その下にあるプラットフォームを手で触れると、スタンリーらの作製した装置によって形状や手触りが変化する。ジャミング装置は医学部生だけでなく、外科医の訓練にも役立つかもしれない。マルチセルの装置はダ・ヴィンチのコントローラーに搭載するにはおそらく複雑すぎるが、「指先の当たるところにセルを一つだけ設置して、鉗子の触れているものを反映するように硬さを変化させることは可能です」とオカムラは言う。皮膚伸展のようにある触覚を別の触覚で代替するのではなく、この方式では基本的に触覚をリレーすることによって、本物の体に触れているように感じさせることができる。

触覚なしでロボット手術をする

レン医師は胆嚢の手術を終えようとしている。パロアルト退役軍人病院で手術が始まってから一時間以上が経過し、薄暗い室内の雰囲気は落ち着いているが陽気だ。レンは明るい声でスタッフに呼びかける。スタッフはレンの指示に従って器具を交換したり、立つ位置を入れ替えたりする。バックグラウンドでは、音量を絞ったラジオからオペラ、ジャズ、エルヴィス・コステロなどが流れてくる。レンは胆嚢から脂肪を剥離し、胆嚢管をクリップで結紮して切断し、体から胆嚢を切り離した。いよいよ胆嚢を体から取り出す。

ダ・ヴィンチでは、多数のアームの制御を複数のユーザーで分担することもできる。そうすれば、ベテラン医師がほかの医師を指導することができる。手術がほとんど終わったので、レンは同僚のサレス医師を手術室内にある別のコンソールにつかせ、もう一人の外科医、ダフニ・ライにベッドサイドを任せる。看護師が新たな器具を挿入する。体腔内にビニール袋を挿入する装置だ。三人は胆嚢を袋に入れようとしている。「胆嚢をここでつかんで。そう、そこ」と部屋の向こうでレンの指示を受けて、サレスが器具を操作する。「しっかりつかんで」。滑りやすい胆嚢を同じく滑りやすい環境で動かしているあいだに、ライは胆嚢を入れやすいように把持鉗子を使って袋をそっと揺する。湿った洗濯物を袋に滑り込ませるときと同じ要領だ。胆嚢が袋に収まると、袋の口を閉めるひもを引き、胆嚢を取り出す準備が整う。ロボットを使う作業は終了した。看護師チームが鉗子を引き抜き、それからロボットを壁際に押して移動させる。患者はベッドに横たわったままで、腹部にポートが設置された状態で体にドレープが掛けられている。

ロボット手術でも、医師が患者の体に直接触れて触覚フィードバックにもとづいて判断を下す必要がある。手術の開始時と終了時には——あるいは体に穴を開けるときと穴を閉じるときには——医師は手で作業する。レンは手術の開始時に患者の腹部を触診し、それから切開部に自分の指を第三関節まで差し込んですばやく周囲を探り、障害物や瘢痕組織がないか確かめた。手による作業では、医師の体に多大な負荷がかかることもある。レンはがんの手術中に肩の回旋筋腱板を断裂したことがある。触覚を重視する志向が非常に強く、オフィスの机は、触れると心地よいという理由で身近に置いている小物でいっぱいだ。心を落ち着かせるお守りのようにいじるマルディグラのネックレス、広げたり折りたたんだりすると無限に形状を変える針金のおもちゃ、指のあいだで転がすと気持ちのいい赤鉄鉱《ヘマタイト》製の小さな豚。「私は触感マニアなんです。だからこういうおもちゃをもっているわけです。触覚にはとても敏感で」。机の上には手術用の器具も置いてある。持針器だ。レンは話しながら無意識に、六連発銃をくるくると回すカウガールさながら、持針器の持ち手に指を通して回したり、ロック機構を開け閉めしたりする。レンにとって、手で持つ器具は重さが大事だ。「これはいい器具です」と、うっとりしたようすで言う。「感触がぴったりです」

レンと人体との関係は著しく物理的でもあり、彼女が外科医になった大きな理由もそこにある。「大きなパズルのようなものです」と、レンは患者の体について語る。「まず、どこが悪いか突き止めます。それから自分の見立てが正しいか確かめて、問題に対処します」。彼女にとって、このパズルを完成させるのは喜びにほかならない。「人体の内部構造は美しい。その構造を操れるというのは、まるでアートですね」

こんな彼女が、ロボットを使って触覚なしで手術できるのはなぜか。経験が豊富だということがおそらく一因だろう。一九八六年から手術をしているのだ。といっても、当初は昔ながらの「開腹」手術の教育を受けた。一九九〇年代に腹腔鏡手術が普及してくると、レンもその技術を習得した。このタイプの手術では、「鍵穴」と呼ばれる小さな切開部に設置したポートから長い持ち手のついた鉗子を挿入して作業する。この鉗子はロボット手術で使うものと似ているが、操作は手でおこなう。腹腔鏡手術で使う器具について、多くの医師は箸で何かに触れるのと似ていると言う。感じることはできるが、間接的で距離が隔たっているという状況だ。「触れているという感覚はいくらかありますが、ほんのわずかです」とレンは言って、長い持ち手の鉗子を机に突き刺すような動作をしてみせる。鉗子の先にあるものが硬いか軟らかいかはわかるが、どのくらいの硬さかはわからない。動脈のように拍動しているかどうかもわからない。「硬いかそうでないかというだけで、程度まではわかりません」

　それでもレンは経験によって、触覚キューと視覚キューを結びつけることができるようになった。腫瘍周辺の組織は抵抗なく動くが腫瘍自体は動かないという場合に、形状のひずみを認識する方法を覚えた。組織に緊張が生じている部位や切開するのに最適な面を見つける方法も身につけた。組織を牽引しているとき（特に縫合中）には、組織が蒼白になり始めたらそれを見逃さないことによって、牽引が強すぎるということがわかるようにもなった。レンによれば、ロボット手術で最も習得が難しいのは縫合だ。「ロボットで縫合を始めたばかりの人は、感触がわからないのでよく糸を切ってしまいます。視覚キューが習得できるまで」。つまり経験の豊富な医師なら視覚キューを頭の中で置き換えることができるが、初心者には触覚のほうが重要なのかもしれない、とレンは考えている。レンはロボット手術に触覚を導入するという考えに関心があるが、すでに触覚なしで手術ができるようになった医師については、触覚を取り入れることで注意が散漫になることは避けたいと考えている。「すべては、それがどんなものになるかによります。インターフェースはどんなものになるのか。過剰な負担にならないのか。常時オンになっているのか、それとも自分でスイッチを入れるのか」

　それでも、レンはロボット手術で新たに登場する技術はすべて試したいと思っている。「子どものころに大金をはたいてテキサス・インスツルメントの電卓を初めて買ったときと同じようなものです。こんなに大きいのに、四則演算しかできなかったんですよ」と言いながら、レンガほどの大きさを手で示す。「私たちが今見ているのは第一世代の技術です。一〇年後にはどうなっているでしょう。今とは違って、もっと高性能になっているはずです。私は今の技術でもかなりうまくやっていますが、この先の展開に期待しています」

今日の胆囊手術で切開部を閉鎖する段階になると、医師たちは再び手を使い始める。腹部からポートを外し、縫合の準備に入る。レンはまた指を深く差し込み、筋膜（筋肉を覆う白色の丈夫な結合組織）に触れて、もとどおりに縫合する部位に間違いがないことを確認する。胆囊を入れた袋の置いてあるところにライが行き、手袋をつけた手でしっかり触れて、胆石を数える。手で圧迫して組織が青白くなる部分を見るだけで、エンドウ豆くらいの胆石が四つあったことがわかる。

レンとサレスは丈夫な紫色の縫合糸で筋膜を縫合し、それから褐色の糸で皮膚を縫合する。この糸はやがて体内に吸収され、痕はほとんど残らない。麻酔医と看護師チームが患者を覚醒させる処置に入る。レンは鎮痛薬と抗生物質についてチームに指示を出し、それから部屋の隅に行って電話をかける。「医師のレンです。どうも。お母さんの手術はうまくいきました。それをお伝えしたくて。すべて無事に終わりました」

手術ロボットをつくる

ダ・ヴィンチ・サージカル・システムを製造するインテュイティブ・サージカル社（カリフォルニア州サニーヴェール）には、いくつかの模擬手術室がある。本物の病院の一角にそっくりなその部屋で、外科医はロボット手術の練習ができる。同社の応用研究部門でシニアマネージャーを務めるサイモン・ディマイオと医学研究員のアンソニー・ジャークが模擬手術室の一つをデモンストレーション用に準備し、ベッドに「患者モデル」を置いた。患者モデルは硬いプラスチックでできていて、イグルーのようなドーム型でサイズは人の胴体くらいだ。ジャークが患者モデルに設けられたポートから数本のロボットアームの先についた鉗子を挿入すると、コンソールのスクリーンに内部のようすが映る。腸の代わりにピンクのゴムチューブらしいものが見える。

コンソールにある二つのアイピースをのぞき込むと、腸モデルの立体画像が映っている。視野は強烈にカラフルで、まぶしく照明されている。チューブはペプト・ビスモル〔アメリカで広く使われている派手なピンクの胃腸薬〕のようにまばゆく輝いている。ディマイオが親指と人差し指か中指のいずかでコントローラーをつまむやり方を教えてくれる。コントローラーはピンセットのように開閉し、鉗子の先端についたグリップの動きに対応する。下を向かずにすむように、小さなループ状のマジックテープで指をコントローラーに固定する。「一度ぎゅっと握ってから手をゆるめてください。それで鉗子と手の動きが合うようになります」とディマイオが教えてくれる。スクリーンの中で、二個の把持鉗子が動きだす。私は息をのむ。まるで魔法のように、世界から摩擦と重力が消えたのだ。私の操作している鉗子は、まるで重さがないように感じられる。何も考えずに軽々と動作できる。マシュマロのような宇宙の中で、自分が強大な力をもっているのを感じながら、鉗子を大きく振り動かす。自分がピンクのチューブを締めつけているのがわかる。チューブはふわふわのハチの巣のように軟らかそうに見える。しかしチューブが実際にはどのくらい硬いのか、そして自分がそれをどのくらいきつく締めつけているのかを知る手がかりは、グリップの動きとチューブの変形の度合いを見ることからしか得られない。チューブを突いてみると、いっそう混乱する。チューブがほとんどたわまないので、自分がどのくらい強く押しているのかわからないのだ。

しかしディマイオによると、私は本当に触覚を失っているのではないらしい。グリップを握りしめることによって、指の腹が押しつぶされてゆがみ、自分がどれほど強く握っているかについていくらか情報を得ているという。「ただ、鉗子を使ってどのくらいの力を加えているかをダイレクトに把握させてくれるような力を感じていないのです」。そしてロボットは別の微妙な形で触覚フィードバックを私に与えている。体性感覚の一つに固有感覚というものがある。これは、自分の体の部位が空間上のどこに位置しているのかを把握する感覚だ。筋肉や関節、腱には固有受容器と呼ばれる細胞があって、これが手足の角度や動き、筋緊張の変化などに関する情報をキャッチする。眼を閉じていても指で自分の鼻に触れることができるのは、この働きのおかげだ。手元を見ずに手術していても、医師は自分の手が空間上のどこにあるか固有感覚によって感じ取っている。「そのコントローラーは完全に受動的なわけではなく、小型ロボットなのです」とディマイオが言う。「コントローラーの位置は、コンソールの中をのぞいたときに見える鉗子の位置に対応します」。私の目に見える動きは、私が手や腕を動かすときの感覚に対応している。そのおかげでさほど空間感覚が乱されずにすむのだ。

ディマイオが、手首をいっぱいに回してくださいと言う。手を動かしすぎて鉗子が動作範囲の端に達すると、機械に軽く押し戻される。それからディマイオは部屋の端へ行き、ベッドサイドと患者モデルの上で折れ曲がっているロボットアームの一つをつつく。彼の手がアームに触れた瞬間、私はコントローラーから押し戻されるのを感じる。これは安全機構の一つで、手術助手や患者や術野内の器具にアームを突っ込んでしまった場合に警告してくれる。この場合の力は患者の体そのものや体内に入っている装置のパーツから伝えられるのではない点が重要である。この力はコントローラー自体から来ているのだ。しかしこれらの触覚キューのおかげで、仮想世界が自然なものに感じられる。オカムラなら、そのおかげで物理的現象がリアルさを保っていると言うかもしれない。

リアルさ、あるいは直感性《インテュイティブネス》は、まさにこの会社のミッションだった。同社は開腹手術と腹腔鏡手術の両分野に挑む企業として、一九九五年に創業された。腹腔鏡手術は切開部を小さくすることで患者に恩恵をもたらしたが、そのために執刀医の自然な動作が犠牲となった。一つのポートからすべての鉗子を操作する場合にはポートがてこの支点のように働く。つまり、鉗子の先端を右へ動かすには、手を左に動かす必要がある。また、ポートの外側で手を少し動かしただけでも、体内では大きな動きが生じる。「つまり、すべてがほぼ逆転してしまうのです」とジャークは言う。おそらく医師が最も不満を覚えるのは、腹腔鏡鉗子の先端が持ち手に固定されているので、開腹手術で自分の手首が使えるときとは違って、鉗子の屈曲や回転が思うようにできないことだ。インテュイティブ社はおよそ六〇種の鉗子を設計しており、そのほとんどにおいて鉗子の先端に至る直前に「手首状」の柔軟な部分を設けている。医師がポートごしに手術をするという点は変わっていないが、コンピューターで鉗子をコントロールすることにより、システムは左右の逆転を感じさせることなく医師の動作を自然な形で伝えることができる。

　同社が業務を開始した時点で、アメリカ政府はすでにロボット手術研究への資金提供を始めていた。軍のために戦闘地域へ持ち込める移動式手術ユニットを開発して、遠隔手術を実現することで外科チームの安全を確保することが狙いだった。ロボットを遠くから操ることを遠隔操作《テレオペレーション》と呼び（手術の場合は遠隔手術《テレサージャリー》）、操作者が遠くから操作するだけでなく感知したりコミュニケーションをとったりできる技術を「テレプレゼンス」と呼ぶ。インテュイティブ・サージカル社は初期の研究に携わったいくつかの大学の研究グループから技術のライセンス供与を受け、軍用ではなく一般の手術室で使うためのテレプレゼンスシステムを新たに設計した。

　医師と患者のあいだにロボットを介在させることに伴うトレードオフといえば、当然ながら、触覚を失うことだ。医師が到達できない身体部位の感触を得られるようにするには、体内に挿入する鉗子に触覚センサーを取り付ける必要がある。しかしこれは技術的に手ごわい問題だ。鉗子の先端に収まるように小型化しなくてはいけない。さらに、滅菌する必要もあるので、使い捨てが可能なほど安価なものか、あるいは高圧蒸気滅菌器に入れても耐えられるほど堅牢なものが求められる。

そのうえ、触覚情報を医師に伝えるのに適した方法も必要だ。医師が持っている鉗子を押し返すことで力をそのまま伝えることはできるが、ここにはもちろん安定性の問題が絡んでくる。質感や張りといった複雑なキューを伝えるには、もっと複雑で広範囲に分散したメカニズムが必要となる。「ピンセットのような金属の塊を手で握るだけでなく、触覚ディスプレイのようなものも必要です」とディマイオが指摘する。「なめらかさやざらつき、しこりなどが感じられるように指の腹を刺激できる仕組みが必要です」。ジャミング装置がその答えとなるかもしれない。オカムラと同じく、ディマイオもコントローラーににパッドを組み込むことを考えている。あるいはショアが実験していたような単一の点として、またはコントローラー「小さな面に小さな棒状の突起を林立させて指の腹の一部を引き伸ばす方式」として、皮膚伸展が使えるかもしれない、とディマイオが言う。

レンが指摘したとおり、触覚情報を取り入れることで注意が散漫にならないようにすることが鍵だろう。うまく作用しないキューを取り込むリスクを冒すくらいなら、感覚情報を無視するほうがよい。だからインテュイティブ社はユーザーに触覚よりも視覚を与えている。現在のビデオ技術は触覚技術よりも忠実度が高いのだ。「ユーザーにとってまったく予測不可能または不確実なチャンネルを復活させても、それは無視されるだけでしょう。ユーザーにとってノイズになってしまうのです」とジャークは言う。

ダ・ヴィンチは医師に触覚関連の超高機能をいくつか与えてはいる。動作の拡大や縮小ができるし、手の震えを除去することもできる。しかし今のところ、用意されている超高機能はほとんどが視覚に関するものだ。胆嚢手術の途中で、レンは手術室に声をかけた。「ねえみんな、すごくおもしろいものがあるから見て」と言って、あるボタンを押した。すると画面上のすべてがさまざまな濃淡の緑色に変わった。レンは事前に蛍光剤を患者に注入していた。その働きで、近赤外蛍光レーザーを当てると胆嚢管がくっきりと浮かび上がった。胆嚢から出た胆嚢管は二本に分岐している。触るとどちらも同じような感触なので、医師は切る管を間違えることがある。色素のおかげではっきりと視認できるようになった管の分岐する箇所を見れば、レンは切るべきほうの管を切っていると確信できる。蛍光バイオマーカーを使えば血流を可視化することもでき、医師は切断後に再接続した血管や腸に漏出が生じていないか確かめることができる。理論のうえでは、蛍光バイオマーカーをがん細胞に結合させて、切除すべき部分と残すべき部分を医師が見分けられるようにすることもできる。

オカムラには、触覚関係でダ・ヴィンチに加えてほしい超高機能のアイディアがいくつかある。「特にデリケートな臓器の周囲に『飛行禁止区域』を設けて、医師が進入できないようにしたらどうでしょうか」（オカムラによると、整形外科医が膝関節手術の際にドリルで骨に穴を開けるときに、穴が深くなりすぎないように警告を発する手術ロボットはすでに存在する）。ディマイオもそれは可能だと認める。ダ・ヴィンチは鉗子の位置をきわめて正確に追跡しているので、デリケートな部位に鉗子が近づきすぎたら振動か光で医師に警告するか、あるいはただ動作を停止するということはできるはずだ。触覚フィードバックを拡大することで、医師に「超人的な感覚能力」を与えることもできるのではないかと、オカムラは思い描いている。たとえば眼のマイクロ手術をしているとしよう。この場合、術野に加わる力が弱すぎて手では感じ取れないことが多い。しかし、その力を測定して増幅したらどうでしょう、と彼女は言う。医師にとって「巨大な眼を手術しているのと同じことになります」

さらにオカムラは、「手術ロボットにいくらか知能をもたせることはできないでしょうか。アームをもう一本追加して、医師が二本のアームでこなしている作業を手伝ってもらうのはどうでしょう」と言う。たとえば切開部を開いた状態に保つ「開創」を支援できるかもしれない。この場合、追加の腕が何をしているのか、医師に把握させるにはどうすればよいだろう。「皮膚伸展を本気で考えています」とオカムラは言う。ロボットが切開部を引っ張ると医師が前腕か足などで皮膚伸展を感知するという方法が考えられる。指の腹はすでに別の用途に使っているので、このためには使えない。

言うまでもなく、遠隔手術の開発を促した重要な要因は、遠く離れた場所から手術をしたいという考えである。理屈のうえでは、海上でも、宇宙でも、僻地の前哨基地でも手術ができるようになる。都市部にいる専門医が僻地や開発途上国にいる患者を手術することもできる。とはいえ、これは確かにとてもすばらしい考えかもしれないが、実現するのは容易ではない。ディマイオは、床を走る青い光ファイバーケーブルを指さす。マスターコンソールからロボットに命令を伝えるためのものだ。現時点で、ダ・ヴィンチで使えるケーブルは最長で二〇メートルである。同社でテストして、この長さまでは安全性が確認できた。しかし距離が延びると、遅延の問題が深刻になる。サム・ショアが触診装置を使っておこなったデモンストレーションを思い出してほしい。遅延が生じたせいで、医師が意図したよりも余分な動作をし、システムが過剰に作動したら、振動が生じて手に負えなくなるおそれがある。

距離によっては、遠すぎてケーブルで接続できない場合もある。「わかりやすい例で言えば、ここから宇宙まで青いファイバーケーブルでつなぐのは無理でしょう。ですから無線通信を確立する必要があります」とディマイオが言う。「安定性と堅牢性をどう確保するかという問題がありますし、太陽黒点が急に現れたときに誤作動を防げるかという問題もあります〔太陽黒点が出現すると地磁気が乱れて電子機器に障害が起きることがある〕」。オカムラによれば、地上でも無線が必ずしも信頼できるとは限らない。「インターネットが自宅でどのくらいちゃんとつながるか考えてみてください。あるいは携帯電話でもいいです。では、想像してください。この回線を使って手術をすると言われたらどうですか。危険です！」

医療援助団体とともにアフリカでしばしば活動するレンは、困窮地域では停電など日常茶飯事だと指摘する。「電気が安定して供給される時間が一日の半分にも満たず、蛇口から水が出てくるのも一日の半分未満という状況では、切実な問題がいくつかあります。私自身、手術中に停電した経験は数えきれないほどです」。さらに、電力と遠隔通信の安定供給が保証されていても、患者のそばに本物の人間が立ち会う必要があるという。ポートを設置する人や、麻酔をかける人がいなくては手術はできない。

それでも、長距離遠隔手術が成功した例はある。二〇〇一年、ニューヨークにいるフランスの外科医チームがフランスのストラスブールにいる患者の胆嚢を摘出し、海を隔てた遠隔ロボット手術の第一号となった。[5] 提携するフランステレコム社から専用の高速光ファイバー回線の提供を受け、医師は同社のニューヨーク支社で手術をおこなった。当時、そのような回線をもつ病院はほとんどなかったからだ。二〇〇三年には、カナダの二つの病院が初の長距離遠隔ロボット手術を本格的に開始し、大学病院にいる医師が僻地の患者に対して現地の看護スタッフと協力して手術できるようになった。[6] どちらのチームも、ダ・ヴィンチに先行した手術ロボットの「ゼウス」を使用した。

しかしオカムラは、遠隔手術にとって次のフロンティアはもっと遠くへ行くのではなく、もっと近くに来ると考えている。ロボットアームを手で操作するのではなく、手そのものにするのだ。「義手というのは、じつは遠隔操作ロボットです。いずれ人間の脳がその動きを制御するようになるでしょう。ユーザーはフィードバックを感知して、それに応答します。ですから理屈で言えば、義手は遠隔操作ロボットです。ただし、制御装置ではなく脳がコントロールします」。この考えの向かう先を知るために、すでに数百の病院で日常的に使われているダ・ヴィンチをそろそろ離れて、はるかに新しい基礎研究分野の話に移ろう。そのために、再びスタンフォードを訪れる。

義肢を脳で動かす

セルゲイ・スタヴィスキーとジョナサン・カオはスタンフォード大学の生命科学部棟の地階で装置の前

に座り、赤外線ビデオカメラでサルRを観察している。アカゲザルのサルRは、一方の手を細い管に入れ、もう一方の手は動かせるように設計された特別な椅子に座っている。サルRの前には仮想現実スクリーンが設置され、3D空間を浮遊する青いドットが一つ映っている。これがサルRのターゲットだ。

サルRの仕事は、カーソルとして使う小さな灰色のドットを動かしてターゲットに重ね、そのまま保持することだ。これに成功すると、サルRは少量のジュースをもらえる。スクリーンに向かって手を伸ばすとき、管に入った左手は動かせないが、右手は空間内に伸ばして自由に動かすことができる。しかしサルはカーソルを手でコントロールしているのではない。コントロールしているのは脳だ。

このサルの脳には、電極一〇〇個を並べたアレイが二つ埋め込まれている。実験中、頭部に設けたポートにつながるケーブルを外から見ることができる。アレイは一辺がわずか四ミリという小さな正方形だ。小さなヘアブラシのようにも見えるが、ブラシの毛にあたる部分は長さが一ミリしかない。サルRが腕を動かすと、アレイが前頭葉の一次運動野と運動前野から信号を読み出す。コンピューターディスプレイには、一〇〇マスからなるグリッドが映し出されている。各マスの中で、それぞれ対応する電極一個のとらえた活動を示す白い線がうねっている。実験室のスピーカーからは、その音も聞こえる。ささやき声のような雑音だ。「パチパチという音がするたびに、ニューロンが活動電位を発生させているのです」とスタヴィスキーが言う。「活動電位は軸索を伝わって次のニューロンか筋肉へ進みます」

スタヴィスキーは神経科学を専攻する大学院生で、カオは電気工学を専攻している。二人は神経機能代替研究の分野でアメリカの第一人者であるクリシュナ・シェノイの研究室に所属している。(7) この研究室は運動機能代替装置を主に扱い、触覚キューの書き込みよりも運動信号の読み出しの研究に重点を置いている。しかしシェノイとオカムラは、より高性能の義肢の開発に対する関心を共有していることから、共同研究を始めたところだ。装着している人が動かせるだけでなく、感じることも可能にする義肢を開発しようというのである。「前臨床試験と臨床試験でもっと先へ進み、被験者に触覚を与えるところまでぜひともたどり着く必要があります。絶対に」とシェノイは言う。義肢を実際に使おうとしているあらゆる人にとって、触覚には現実的な意味がある。彼によれば、たとえばコーヒーカップを持ち上げるには、視覚フィードバックだけでなく触覚フィードバックも必要だ。「手を伸ばしてカップを持ち上げようとしたときに、強く握りすぎてカップを割ってしまったり、握り方が弱くてカップを落としてしまったり、というのでは、あまり役に立つ義手とは言えません。指でカップをつかんでいるとき、指がカップに触れている部分はあまり見えません。この状況では、視覚はごく限られていて、あなたも私も指に受ける圧力、つまり触覚に頼る部分がとても大きいのです」

さらに、触覚は他者とのつながりを感じる重要な手段なので、ユーザーの経験を豊かにするだろう、とオカムラは指摘する。「子どもが生まれてから、私は触覚の価値がいっそうわかるようになりました。人間どうしの愛情のこもった身体接触は、私たちが人間であるために、そして正しく成長するために、とても大切なのです」。神経機能代替装置の研究を始めたとき、ユーザーが温度を感じたがっているということを見出した研究がとりわけオカムラの心に残った。「つまり、愛する人の手のぬくもりを感じたいということです」

義肢はブレイン・マシン・インターフェースにとても役立ち、研究分野として、ギャラント研究室が構想している内的発話の翻訳装置よりもしっかりと確立している。シェノイ研究室は、アメリカで最先端の研究をしている数多い研究室の一つである。有力な研究室がカリフォルニア大学バークレー校、デューク大学、ブラウン大学にもあり、ブラウン大学の研究室はマサチューセッツ総合病院と共同で、サルRが装着しているのとよく似た麻痺患者用の埋め込み型インターフェースを開発するために、「ブレインゲート」という脳埋め込み装置に対してFDAの承認を取得するための臨床試験を実施している。今までのところ、この分野ではもっぱら読み出しに重点が置かれており、運動野の活動を翻訳して手足を動かせる信号に変換する方法が見つかっている。次の課題は書き込みである。さらに、運動系の読み出し機能と感覚系の書き込み機能をリアルタイムで結びつけることも課題となる。

センサーをロボット義肢に設置するのは、手術ロボットの内部に設置するのと比べればはるかに簡単だ。スペースと滅菌に関する制約が違う。「厄介なのは、情報をどうやって脳に戻すかという点ですね」とシェノイは言う。感覚情報をたとえばゲーム機のジョイスティックのようなものに伝えてから手に送るなら、手にはもともと機械受容器と脳への情報経路が備わっているからうまくいく。しかしここでは、セカンド・サイト社が人工網膜のために視覚系でやったのと同じように、触覚系の電気的言語を解明する必要がある。触覚にせよ視覚にせよ、接触しているかどうか、あるいは光があるかどうかといった二者択一の感覚をつくり出すだけでも一仕事だ。しかし、たとえばそっと握ったか強く握ったかというような、いわば情報の色調を書き込むのはもっと難しい。動物の脳の体性感覚野を刺激した初期の実験では、刺激を感じたら応答するように動物を訓練した。「動物を使う場合、知覚表象の性質を知るのは、少し難しくなりますね。実際にどう感じているのか、サルに訊くわけにはいきませんから」とシェノイは言う。

しかしサルの脳の活動を盗み聞きして、サルが自然に動いているときや触覚フィードバックを受けているときに脳が何をしているかを知ることはできる。スタヴィスキーとカオの研究は、サルRに抵抗や重みを模したフィードバックを与えた場合に、サルRがカーソルの制御をどうやって調整するようになるかに焦点を当てている。スタヴィスキーはカーソルの動く速度を変えることによって、見た目の「重量感」を変えることができる。紫色のときには、速度を遅くして「重い」と感じさせる。青色のときは中くらいで、オレンジ色のときには速くして「軽い」と感じさせる。スタヴィスキーは試行ごとに重量感をランダムに変えるので、サルが手を伸ばすたびにカーソルの「感触」も変わる。そこで、サルは自分の動作を適切に調節しなくてはならない。

この実験では、内的モデルを調べている。つまり、腕で何かを動かそうとするときに予期すべきことを脳がどう学習するかを知ろうとしている。これは物理的な世界と交わろうとする義肢ユーザーにとって大きな意味をもつだろう。ここで再びコーヒーカップを想像してほしい。「重いとわかっていたら、力を入れるでしょう。軽いとわかっていれば、やさしく扱います」とスタヴィスキーは言う。では、重いと予想したカップがじつは空っぽだったらどうだろう。持ち上げるときに力を入れすぎることになる。勢い余って、残っていたコーヒーのしずくが飛び散ってしまうかもしれない。スタヴィスキーがカーソルの重量感を下げると、サルRにこれと同じようなことが起きる。スタヴィスキーは画面上を動くドットを指さす。「中くらいから軽いのに変えました。サルが力を入れすぎたのがわかるでしょう」

しかしスタヴィスキーは、サルRが自らの内的モデルを調節して、ブレイン・マシン・インターフェースを自分の腕と同じようにうまくコントロールできるようになるのか確かめたいと思っている。そこで彼はキーをいくつか叩き、カーソルをランダムに切り替えるのをやめて、紫色の「重い」カーソルに固定する。サルは適応できるのか。そして適応したら、もっとうまくカーソルを操れるようになるのか。今までに集まったデータを見る限り、うまくいきそうだ。カーソルが変化しない場合と比べて、カーソルがランダムに変化しているときには、サルは適切な強さのおよそ二倍の力をかける。「そんなわけで私たちは、現実世界でロボットアームをコントロールできるようになるだろうという楽観を強めています」とスタヴィスキーは言う。そこでは、物体から受け取るフィードバックに適応できなければならないのだ。

廊下を隔てた部屋では、神経科学専攻の大学院生、ダン・オシェアが触覚の世界へさらに踏み込む実験をしている。装置は同じようなものを使う。サルRとは別のサルPというアカゲザルが椅子に座り、目の前にはスクリーンと、ご褒美として与えられる少量のジュースが置かれている。今、サルPは訓練中で、脳に電極は埋め込まれていない。きわめて高性能なジョイスティックを手で動かすことによって、スクリーン上のカーソルをコントロールしている。このサルの仕事は、単純なルート上でカーソルを動かして進めることだ。ただしルートを囲む赤い壁にぶつかってはいけない。通路はまっすぐなところもあれば、右や左に曲がるところもある。サルはカーソルをルートの下部から出発させて、上部のターゲットまで移動させなくてはいけない。ところがときおり、ジョイスティックが不意にサルの手を右や左に押しやる。この不意討ちでサルのカーソルが壁にぶつかると、ジョイスティックのモーターが抵抗を与える。するとサルは「とても柔らかいスポンジのブロックにぶつかったような」感覚を覚える、とオシェアが言う。壁にぶつかったらご褒美はもらえない。

オシェアが研究しているのは、固有感覚が運動制御を誘導する仕組みであり、具体的に言えばそのフィードバックの影響によって、カーソルがコースから外れたという信号を受け取ったサルが、手の伸ばし方を調節する仕組みである。今、サルPはすでに視覚フィードバックを受け取っている。カーソルが壁にぶつかったらそれが見えるのだ。しかし義肢ユーザーが複雑な動作や精密な動作をしたい場合、視覚では遅すぎる、とオシェアは言う。自分の手や足が何をしているのか知るのに観察が必要なら、反応できるまでに遅延が生じる。これより速いのが固有感覚フィードバックだ。サルPの訓練が完了したら、電極アレイを脳に埋め込む。これによってオシェアは、サルの手がジョイスティックからのフィードバックで「攪乱《かくらん》」されたときの脳の活動を調べることができる。オシェアによると、義肢ユーザーの脳に同様の衝突に関する情報を書き込むことができれば、「緊密なフィードバックループ」が得られるので、義肢をコントロールする助けとなる。ユーザーが体を動かすと、「とてもすばやく明瞭に、現実世界で生じる結果が脳に送り返される」

緊密なフィードバックループは理想である。ロボットと同様、ブレイン・マシン・インターフェースもユーザーと機械が同期しなくなると遅延の問題に直面する。カオが別の実験の動画を呼び出す。サルが脳でコントロールするカーソルを使ってタイプしている。サルはスクリーン上の「キーボード」を見ている。キーボードは黄色いドットで表現され、ドットに文字が一つずつ割り当てられている。カーソルを動かすべき位置をターゲットが示し、サルがドットにカーソルを移動させると、スクリーンに文字が現れる。サルがキューに従い続けると、「ハロー、ワールド」という言葉ができあがっていく。

話したり体を動かしたりはできないが思考で機械をコントロールすることはできるという人がブレイン・マシン・インターフェースを使う場合、このようなプログラムこそまさに役立つはずだ。とはいえ、同期エラーを起こす余地はまだたくさんある。「カーソルの制御がうまくいかず、次のキーへの移動中にたまたま別のキーが頭に浮かんで、間違った文字を伝えてしまったらどうなるでしょう」とカオは言う。「削除キーを押さなくてはならず、一気に作業が煩雑になってしまいます」。精度が五〇%なら、キーを打つ回数の半分は削除に費やすことになり、「使い物になりません」

しかし今のところ、このサルはなかなか好調で、一分間に一〇語ほど処理できている。「I am controlling this cursor with my mind」（私は思考でこのカーソルをコントロールしています）という言葉がスクリーンに表示されている。「この一カ月間、このデコーダーモデルで毎日実験しています。一〇〇万人のシェイクスピアよりはちゃんと書けていると思いますよ〔シェイクスピアを一〇〇万人集めて合作させたらサルほどの作品も書けないという、コメディアンのスティーヴン・ライトのネタを踏まえている〕」

シェノイの研究室は、サルたちの使っているのと似た、第一世代の人間用埋め込み装置となる「ブレインゲート2・ニューラルインターフェースシステム」について、FDAの承認を得るための多施設共同臨床試験に参加している。スタンフォードのチームは筋萎縮性側索硬化症で麻痺した女性患者にこの装置を移植して、サルの実験とよく似たタスクを実行させている。「腕や指を動かしているところを考えるだけでスクリーン上のカーソルが動いて、愛する人や私たちや医師に宛てたメッセージが入力できるのです」とシェノイは言う。彼は詳細をあまり明かすことができないが（臨床試験はまだ終わっていないので）、チームの進捗には満足していて、「じつにわくわくする時代です」と熱く語る。「私たちが実験室で解明していることが、人間に応用できるということが明らかになってきたのですから」

それでも、動作の意思を読み出すのは、触覚情報を脳に書き込むのと比べれば簡単だ。運動活動には数百万個のニューロンが関与するが、脳の活動を意図された動作とおおまかに結びつけるには、ほんの数百個のニューロンから情報が読み出せれば十分なのだ。「情報を書き込むときには、おそらくきちんと正確に書く必要があるでしょう。関連づけだけでは不十分かもしれません」とスタヴィスキーは言う。体が実際に何かに触れていれば生じたはずの特定の入力パターンを受け取るには、ニューロンが数十万個くらい必要かもしれない。

シェノイによれば、触感の有無だけでなく度合いまで書き込むには、もっと多数の電極を搭載したアレイが必要であり、電極が増えれば脳内で必要な電流も増える。そしてこれが問題となる。というのは、電流の動きは制御できないからだ。必ずしも思いどおりの細胞を刺激できるわけではないし、刺激する細胞の個数も制御できない。「ピアノの鍵盤を想像してください。各鍵がそれぞれ別のニューロンだとします。この場合、電流というのは長さ三〇センチ、幅五センチ、厚さ一〇センチの材木二本で鍵盤を叩くようなものです」とシェノイは言う。「ニューロンに与える刺激を強くしたければ、鍵盤をこの材木でもっと強く叩けばよいでしょう。もっと広い範囲を叩きたければ、叩きながら材木の位置をずらせばいい。でも、音を一つだけ鳴らすことはできませんよね。メロディーを弾くのも絶対に無理です」（セカンド・サイト社も、人工網膜に搭載する電極が多すぎると「雲効果」と呼ばれる同様の広範におよぶ効果が起きると考えていたことを覚えているだろうか）。

しかしシェノイの考えでは、解決策は存在する。電極アレイをオプトジェネティクスで置き換えて、もっときめ細かな感覚入力を可能にするのだ。電流と違って、オプトジェネティクスなら叩きたい鍵だけを叩くことができる。これは、遺伝子操作した細胞に特定波長の光を当てて刺激するという、人工網膜に代わるものとしてシーラ・ニレンバーグの提案した方法とよく似ている。ニレンバーグのモデルでは、眼の遺伝子を改変して、メガネに搭載した超小型プロジェクターで光を照射する。シェノイが考えているのは、光ファイバーを脳に埋め込んで、刺激したいニューロンを直接刺激するという方法だ。この方法の研究が、この分野が進む次の章になるとシェノイは考えている。

章をいくつか飛ばして読み進めると、感覚器官や手足という末梢から始まった書き込みと読み出しの物語が脳で終わることになりそうだ。アメリカにはブレイン・マシン・インターフェースで義肢を動かすユーザーの中心となる麻痺患者が六〇〇万人ほどいるということをシェノイは指摘する。しかしこれをはるかに上回る人たちが、アルツハイマー病をはじめとする認知症などの加齢に伴う脳自体の疾患にまもなく直面するはずだ。「アメリカでは、加齢に伴ってしばしば生じる神経変性疾患や神経衰弱疾患の大量発生が迫ってきています。そのため、脳のさまざまな領域の働きやその異常を治療する方法をもっとよく知ることが確実に必要となるでしょう。神経科を受診することほど気のめいることはありません。どこが悪いかをはっきり教えてもらっても、あまり助けにはなりませんから」

しかしシェノイは、まもなく助けてもらえるようになると考えている。そしてそれは、脳の言語の分析を目指す多目的で大がかりな取り組みによって可能になると思われる。「脳から情報を読み出したり脳に情報を書き込んだりできるようになれば、いろいろな可能性が考えられます」。たとえば、ある人が脳卒中を起こし、脳の一部の細胞が壊死したとする。損傷した領域が本来ならどんな働きをするのかが十分にわかっていれば、埋め込み装置を使ってその機能を代行させることができる。その領域が脳の言語のリレーでどんな役割を担っているかがわかれば、損傷領域の直前の部分から情報を読み出して、埋め込み装置にその情報を送り、そこで変換された情報を損傷領域の直後の部分に書き込むことができる。「回線を中継するわけです」。シェノイに言わせれば、これは視覚や聴覚や運動を助ける人工器官と同じような「人工脳です」

人工網膜、刺激の再構成、ロボット義肢――これらは脳というブラックボックスの言語を翻訳しようとする初期の試みだ。しかしこれらはまた、ブラックボックスに割れ目をうがち、中の回路に光を当てる働きもしている。今、科学者には強いモチベーションがある。失明や脳卒中、麻痺の治療だけでなく、今より短命だった過去の世代がほとんど経験せず、治療法もほとんど存在しない、加齢性認知障害というまったく新しい領域の治療も視野に入れているのだ。

「近い将来、情報の読み出しと書き込みはできるようになるはずです。しかしその先はどこへ向かっていくのでしょう」とシェノイは思いをめぐらせる。「さまざまな病気やけがに対処できるように、脳の読み出しと書き込みをする標準的な方法の確立を目指しています。これはじつにエキサイティングです。薬ではできず、手術でもできないことです。新しい治療法が生まれます。そして、その治療法とは、人工脳なのです」

第2部　メタ感覚的知覚

6　時間

一万年時計とロング・ナウ協会

アレクサンダー・ローズはカフェの椅子に背を預け、落ち着いた静かな声で時計探訪の話を語り始める。

あなたは冒険の仲間と車に乗り込み、テキサス州のヴァンホーンという町を越えて砂漠に入る。日の出のころ、岩の断崖を目指して谷底を歩き始める。谷間の道はしだいに狭くなり、やがて崖の下にたどり着く。自然の地形か人間のつくったものかどちらとも思える奇妙な割れ目が見つかる。足を踏み入れ、薄暗い洞窟を数十メートル進むと、扉が現れる。勇気を奮って扉を通ると、それまではごつごつしていた洞窟の壁が、ここからは粗く削られている。自然の世界から、誰かがつくった謎めいた世界に入ったのだ。

「見上げると、地表から光が差し込んでいます。地下一五〇メートルのところにいるのに」とローズが語る。「頭上にある機械みたいなものを通して光が差してきます。柱を取り巻くようにらせん階段が設けられています。そこであなたはらせん階段を昇り始めます」。この機械は、山に垂直坑を掘り抜き、柱状のステンレス鋼を入念に加工した巨大な装置を収めたもので、一万年間動き続ける時計になる。時間に対する人間の認識を象徴するモニュメントであり、またその認識に対する挑戦でもある。

ローズは、この時計を建造しているロング・ナウ協会のエグゼクティブディレクターだ。時計はまだ工事中で、運用開始日はまだ決まっていない。しかし協会のメンバーはすでに、らせん階段を昇る別世界的な体験にあれこれ思いをめぐらせている。協会のサンフランシスコオフィスの近くには、妙に時代を超越したカフェがあり、ざわめきの中を一九四〇年代のスタンダードポップスが流れ、古風なネオンサインが壁を飾っている。そこで彼がコーヒーを飲んでいるあいだにも、テキサス州のどこかでダイヤモンド刃の巨大なのこぎりが山の穴から石灰岩を削り出し、柱状の時計のまわりでらせんを描く階段をつくり続けている。シアトルとカリフォルニア州ノースベイでは、時計の内部機構を製作するエンジニアたちが、時の試練に耐えられる頑丈な部品を仕上げようと試みている。とんでもなく長い時の試練となるのだ。

この時計は、プログラマー界のスーパースター、ダニー・ヒリスが発案したものだ。ローズによると、「生涯のほとんどを世界最速のスーパーコンピューターをつくる仕事に費やしてきたので、それに対する解毒剤みたいなもの」として思いついたらしい。問題は、スピードをあがめる文化に駆り立てられて、人が現在の必要を満たすために将来の幸福を犠牲にしていることだ、とヒリスは感じた。私たちは種《しゅ》全体として、選挙のサイクルとかファッションのシーズンといった短期的なスパンにばかり目を向けるようになってしまった。「気候変動や飢餓や教育など、はるかに長いタイムスケールでなければ解決できない問題があることを彼は案じました。これらは四年周期の選挙サイクルでは解決できない問題です」とローズは言う。この時計はそうした風潮に対するアンチテーゼで、要するに「世界で最も遅いコンピューター」だそうだ。見る人に、自分が時間の流れの先頭にいるのではなく、途中の一点にいるにすぎないということを痛感させる巨大な装置である。「当初のアイディアはいささかロマンチックで、一年に一度だけ針が進み、一〇〇年に一度だけ鐘が鳴り、一〇〇〇年に一度だけカッコウが出てくるという時計が考えられていました」とローズは言う。

ひょろりとした工業デザイナーのローズは、思慮深く落ち着いたふるまいを見せる。彼はロング・ナウ協会が最初に採用した人材だ。この非営利団体が設立されたのは一九九六年――いや、〇一九九六年だ（協会はすでに五桁の年数表示を採用している）。「ロング・ナウ」という名前は、イギリスのミュージシャンで今ではロング・ナウ協会の理事でもあるブライアン・イーノから借用した。彼は一九七〇年代にアメリカへ拠点を移してすぐに、ニューヨークの「今」がイングランドの「今」よりもはるかにあわただしい何かを意味していることに気づいた。「彼はもっと幅の広い時間感覚をもつことを『ロング・ナウ』と呼び始めました。私たちも同調し、さらに幅を広げて、過去一万年とこれからの一万年を『ロング・ナウ』と呼ぶことにしたのです」とローズは言う。協会では、一万年という時間を文明規模の時間の指標と定めた。過去を一万年前までさかのぼれば、人新世〔人類が優勢を占める地質年代〕の始まり、すなわち紀元前八〇〇〇年ごろに人間が農耕を開始し、環境に明らかな影響を与え始めた時期に行き当たる。逆に今から未来へ向かう一万年の時を、この時計は刻んでいく。

ローズは時計の階段を昇っていくとどんなものが見えるのか語り続ける。「たくさんの機械類を通り過ぎますが、すべて止まっています。いくつかは自分の手でぜんまいを巻くことができます」。階段は文字盤の置いてあるメインルームに至る。文字盤には、人が前回そこを訪れた日付が示されている。その日付は昨日かもしれないし、一〇〇〇年前かもしれない。遠い未来にはグレゴリオ暦を理解しない人がここを訪れるかもしれないので、文字盤には太陽と月と恒星の位置でも時を表示する予定だ。

来訪者は文字盤を見て、もう一つ興味深いことに気づくかもしれない、とローズは言う。「文字盤は一〇〇〇年前の日付のままなのに、振り子は動き続けているのです」。用途が一目でわかる道具を置いておき、来訪者がそれでぜんまいを巻くと「天体の位置を示す円盤がすべて動き、日付が更新されます。そして『今』にたどり着くと動きが止まります」

時計には動力源が二つ用意される。手巻きのぜんまいと、昼夜の気温差をエネルギーとして利用する動力機構だ。余分なエネルギーが錘装置に蓄えられ、日光や人力がなくても一〇〇年間は時を刻むことができる。時計のぜんまいをいっぱいまで巻いておけば、一万年にわたって毎日正午になると、日ごとに異なる調べで一〇種類の鐘の音が鳴る（少なくとも一万年にかなり近い年数。来訪者のない日には鳴らないことを踏まえて、時計の寿命である三六五万日にほぼ十分な組み合わせを生み出すアルゴリズムが考案された）。

ローズによると、時計を囲むスペースはらせんを描きながらしだいに狭まり、最後に崖の上へ出るときにはカタルシス的な解放感が得られる。「そこからは二七〇度の広い眺望が得られ、テキサス州西部からニューメキシコ州にかけて広がる標高の高い砂漠を見渡すことができます」。しかしもっと大事なのは、この巨大な時の番人に触れる経験を終えたあと、ここを訪れた人たちが「この経験によっていくらか変わること」であり、「帰りの道中でそれについて語り合い、考えてほしい」ということだ。

時間について考えるのは、なかなかややこしい。本書の最初の五章では感覚を扱ったが、それぞれの感覚は特定の神経系経路から脳に情報を伝える別個のものである。しかし知覚には、複数の感覚器官から情報を得る「メタ感覚的」または「多感覚的」な経験というものもある。時間野とか時間葉と呼べるような、時間を知覚する単独の器官は存在しない。実際には、時間の経過を把握する神経機能は脳全体に分布している可能性が高い。私たちは多数の感覚を組み合わせて時間を測っている。たとえば野生の馬が群れをなしてテキサスの平原を駆けているとしよう。近づいてくる群れの描く軌跡や、群れがしだいに大きく見えてくるようすから、時間を視覚的にとらえることができる。振動する地面に手を当てれば、時間を触覚でとらえることもできる。ドップラー効果のおかげで、群れが自分の前を駆け抜けるときに時間を聴覚でとらえることもできる。そして最終的に脳が時間を編集する。これは脳のもつきわめて興味深い知覚メカニズムの一つだ。編集作業が必要なのは、時間がさまざまな速度でこれらの器官を経て私たちのもとを訪れるからだ。脳はこれらの入力をシンクロさせて、首尾一貫した経験をつくり出す。その結果、馬そのものと、ひづめから生じる音と振動がすべて同じ瞬間にやって来たように感じられるのだ。

時間とは、文化的な現象でもある。人のつくった装置で測られ、人の行動を調節するのに利用される。そしておそらく時間によって、人の行動はハードなバイオハッキングとソフトなバイオハッキングの力がこのうえなく混ざり合ったものになっている。私たちは体内と体外で自然に生じるサイクルから時間の手がかりを得てきた。睡眠と覚醒のサイクル、惑星や恒星の運行、潮目や季節の移り変わりなどがそれにあたる。私たちはこれらのサイクルを日時計や暦、時計といった計時システムに変えてきた。ロング・ナウ協会のプロジェクトは、その巨大な一例にすぎない。しかしこれから見ていくとおり、これは一つの種《しゅ》としての私たちが抱く時間の認識を調整しようとした初の大がかりな試みというわけではない。一つの人間社会として私たちの生活に一定の秩序を持ち込もうとした大がかりな試みは、これが初めてではないのだ。時間について理解したければ、一つのレベルで調べるだけでは足りない。人がどんな時間を知覚するかは、じつはどんな時計を使っているかによって変わってくる。

時間を測るニューロンはあるか？

一万年時計は長くゆるやかな時を刻むが、ディーン・ブオノマーノはすぐさま過ぎ去る短い時を探求している。ブオノマーノはカリフォルニア大学ロサンゼルス校の神経生物学者で、ミリ秒レベルの時間を専門としている。脳が時間を測定する中枢をもたないらしいにもかかわらず、どうやって時間を測るのか解明しようとしている。(1)

私たちは時間に特化した感覚器官をもたないが、それは眼が光子に反応したり、舌や鼻が化学物質に反応したり、耳が振動に反応したり、皮膚が圧力に反応したりするのと違って、時間には測定すべき物理的属性がないからだ、とブオノマーノは言う。「私たちが空間を測ることに特化した感覚器官をもたないのと同じく、時間に特化した感覚をもたないというのは格別に驚くようなことではないと思います。空間というのは普遍的で、時間も普遍的で、つまり空間と時間は基本的な次元ですから」。多くの感覚から時間が知覚できるのは、多くの感覚から空間が知覚できるのと同じことだと彼は指摘する。反響として聴覚でとらえることもできるし、両眼視によってもたらされる奥行きの知覚によって視覚でとらえることもできるし、皮膚で触れることによって物理的なサイズや距離がわかる。

「そこで、きわめて興味深い問いが出てきます。そもそも時間とは何か」と、ブオノマーノが口にする。時間とは私たちを取り巻く世界がどれだけ変化するかを測る尺度である、というのが彼の考える答えだ。時間とは、一日の明暗のサイクルの中で自分がどこにいるかわかるように、単純な生物が進化させた仕組みである。また、もっと複雑な生物が他者の行動を予想して、絶えず変化する環境の中で起きる出来事に自分の行動を合わせるためにも、不可欠な仕組みだ。ミツバチは、次に蜜をたっぷりふるまってもらうには、その花をいつ再訪すればよいかを知る必要がある。鳥は渡りの季節がいつ到来するか知る必要がある。ガゼルはチーターがどんな速さで自分たちを襲ってくるか知る必要がある。

ブオノマーノによれば、時間を知る際に必要な精度は種によって異なるので、進化は「必要に応じて」個別の解決策を生み出した。植物や単細胞生物なら、昼と夜の変化がわかれば事足りる。それを知るのに脳など要らない。しかし声を発する動物（人間など）には、高精度でチューニングされた時間感覚が必要だ。というのは、発話は瞬時に過ぎゆくからだ。細かい運動制御にも、やはり高精度の時間感覚が欠かせない。

率直に言って、私たちの脳がどうやって時間を知るのか、まだ誰にもはっきりわかっていない。じつは複数の方法があって、異なるスケールで、あるいは異なる目的で、それぞれが時間を測っているのかもしれない。「ペースメーカー・アキュムレーター・モデル」と呼ばれる古い説では、おおざっぱに言って脳には体内時計のようなものがあり、この時計の構成要素であるペースメーカーの発するパルスをアキュムレーターがカウントすることで時間を測るのだとされていた。しかしこの一〇年間で、時間を測る機能は脳にもっと広く分布していると科学者たちが主張し始めると、その説は批判されるようになった。デューク大学の心理学者ウォーレン・メックは、かつてはこの古い説を支持していたが、今では共同研究者たちとともに、「線条体振動頻度モデル」という新たな説を主張している。[2] その説によると、秒から分のレベルの時間については脳の線条体と呼ばれる部位が「コアタイマー」として働き、特化したニューロン（それぞれがさらに小さなタイマーとして働く）が脳全体の細胞の振動周期を同期させる。一方、カリフォルニア大学バークレー校の心理学者リチャード・アイヴリーらは、別のモデルを提案している。[3] こちらのモデルでは、細かい時間尺度を必要とする高度な運動機能や知覚のかかわるタスクについて、小脳が学習メカニズムを使って入力と出力のあいだのタイミングを最適化し、ペースメーカーのように明確なタイマーは使わずにタイミングを調節するとされる。

　ブオノマーノの研究室は、計数《カウンター》領域とか計時中枢といった領域はなく、脳の多くの部位に分散したダイナミックなプロセスによって時間が測られるのだと主張している。「人間の行動にとって、世界を理解したり、世の中で起きる出来事を予想したり、運動を協調させたり、感覚刺激の意味を理解したりするために、時間を知るのは非常に重要なので、脳内の一カ所に時計が一つだけあるというのは理にかなわない」と彼は言う。実際、「脳は私たちが時計とはこういうものと一般に思っているのとはかなり違う形で時間を測るという見方が出てきています」。たいていの時計は振動子の振動回数を数える。振り子時計なら、振り子の揺れる回数を数える。原子時計なら、セシウム原子の周波数を調べる。しかし脳は、少なくとも数秒や数ミリ秒という短い時間尺度については、振動を数えているとは思えない。発話を解読したり赤色光に反応したりするときには、この時間尺度で活動がおこなわれる。

ブオノマーノの考えでは、脳は神経の動力学的パターンによって、あるいは相互接続したニューロンの活動パターンによって、時間の経過を把握する。[4] 入力があるとニューロンが応答し、相互に作用して連鎖反応を起こすが、やがてこのプロセスは終息し、系がリセットされる。これは池に石を投げ込んで、水の動力学を利用して時間を知るようなものだ、と彼は言う。石の衝撃で一連のさざ波が生じる。そのさざ波の到達した距離とさざ波が消えるまでの時間を観察すれば、石を投げ込んでからの経過時間がわかる。同様に、脳は感覚入力（石）を受け取ってから通常状態に戻る（さざ波の消失）までにニューロンのネットワーク（池）が生み出す活動パターンをもとにして時間の経過を把握している可能性がある。

「そうだとすると次の問題は、その回路はどこにあるのか、となります」とブオノマーノは言う。答えはまだ見つかっていない。彼は、小脳、基底核、一部の感覚野（視覚野や聴覚野など）がそれぞれ異なるスケールで時間の経過の把握に関与しているかもしれないという説を支持する。彼は自分の研究室が主張している「状態依存ネットワークモデル」が時間を測るための主たるメカニズムである可能性が高いと思っているが、これ以外のメカニズムもおそらく関与しているだろうと慎重な言い方をする。たとえば哺乳類の場合、視床下部にある視交叉上核が眼の特殊な光受容体から得られる光の情報を利用して、概日リズム（睡眠と覚醒の時間など）をコントロールしている。数分以上のスケールで時間の経過を把握する場合には、その機能は記憶と関連し、前頭前野が関与している可能性が高い。さまざまな必要性に対応して、脳の発達のさまざまな段階で進化した複数のメカニズムが存在するのかもしれない。メックによれば、これらのモデルが「共存できないわけではないし、むしろ互いを補い合うと考えるのは難しくありません」。特定の感覚のみでミリ秒レベルの時間の経過を把握する仕組みについてはブオノマーノのネットワークモデルで説明でき、秒から分のレベルでは線条体振動頻度モデルが有効で、これらのあいだでおそらくほかの回路も協調して作用していると考えられる。

ブオノマーノの研究室では、聴覚を中心とした脳の感覚野における時間把握に焦点を当てている。そこで彼は、自説の中心テーマを説明するための音響実験を私にさせてくれる。小さなノートパソコンを私の前に置いて、音のペア二組、合計四つの音が聞こえてくると説明する。どちらのペアのほうが二音の間隔が長いか判定する、というのが私の役目だ。コンピューターが音を二回鳴らし、それからまた二回鳴らす。あとのペアのほうがわずかに間隔が長かったように感じられる。私が二組目を表すボタンを押すと、画面上に赤い文字で「誤」と表示される。

私はテストを六〇セットやるが、何度も「誤」の文字を目にする結果となる。正解すると問題が難しくなり、間違えるとやさしくなる。「難しくなる」というのは、二組の違いがわかりにくく、どちらの間隔のほうが長かったか判断しにくくなるという意味だ。それからテストを丸ごともう一度やって、私はさらに六〇セットの間隔を判断する。一度目も二度目も難易度は同じくらいに感じられ。正答率は七六%付近をうろついている。

じつは仕掛けがあったのです、とブオノマーノが打ち明ける。どのセットも、一組の間隔は一〇〇ミリ秒で、もう一組はそれよりわずかに長いか短いかだったという。私のニューロンにとって、一組目は池に投げ込まれた石のようなもので、それによってシステムが反応の処理を始める。二組目はすでに波打っている池に再び石を投げ込むようなもので、ニューロンは反応を改めて開始することになる。

ブオノマーノの言う仕掛けというのは、ペア内の音の間隔を変えただけでなく、ペア間の間隔も変えたことだ。テストの第一ラウンドではペア間の間隔は二五〇ミリ秒だったが、第二ラウンドでは七五〇ミリ秒だった。ペア間の間隔が長いほうが、正答率が上がったはずだとブオノマーノは言う。「ネットワークがリセットしてもとの状態に戻るまでの時間が長くなりますから」。一方、リセットするための時間を十分に与えないと、逆の効果が生じる。各セットの信号音によって生じたパターンが互いに干渉するからだ。「小石を二つ投げ入れて、波が落ち着くのを待ってからさらに小石を二つ投げ入れるほうが、すぐにあとの二つを投げ入れるよりもはるかに識別しやすいのです」とブオノマーノが説明する。

その違いが私の成績に現れている。ブオノマーノが私のテスト結果を呼び出す。ペア間の間隔を長くした第二ラウンドでは、私の識別閾値は一五ミリ秒だった。平均して、二つのペア内の間隔が一〇〇ミリ秒と一一五ミリ秒なら違いが識別できた。初心者ならそのくらいがごくふつうだそうだ。しかし間隔の短い第一ラウンドでは、閾値は二九ミリ秒を少し上回っていた。「つまり第二ラウンドよりほぼ二倍難しかったわけです」とブオノマーノが言う。時間経過の把握がダイナミックなシステムに依存することを示すヒントがある。中断されると機能に障害が生じるのだ。

しかし、ニューロンレベルの差はあったが、私には時間の間隔が同じように感じられた。ニューロンレベルでの時間経過の把握は、私たちの主観的な時間感覚、すなわちブオノマーノの言う「私たちの脳が生み出し、周囲の世界についてつじつまの合う解釈をもたらす複合概念」とは異なるのだ。ここで脳は大胆なでっち上げをしている。複数の感覚からの入力を同期させて、連続的で直線的な経験をしたという錯覚を生み出す「事後編集」と呼ばれる作業を絶えずおこなうのだ。

これは時間に限ったことではない。認知科学者のダニエル・デネットは、あらゆる知覚に関して絶え間ない編集と「多元的草稿」という概念を提唱したことで知られる。そして時間はいくつかの興味深いかたちでこの説を体現する。ベイラー医科大学の神経科学者デイヴィッド・イーグルマン（時間やその他の知覚機能を扱う研究室を主宰している）が、それを多数の例で証明している。彼の研究室は、二つの事象（ボタンを押すことと光が点灯することなど）のあいだの間隔を操作すると順番が変わったように感じられるかどうかを調べる実験をおこなった（答えはイエス）[5]。タワーから転落している人と安全な地面に立っている人を比べて、一瞬だけ表示される数字をどちらがよく読み取れるかテストして、恐怖が実際に時間の速度を「遅くする」かどうかも調べた（答えはノー）[6]。

イーグルマンは二〇〇九年に執筆した有名なエッセイ「脳の時間」で、生命が危険にさらされるリスクを冒してまで、なぜ脳は信号が脳に到達するのが最も遅い感覚に合わせて知覚を遅延させるのかを考察した[7]。結局のところ「動物はあまり遠い過去に生きることを望まないのだ」と彼は記している。つまるところ、少なくとも認知機能に必要な意識過程と情報に関しては、脳は速度よりも質を優先する、と彼は主張した。脳は「今起きた出来事についてきちんと整理した像をつくってしまえば、あとはそれを利用するだけでよいので、ここで時間をかけるほうが得策なのだ」

ブオノマーノ自身もこのテーマで幅広く執筆しており、二〇一一年の『バグる脳』（柴田裕之訳、河出書房新社）では脳がおこなう奇妙な編集について書いている。時間に関係したバグで彼が気に入っているものの一つは、サッケード運動と関係がある。読者はこれを眼（またはディーン・ロイドの頭全体）の細かく揺れ動く運動として覚えているのではないだろうか。ブオノマーノによれば、ほかの人の眼をよく見るとこの運動が起きているのが見えるが、鏡で自分の眼を見たときにはこの運動が見られない。それは「眼を動かしている最中に映る、ぶれた像を知覚しないように、自分の眼を動かしている時間を脳が編集して削除するから」だ。発話でも同様の編集が観察できる。「The mouse I found was broken」（私の見つけたマウスは壊れていた）か「The mouse I found was dead」（私の見つけたマウスは死んでいた）という文を耳にしたと仮定しよう。彼によると、文末の単語によって「mouse」の意味が変わるので、脳は最後の単語を聞くまで解釈を先送りする。この先送りが価値をもつのは、この文の生《なま》の情報（音声を生み出している空気の振動）ではなく意味が脳にとって大事だからだ。

五感と同様に、時間の経過を把握するときにも脳は意識に送るよりもはるかに多くの情報を取り込んで選り分けている。脳は本人の気づかぬうちに時間を利用することができる。編集者は生の原稿を整理する。読者は読むに値する原稿ができたときに初めてその作品を知覚するのだ。

一万年時計をつくる

ロング・ナウ協会の時計にも最初の草稿と呼べるものがある。それはロンドンの科学博物館に展示されていて、最古の蒸気機関車、最初のミシン、木製ケースに収められたアップルＩコンピューターなど、二五〇年の歴史における「第一号」を集めた「近代世界の創出」というコレクションの最後を締めくくっている。入口の近くには、王立天文台のために建造された一七八〇年製の振り子時計が展示されている。これは、宇宙の研究を時間の測定と結びつけようとした一八世紀の動きを象徴するものだ。現在が未来へとつながっていく出口付近には、一万年時計（正確に言えば実物よりもはるかに小さな試作品《プロトタイプ》）が置かれている。

「当施設は博物館ですから、私たちは時間の仕事に携わっていると言えます」と、デイヴィッド・ルーニーが展示ケースの前に立って言う。「私たちは、この展示室を時計で始めて時計で終わらせたいと考えました」。ルーニーの「時間の学芸員」という肩書は、長いひげを生やした魔法使いにでも合いそうな響きだ。しかし実際のルーニーは、あかぬけた服装の若く人あたりのよい歴史学者で、おそらく当然ながら、とてもしゃれた腕時計をつけている。彼は一万年時計の最初の担当者として、二〇〇〇年にこの時計が運び込まれてから二年間、ぜんまいをせっせと巻き続けた（今ではふだんの日には時計は止まっているが、ロング・ナウ協会が将来の設計に関する技術的な問題に対処するのに役立った）。

博物館が展示ホールの計画を立てていたとき、ルーニーは一万年時計にほれ込み、時間の認識をとらえ直すというアイディアに心を奪われた。彼はロング・ナウ協会の有力な理事である作家のスチュアート・

ブランドを引き合いに出し、彼がNASAに対して、宇宙から見た地球の写真を一般公開させた功績について語る。それらの写真は「草創期の環境保護運動の象徴となりました。これによって、私たちは空間の地平線を押し広げ、世界を境界線のない一つのものとしてとらえたのです」とルーニーは言う。それでは、今「長期的な思考が異端ではなく当たり前でふつうのものとなるように、時間の地平を押し広げて、未来についてもっと先まで考えるには、どうしたらよいのでしょうか」

実際に時計を見れば時間について語るきっかけになるかもしれないと、ロング・ナウ協会の創設者たちは考えた。そして一九九九年の大みそかの真夜中にプロトタイプが正式に動きだし、二〇〇〇年の到来を告げる鐘を二つ鳴らすと、ほどなくして創設者たちはこのプロトタイプを大西洋の対岸へ送り出した。最終版の時計の設計は今も続いており、シアトルとサウサリートで製造中の部品は博物館で展示されているものと完全に同じというわけではないが、プロトタイプは彼らの目指すものの指針となる。

どことなくヴィクトリア朝風の優美なプロトタイプの中心を占めているのは、機械式二進加算器と呼ばれるもので、いくつものホイール（ビットピンレバー式脱進機を使う「ビット加算器」の歯車）が連なった装置である。ふちがぎざぎざになったパンケーキ型の金属パーツが積み重なり、一本の柱となってゆっくりと回転するところを想像してほしい。この装置がどんなものかわかるだろう。その下にはねじれ振り子がある。突き出た三本の腕のそれぞれに球がついていて、古めかしい振り子式置時計の振り子のように前後に回転する。プロトタイプでは、時計の両側に設けられた高い柱の中を通って下降する錘が時計を動かす。ルーニーが毎日巻き続けたのがこれだ（最終版の時計では、山の縦穴の内部に収めるために、各パーツは直線状に配置するので、錘系の装置は時計の下部に置かれることになる。そのほか、正午ごとに調整される太陽同期装置や、熱出力装置など、プロトタイプにはなかった部品も採用する）。プロトタイプの上部には、空の星野《せいや》〔天空の特定領域で観察される星の集合〕を示す黒い円盤がついていて、これを囲んで複雑な細工の施された金銀の文字盤が配置されている。これらは太陽と月の位置に加えてグレゴリオ暦の年と世紀を示す。「西暦一一九九九年まで大丈夫です」とルーニーが言う。

ロンドンにあるプロトタイプにはチャイムがついていないが、最終版ではチャイムが時計の中に組み込まれた時計として機能することになる。「チャイムには鐘の音を使います。チャイムというのは時計の誕生とほぼ同じころに生まれたのです」とルーニーは言い、中世の時計は教会の鳴鐘係を機械化したようなものであり、住民を礼拝に呼び集めることを目的としていたと指摘する（彼によると、英語の「clock」という言葉はまさに「鐘」を意味する言葉に由来する）。鐘の調べは日々異なるので、その調べを生み出すアルゴリズムがわかれば「過去にさかのぼって、時計がいつ完成したのか突き止めることができます。あるいは現在を起点として、将来のある特定の日にどんな調べが流れるかを知ることもできます。つまり鐘の調べはカレンダーと同じ働きをするのです。一万年の時の流れをたどる助けとなりますが、その方法はじつに精妙です」

ルーニーが関心をもっているのは、私たちが文化的に（神経学的にではなく）時間をどのように知覚するか、文明社会を成り立たせるために時間をどのように測り、標準化し、区分してきたか、である。しかしブオノマーノと同様、ルーニーも時間と空間が密接に絡み合っていると指摘する。人間は古くから時間の流れにおける自分の位置を見極めるのに空間を利用し、空間における位置を見極めるのに時間を利用してきた。私たちはどこかへ行くのにかかる時間によって距離を測ったり、「前」や「後ろ」のように位置関係を表す言葉で出来事の順番を表現したりする。

実際、正確な時間測定を発達させた原動力の一つは、空間を測定する必要性だった。海上を航行するには、船乗りが自分のいる位置を正確に特定することが不可欠だった。「岩礁に衝突しないか。陸までの距離を実際より短く見積もって、船員を餓え死にさせてしまわないか。こうした空間にかかわる問題への解決策は、時間に頼ることでした。精度の高い時計の開発です」とルーニーは言う。彼によれば、私たちは今でも同じことをしているらしい。GPSを使うときには、時間を利用して空間を把握している。「異なる位置にある複数の人工衛星から信号を受け取り、そのわずかな時間差によって位置がわかるのです。時計を使った陸路の航行というわけです」

もう一つの原動力は、集団の活動時間をそろえる必要性だった。「私たちは数千年前から、なんらかの形で労働者としての生活を営んできました。労働をするなら、あるいは農業に従事するなら、町を統治するなら、一日の中に節目を設ける必要があります」とルーニーは言う。日の出、正午、日没だけでは不十分だ。労働者たちを統率して労働時間に応じて賃金を支払うには、もっと細かく時間を区切る必要がある。「これは近代に始まったことではありません」と彼が言い、産業革命よりもはるか昔に古代ローマの著述家が日時計について不満を述べていたと教えてくれる。「私たちは常に時間に縛られてきました。いわば、一日を区分する計時技術に支配されてきたのです」。博物館の上階の展示室では、さまざまな計時装置が見られる。ポケットサイズの日時計や、砂や水や灯油の落下を利用して時間を測る装置などがあり、最も古いものは西暦五五〇年までさかのぼる。

しかし時間の締めつけが厳しくなったのは、明らかに産業革命が契機だった。一九世紀には国際的な海上貿易が広がり、産業化した社会では鉄道と工場が発達したが、それらはすべてスケジュールに動かされていた。そのころまで、時間というのはきわめて局地的なものだった。各都市はそれぞれ公共の時計をもっていたが、それらの時計は都市間ではばらばらだった。「正午」とは太陽が頭の真上に位置する時刻だが、ある都市の正午は数百キロ離れた別の都市の正午とずれる可能性がある。鉄道を運行しようとする者にとって、これでは都合が悪い。離れた都市のあいだで運行を調整するには「どこの時刻のことを言っているのか知る必要があります」とルーニーは言う。そこで一八四〇年、イングランドのグレート・ウェスタン鉄道会社が、合意したタイムゾーン内で各地の時刻をそろえる初の取り組みとして「鉄道時刻」を定めた。この際に選んだのが「自分たちの土地の時刻」であるロンドンの時刻であり、これはグリニッジ標準時にもとづいている（グリニッジ標準時自体は、北極と南極を結ぶ経線の一つであるグリニッジ子午線の真上に太陽が位置する時によって定められる）。

各都市に独自の時刻があったのと同様に、各国はそれぞれ独自の子午線を採用していた。「各国が独自の時刻を使うのはかまいませんし、人の暮らしは何百年間もそれで成り立ってきました」とルーニーは言う。しかし「世界の国際化が進むにつれて、子午線を一つ選んでそれを本初子午線にするほうが好都合となりました。そんなわけで一八八四年、どこの子午線を採用するか決めるために、ワシントンDCで数週間にわたって会議が開かれました。ワシントンか、それともパリか、ベルリンか、グリニッジか」

その結果、グリニッジに決まった。イギリスに海運大国としての歴史があったおかげだ。ロンドンの海図作成業者は、鉄道会社と同じく自分の土地の子午線を使っていた。この業者らはおびただしい量の海図を作成していたので、世界の船も大半がロンドンでつくられた海図を使用していた。ルーニーによると、本初子午線の採用は強制ではないが、それからの数十年間で「ほとんどの国はグリニッジの時刻に整数時間の差をつけた時刻を採用するようになりました」。しかしルーニーによると、今でも妙な国があるらしい。インドはグリニッジ標準時から五時間半ずれている。ネパールは五時間四五分ずれていて、オーストラリアにも整数時間から三〇分ずれたタイムゾーンがある。

標準時が定まったら、市民にそれを知らせなくてはならない。それまで都市の時計は市内に時を告げる仕事をしてきたが、電信や電話によって国際的な距離を隔てた時刻のやりとりが可能となった。しかし、標準時を真に普遍的なものとしたのはラジオ放送だった。ルーニーは、ダイヤルがいくつかついた巨大な青いキャビネットに歩み寄る。これは世界で最も有名な計時装置の一つだそうだ。BBCで流れる「グリニッジの時報」(短い音が五回流れたあとで長い音が一回流れる)を生み出したのがこの装置だったのだ。グリニッジの時報はラジオの聴取者に正時を知らせ、グリニッジ標準時を世界に広めた。一九二四年にBBCでこの時報が初めて放送されて以来、今もなお同じ時報が流れ続けている。これによって、世界中のあらゆる人が時計を合わせることができる。

しかし、これで合わせられるのは時針と分針だけだ。秒についても世界が足並みをそろえるにはどうすればよいのかという問題が残っている。そこで、しばらくロンドン科学博物館を離れて、公共の計時技術に関するおそらく史上最大規模の実験である原子時計を見に行こう。

原子時計をつくる

コロラド州ボールダーにあるアメリカ国立標準技術研究所(NIST)の実験施設は、雪に覆われて高々とそびえる山の頂上近くに位置し、数棟のまばゆい建物で構成されている。この連邦機関は、アメリカで人があらゆるものを測定する方法にかかわっている。ガソリンスタンドで、一ガロンの料金に対して正確に一ガロンのガソリンが供給されているか調べる必要がある? そんなときは州の検査官が特別なNIST容器を使って確かめる。ピーナッツバターのラベルに正しい成分表示が記載できるように、タンパク質の含有量が知りたい? NISTは質量分析計の測定値を確認するのに使える「標準物質ピーナッツバター」を製造している。レーザーの出力や食品店の秤《はかり》を較正したい? それもNISTの仕事だ。そしてNISTは時間の計測もしている。その精度はきわめて高く、一〇の一六乗分の一レベルに達する(公式には3×10^{-16})。

NISTでアウトリーチコーディネーターを務めるジム・バラスとエンジニアのジョン・ロウが、原子時計にほぼ取り囲まれた長い廊下に立っている。右側の部屋には、この国の公式の時報を定める一次周波数標準器と呼ばれる時計があり、その数値が世界各地の原子時計とともに調整されて、「原子時」にもとづく協定世界時がつくられる（協定世界時とは科学研究や遠距離通信の世界で標準時として使用されるもので、基本的にグリニッジ標準時と一致する）。この標準時計は、じつは絶えず性能の向上を続ける名門の八代目にあたる。廊下の先には扉がある。実際には一枚の扉だが、多数の扉が果てしなく続くかのように見える絵が描かれ、その扉の一枚一枚に異なる時刻を指す時計の文字盤が描かれている。その向こうには、九代目の骨格が置かれている。八代目と九代目はそれぞれ正式にはファウンテン一号、ファウンテン二号と呼ばれる。原子泉方式による原子時計（原子泉時計《ファウンテンクロック》）であることに由来する名称だ。

原子時計は環境からの影響に対してきわめて感度が高いので、稼働している実物を見られる人はめったにいない。ファウンテン一号のカメラを調整する仕事に携わっているバラスが、廊下にある巨大なスクリーンにビデオ画像を映す。原子泉時計は一般の時計とはまったく異なる姿をしている。文字盤も振り子も針もない。見た目は直立した金属の管のようで、時計の動作のほとんどは内部で生じる。管の下部でセシウム原子を加熱してガス化し、真空槽に放つ。真空槽内では六本の交差するレーザー光を照射し、絶対零度付近の超低温まで原子を冷却する。この原子が真空の管の上方へ打ち上げられ、やがて落ちてくる。「ファウンテン」（噴水）という名称はここからきている。原子は落下の途中でマイクロ波共振器を通過する。ここで特定周波数のマイクロ波を照射され、上向きまたは下向きのスピン状態となる。

装置はマイクロ波共振器のチューニングを変えながら、このプロセスを何度も繰り返す。やがてほぼすべての原子が同じスピン状態となる。これはセシウムの共振周波数（毎秒きっかり九一億九二六三万一七七〇サイクル）にチューニングされたことを意味する。この数字に達したら、「この毎秒九〇億サイクルを数えればよいのです。それが一秒の長さです」とバラスは言う。「九一億九二六三万一七七〇まで数えます。ジャン！　一秒経過です。それからこれを繰り返します。何度も何度も何度も何度も」

実際に稼働した最初の原子時計は、一九四九年にハロルド・ライオンズが製作した。使用したのはアンモニア分子だが、原理はセシウム原子時計と同じだ。当時の標準だった水晶時計と精度は同程度だったが、それから原子時計の精度は向上し続けた。一九五〇年代に入ると、使用する材料がセシウム原子に切り替わった、とロウが言う。温度や湿度や磁気による障害を受けにくいという、安定した時計に求められる性質を備えていたからだ。一九六七年にはセシウム原子の周波数を基準とした秒の定義が国際標準となり、商用の小型化が始まった。これが現在では人工衛星や飛行機、携帯電話基地局、さらにはコンピューターのチップにまで搭載されている（誤解のないように言うと、これらは原子時計だが、政府標準規格ではない）。今日の原子時計の精度は、三億年に一秒の誤差もないレベルに達している。

原子時計は一日の時刻を知るためのものではなく、時間間隔を測るものである。ここで言う時間間隔とは、一秒の長さだ。「高度な技術を用いる私たちの世界では、一秒の長さが正確に測れることのほうが重要なのです」とロウは言う。というのは、壁のコンセントから携帯電話、世界のGPSに至るまで、あらゆるものが周波数にもとづいて、すなわち一秒あたりのサイクル数にもとづいて作動するからだ。「一秒をより高い精度で測定できれば、より安定した周波数が実現できるというわけです」。それによって、全国の送電網を安定させることができるし、携帯電話の基地局間で通話を確実に伝達することもできる。レーダーやGPSの追跡精度を上げることもでき、壁から延びるらせん状の電話線二本で音声通話だけでなく高速インターネット通信も可能になる。これらのほうが、一〇の一六乗分の一レベルまで正確に時刻を知るよりも実用的だ。

しかし原子時計は、時間の経過を把握する際の信頼性を上げることもできる。一九六七年まで、時間は太陽を周回する地球の運動によって天文学的に定義されていた。「まず一年があり、その長さを日で分割し、一日を時間で分割し、一時間を分で分割し、それから秒に至ります。しかし明らかにこのやり方は精密さをかなり欠いていました。すべてがこの宇宙のダンスの中にあるのですから」とロウは言う。地球の自転速度や公転速度は、一年のあいだで変動する。地球は楕円軌道を描いて太陽を周回するので、太陽の近くでは速度が上がり、遠くでは速度が下がる。このため、一日の長さは一一月のほうが二月よりも長くなる。また、地球の自転軸は円を描くようにふらついている。これは歳差運動と呼ばれる現象で、じつは太陽系全体でも歳差運動が起きている。太陽系内には一種の潮汐効果が存在し、土星と木星と地球が太陽に対して同じ側に位置するときには、土星と木星の引力が地球に作用する。

積雪も地球の自転速度に影響する。「地球の陸塊の大半は北半球にあるので、冬の降雪量が極端に多い場合、標高の高い部分に質量が蓄積します。これはスケーターが腕を広げるとスピンの速度が落ちるのと同じ効果をもたらします」とロウが言いながら、腕を肩の高さで広げてみせる。「雪が解けて海水面に戻ると、スケーターが腕を体に引きつけるのと同じで、再び回転速度が上がります」と言って、今度は腕を交差させて胸に当て、きれいにつま先旋回《ピルエット》をする。もちろん、時間とともに系全体が勢いを失い、すべてが失速する。

地球の回転にはこれらの変動要素があるので、天体の運行をもとにした時間よりも、原子の運動を尺度にして測定した原子時間のほうがはるかに正確だ。しかし原子時計は完全に自然から隔たっているのではなく、じつは天体の運行にもとづく時間と人の定める時間をつなぐ試みである。理論上、科学者がセシウム原子だけで時間を測定していたら、膨大な時間が経つうちに、地球の気まぐれによって正午と真夜中が入れ替わることもありうる。私たちが生きているあいだにはそれに気づくことはないだろうし、未来の人たちは気にかけさえしないかもしれない。電気の登場以来、かつては日々の生活を支配していた昼と夜のサイクルが、しだいに意味を失ってきたからだ。それでも原子時間は依然としてちゃんと太陽と同期している。うるう年があるのと同様に、うるう秒というのもある。うるう秒は一定の周期で生じるのではなく、不規則な間隔で挿入される。一九六七年から二〇一五年までには、うるう秒が三六回あった。

原子時間は宇宙の基本的な物理的現象に強く影響されるとともに、それらの現象に関する知見ももたらしてきた。アメリカが三代目の原子時計を使っていたとき、およそ二四〇キロ離れたボールダーとプエブロでは数値が異なることに科学者は気づいた、とロウは言う。これは地球の磁場の変動によるものだとわかったので、それ以降の原子時計には磁気シールドが設けられた。四代目のときには、シュタルク効果（光の作用で原子のスペクトルが変わる現象）によって影響が生じていることが判明した。そこで原子時計を完全に光から遮断するための覆いが必要となった。バラスによると、ファウンテン一号のときに、黒体放射が原子の運動に影響していることが明らかになったので、今では液体窒素で原子時計を冷却している。時間の測定精度を上げようとするたびに、測定能力に影響する新たな物理的特性にぶつかる。時間について深く掘り下げれば、それに伴って自然についても深く掘り下げることになる。「どの世代の原子時計も、私たちの生活を変える実用的な用途に直結していただけでなく、宇宙の物理的現象についての理解を推し進め、測定可能なものについての理解を深めてくれています」とロウは言う。

私が訪れたときに廊下の突き当たりの部屋で運用開始を待っていたファウンテン二号は、その後、二〇一四年に使用が始まった。しかし今ではそれも代替わりし、次の原子時計が稼働している。「セシウムでできることはすべてやり尽くしてしまいました」とロウは言う。次の世代はイッテルビウム光格子時計というまったく新しい方式になる。マイクロ波ではなく可視光の周波数を利用することからこう呼ばれる。「一〇の一八乗分の一レベルです！」と、ロウは想定精度について誇らしげに言うと、得意満面の笑みを浮かべる。「人類のなし遂げたことで、これほどの精度をもつものはほかにありません。それに近いものさえ！　重量は、一〇の八乗分の一レベルまでは測れません。光の強度については、一〇の六乗分の一レベルまでです」と言って、うっとりとため息をつく。「じつにすごい」

物理学者のアンドリュー・ラドローのチームは、一〇年以上前から光格子時計に取り組んでいる。これは前の世代までの原子時計よりもさらに時計らしく見えない。むしろ小型のレーザープリズムや鏡を何十個もばらまいたテーブルに近い。光が飛び交うカーレースのようだ。光格子時計は原子泉時計と同じく真空槽とレーザー冷却を使うが、それらはさまざまなパーツが大量に入り混じったカオスの中では存在感をほとんど失っている。「ループ・ゴールドバーグ・マシンみたいなものですね。ただし、使っているのは光子ですが」とバラスは言う。

マイクロ波共振器の代わりに、この時計では「魔法波長」と呼ばれる波長のレーザー光でつくった格子を使ってイッテルビウム原子を捕獲する。それからレーザーの振動数をイッテルビウム原子の振動数（毎秒およそ一〇〇〇兆回で、セシウム原子よりもはるかに速い）に合わせる。振動数が大きいほど、時間が細かく分割できる。物差しのようなものだとラドローがたとえる。「細かい目盛りがたくさんついた物差しを使えば、とても正確に測れますよね」。この高い測定能を使って、アインシュタインの時空に関する理論など、きわめて型破りな物理学の基本原理のいくつかを探究することができる。ラドローによれば、「アインシュタインによる一般相対性理論の基本予想の一つは、重力場では時計の進み方が遅くなるというもの」で、この現象は重力赤方偏移と呼ばれる。理論上、海抜の高い場所のほうが海面位よりも地球の重力の中心から離れているので、時計は速く進むはずだ。ラドローらの時計はその効果を測定できるほど精度が高いので、「慎重に測定すれば、アインシュタインの予想がそのままで完璧に正しいのか、それとももっと高度な理論の近似にすぎないのか、基本的に見分けることができます」

一般相対性理論に小さな時計一つで挑むのは、ずいぶん厳しい作業だ。このことから、私たちが依然として宇宙の基本的な性質をいかに知らないか、痛切に思い知らされる。時間の研究をすれば、遠い過去からはるか先の未来までのみならず、宇宙そのものの大きさからそこに存在するごく微小なものについてまでも考えないわけにいかない。「哲学的には、時間というのは私たちの現実について最も解明されていない次元なのかもしれませんね」とラドローは言い、目の前にある複雑な装置を感慨深げに眺める。「しかし皮肉にも、科学の見地から言うと、時間というのは何よりもよく理解されている次元なのです。ほかのどの物理量よりも正確に測定できますから」

体の中の時計

ディーン・ブオノマーノの研究室も時間の測定を試みているが、こちらは細胞ネットワークのレベルだ。私が初めて訪れたときにやらせてもらった二つの音を使った実験は心理物理学的な研究で、基本的に動物行動の実験だった。しかしブオノマーノはニューロンのふるまいについても調べたいと思っている。そこで彼の研究室に所属するポスドク研究員のアヌブーティ・ゴエルは、ラットの脳の切片に時間の測定を教えることができるか調べている。[8] ゴエル自身によると、もっと具体的には「特定のパターンを学習する能力があるか調べたい」のだそうだ。

ブオノマーノの提唱する時間測定の内在モデルが正しいなら――言い換えれば、中枢的に支配する単一の時計が脳に存在しないなら――脳の組織から切り離した細胞をシャーレに入れたものでもそのモデルは成り立つはずだ。そんなわけで、豊かな黒髪で陽気な笑顔を浮かべる神経科学研究者のゴエルは、六個のくぼみのそれぞれに紅茶色の液体が少しずつ入っているトレイを持って、研究室のインキュベーター（恒温器）から電気生理学の実験装置に戻ってきた。この液体は、細胞が体外で生存できるようにするための栄養培地だ。培地の中には、ラットの脳の切片が濾過膜に貼り付いて浮かんでいる。聴覚野から採取したもので、細胞はまだ生きている。切片はかすかなオフホワイトで、ごく薄く、指の爪を切ったときの切りくずのような三日月形でサイズもそのくらいだ。

ゴエルは濾過膜に貼り付いた組織片をピンセットでつまみ上げると、透明な小さいシャーレに入れる。チャンバーと呼ばれるシリコン製のブロックにシャーレをはめ込み、ブロックごと高倍率顕微鏡にセットしてから、作業中に細胞の生命を維持するためのチューブやらワイヤやらをつなぐ。脳の環境を再現する人工脳脊髄液を注入する管や、酸素を供給する管などがある。二つのヒーターが液を体温と同じ温度に保つ。装置は魚飼育用水槽のようなボコボコという低い音を絶え間なく立てている。

細胞をシャーレの環境に慣らしているあいだに、ゴエルは太さがスパゲッティほどのガラス管をマイクロピペットプラーと呼ばれる装置に差し込んで、電極をつくる。赤い光が輝いてガラス管を溶かすと、パチンという鋭い音とともに管が二本に分かれて、中空で先のとがった形の電極ができる。こうして完成した電極をプラーから取り出し、脳細胞内の液を模倣した透明な液を注射器で電極に充塡する。手際よく何回か電極をはじいて気泡を除去すると、装置のところへ戻って実験開始の態勢に入る。

ゴエルは一定のパターンで刺激を加えることによって、細胞のネットワークを「訓練」するつもりだ。パルスを一回与えてから休み、それからもう一回パルスを与える。訓練は二時間ほどで終わることもあれば、一晩かかることもある。それからゴエルは細胞がパターンに適応したか確認する。この方法は「シャーレでの学習」と呼ばれることがあるが、ゴエルはこの「学習」という言葉の使い方が厳密でないと指摘する。というのは、実際にこの訓練が動物行動につながるわけではないからだ。特定の光の波長に応答するように細胞を遺伝子操作したうえで、刺激として細胞にLEDを照射する（ここでもオプトジェネティクスが使われている）。ただし今日は、短時間の電気刺激を使う。

ゴエルはシャーレ上で電極を一定の角度に保持するマニピュレーターに電極をセットし、顕微鏡下の細胞の拡大画像を映すモニターにスイッチを入れる。レンズの倍率を上げると、ビー玉の入った器にカメラが飛び込むのを見ているような効果が生じる。細胞は形の定まらない透明なゼリー状で、中心に黒っぽい核が見える。ゴエルは気に入った細胞を一つ見つけると、電極を押しつけて小さな穴を開け、細胞内の液と電極内の液を接触させる。これによって細胞の電気活動を観察することができる。

ゴエルは電子機器パネルの前に移動する。そこには昔風のオシロスコープがあり、これで細胞の活動を読み取って緑色のギザギザの折れ線で表示する。「細胞に弱い電流のパルスを与えています。一回の長さは五〇ミリ秒ほどです。これによって、細胞が発火したり、活動電位を発生させたりします」と言うゴエルの傍らで、スクリーン上のスパイク（折れ線の突出部分）が跳ね上がる。ゴエルは何回か細胞をテストして、電流を増やせばスパイクがもっと生じるのか調べる。確かにスパイクは多くなる。「これはかなりよい結果です」とゴエルは満足げに言う。

しかし、細胞は直接的な刺激に応答するだけではない、とゴエルが指摘する。ほとんどの場合、細胞は接触や騒音といった現実世界の刺激に応答するが、それらは細胞のコミュニティー全体で処理されている。そこでゴエルは、細胞の入ったシャーレにワイヤも通している。これで観察対象の細胞も含めた切片全体に電流を送る。ゴエルがボタンに触れると電流が送り込まれ、オシロスコープでは一つの高いスパイクではなく細胞が生み出すいくつかの低いスパイクが密に連なって表示される。これは観察対象の細胞とその近隣の細胞が電流に反応して互いを刺激しあっているからだ。これは池に石を投げ込むというブオノマーノのたとえと重なる。ここでは電流が石に相当し、石が引き起こすさざ波に相当するのは神経コミュニティーの活動である。

シャーレに繰り返し電流を流して切片を訓練する準備ができた。電流を一回流したら一〇〇ミリ秒間休み、それからまた流す。ゴエルは、近隣の細胞からなる回路がこのパターンを学習するか調べようとしている。細胞を訓練してから電流を一度流し、細胞の応答を観察する。ゴエルがスクリーンを指さす。細胞の最初の応答を表す高いスパイクが表示されている。最初の応答の一〇〇ミリ秒後に第二のスパイクが生じたら、「切片がこのパターンを学習したということになります」。細胞が第二の刺激の到来を予期していると解釈できるからだ。ゴエルによれば、二つめのスパイクは近隣の細胞の応答であり、学習が細胞たちの協調的な努力によるものであることが示唆される。

これが重要なのは、時間に関する情報は協力しあうニューロンの活動の変化（または池のさざ波の変化）でコードされるという見方こそ、ブオノマーノのモデルのよりどころだからである。回路に特定のパターンを再現するように教えることができれば、「回路がネットワーク内の細胞の示す活動パターンの変化のみにもとづいて、時間に関する情報を実際に与えることがありうるという説の裏づけとなります」とゴエルは言う。これらは生きている動物の脳全体ではなく、特殊化した脳領域でさえなく、シャーレに入った細胞にすぎないので、「なんらかの放出か計測、あるいは統合をおこなう特別な器官が必要だとする見方を否定できます」

研究は続いている。あと数年間は、暫定的な結果しか得られないだろう。それまでのゴエルの仕事は、池に石を投げてさざ波を測定する作業を続けていくことだ。

一万年時計の意義

時間を極小スケールで見てきたところで、そろそろロンドンに戻ろう。サイズも寿命も桁外れな時計をつくるためのプロトタイプの前で、ルーニーがじっと待っている。その巨大な時計は（建造中である今でもすでに）、見る者に自らがもう存在していない未来について考えさせ、自分よりも限りなく大きなものとして時間を思い描かせる力をもっている。

「それについて語り合ってほしいのです」と、ルーニーは通り過ぎる人の群れに向かってうなずきながら言う。「この展示室という場では、物がどのようにつくられるか考えさせられるかもしれません」。文明の初めから終わりまで存在し続けるであろう装置をつくるとなれば、そこには考慮すべききわめて特別な事柄が入り込んでくる。設計には、ルーニーの言う「将来の保証」が求められた。つまりプロトタイプにはルーニーという世話係がいるが、きわめて寿命の長い建造物は世話係に手入れしてもらったりせずに寿命の大半を過ごすことになるので、そのような建造物を襲うかもしれない災害に耐えられるようにしておく必要があるのだ。スヴァールバル世界種子貯蔵庫や核廃棄物処理施設といった長期にわたって存続する建造物に関するロング・ナウ協会の調査からアイディアを得て、この時計は水害に見舞われないように標高の高い砂漠に建設されている。戦争や汚染や破壊行為の被害を受けたり、見物客が押し寄せたりしないように、都市から離れた場所にあるという条件も満たしている。金属部品のほとんどは船舶用のステンレス鋼でできており、一万年にわたって酸化しても一インチ（二・五四センチ）の数千分の一までしか損失しないと見積もられている。それ以外の部分は高品位のチタンでできている。補充の必要な潤滑剤は不要で、代わりにセラミック製のベアリングが採用されている。極度の積雪や、火山の噴火や小惑星の衝突で空が陰ってしばらく日光が射さなくなった場合に備えて、錘系に動力を蓄えておく。

しかし、未来の人間がこの時計が何であるか理解して扱い方がわかるようにしておくためにも、将来の保証が必要だ。そのころには、話す言語が今とは違っているかもしれないし、今より技術が後退しているかもしれない。時計が故障する可能性もあるし、忘れ去られて再発見される前にぜんまいがほどけきってしまうかもしれない。未来の人間に修理してもらうには、「調べればわかる」ようにしておかなくてはならない、とルーニーは言う。顕微鏡や診断ツールを使わなくても目視で各部品の機能が把握でき、装置全体を分解しなくても修理可能で、せいぜい青銅器時代の技術があれば修理できるものでなくてはならない。「協会としては、一九世紀にチャールズ・バベッジの発明したのと同じ系統の機械式計算機をつくることを考えていました」と、ルーニーが部屋の反対側を手で示しながら言う。その手の先には、まさにその計算機がある。この博物館は、バベッジの「階差機関」のプロトタイプを所蔵している。これはあらゆるコンピューターの先祖であり、一万年時計は驚くほどこれとよく似ている。どちらも円柱状に縦に並んだ歯車の回転で計算する。ただし、一万年時計は二進法、階差機関は十進法に従う。どちらも驚くほど未来的な外観でありながら、同時にいかにも武骨だ。スクリーンもライトもなく、内部がむき出しで、金属のパーツが連なっている。

両者のあいだに置かれている展示物と比べてみるとよい。クレイ社のスーパーコンピューター第一号だ。これは断面がC字形の背の高い柱型で、側面にはビーチボールを連想させる青と赤の縦縞模様が描かれ、プリント基板を並べたラックが格納されている。一九七六年に世界最速のコンピューターだったクレイ1Aは、処理速度が一六〇メガフロップス、記憶容量が八メガバイトだった。それから四〇年しか経っていないが、今となってはひどく時代遅れで技術的にも鈍重に感じられる。未来の文明のことは考えなくていい。私たちのほとんどは、仮にどこか遠くの洞窟で地中に埋まったクレイ1Aに遭遇しても、それがコンピューターだとはなかなか気づかないだろう。ましてや説明書やエンジニアとしての経験やきわめて特殊なパーツもないのに修理しようとすれば、相当苦労するに違いない（使われているケーブルの長さは全部で八〇キロメートルほどにおよび、冷却用にフロンが必要だ）。

こんなわけで、協会は電子装置や仮想オンライン時計ではなく機械装置を建造することにした。進捗状況を教えてもらおうと数週間経ってからサンフランシスコに立ち寄った私に、ローズがそう教えてくれる。彼は、「インターヴァル」から通りを隔てた場所で昼休み中だ。インターヴァルというのは、バー、カフェ、図書館、オフィススペースを合わせた施設で、協会が未来に関連するテーマの講演をするための会場にしたり、一万年時計の機構のプロトタイプを展示したりするための場所としてオープンを控えていた。

「どこかで何かに遭遇して、それに液晶ディスプレイがついているけれども何も映っていないとしましょう。画面のシリコンをこじ開けても、用途を理解することはできません」とローズは言う。電子機器については「私たちはそれらの機器が魔法のように何でもできるものと思ってしまって、もはや何ができても感心しなくなりました。なにしろ何でもできますからね。だから機械仕掛けの装置にして、動く仕組みが見えるようにするほうがはるかに興味深いのです。目標の半分はこの時計を機能するものにすることで、残りの半分はそれを興味深いものにすることです」

何はともあれ、砂漠を突っ切ってでも行く価値があり、そこで見つけたものを保護したいと思ってもらえるようにする必要がある。時計自体は山中に隠された巨大なイースターエッグのようなもので、中にはさらなる驚きが詰まっている。日ごとに異なるチャイムが鳴り、「記念日の部屋」には節目の日に特別な品が展示されるのだ。

この場所は人気の観光地となるか、まったく人の訪れない場所となるか、どちらも想定されている。時計そのものは新たな建造物としてつくられるが、完成してからは遺構として寿命をまっとうする。「私たちはそれが壊れるものと思っています」とローズは言う。アンティキティラ島の機械（紀元一世紀の青銅製の歯車式「計算機」。天体の位置を知るために使われ、一九〇一年にギリシャ沖の海底で発見された）などから着想を得たそうだ。アンティキティラ島の機械は多くの謎に包まれ、製作者も不明だが、今ではその仕組みやつくり方について科学者たちは基本的な理解に達しており、仮想世界からレゴに至るまでさまざまな手段で再現されている。「アンティキティラ島の機械は壊れてから二〇〇〇年経っていますが、私たちにそれが何かわかるという意味では、まだ機能していると言えます」とローズは言う。

しかし、用途がわかることと実際に動かすことは別の話だ。この点では、謎めいていることが役に立つかもしれない。ローズに言わせれば、遠い過去の遺物の多くは、その用途がわからないからこそいっそう興味をかき立てる。ストーンヘンジがその例だ。仮にその目的が「すべての石に刻まれて」いたなら、

「私たちは『ああ、ここは処女を生贄に捧げたじつに愚かなドルイド教の礼拝場だったのか』などと言うだけでしょう。答えがわかってしまうのは、謎のままでいるよりもはるかにつまらないこともあるのです」

そこで、時計の神秘性を強調する設計とする。まず、見に行く過程に巡礼的な要素が織り込まれている。そのために、辺鄙な土地で、容易にはたどり着けず、闇から光への上昇を伴うものとした。ロング・ナウ協会は《スター・アクシス》〔彫刻家チャールズ・ロスによる宇宙をテーマとした壮大な彫刻作品〕、トリニティー核実験場跡地、ピラミッド、ペトラ遺跡といった史跡やアースアート〔自然の地形を利用した空間芸術〕を調査して、それぞれを訪れる人がどんなことを経験できるか比較した。ローズによると、とりわけ大きな影響をもたらしたのは、ウォルター・デ・マリア作の《ライトニング・フィールド〔稲妻の平原〕》の視察だった。これはニューメキシコ州の砂漠にあり、ステンレス鋼の柱を格子状に配置したアースアートで、狭い小屋に宿泊しなくては見ることができないが、それでも稲妻が見られる保証はない。「これは美しい砂漠の風景の中で完全に孤立して二四時間を過ごさせるという仕掛けですが、それ自体が強烈な経験となります」とローズは言う。思索にふけり、驚異に胸を打たれ、自然を前にして人間の小ささを自覚し、仲間と旅に出て、すべての意味について語り合う時間——ここにこそ魔法が宿ると彼は考えている。

一万年時計を見た人が、それぞれ自分なりにその意味を考えるのは間違いない。協会としてはそれでかまわない。ただしローズによれば、このプロジェクトを宗教や国家のイデオロギーに沿ったものにしないようにという点には気をつけている。今までのところ、一万年も続いたイデオロギーはないし、イデオロギーというものが究極的に人を守るのか破滅させるのかも定かでない。誰かの思想を支持する人は、その人のつくったものを保存しようと努めるかもしれないが、その思想が優勢でなくなれば、遺棄されたり、場合によっては攻撃の対象にさえなるかもしれない。ローズはアフガニスタンのバーミヤン大仏をしばしば例として挙げる。宗教的なシンボルとしてはごく無害で、一見したところ将来の保証がされているようだった。標高の高い砂漠という僻地にあり、破壊するのは困難だった。「それでもタリバンは多大な労力と兵器と爆薬を投入して、あの美しい巨大な仏像を爆破して壁からこそげ取ってしまいました。その行為は基本的に、この仏像にまつわる神話のせいでした。その神話は対立する人たちの神話と折り合わなかったのです」。そこで協会は、特定の主義主張よりも時間に関する対話を促そうとしている。「時間と物理的性質の両面において、神話的な大きさ」をもつものをつくる必要があるとローズは言う。「そして願わくは、ほかの人たちにその神話をつむいでいってほしいのです」

ローズは椅子から立ち上がると、私とともに通りを渡って新しいカフェへ向かう。一般向けにオープンする前に、すべき仕事があと一つあるという。図書館の本棚には少ししか本が並んでいないが、すでに時間はたっぷり詰まっている。スティーヴン・ホーキングの『ホーキング、宇宙を語る』（林一訳、ハヤカワ文庫）、ジョン・マクフィーの『昔の世界の年代記』、プルーストの『失われた時を求めて』で作者がマドレーヌに邂逅する第一篇の『スワン家のほうへ』（高遠弘美訳、光文社古典新訳文庫ほか）などが並んでいる。部屋の一角でバーテンダーたちがカクテルをつくっていて、そちらのほうからさわやかなレモンの香りが漂ってくる。配達員が炭酸水とトマトジュースの入った巨大な箱を次々に運び込む。バーの支配人となったジェニファー・コリオが、時間をテーマとして自ら考案した飲み物のつくり方をスタッフに教えながら話している。年代物のテキーラとザクロジュースでつくる「ポンチェ・デ・グラナダ」、マティーニの進化の歴史を描く飲み物、ヘミングウェイが隠れ家にしていたキューバのバー「ラ・フロリディータ」のダイキリを再現したもの――文学史と禁酒法時代への賛辞だ。

一万年時計は別の場所で建造中だが、その一部がここにある。バーカウンターは山の垂直坑から切り出した石でできている。ガラストップのテーブルを支えているのは、初代のチャイム演奏装置だ。入口には太陽系儀が置いてある。これは地球から肉眼で見える惑星をジャイロスコープで表現したもので、金属製のリングに取り付けられた各惑星が太陽を周回するようになっている。ロンドンの博物館にある時計のプロトタイプで使われていたのと同じ機械式二進加算器の上に設置されていて、この機械が惑星を揺らして時間の軌道を描かせることになる。いずれ山の内部にも太陽系儀を設置して、惑星の位置を追跡させる計画である。ひょっとすると時計の頂点に飾られるか、あるいは記念日の部屋に収められて、幸運な来訪者を驚かせることになるかもしれない。

私たちの暦のおよばない未来の人たち、天空に浮かぶものと部品を照らし合わせることでしかこの時計を理解できない人たちにとって、これらの惑星は最後の手がかりとなるだろう。「電力供給が普及して以来、私たちは夜空にほとんど注意を向けてきませんでした」とローズは言う。しかし前世紀より前には、「夜空は文明においてきわめて重大な役割を担っていました。基本的に夜空こそ、全人類に時を教えてきた時計なのです。ですから私たちは一万年時計を夜空と結びつけたいと考えました」

ローズはぼろぼろの段ボール箱から、気泡シートとマスキングテープで梱包された球体を取り出し始める。球体はいずれも天体を表す石でできている。梱包材をはがした太陽を高く掲げると、その黄色い方解《カルサ》石《イト》でできた球体は柔らかな輝きを放つ。ローズはクリスマスツリーのてっぺんに星を飾るときのようにそっと、太陽系儀の中心に立つ柱の上端に球体を載せる。

「まずは水星から」と言いながら、ローズは青灰色の球体を梱包材から取り出す。実際には隕石の破片だ。これを小さなピンでリングに留めつける。

次は金星だ。きらきら光る桃色の方解石でできている。ローズはこれを隣のリングに注意深く取り付ける。

「地球はチリ産のラピスラズリです」と言って、今度は青と白がマーブル状に混ざった球体を取り出す。

「まだら模様のラピスラズリで、花崗岩と石英を含んでいるようですね」。こう言うと、ピンを差し込んで太陽のまわりをめぐる軌道に留めつける。これは私たちの現在から私たちの未来へ宛てたメッセージであり、私たちのいた位置を空間と時間の両方で伝える小さな目印なのだ。私たちが今ここにいたということを。

7　痛み

心の痛みと体の痛み

「ナイトライト」の内装は、ダークウッドとレザー、そして赤地に金色の模様の施されたレトロな壁紙だ。このバーの時代設定は、「ゴールドラッシュ」と「ありうるはずのない未来」とのあいだのどこからしい。レジ装置は年代物だ。ちょっと不気味な古めかしい木製の船首像がカウンターの頭上にぶら下がっている。夜が更けるうちに、カウンターに並んだ器に盛られた明るい色の柑橘類は、妙に年代不詳なハンドプレスで絞られるのだろう。カウンターの奥にいるのはジョン・ナックリー。ウェーブした髪にあごひげを生やし、黒のジーンズ、チェック柄のヴァンズのスニーカー、地元のスケートボードショップを宣伝するTシャツを細身の体につけている。ショーのスターとして、陽気に客を迎え、カクテルをつくり、客の気分を晴らしている。彼と共同経営者は、誰もが歓迎されていると感じられるような、地域に密着したラウンジをつくろうと構想を練った。レトロでありながら未来的でもある隠れ家のようなこの店について、「ネモ船長のノーチラス号に売春宿が設けられていたらこんな感じじゃないかな」と彼は言う。そしてしばらく考え込む。「ネモ船長の部屋に大きなパイプオルガンがあったのを覚えてる？　すごく凝ったつくりの。潜水艦にあれは、ずいぶん贅沢だよね」

今はハッピーアワーで、フレッシュ・ジャムズというDJスタッフがバックグラウンドでレゲエとダブ・ミュージックを流し、仕事帰りにオークランドの繁華街にあるこの店に寄った客たちは見るからに楽しそうだ。しかし私は楽しい気分にはなれない。ここで何をしているのかと言えば、痛みとはどんなものかについて、具体的には社会的拒絶の痛みについて知ろうとしているのだ。地元の客を相手にする店のバーテンダーほどしょっちゅうそのつらい痛みを目撃している人はいないだろう。ナックリーは西海岸のあちこちで一六年間、バーテンダーをやっている。そのおかげで、恋愛の悩みに耳を傾けたり、ときには本人曰くひどいアドバイスを与えたりする機会には事欠かない。「僕は心理学者ではないし、物知りでもない」と言いながら、カウンターの向こうから身を乗り出してくる。「でも、失恋の痛手についてなら、何かしら話せると思うよ」

私はまさに失恋の痛手について知るためにここへ来ている。痛みの研究のなかでとりわけ興味深い分野は、骨が折れたときの身体的な痛みと失恋で心が折れたときの社会的な痛みを脳が処理する際にはどんな違いがあるのかという問いに取り組んでいる。カリフォルニア大学ロサンゼルス校の社会心理学者、ナオミ・アイゼンバーガーをはじめとして、それらの痛みが驚くほどよく似ていると主張する研究者もいる。味覚の研究者と同じく、手がかりの一つは言語である。というのは、多くの人が拒絶について語る際に、心が打ち砕かれたとか、傷ついたとか、胸が痛むなどといった身体にかかわる言葉を使うからだ。しかし味覚と痛みの研究者は、基本的に逆の見方をしている。食品科学研究者は、新しい味についてそれを明確に表す言葉と概念のカテゴリーが確立されればその味が知覚できるかどうか議論している。それに対して痛みの研究者は、私たちが別のカテゴリーに属すると考える二つの経験が神経学的に見ればじつは同じものなのかと考えている。つまり、新たな知覚のカテゴリーを区別するのではなく、一つにまとめるべきかどうか考えているのだ。「社会的なつながりが断たれるというネガティブな経験を痛手と表現するのは、どうやら普遍的な現象のようです。それで私たちはこのことに関心をもち、社会的な拒絶や喪失には実際に痛みが伴うのか、それともただの言葉の綾なのか考えているのです」とアイゼンバーガーは言う。

一〇年におよぶ研究（そのほとんどは被験者をｆＭＲＩスキャナーに入れておこなわれた）を味方につけて、今や研究者たちはそれが単なる言葉の一致ではなく、脳が社会的な痛みを身体的な痛みと同じようなもの、そして等しくリアルなものとしてとらえるのだと考えている。失恋の痛みは「すべて頭の中」にあるのかもしれないが、今ではその正確な位置もほぼ特定されている。背側前帯状皮質と前島（島皮質前部）である。これらの領域は身体的な痛みを処理するが、社会的に拒絶されているときにも活性化することを示す研究が相次いで発表されている。社会的拒絶の研究から、痛みとは何か、私たちは痛みをどう知覚するのかといった非常に興味深い問いが浮かび上がってくる。とはいえ、これらの問いは、ナイトライトのような居心地のよい暗がりで、非科学的にはずっと前からさんざん取り沙汰されてきた。

では、アイゼンバーガーの考えが日常生活の中でどんなふうに現実となっているのか知るために、資格をもったメンタルヘルスの専門家のところへ行かず、バーに来たのはなぜかと不思議に思われているかもしれない。答えは二つある。まず、セラピストと患者のあいだにはデリケートなやりとりを保護するための守秘義務があるが、バーはそんな規則に縛られない。もう一つ、バーや美容院などは、人が見知らぬ人に親近感を覚えやすい公共の場だという点も挙げられる。これらの場所ではネガティブな気持ちを率直に日常的な言葉で自由に語ることができ、ふだんは無口な人でも悩みを打ち明ける気になるかもしれない。カウンターの向こうで親身になって熱心に話を聞いてくれる人がいればなおさらだ。

ナックリーは喜んで客の話に耳を傾ける。女性客からは男性のふるまいをどう解釈したらよいのか尋ねられることが多い。『男性がこういうことをしたときは、どういう意味なの？』と訊かれたりね」。一方、男性は別の話をしてくる。「たいていは『女に裏切られた』という話だね」。ナックリーは裏切りの話をさんざん耳にしてきた。妻が仕事の出張に行くと言っていたのに、じつは行っていなかったという男性がいた。夫に愛人がいることに気づいた女性もいた。チームに入れなかったとか、仕事をクビになったなど、恋愛以外で拒絶された話をする客もたまにいる。しかしほとんどの客は恋愛について語る。客はその話をしようと思って来るわけではない、とナックリーは言う。しかし一人でバーに入ってちょっとアルコールを口にすれば、心のうちを吐露したくなるものだ。ナックリーはそれでよいと思っている。「僕には特技が三つある。一つはスケートボード、もう一つは酒をつくること、そして三つめが人の話を聞くこと」

長年にわたってバーテンダーの仕事をしてきたナックリーは、アイゼンバーガーの研究室などが臨床研究によって探究している広範なテーマのいくつかについてはかなり詳しいという。確かに人は社会的な痛みを表現するのに身体的な痛みを表す言葉を使うし、失恋を経験した人が胃痛や不眠に陥ったり、ひどい場合には白髪になったりするような身体症状を訴えることもある、とナックリーは言う。しかしそれだけでなく、ナックリーは自分や客の経験を通じて、社会的な痛みのほうが厄介だと思うようになった。「たとえばほんの一例だけど、僕は今、かかとを痛めていて、ここに立っていると身体的な痛みを感じる」と、カウンターにもたれて言う。「でも、何カ月か前に三年間つきあった彼女から別れ話を切り出されたときのほうが、はるかにこたえたな」

社会的な痛みのほうが、癒えるまでの時間も長くかかる。ナックリーによれば、「身体的な痛みのほうが、たいていはるかに短時間で消える。脚を骨折しても、靭帯が断裂しても、その手のものはなんとかなる。体の問題は乗り越えられる。痛ければ鎮痛薬を飲めばいいのだから」

鎮痛薬と言えば、社会的な痛みも薬でやわらげることができる。ナックリーは合法的な鎮痛薬を処方するのが仕事だ。つまりアルコールである。しかし酒を飲んでも、話をしても、それは「一時的な手当てにすぎない。鎮痛剤のタイレノールを飲むのと変わらない。問題そのものが解消するわけではなくて、苦しみの原因となっている症状を抑えたり、せいぜい弱めたりするだけだね」

心の痛みに関連してナックリーがタイレノールを挙げたのは興味深い。というのは、研究者のあいだで痛みの研究の新たな波を引き起こすきっかけとなったのが、まさにこのタイレノールなのだ。

痛みを感じる回路

ナオミ・アイゼンバーガーの部屋からは、無秩序に広がるカリフォルニア大学ロサンゼルス校のキャンパスが見渡せる。健康心理学専攻の大学院生として研究者のキャリアをスタートさせてからずっと、彼女はここで研究を続けている。研究者となってすぐに、社会的なものと身体的なもののつながりに関心をもち——「頭の中で起きることが体の中で起きることに影響するようですが、それはなぜでしょうか。ストレスが病気を引き起こす仕組みはどうなっているのでしょう」——神経科学的なアプローチに引きつけられた。これのおかげで、両者のつながりを調べることが可能になってきたからだ。

たちまち社会的な痛みの研究にのめり込んだ。「以前からずっと拒絶には関心があったのだと思います」と、アイゼンバーガーは落ち着いた静かな声で話す。「拒絶は人に大きな影響を与えるようですが、それはなぜか。チーム分けで自分が最後まで残ってしまったとか、遊び場で友だちから仲間外れにされたという幼児期の記憶は多くの人にありますす」。彼女自身も大学院生のとき、人前で話そうとするとナーバスになるという形で拒絶の不安を覚えているのに気づいた。あるとき、話をする前に一人で静かに過ごしていた。そのとき不意に、自分の心臓が異常に速く脈打っているのに気づいた。「まるで銃を突きつけられているみたいでした。これから話をするだけなのに、なぜこうなるのかと妙な気がしました」

アイゼンバーガーは研究室での実験の一環として、社会的拒絶を経験した人の脳の活動を調べ始めた。ある日、自分のデータを調べていたら、たまたま隣に座っていた友人が過敏性腸症候群患者の痛みの研究で得たデータを分析していた。「私たちはふと気づきました。『これは不思議じゃない？　過敏性腸症候群患者が痛みの刺激にさらされたときに起きる活性化が、拒絶研究で見られる活性化とそっくりだなんて』。この二つは私たちが思っていた以上に似ているのかもしれません。社会的な痛みというのは、ただのメタファーではないのかもしれませんね」

社会的拒絶は実際に痛みをもたらすものなのだろうか。真実を知りたければ、まずは「痛みとは何か」という、考えるまでもない問いについて考えなくてはならない。しかしじつのところ、その答えは明白とは言えない。アイゼンバーガーに尋ねると、長い沈黙が続く。しばらくしてから軽い笑いとともに「ものすごく難しい質問ですね！」という言葉が返ってくる。「痛みのどんな部分に目を向けるかは、人によって違うのではないでしょうか」

ちなみに、科学者や医師など痛みの緩和についての研究や活動をする人たちの団体である国際疼痛学会が、一九七九年に公式の定義を発表している、とアイゼンバーガーが教えてくれる。その定義によると、痛みとは「実際に何らかの組織損傷が起こったときか組織損傷の可能性のあるときに生じる、あるいはそのような損傷を表す言葉によって述べられる、不快な感覚体験および情動体験」である。これはとんでもなく広義の定義だ。じつのところこの定義は、痛みの仕組みよりも、痛みがどんなふうに感じられるか（要するにいやなものだということ）についてははるかに多くを語っている。それでも、アイゼンバーガーや仲間の研究者たちが解明を目指している言葉がらみの謎がこの中にあることは確かだ。失恋の痛手とは、組織損傷を表す言葉で表現される情動的経験でないとしたら、いったい何なのか。

痛みを言葉で表現するのがこれほど難しいことには理由がいくつかある。まず、もともと主観的なものを客観的に測るのは難しい、とスタンフォード大学の疼痛医学部門を統括するショーン・マッキーが指摘する。彼の研究室でも、社会的な痛みと身体的な痛みが重なるという見方について研究している。痛みの感覚を計量できるものに変換するにはどうしたらよいのか。「刺激の具体的な量と痛みの経験をダイレクトに一対一で対応させる方法はありません」とマッキーは言う。特定の刺激によって感じる痛みは、人によって大きく異なる。ある人にとってとてつもない痛みが別の人には耐えられる痛みであったり、さらにはほとんど感じないという場合もある。人の感じている痛みの度合いを測る客観的な方法がないので、医療やメンタルヘルスに携わる人は、同じフィードバックの仕組みを使うしかない。その仕組みとは、患者自身の報告だ。

痛みは多感覚でもある。つまり、複数のチャンネルを通して感じられる。痛みというと真っ先に触覚を思い浮かべる人が多いが、一部の研究者は痛みを体性感覚（触覚や温覚の属するカテゴリー）のサブセットと見なしている。皮膚や軟部組織にはいたるところに痛みのセンサーとなる侵害受容器があり、圧力や温度、酸性度など、身体にダメージを与える可能性のある環境変化を感知している。引き出しに指をはさんだときや、熱々のピザで舌をやけどしたとき、あるいは眼にシャンプーが入ったときには、この侵害受容器が知らせてくれる。このようにして痛みを感じる場合、通常の触覚の機械受容器が過度に刺激されたせいで痛みを感じるのではないという点に注意したい。実際に活性化するのは、圧力や温度や化学的刺激が特定の危険レベルに達するまでは作動しない受容器からなる、まったく別のシステムなのだ。これらの刺激によるインパルスが触覚とは別の経路で脳までリレーされる。

しかしマッキーによれば、痛みは触覚だけでなくどの感覚でも経験できるらしい。ふつうの光で眼が痛むことはないが、明るすぎれば「光の刺激に痛みを覚えませんか。音も同じです。耳のすぐそばで銃が発射されたら、それも痛く感じられるのではないでしょうか。この場合、音圧が一定の閾値を超えているので痛いと感じられるのです。こうした別の感覚入力が、ハンマーで親指を叩いてしまったときと同じタイプの痛みのシステムにじつは関与しているのだと思われます」

この考え方は重要である。痛みには複数の感覚経路があって、すべての経路から情報が脳にフィードバックされるということだ。厳密に言うと、体内（神経科学者なら、神経と脊髄からなる末梢と言うだろう）で起きることは痛みそのものではない、とマッキーは言う。正しくは侵害受容と呼ばれる現象であり、ここで現実世界のデータが痛みの電気化学的信号に変換される。この信号が脳へ送られて、そこで知覚が真に生じる。「痛みというのは、基本的に脳による現象なのです」とマッキーは言う。脳こそ痛みが感知される場所であり、「痛みの知覚が処理され、知覚され、調節される場所なのです」

もう一つややこしいのは、痛みがいくつかの要素で構成されるという点だ。ただしそれらの要素がいくつあるのかについては、研究者のあいだで見解は一致していない。アイゼンバーガーは、痛みには主な要素が二つあるとよく言う。一つは感覚的要素で、おおむね客観的な情報である。痛みが体のどこから生じるのか、痛みはどのくらい強いか、どんな性質の痛みか。たとえば彼女は「灼けつくような痛みですか、それともうずくような痛みですか」と質問することがある。もう一つの要素は情緒的または情動的な誘意性、すなわち痛みの苦しさやわずらわしさ、痛みの不快感を抑えたいという衝動である。一方、マッキーの考えでは痛みの要素は少なくとも三つ存在し、もしかしたら四つかもしれない。彼は第三の要素を「認知評価的」な要素と呼ぶ。これは痛みからどう逃れるか、痛みとは何を意味するかについて思考するプロセスである。第四の要素（マッキーによれば、これはほかの要素ほど受け入れられておらず、第三の要素と関係しているかもしれない）は、回避行動という考え、すなわち将来の痛みを防ぐために行動することである。実際、痛みに関する行動および動機の側面は、痛みの定義から抜け落ちている重要な要素ではないかとマッキーは言う（あとの三つのカテゴリーを「情緒および動機」というもっと幅広い枠組みでひとくくりにする専門家もいる）。

これらの痛みの次元に対し、それぞれ異なる脳領域が対処しているらしい。すでに予想されているかもしれないが、触覚に関与する体性感覚野は感覚的な痛みに関与する。情動の処理に関与する前帯状皮質と島皮質は、痛みの情緒的な次元に関与する。計画や意思決定に関与する前頭前野は、痛みの認知的側面と関係している。しかしマッキーによれば、これらの領域は明確に分かれているのではなく、大きなシステムの一部として機能しているという。「これらの領域はすべて互いに密接に結びつき、それぞれが他の領域を調節しているのです」。アイゼンバーガーによると、多くの研究者はこの仕組みを「痛みのマトリクス」と呼ぶ。これは痛みを感じたときに活性化する領域からなる分散型ネットワークである。「領域のなかには、感覚的要素に深くかかわるものもあれば、情動的経験に深くかかわるものもあります」

領域どうしが重なっていて境界線があいまいだという考えを検証するにあたり、ここでタイレノールと失恋とfMRIスキャナーにたどり着く。これらの脳領域どうしが本当に連絡しあうなら、筋肉の張りによる痛みをやわらげる鎮痛薬が心の痛みにも効くはずだし、逆に恋愛が体の痛みをやわらげることもあるはずだ。実験用語を使えば、「身体的な痛みを増強させると、社会的な痛みも増強するのか。社会的な痛みを減弱させれば、身体的な痛みも減弱するのか」という問題だとアイゼンバーガーは言う。

この考え方は一九七〇年代に生まれた。神経科学者のヤーク・パンクセップが生後まもないサルに強力な鎮痛薬のモルヒネを投与すると、母ザルから引き離してもあまり叫び声を上げないということに気づいたのだ。この発見は、身体的な痛みに対する鎮痛薬が社会的な痛みを軽減することを示す重要な手がかりとなった。また、痛みの生じる状況によって痛みの感じ方がどう変わるかなど、心理的要因が身体的な痛みの知覚に影響する可能性を探る研究もおこなわれている。さらに、有効成分を含まない錠剤を飲んだ人が痛みの軽減を報告するのはなぜかという、プラセボ効果の問題も存在する。アイゼンバーガーの研究グループは、人間をfMRIスキャナーに送り込んで拒絶を経験させるという方法で、パンクセップの説を人間で検証した最初のチームとなった。

巨大な磁気装置の内部に横たわる人間を拒絶するというのは、現実問題として難しい。装置には一人しか入れないし、中に入った人は話すことも体を動かすことも許されない。装置の音がうるさいので、声をきちんと聞き取ることもできない。それでも「サイバーボール」をプレイすることはできる。サイバーボールというのは、パデュー大学の心理学教授であるキプリング・ウィリアムズが自身の経験から考案したコンピュータープログラムである。あるとき、公園でたまたまフリスビーのゲームをやっているグループに出くわしたので彼も加わったが、徐々にゲームから排除されてしまった。そのときにアイディアを思いついたのだそうだ。サイバーボールでは、被験者に指示して数人のプレイヤーのあいだで仮想のキャッチボールをさせる。しばらくは被験者にもボールが回ってくるが、やがてほかのプレイヤーたちが被験者を無視し、ボールを渡さなくなる。ほかの「プレイヤー」の正体は、最終的に被験者を仲間外れにするようにプログラムされたコンピューターである。しかしそのことを知らない被験者は、自分が無視されたことで心が傷つく。

二〇〇三年におこなった最初の実験で、アイゼンバーガーとウィリアムズのグループは、サイバーボールのプレイ中にのけ者にされると、通常は身体的な痛みと関係している背側前帯状皮質と前島の活動が高まることを発見した(1)。それから数年かけて、アイゼンバーガーの研究室はこのテーマで条件をさまざまに変えて研究を進めた(2)。その結果、拒絶に対する感受性のテストでスコアの高い被験者は、非難の表情を浮かべた顔の画像を見せられたときに背側前帯状皮質が強い応答を示すことがわかった。被験者に面接を受けさせてから、fMRIスキャナー内で「評価者」(じつは研究室の研究員)のコメントを伝えると、拒絶を感じさせる「つまらない」などの言葉で自分が評価されているのを聞いたときには背側前帯状皮質と前島の活動が高まるのに対し、ニュートラルな言葉や受容を表す言葉を聞いたときにはそのような変化は見られなかった。ティーンエイジャーの場合、友人と過ごす時間が多い被験者のほうが、サイバーボールのプレイ中に拒絶された場合にこれらの痛みの領域の活動が小さい。

ほかの研究室でも研究が進められていた。とりわけ興味深い研究が、二〇一一年にミシガン大学の社会心理学者のイーサン・クロスを中心としておこなわれた。[3] 架空のゲームで仲間外れにされたり見知らぬ他人から批判されたりするよりも、別れた相手の写真を見るときのほうがつらい刺激がさらに強く感じられるはずだという説にもとづき、交際相手と不本意に別れたばかりの被験者に元交際相手の写真を見せたのである。fＭＲＩスキャナー内の被験者に、元交際相手の写真を見せて振られたときのことを思い出させるか、または友人の写真を見せてその友人との最近の好ましい経験を思い出させた。平常時に身体的な痛みに反応する脳領域を特定するために、別の被験者グループの前腕に痛みを覚えるほどの高温か当たり障りのない温かさの刺激を与えながら脳をスキャンした（この種の実験では通常、先端が極度の高温となる細い棒状の電気ごてを使って腕に痛みを生じさせる。アイゼンバーガーによれば、この痛みはやけどというより刺し傷のように感じられる）。研究者たちは、被験者が元交際相手の写真を見たときのほうが強い痛みを感じると報告するだけでなく、脳の背側前帯状皮質と前島（高温の物体に触れたときに活性化するのと同じ領域）の活動も強まることを発見した。

社会的な痛みが脳内にある身体的な痛みの中枢を刺激することを示す証拠が蓄積したので、今度は逆のプロセスを試す段階となった。身体的な痛みの治療薬を使えば、社会的な痛みが緩和できるか調べるのだ。二〇一〇年、ケンタッキー大学の社会心理学者、Ｃ・ネイサン・デウォールがアイゼンバーガーらと共同で、社会的な痛みに対するタイレノール（一般名アセトアミノフェン）の鎮痛作用を調べる実験をおこなった。[4] デウォールはまず、被験者にアセトアミノフェンかプラセボの錠剤を毎日服用させた。そして毎晩、拒絶の痛みを評価するために作成された「感情の痛みスケール」を用いて、その日に経験した社会的な痛み（ほかのネガティブな情動は含まず）を記録させた。ポジティブな感情を評価するスケールも用意して、その日のポジティブな感情も記録させた。三週間後、アセトアミノフェンを服用した被験者のほうがプラセボを服用した被験者よりも感情の痛みが少ないものの、ポジティブな感情が強まることはないことが判明し、アセトアミノフェンがポジティブな感情を強めることはないがネガティブな感情は抑えるということが示唆された。

次の段階として、デウォールは被験者に再びアセトアミノフェンまたはプラセボを三週間服用させ、それからfMRIスキャナーに被験者を入れてサイバーボールをプレイさせ、露骨な拒絶を経験させた。アセトアミノフェンを服用した被験者はプラセボを服用した被験者よりも背側前帯状皮質と両側前島の両方で活動が低かった（おもしろいことに、脳の活動には差があったが、サイバーボールで仲間外れにされたことについてはどちらの被験者も同等に心の痛みを感じていた）。デウォールによれば、これらの結果から示唆されるのは、「私たちはこれらのさまざまなつらい出来事や不愉快な出来事を頭の中で別々のバケツに入れますが、その根底には共通のメカニズムが存在するのです」ということだ。

では、医師は振られた人にタイレノールを処方すべきなのか。「私にはわかりません」と、デウォールは考え込みながら答える。デウォールらの研究では、ネガティブな感情に耐えられるようにタイレノールの常用を勧めるということまではしなかったが、タイレノールが社会的な痛みからの一時的な解放をもたらす可能性はあると指摘し、拒絶によって生じる可能性のある他者への攻撃や反社会的行動をタイレノールで抑えることができるか調べるために、研究をさらにおこなうべきだと提言している。この研究の発表以来、失恋の痛手を市販薬で癒やそうとした体験談を記した手紙がデウォールのもとにたくさん届いているそうだが、失恋した人に対するタイレノールの効果を調べる臨床試験は今までのところおこなわれていない。

そもそもアセトアミノフェンによる鎮痛のメカニズムが十分に解明されていないことから、未知の要因も存在する。「末梢性疼痛よりも中枢性疼痛に効くのかという点については、正直なところ、明確に何か言えるほどよくわかっていないのです」とデウォールは言う。しかしアセトアミノフェンが脳のカンナビノイド1受容体を活性化するということはわかっている。この受容体は、マリファナの精神活性成分であるテトラヒドロカンナビノールによっても活性化される。二〇一三年、デウォールは数人の共同研究者とともに、社会的な痛みに対するマリファナの効果を調べた四件の研究で得られた結果を発表した。[5] 最初の三件は相関分析で、マリファナの使用が孤独感の自己報告および重症うつ病の発症（どちらも社会的疎外の指標となる）の低下と相関するという主張がなされた。四件目の研究では被験者にサイバーボールをプレイさせたが、ほかのプレイヤーから仲間外れにされるパターンは被験者の半数だけに割り当てた。サイバーボールをプレイしたあと、被験者はプレイ中に自尊心、帰属意識、支配感といった情動面の欲求がどのくらいおびやかされたと感じたか、スケールを使って答えた。これによると、マリファナを頻繁に吸う被験者のほうが、頻繁に吸わない被験者と比べて脅威を感じる度合いが低かった。この研究においても、研究者たちは社会的な痛みを避けるために誰もがマリファナを吸うべきだと提言するには至らなかった。むしろ社会的に拒絶されていると感じる人が、そう感じるが**ゆえに**マリファナを吸うのかもしれないと記している。しかしタイレノールとマリファナが同じカンナビノイド1受容体に作用することで社会的な痛みを抑えるのではないかと主張し、身体的な痛みに対して（少なくとも一部の州では）合法的に使用される薬が社会的な苦痛も軽減するようだと指摘している。

失恋の痛み

ジョン・ナックリーは金曜日の夜を迎えるために開店の準備をしている最中で、オリーブとマラスキーノチェリーを小さな器に移している。彼の前には、キュートなボブヘアで長いイヤリングをぶら下げたケリーという女性が座っている（バーで恋愛の悩みを赤の他人に聞かせてくれる親切な客たちのプライバシーに配慮して、名前はファーストネームのみとする）。ケリーは心に居座る片思いの恋をビールと一緒に飲み下している。恋愛におけるこのタイプの拒絶は、乗り越えるのがひどく難しい。「始まりさえしなかったのだから」とケリーはため息をつく。

古典的なパターンだ。ある男の子のことが好きな女の子がいる。しかし男の子はバイクに首ったけで、あるときバイクに乗った別の女の子に出会う。「それでおしまい」とケリーが言う。

しかし実際には、おしまいにならなかった。ケリーはいまだに立ち直っていない。彼女は彼と友だち以上の関係になれるかもしれないと期待していた。何年間か仲間としてつきあってきたのだから、友だち以上は無理でも、少なくとも仲のよい友人にはなれると思っていた。「死ぬまでずっと友だちでいられると心から思っていたのに。彼ほど気の合う友人はいなかったから」と悩ましげに語る。ところが新しい女性が現れてからというもの、ケリーは彼といくらか言葉を交わしただけで、今ではまったく話をしなくなってしまった。

それで代わりにナックリーのところに来て話をする。二人は同じ町の出身で、そこにいたころからの知り合いだが、高校を卒業してからは連絡が途絶えていた。ケリーは片思いの相手との友人関係が終わりかけていたときにフェイスブックでナックリーを見つけた。ちょうどナイトライトの開業が近づいていた。最悪の状況にあったとき、ナックリーと話すことがケリーにとって気持ちのはけ口となった。「まだほかのお客さんが来ないうちに店に来て、ビールに涙をこぼしていたの。誇張じゃなく本当に」とケリーが言う。ナックリーは話を聞き、友人としてアドバイスをくれた。店内のレコードプレイヤーで、傷ついた心をやわらげる曲か、そうでなければさらに落ち込ませる曲をかけてくれた。バズコックスの《エバー・フォーリン・イン・ラブ》。フィフス・ディメンションの《悲しみは鐘の音と共に》。抑えきれない想いを歌い上げるドラマラマの《エニシング、エニシング》には「キャンディーをあげる。ダイヤモンドをあげる。薬をあげる。ほしいものがあれば何でもあげる。一〇〇ドル札の束だって」という歌詞がある。

ここでナックリーが口をはさむ。「ここで定期的にセラピーをやっているようなものだね」。ケリーは週に一度この店を訪れる。ナックリーがビールを出す。二人でおしゃべりをする。しかし今夜は、恋愛における拒絶の痛みが身体的な痛みと似ているのかを知ろうとするよそ者が割り込んでいる。「腕か脚を骨折するほうがましね」とケリーがそっけなく言う。

「おいおい、僕がついているじゃないか」と、ナックリーが今度はレモンをスライスしながら言う。

社会的な痛みのほうがつらいと二人は認める。でもどうして？　先のことがわからないからではないかと二人は言う。いつ消えるかわからず、体の傷とは違ってどんなふうに癒えていくかもわからないから。「骨折ならいつかは治ると思えるけど、心から愛せる人に出会えるかどうかはわからないから」とケリーは言う。

好きな人に振られると、自分は価値のない人間なのだろうかと、答えようのない問いが浮かんでくるが、そういう問いの裏にも先の見えない不確かさが存在する、と二人は言う。自分は相手を満足させられなかったのか。自分のどこがいけなかったのだろう。相手が不満を抱いているというシグナルを見逃してしまったのか。新しい彼女のどこがそんなによいのだろう。「こういう問いを自分にぶつけるのはよくないね」と言いながら、ナックリーはレジに用事があるらしく、そちらへ向かう。「そんなことを考えてもろくなことはないから」

（ちなみに、ナックリーは別の日に、愛する人の死のような別のタイプの社会的喪失で心を乱してバーに来る客が口にする未練や自己不信は、振られたときの気持ちとはまったく別物だと私に言った。死別などの痛みには、振られたときのような不確定要素や自己批判が伴わない。「人の死は完全に永遠だから。後戻りできない」とナックリーは言い、振られた人は「心の奥で『向こうの気持ちを変えることができれば、まだチャンスはある』と必ず思うものなんじゃないかな」と語った。)

何がいけなかったのか、いつになったら気持ちが晴れるのか、それがはっきりわからなければ、いつまでも吹っ切れない。ケリーの場合は「未練だらけで、頭を離れなかった。それで誰かに話さずにはいられなかったわ。そうしないと気が狂いそうだったから」と本人が言う。

口に出せば実際に楽になるのだろうか。私がそう尋ねると、ナックリーがカウンターの向こうから身を乗り出して答える。「むしろひどくなるね」と、わざとらしくささやく。

「そうなの?」と、ケリーが驚いた顔で言う。

「何度も思い出すことになるからね。口に出せば、確かにしばらくは気が晴れる」。でも、と言いながらナックリーはケリーに顔を向ける。「『ああ、彼に会いたい』って、そればっかりじゃないか」。ナックリーは首を振って、諭すような口ぶりで言う。「もうやめなよ、ケリー。会いたいなんて思うなよ。そんなこと考えるのは無駄だ。あんなつまらない男のことなんか。いいかげんにしたほうがいい」

「頭がおかしくなりそう」と、ケリーが力なく言う。「ある瞬間には彼に会いたくて、よかったことばかり思い出すのだけど、次の瞬間には彼に怒りを覚えるの」。こんなふうに期待と絶望のあいだで果てしなく心が揺れ動くせいで、社会的な痛みのほうが身体的な痛みよりも長く続くのだということで二人の意見が一致する。

「社会的な痛みのほうが、逃れるのが難しいね」とナックリーは言う。

「どうしたら自分の心から逃れられるのかしら」とケリーが問う。

社会的な痛みと身体的な痛みを追体験する

ナオミ・アイゼンバーガーが人間をfMRIスキャナーに送り込んでこの考えをテストしているというのは、驚くべきことではないかもしれない。具体的に言うと、彼女は骨折を思い出したときのほうが失恋を思い出したときよりも感じる痛みが弱いのか――身体的な痛みよりも社会的な痛みのほうが追体験しやすいのか――知りたいと考えた。「人は社会的な痛みの経験を思い出して追体験するのが本当に得意です。だからオフィスのデスクで、高校時代のボーイフレンドに振られたときのことを思い出して、そのときの精神状態をよみがえらせ、どんなにひどい気分だったか思い起こすことができるのです。身体的な痛みについては、そうはいきません」

この言葉は、ふと思いつきを口にしたようなものではない。アイゼンバーガーはこのテーマに強い関心があり、自分の生涯で最も強い身体的な痛みを覚えた出来事を追体験することに多くの時間を費やしてきた。その出来事とは出産である。出産の感動的な瞬間を思い出そうとしているというわけではない。実際に体で感じた痛みを思い出そうとしているのだ。「猛烈な痛みだったことは思い出せます。でも、あのときの体に戻って痛みの感覚を再現しようとしても、何も起こりません」

研究室で痛みの追体験について研究を始めたとき、彼女は再びウィリアムズと手を組んだ。[6] ウィリアムズは以前、経験してから何年も経った社会的な痛みでも、ただそれについて書くだけでその痛みを強烈に追体験できるということを示す研究にかかわっていた。アイゼンバーガーの研究室では、強い痛みをもたらした社会的および身体的な経験に関する日誌を被験者に書かせ、それぞれの痛みの度合いを評価させた。それから被験者をfMRIスキャナーに入れて、日誌に書かれた文を手がかりとして痛みの経験を追体験させた。研究室のメンバーは二つの点を観察した。まず、それぞれの記憶を思い出したときにどの程度の痛みを感じたか、被験者に評価させた。また、脳内でどの領域の活動が強まるか調べた。

被験者は、身体的な記憶よりも社会的な記憶を追体験したときのほうが強い痛みを覚えた。先の評価で痛みの度合いが同等とされた出来事についてもやはりそうだった。思い出したときに応答して活性化する脳領域にはいくらか違いが見られた。身体的な痛みの場合、特に顕著な領域の一つが、知覚認知と身体状態全般の監視に関与する脳の外側面であった。一方、社会的な痛みの場合には、精神状態や他者の気持ちや意図についての思考にかかわる背内側前頭前野が特に活性化した。

これだけですべてを説明することはできないかもしれないが、この違いは興味深い、とアイゼンバーガーは指摘する。人が社会的拒絶を処理しているときには、自分の体について考えるのではなく、他者が自分についてどう思っているかを考える。「ですから、社会的な痛みを追体験するときには、『なぜ私はあの人に振られたのか、私の何がいけなかったのか、みんなは私のことをどう思っていたのだろう』といったことを考えているのです」。失恋を思い出すときには、それらの感情にかかわる脳領域を再び活性化させることができる。しかし、感覚にかかわる脳領域では、このような活性化は決して起こらない。社会的拒絶の刺激を再現することはできるが、新たに手の指を切ったり足の指をどこかにぶつけたりしない限り、身体的なけがの刺激を再現することはできない。

デウォールの指摘によれば、社会的拒絶というのは非常にあいまいで、他者の本心を知るのも非常に難しいので、原因が明白な身体のけがよりもはるかに長期にわたってその謎めいた部分に思いをめぐらせながら痛みを何度も再現することができる。「高校時代にフットボールをしていて、頸椎にひびが入ったことがあります。身体的に耐えがたい痛みでしたが、今ではもうその痛みについて考えることはありません。『ああ、なぜあんなけがをしたのだろう』などと考えたりしません。ただ、私はフットボールをしていて、フットボールをすればけがをすることもある、というだけです。でも、生涯で最もつらかった社会的拒絶を追体験しろと言われれば、にわかに話は違ってきます」

私たちが拒絶を何度も思い返すのは、それを理解したいからだ。そのような反芻にはメリットがあるかもしれないが、あまりにも長く続ければ問題にもなりうる。「人の心の最もすぐれていながら最もだめな部分の一つは、物事に意味を見出そうとする能力です」とデウォールは言う。「多くの場合、その能力は助けになります。しかし、害をもたらすこともあると思います。拒絶の痛みについては、とりわけそのことが明らかです」

心の痛みと体の痛みはどちらが長く続くか？

私はバーテンダーと失恋で胸を痛める客を片っ端から科学的に分析しようとしているわけではない。ただ、酒を飲もうとしている人をつかまえて、妙な話題を持ち出すというなら、その結果が特殊なものではなくよそでも同じことが起きるのか確かめるべきだと思う。ジョン・ナックリーは人の置かれた状況に対してきわめて洞察に富んだ見方のできる人で、ケリーは失恋と骨折を関連づける世界で唯一の人で、私がたまたまそういう人たちにいきなり出会っただけかもしれない。あるいは、ナイトライトとそこを満たす売春宿のような雰囲気に、みじめな失恋について哲学的思索をめぐらさせるような何かがあるのかもしれない。というのは、その店で私と話した人たちがことごとく、基本的にケリーと同じことを言ったからだ。

そこで、今度は別の店に来ている。ナイトライトの薄暗くレトロな落ち着きとは対極的な店だ。サンフランシスコの高級地区であるユニオンスクエアに程近いカフェテリアタイプのビアホール兼スポーツパブ、「レフティー・オドールズ」である。クリスマスの二週間前で、店内は喧噪に満ちている。食べ物を取るために並ぶ客の列がドアの外まで延びている。内装はいたるところにこだわりが見られる。クリスマスの電飾と有名人の写真、野球関係のアイテムが飾られている。店の奥に設けられたカウンターでは、リサ・モンゲッリが飲み物をつくっていて、その横にはスカートがまくれ上がったマリリン・モンローの人形が置かれ、クリスマスツリーがなぜか逆立ちしている。

エネルギッシュでかすれ声のモンゲッリは、プロのスノーボーダーからバーテンダーとなり、さらにドラマーに転身したという経歴の持ち主だ。長い黒髪を後頭部で団子にして留め、そこにペンが差してある。シャツの袖をまくり上げているので、右腕に描かれたタトゥーが見える。ヘ音記号、炎、ハナビシソウ、それに「もつに値する悪癖はみな金がかかる」という言葉が組み合わされている。彼女はこの世で誰よりも仕事に熱心なバーテンダーかもしれない。オーストラリアに住んでいたころ、一八歳のときにクラブで働き始めると（オーストラリアはアメリカより飲酒可能年齢が低い）、すぐに本人曰く『チアーズ』（バーを舞台にしたアメリカのテレビドラマ）のリアル版と呼ぶべきライフスタイルを始めた。途切れることのない出会い、バーでの会話、心地よい気配りで客を喜ばせる場が彼女は大好きだ。誰に対しても「スウィーティー」とか「ラブ」などと呼びかける。このような気さくさを表面的に演じているわけではない。「お客さんと話をしたり楽しませたりすることでお給料をもらっているのだから」と真剣に言う。「お酒を出せばいいってわけじゃなくてね」

ここはとても楽しいバーだが、それは今がクリスマスシーズンだからという理由だけでなく、まばゆい照明のもとで分厚く切ったローストビーフを出す混雑してにぎやかなレストランの奥にあるという理由だけでもなく、ユニオンスクエアが基本的に財布のひものゆるんだ観光客を呼び寄せる巨大なスポットだからだ。ほとんどの人が休暇中の客で、広場で空高くそびえるクリスマスツリーを眺め、ホットチョコレートを味わい、気温が二〇度ほどあってもなぜか維持されているスケートリンクで滑ってから、愉快な気分でここに来る。

モンゲッリは、このバーは客が多くて、うまくいけば一晩で新しい友人が二〇〇人くらいできるから、ここで働くのが好きだという。ちゃんと仕事をすれば、客も応えてくれる。「ここに来るお客さんは、みんないい人よ」とモンゲッリは言い、客の九割は楽しい時間を求めてここに来るのだと説明する。「誰かにどこから来たのか訊いてみて」と彼女が言い出す。私の右隣の男性は、ヘーフェヴァイツェン（白ビール）を正しく複数形にして注文していたのでドイツの人かと思ったが、じつはルクセンブルクから来ていた。カウンターのカーブしたところにはおとなしいオーストラリア人が何人かいて、私たちのやりとりに耳をそばだてている。ネヴァダ州から来たカップルもいて、休暇用の買い物の帰りにモスコミュールを飲もうとここに寄ったそうだ。私の左側にはスティーヴとモーリーンという中年のカップルがいて、カリフォルニア州内のどこかから車で来たらしい。それから友人どうしだというアレックスとラス。今夜、常連客はこの二人だけだ。二人は二〇代で、休日らしくおしゃれをして、パーティーの前に軽く飲もうと来店した。

モンゲッリは一二年前からバーテンダーをやっていて、たくさんの客から心のうちを聞かされてきた。しかしレフティーズには、そういう客はいない。客が本心をさらけ出すのは、むしろ結婚式などだという。モンゲッリはバーのケータリング事業を共同経営しているので、披露宴で沈んだ顔の客を何回か見たことがある。「新郎新婦が誓いの言葉を言うところでは、まだ大丈夫」と皮肉っぽく言う。「でも音楽が始まって子どもたちと同じテーブルに着かされて、夫婦で出席している友人やスローなダンスを踊る客、それにあまりにもすばらしいシーンに涙ぐむ客を目にするころには、薄暗い明かりの中で、自分の境遇をあれこれ考えだす客がいよいよ現れてくるものなの」。人は近所の居酒屋のように居心地のよい場所に行くと、本音を吐露しやすい。つまり、ナイトライトのような場所だ。「でも、ここみたいなバーではありえないわね」とモンゲッリは言う。

カウンターの先で、アレックスが声を上げる。「私は悩んでいたときにここに来たわよ！」

「そうだったわ」と、モンゲッリがはっとした顔で言う。アレックスが交際相手と仲違いしてここに来たとき、モンゲッリはすぐさま事情を察したそうだ。「私が座って黙り込んでいたら、『どうかした?』って訊いてくれた。でも私は『何でもない!』みたいな返事をした」。アレックスは高い声を震わせて「何でもない!」と、その日のことを思い起こして言ってみせる。

「でも泣いていた。だからすぐにわかったわ」とモンゲッリはおだやかに言って、アレックスにジェイムソン・ウィスキーを出す。

失恋の痛手に無縁の場所などないのかもしれない。一晩のあいだに、このバー——繰り返すが、ハッピーな人がハッピーになるために来るバーだ——に来る客たちは、社会的な痛みをテーマとした博士論文の口頭試問会のようなやりとりを繰り広げる。

モンゲッリがスティーヴとモーリーンのためにベルファスト・カー・ボムをつくる。二人はすぐに、アイゼンバーガーなら「他者の精神状態に関する思考」とでも呼びそうなテーマで議論を始める。「最悪なのは、もっとましなやり方があったんじゃないかと、いつまでもうじうじと考え続けるときね」とモンゲッリは言う。

「どうしてこうなってしまったんだろうってね」と、カールした長い髪で明るいターコイズ色のセーターを着た陽気なモーリーンが同調し、「こんなことにならないためにできたはずのこと」をいつまでも考えてしまうのよね、と言う。

「こうすべきだった、もっとああすればよかった」と、モーリーンの恋人のスティーヴが言う。彼は野球帽を後ろ前にかぶって、モーリーンのとなりに座っている。

「でも今さらどうしようもないのよ。今さら!」とモーリーンは言う。

「それでにわかに、相手を美化して、自分を卑下し始めるのね」と、モンゲッリが飲み物を渡しながら言う。

「見方を変えるというわけ」とモーリーンが同調する。

「『自分があんなことをしたなんて信じられない』とか言ってね」とモンゲッリは言う。

これが心理学専攻の大学院生のプレゼンテーションだったなら、そろそろ背内側前頭前野のスライドが登場するころだろう。

アレックスとラスは、どちらのタイプの痛みが長く続くか議論している。「体の痛みは最初のうちは痛むけどいつかは消える。心の痛みはいつまでも居座って、それによって人を成長させるものなんじゃないかな」とアレックスは言う。

「体の痛みは一時的なものね。それに尽きる。起きた瞬間は痛むけど、すぐに消える」とラスも同意する。「感情の痛みはいつまでも消えなくて、放っておけばいつまでも居座ったりするわね」(今度はアイゼンバーガーの記憶追体験実験のスライドが出てきそうだ)。

社会的な痛みのほうが長く続くのはなぜかとアレックスに尋ねると、「胸に刺さるのよ」と苦々しげに言う。「心がちょっと壊れるような感じになる。かけらがはがれ落ちて、『ああ、はがれちゃった』って気持ちになる」(国際疼痛学会の公式定義を記したスライドをここで呼び出そう。組織損傷を表す言葉によって述べられる情動体験という、あの定義だ)。

一方、モンゲッリとスティーヴとモーリーンは、心の痛みの症状について語り合っている。「失恋したときに、心臓発作が起きたんじゃないかと思えるくらいひどく胸が痛んだことがある。不安が体の痛みを引き起こしていたのね」とモンゲッリは言う。

「心が傷ついて、胸がむかむかして、食欲がなくなる」とモーリーンは言う。

「友だちと一緒にいるのがいやになることもあるね」とスティーヴが付け加える。

「インフルエンザみたいなものだわ。そう思わない?」とモーリーンが言う。「背中が痛くて、食欲がなくなって、ストレスで参ってしまう」

（そろそろ読者のなかには、これらの症状がうつ病や社会不安障害によく似ていると思い始めた人もいるかもしれない。情動の知覚と身体症状のあいだを行き来するループについては第8章で詳しく扱う。しかし今のところは、マッキーとアイゼンバーガーと彼らの主張する痛みの感覚領域の分散型ネットワークだけを考えてほしい。あるいは、バーに来ている客たちが「痛みのマトリクス」と書かれたスライドを見せている場面を想像してほしい。）

今度はブライアンとタラという客が登場する。二人は一日中会議だったそうだ。それからここに立ち寄ったのだが、薬が酒と同じように体の痛みだけでなく心の痛みにも効くかと訊かれて首をひねっている。「僕は体のどこかが痛いからという理由で酒を飲んだことがあるし、心が痛むという理由で飲んだこともある」とブライアンは言う。「心の痛みについての考えをまぎらすために飲むこともあるだろうし、体の痛みを忘れるために飲むこともあるはずだ。だから、どうなんだろう——つまり、どちらも同じ効果があったかもしれないけれど、それに気づいていなかったのかもしれないね」

体の痛みをまぎらすために酒の力を借りたというブライアンの話は冗談ではない。彼は大学生のときに肩を脱臼したが、医療保険に入っていなかった。「だから医者に行く代わりに、痛みがおさまるまで二日ほど酒を飲み続けた」。タラはゾッとして、スツールから転げ落ちそうになる。同じように、「社会的な状況においても、振られたときや、片思いが実らないことが明らかな場合には」バーに行って友人たちとしゃべるだろう、とブライアンは言う。「酔えばそれが助けとなる。忘れるのを助けてくれる」（ここで酒をアセトアミノフェンに置き換えれば、ネイサン・デウォールの仮説とほぼ一致する）。

私がここで言いたいのは、これらの見解はバーのあらゆる客が納得できるほど自明だということではない。ジャーナリストにしつこく質問されている人の直感と、続々と増える査読論文とのあいだには、大きな違いがある。大事なのは、これらの考えが十分に共感しやすいものであるがゆえに、自分自身や互いの中に容易に見出せるおなじみの行動パターンが生み出されているということだ。実際、これらの考えはとても共感してもらいやすいので、私たちは特別な場所を確保して、それをしゃべりに行くのだ。そうした場所には、たとえばセラピストのカウンセリングルームのように、きわめてプライベートな場所もある。また、人混みの中や、このレストランでローストビーフとマリリン・モンローにはさまれたところにも、そういう場所が存在する。私たちがそれらの行動パターンを認識できるのは、私たちがみな心理学者や策略家だからではなく、私たちの誰もが痛々しいほどに人間だからである。

なぜ痛みを感じるように進化したのか？

なぜ人間はつらい気分を感じる能力をわざわざ進化させたのかと、疑問に思う人もいるかもしれない。そのことについて、マッキーはこんなふうに語る。「痛みというのはつらいからこそ、とても意味があるのです」。痛みとは基本的に防護装置である。動物としての「私たちがもつ経験のうちで、痛みはおそらく最も原始的で明確な目的を保ち続けている経験の一つで、はるか昔の単細胞生物の時代から存在してきました。痛みは私たちを危険から守り、危害や脅威といった危険をもたらすおそれのあるものから遠ざける役目を果たすのです」。「先天性無痛症」という病気をもって生まれた人のように、痛みを感じることができなかったらどうなるか考えてみてください、とマッキーは言う。「痛みを感じないなんてうらやましいと思われるかもしれません。テレビ番組に出たらおもしろいし、映画の登場人物にしてもいいと。しかし実際には、とんでもなく悲惨なのです。手が高温のストーブに触れてやけどしても気づきません。何かとがったものを踏んで足にけがをしても何も感じないので、感染症にやられて死んでしまう人も少なくありません。知らぬ間に舌をかみ切ってしまう人もたくさんいます。指で眼を引っかいても痛みを感じないので、手袋をつけなくてはいけない人も多いのです」。痛みは私たちが意識しない危険からも守ってくれる。脚がしびれるおかげであまりにも長時間にわたって同じ姿勢で座っていることが避けられるし、体を動かすときに過剰な負荷が関節にかかるのも防げる。「先天性無痛症の子どもはこれができないので、姿勢を変えろというフィードバックを受け取ることができず、若年のうちにひどく重い関節炎にかかったりするのです」

マッキーはさらに語る。「つまり痛みというのは、いやなものだからこそありがたいのです。痛みが問題となるのは、慢性化したときだけです。痛みは体をしっかり守って環境に適応させ、通常は自然に消失するものですが、慢性化すると、私たちにわかる限りでは存在すべき理由のない、病的な現象に変わります。このような痛みは耐えがたく、基本的にそれ自体が病気となるのです」

アイゼンバーガーとデウォールは、社会的な痛みについても同じ防護機構が作用すると主張する。アイゼンバーガーはこう語る。「ヒトという種《しゅ》として、そして哺乳類の一員として、私たちはほかの人に大きく依存しています。幼児期には他者を全面的に頼って、食べ物や身の安全を確保し、寒さを逃れます。成長すると、きわめて社会性の高い種として、社会集団に大きく依存します。自分の属する集団から外れたときや緊密な社会的つながりを失いつつあるときに注意を喚起してくれる信号が発せられれば、とても都合がよいかもしれません」

アイゼンバーガーの研究グループが考えている説によれば、進化の歴史を通じて「この社会的愛着というシステムは、身体的な痛みの仕組みにしっかり便乗したのかもしれません。痛みの信号を借りて、体がダメージを負う危険にあるときだけでなく、社会的な関係が損なわれる危険にあるときにも注意を喚起するようにしたと考えられます」。つまり、自ら自分の社会的な安寧をおびやかす行為をしていると、それが痛みを感じさせるのだ。「拒絶されることを嫌がるという深く刻み込まれた応答は、進化に選択されたのだと考えれば筋が通ります」とデウォールは言う。「拒絶されれば、生存と繁殖の可能性が一気に下がりますから」

「もちろん、社会的な痛みを感じるのは愉快ではありません。拒絶されたり傷ついたりするのは楽しくありません」とアイゼンバーガーは言う。「でも、親密な関係を失ったり集団から排除されたりして悩んだり傷ついたりすることがまったくなければ、よくない結果が生じるはずだと、私たちは考えています。ですから社会的な痛みというのは、じつは緊密な社会的なつながりを保つための適応に役立つ信号なのではないでしょうか」。社会的な痛みを感じないのは危険だ。というのは、自分の行為が集団に悪影響を与え、そのせいで集団のメンバーが自分から離れようとしているときに、そのことに気づけないからだ。この場合、社会病質者《ソシオパス》のもつ自己中心性や共感欠如は、身体的な痛みを感じる能力をもたずに生まれることに等しいかもしれない。

　身体的な痛みと同様、社会的な痛みもすぐさま行動を変えなくてはと思わせる程度につらいものでなくてはならない。「痛みの信号の役割は、基本的に私たちの注意をつかむことです。何かほかのこと、たとえば食べ物を手に入れるとか昼寝をするというようなことに注意を向けたくても、それができなくなります。目の前の問題に対して、それがどんなものであれとにかく対処せざるをえなくするのです」とアイゼンバーガーは言う。

　しかし、これらの研究者たちの観察した痛みという応答が、対人関係における拒絶に特有のものなのか、それとも知覚されたあらゆる脅威に対して幅広く生じる応答なのか、それについてはまだ明らかになっていない。ウェスタンオンタリオ大学特任教授のイアン・ライオンズは、二〇一二年に同様の実験をしたときに、この研究に新たなひねりを加えた。数学を持ち込んだのだ。[7] 彼は、異なるタイプの脅威（つまり、数学の問題を解かねばならないということ）によって、脳の同じような領域が活性化するか調べたいと考えた。彼によると、社会的拒絶に関する研究の大半は、社会的なきずなを守る能力が有利に働いたため、進化によって痛みという反応が選択されたと説明している。しかし進化論的に言えば、複雑な暗算は最近になって獲得された文化的スキルであり、生存に直結するメリットはない。「私たちが示しているのは、『ここで起きている応答は、社会的拒絶を痛みととらえる応答によく似ているように見えるが、扱っているのは進化とは無縁の分野だ』ということです」とライオンズは言う。

ライオンズの実験では、さまざまな程度の数学恐怖症の被験者をｆＭＲＩスキャナーに入れて問題を解かせた。数学恐怖症の強い被験者は、難易度が同程度の言語タスクを解いているときよりも数学の問題を解いているときのほうが、脳の痛み領域が活発化した。具体的には、身体的脅威の処理に関係する領域である両側背側後島の活動が強まった。おもしろいことに、被験者が痛みの応答を示したのは、数学の問題を解いている最中ではなく、解かされる前だった。つまり「数学の問題そのものではなく、問題を解かなくてはいけないと考えることが痛みを引き起こすのであり、だからそのことを事前に考えることによって、痛みの応答が生じるのです。ちょっと考えればわかるとおり、これはもっともなことです。数学そのものが人を傷つけることはありえないのですから。数字は恐ろしいかもしれませんが、ページから飛び出してくることはありませんからね」とライオンズは言う。

彼の研究結果から、いくつかの興味深い問いが浮かんでくる。一つは、この痛みの応答が進化によるものではなく経験によって学習されたものかという問いだ。また、数学嫌いの人が数学に対して不安を覚える理由を正確に説明するのは難しいという問題もある。いやな課題への恐れから痛みが生じるのなら、脅威に対する一般的な応答の一部とも考えられる。一方、問題をうまく解けないと友人や教師から軽蔑されると思い、その不安から痛みが生じるのなら、痛みは社会的苦痛の指標と考えられる。

痛みのマトリクスを「サリエンス〔他と比べて相対的に目立つことによって注意を誘引する特性〕のマトリク

ス」と呼ぶほうがもっと正確だと主張する研究者もいる。これは、人の注意をとらえるあらゆる対象に対して反応する領域のネットワークである。「私自身はこの見方を受け入れるかまだ判断できないのですが」とアイゼンバーガーは言う。しかし、社会的拒絶に対する応答がさまざまな脅威に対するもっと一般的な応答の一部だということはありうると考えている。「つまり、これは生存にかかわるさまざまな脅威に応答できる広範な神経警報システムのようなものだということになるでしょう。身体的な痛みもそうした脅威の一つで、社会的な痛みもまた脅威の一つなのです」

人とのつながりと痛み

バーではほかにも得られるものがある。友人からの支えだ。ジョン・ナックリーとケリーの話をひっくり返し、彼らの話の内容ではなく彼らの行動に目を向ければわかるとおり、友人からの支えこそバーで得られるもう一つのものだ。リサ・モンゲッリとレフティー・オドールズに来る客、すなわち誰もが痛みについて語ってはいるが、じつは親密なきずなを感じながら夜を過ごしている面々についても、やはり同じことが言える。そして、社会的な痛みのつらさを調べる研究の締めくくりとして、今度はそのプロセスをひっくり返し、愛情や友情で身体的な痛みをやわらげようとするときにはどんなことが起きるか調べる研究がおこなわれている。

マッキーの研究室は、二〇一〇年にジャレド・ヤンガー（当時はこの研究室のポスドクだったが、現在はアラバマ大学で教職に就いている）の率いる研究でこの分野に乗り出した。研究チームは「燃えるような恋」のさなかにいる（つきあい始めて九カ月以内とこの研究では定義した）大学生のカップルを集めた(8)（水を差すようで申し訳ないが、そういう関係はすぐに終わるということを私は知っている）。マッキーによれば、燃えるような恋というのは「好きな相手にどうしようもないくらい惹かれ、相手に気持ちを強烈に引きつけられ、相手だけに注意を向け、相手のことばかり考え、相手のそばにいれば最高の気分になり、離れていれば耐えがたい気分になる」時期である。「これはまるで中毒にそっくりだと思いませんか。それもそのはず。じっさい中毒なのです」

燃えるような恋と中毒の両方に関与する脳のシステムは、どちらも報酬および欲求と結びついている。これらには、側坐核や腹側被蓋野といったドーパミン経路の構成部位が含まれる。マッキーに言わせれば、ドーパミンとは「脳の快感物質」だ。「午後にダークチョコレートを食べると気分がよくなったり、スターバックスのラテを飲んだら気分がよくなったり、コカインを打てば気分がよくなったり、スタンフォード大学の若い学部生が恋愛によってすばらしい気分になったりする」のはドーパミンのおかげだという。そして同じく重要なことだが、報酬が獲得できたら、これらの脳領域は作用をもたらす。

この研究では、研究者がカップルの一方をｆＭＲＩスキャナーに入らせて、強い痛みから無痛までの痛みを伴う一連の刺激を与える。この間、スキャナーに入った被験者にはパートナーの写真を見るか、同程度に魅力的な知人の写真を見るか、または注意力を必要とする言語タスク（じつは単に注意をそらすだけでも鎮痛効果が得られるということはないのかを確認するために、「緑色でない野菜を考えてください」とか「ボールを使わないスポーツを考えてください」のような指示を出す）のいずれかをさせた。被験者には毎回、どの程度の痛みを感じたか評価させた。痛みの知覚については、「愛はものすごく効きます！すばらしい鎮痛薬です」とマッキーは言う。被験者の報告によると、中等度の痛みが与えられた場合、ただの知人を見ているときと比べてパートナーを見ているときのほうが痛みが四四％弱く感じられた。極度の痛みの場合には鎮痛の度合いは低くなり、一二％程度にとどまった。これは、注意攪乱タスクで痛みが軽減した割合と同程度である。

この鎮痛作用についてマッキーは慎重に、始まったばかりで燃え盛る恋愛に特有なものではないと指摘する。脳の報酬中枢とドーパミン系を活性化するあらゆるものが、この作用を誘発する可能性がある。「つまり、コカインを吸ってもおそらく同じことが起きます。しかしありがたいことに、燃える恋はコカインよりもはるかに社会から認めてもらいやすいですね」

二〇一一年、アイゼンバーガーの研究室でも同様の実験をおこなった。[9] ただし交際期間が平均二年という、もっとつきあいの長いカップルを被験者とした。被験者をfMRIスキャナーに入れて高温による弱い痛みまたは強い痛みを与えながら、パートナー、見知らぬ他人、被験者にとって特別な意味をもたない物体の写真を見せた。この実験でも、愛する人の写真を見せられた被験者のほうが、ほかの被験者よりも痛みを弱く感じていた。アイゼンバーガーは、愛する人をこのようにちょっと思い出させるだけで鎮痛作用が生じることに驚いた。「まるで魔法です。パートナーの写真を見せると身体的な痛みの感覚が弱まるのは、いったいなぜなのでしょう」

このときアイゼンバーガーは、その答えがドーパミンや新たな恋の高揚感にあるとは考えなかった。「行動学的には、これらの実験は同じ結果を出しているように見えますね。つきあいの長いカップルを対象とした私たちの実験と、もっとつきあいが短くて熱々のカップルを対象とした彼の実験で」と、彼女はスタンフォード大グループの実験を持ち出す。「でも、神経学的な土台はちょっと違うかもしれません」。つきあいの長いカップルの場合、答えは恐怖研究でしばしば対象領域となる腹内側前頭前野に存在するとアイゼンバーガーは考えている。というのは、この領域は安全の検知や脅威に対する身体の応答の抑制と関係するからだ。パートナーの存在は、自分が安全だということをこの脳領域に知らせて痛みへの応答を緩和すると思われる。[10]そして彼女の研究では実際に、被験者にパートナーの写真を見せたときのほうが腹内側前頭前野の活動が強まり、特につきあいが長い場合やパートナーのことを自分に社会的な支えを与えてくれる重要な存在と思っている場合にその傾向が顕著だった。脳でこの領域の活動が強まると、それ以外の痛みにかかわる領域の活動が低下し、被験者による痛みの感じ方が弱くなった。

さらに別の展開として、人を思いやると、思いやった本人が脅威を感じにくくなるということも判明している。[11] 二〇組のカップルを対象とした実験で、女性をfMRIスキャナーに入れ、そのすぐ外でパートナーの男性に痛みを伴う電気ショックを与えた。男性がショックを与えられているとき、女性にパートナーの手を握らせる（支えを表す動作）と、女性の腹側線条体と中隔野の活動が強まった。これらの脳領域はどちらも報酬に関係し、中隔野は恐怖の軽減にも関係する。パートナーの手を握っているあいだに、中隔野の活動が強まった女性は、恐怖への応答を制御する扁桃体の活動が低下した（対照群の女性にパートナーの手ではなくスクイーズボールを握らせた場合や、パートナーが痛みを覚えていないときに手を触れさせた場合には、このような変化は生じなかった）。

アイゼンバーガーは、進化の観点からこれは理にかなうと考えている。きちんと自分の子を世話することが子孫の生存に結びつくからだ。「世話すべき子がいて、自分が危険な状況に直面した場合、動転のあまり子を置いて逃走するのは望ましくありません。子のもとへ駆けつける必要があります。このように世話すべき立場にあるときには、なんらかの脅威抑制メカニズムを働かせる必要があるのかもしれません。その仕組みが、ただ他者を助けているだけの状況にも広がると考えられます」

大切な人が電気ショックを与えられるのを目撃するというのはめったにあることではないが、恋人に振られたり、仕事関係で拒絶されたり、ほかの子どもから仲間外れにされたり、といったもう少しおだやかな形で苦しむのを目の当たりにすることはある。「私は学校で起きているこの種の問題をときどき考えます」とアイゼンバーガーは言う。「人を身体的に傷つけることが許されていないのは当然ですが、一緒に遊べないと言って人の気持ちを傷つけることを禁止する明確な規則はありません」。アイゼンバーガーは、社会的な痛みが身体的な痛みとどれほど類似しているかをもっとよく理解できれば、私たちはもっと寛容で思いやりをもてるようになると考えている。出血や骨折といった明らかなしるしがなくても、人が他者を傷つけることはありうるということを、私たちは考慮するようになるだろう。また、痛みがただの思い込みではないということを理解すれば、苦しんでいる人の苦しみがいくらかやわらぐかもしれない。アイゼンバーガーは言う。「人は『これはただの気のせいだろうか。友だちが言うように、自分の力で乗り越えなくてはいけないのだろうか』と思うことがあります。痛みが実際に生じているのだとわかれば、助けとなることもあるのです」

痛みについて、最後にもう一つ言っておきたいことがある。痛みには終わりがあるということだ。

レフティー・オドールズで聞いた話をもう一つ紹介したい。スティーヴとモーリーンは中学校で出会った。「彼は私の初恋の人なの」とモーリーンは言う。しかし、二人は別々の道を選んだ。スティーヴは別の女性と結婚し、結婚生活を長く続けたが、数年前につらい離婚を経験した。あのころは大変だった、と彼は言う。友人とのつきあいを断ち、仕事に行くのもいやになり、不眠に陥った。「もう、死んだも同然だった」と言うと、モーリーンにちらりと目をやる。「彼女が僕のもとに来てくれるまでは」

何十年間も離れていた二人の道が再び交わり、二人は長距離恋愛を始め、やがて一緒に暮らし始めた。それから七カ月が経った。大人になってからすべてをやり直すというのは、必ずしも簡単ではない。「時間がかかるし、とにかく大変だよ」とスティーヴは言う。「でも、愛があれば乗り越えられると思っている」

8　情動

文化によるソフトなバイオハッキング

ジョージタウン大学の文化情動研究室に夜が訪れた。そろそろボランティアの被験者を悲しくさせる時間だ。

今夜の被験者は「参加者五七番」という二〇代初めの女性だ。淡いブルーの瞳で金髪を長く伸ばし、顔にはちらほらとニキビができている。彼女は殺風景な部屋で赤い椅子に座っている。背後の壁には大きな白い紙がテープで貼ってある。目の前のビデオ画面で彼女が短い動画を見ているあいだ、カメラが彼女のふるまいをすべて記録する。

文化心理学者のユリア・チェンツォーヴァ・ダットンが隣の観察室でカメラの視線を調節しているあいだに、アレクサンドラ・ゴールドという学生が被験者とともに実験室に入り、被験者の体にそっと電極をつけ始める。心拍モニターベルトを肋骨の高さに設置する。呼吸の頻度と深さを記録する呼吸センサー二つを胸部に設置する。情動反応の指標となる発汗を測定する皮膚伝導センサーを指に装着する。それからゴールドは被験者にタスクを簡単に説明する。「動画を見ていてください。見終わったら、私がここに戻ってきて、フォローアップ評価をします。その際には、動画を見てどんな気持ちになったか質問します。

動画に対して何らかの情動を覚えたか、そして覚えた場合にはどのくらいの強さだったか答えてもらいます」

ずいぶん単純なタスクと思われるかもしれないが、じつは研究チームが追求している事柄に関するヒントがここに隠されている。被験者は、自分の情動に注意を向けるように、ごく遠回しに指示されているのだ。すべての被験者にこれと同じ指示を与えるわけではない。自分の体に注意を向けるように指示する場合や、まったく指示を与えない場合もある。研究チームは、憂うつや不安といった悲しみにまつわる内的な情動的側面や、涙があふれたり胸が詰まったりするような身体的変化として現れる悲しみの身体的側面について、強く知覚するのはどんな人か知ろうとしている。

ほかにも違う点がある。この実験に参加する被験者の半数はヨーロッパ系アメリカ人だが、残りの半数は中国系アメリカ人で、そのほとんどはアメリカ国外で生まれている。研究室が解明しようとしている真の問いは、一回限りの言語的キュー〔言語による合図〕よりも大きなものに関するものだ。実生活において、あるいは文化全体において、受け取ったすべてのキューが情動の経験の仕方に影響するか明らかにしようとしている。(1)

言語や、においや食べ物に関する過去の経験と同様、文化もソフトなバイオハッキング装置として機能する、というのが研究チームの考えだ。情報が無限にあふれる世界で、どのパターンに目を向け、自分にとって何が大きな意味をもち、どこに注意を向けるべきか、文化は教えてくれる。抑うつと悲しみには多数の情動的および身体的な症状が伴う。しかし私たちはそれらの症状すべてに注意を向けるわけではない。少なくとも、すべてに同等の注意を向けたりはしない。自分が悲しんでいることに気づかせるシグナル、あるいは友人か専門家による助けを求めるべきだと告げる警報は、所属する文化が何を最も重視し、何を最も疎んじるかによって変わる場合がある。

宇宙飛行士を父にもつチェンツォーヴァ・ダットンは、情動の知覚というのは私たちが夜空の星を眺めるのと似ているとしばしば考える。「空にはものすごくいろいろな星があって、その数から考えて、すべての星を認識するのはまったく不可能です。でも、文化はどの星座が大事か教えてくれます。私はオリオン座がわかり、オリオン座を構成する星も知っています。オリオン座の図も描けますし、夜空で見つけることもできます。それは、モデルがあるからです。同じように、私たちが注意を向けるべき情動や身体感覚についても文化が教えてくれます」

チェンツォーヴァ・ダットンの研究は、文化が情動知覚に影響することを示す、長きにわたる研究の数々（彼女の母校であるスタンフォード大学でおこなわれた研究や、カナダのモントリオールにあるコンコルディア大学で彼女の共同研究者アンドリュー・ライダーが自らの研究室でおこなった研究など）を基礎としている。チェンツォーヴァ・ダットンとライダーは、抑うつ、悲しみ、不安といったネガティブな状態を研究しているが、文化と情動に関する実験ベースの研究を多く先導してきたスタンフォード大学のジーン・ツァイは、幸福について研究している。彼らは一〇年以上にわたる実験研究と臨床研究において、中国文化の中で育った人は悲しみや抑うつを処理する際に身体感覚に多くの注意を向けるのに対し、ヨーロッパ系アメリカ人は情動的思考に多くの注意を向けるということを明らかにしてきた(2)。人は学習によって星の見方を覚えるのと同じように、学習によって症状のとらえ方を覚えると彼らは考えている。

これらの研究室は、アジア系の人が生得的にXをするのに対し白人は自然にYをするというような人種本質主義を擁護しているのではない。この点は誤解しないでほしい。むしろ彼らの主張はその逆で、行動は生得的なものではないと考えている。文化が人に認知や行動を教え、それによって自己の内的状態のとらえ方やその内的状態を他者に伝える方法が影響されるのだ。また、チェンツォーヴァ・ダットンによれば、文化は一枚岩ではない。「特定の文化において、その文化に属する人なら誰でも知っていて、いくらかなりとも触れている、共通の考えというものもいくらか存在するかもしれません。しかし、それらの考えに対する反応は、同じ文化に属する人のあいだでもまったく違うかもしれません。つまり、共通の座標をもちながら、個人で異なる部分もあるのです」。実際にこの分野では、単一の国民について論じるときでもあえて「cultures」という複数形を用いる研究者がいる。これは、文化というのは人間の生み出したものであり、その内部に多様性を擁しているということを示すためである。

文化には必ずしも国というバックグラウンドが伴うわけではない。しかし国というのは規模が大きいので、個人差はあるにせよ内部にパターンを見つけることができるので、国を研究対象とするのは都合がよい。研究の第一波の多くが北米とアジア（特に中国）の文化に焦点を当てたのは、すでにそれらの地域でおこなわれていた臨床心理学および文化心理学の研究をもとにしたからである。しかし現在では、研究は世界の別の地域へと広がりつつある。チェンツォーヴァ・ダットンの研究室も、研究員のヴィヴィアン・ゾコトとともにガーナで活動しているほか、韓国や、チェンツォーヴァ・ダットンの母国であるロシアでも研究をおこなっている。メキシコ、イスラエル、トルコ、西欧諸国で同様の研究を進めている研究室もある。ツァイの研究室では研究対象集団について宗教による分類を試みたことがあり、ジェンダーによる差異を調べるプロジェクトでもよその研究室と共同研究をしている。

今までのところ、ネガティブな状態に関する研究の多くは精神療法を受ける患者を対象としてきたが、チェンツォーヴァ・ダットンが今夜おこなう実験では、うつでない女性被験者に短い動画を見せて一時的に悲しい気持ちにさせるだけである。チェンツォーヴァ・ダットンは、さまざまなバックグラウンドの人に指示して悲しみのいろいろな側面に注意を向けさせるとどうなるか調べようとしている。参加者五七番のようなヨーロッパ系アメリカ人に対し、自分の感情（おそらく本人にとっては文化的に標準的な社会的筋書き）に注意をもっと向けるように指示すると、情動反応は強まるのか。感情ではなく体に注意を向けるように指示したら、情動を感じにくくなるのか。「キューを与えない」対照群の反応は、文化によって分かれるのだろうか。

チェンツォーヴァ・ダットンは被験者の反応を記録するために、被験者に装着したセンサーからの生理的データ、さまざまな質問に対する被験者自身の回答、そして顔に現れる微細な表情の分析という三種類のデータを用いる。表情の分析には、ＦＡＣＳと呼ばれる方法を用いる。これは、情動に関する情報を伝える非常にすばやい無意識的な筋肉の動きを分析するもので、被験者が感情を抑えたり隠したりしようとしていても分析することができる（ＦＡＣＳはFacial Action Coding System（顔面動作符号《コード》化システム）の略語で、カリフォルニア大学サンフランシスコ校の心理学者ポール・エクマンが開発した）。これは想像を絶するほど詳細な分析方法で、チェンツォーヴァ・ダットンによると、一分間の動画を解読するのに三〇分かかるらしい。ともあれ、これを使えば、被験者自身が気づいていないような小さな変化、たとえば唇のかすかな動き、あごの震え、眼尻のしわまで観察することができる。研究室で三種類のデータを使うのは、人間は自分の生理的状態を判断するのが思いのほか下手だからだ。本人の回答は、ほかの測定結果から著しくかけ離れていることがある。そこで、スクリーンセーバーのように見える当たり障りのない短い動画を見せて参加者五七番の反応のベースラインを特定してから、いよいよ悲しい動画を見せる。本当に、本当に悲しい動画だ。

それはインクと水彩で描かれた短いアニメーションで、台詞はなく、線画で描かれた登場人物が特定の人物ではないという理由で選ばれた。パリの街角で流れていそうなアコーディオンとピアノの曲が流れるなかで、父親と娘がそれぞれ古めかしい自転車に乗り、イトスギの木立を通り過ぎて湖のほとりにたどり着くと、そこで抱き合う。父親はそこにあった手漕ぎボートに向かって歩き、振り返ると娘のもとへ駆け戻って娘を強く抱きしめ、それからボートに乗って遠ざかっていく。娘は父親の自転車を残し、誰もいない長い道を自転車で走っていく。別の日に娘は湖のほとりを再び訪れ、父親を捜すが見つからず、また自転車で帰っていく。風と舞い散る落ち葉が季節の移り変わりを表す。娘は何度も同じ場所を訪れ、そのたびに前回よりも年齢を重ねている。自転車はいつもそこにあるが、父親はいない。大人になると、夫と子どもを連れてくる。やがて老女となった娘がここを訪れると、道は雪に覆われ、うつろな空を鳥が飛び去って行く。湖が干上がってきて、水際が遠のいていくのがわかる。最後に娘がここを訪れるときには、すっかり年老いて、自転車を漕ぐこともスタンドで立てることもできない。湖の底だったところはもうただの湿地になっている。娘は背の高い草をかきわけながら、かつての湖を歩いていく。草の生えていないところで父親のボートを見つけるが、空っぽだ。娘はボートの縁を乗り越えて中に入り、横たわって体を丸める。

これを読んで泣いている読者は仲間だ。これまでに被験者のおよそ三分の一が泣いた。しかし参加者五七番は涙を浮かべず、ほとんどのあいだ、ただ何かを考えているような顔をしていた。しかしカメラで観察しているチェンツォーヴァ・ダットンは、顔にかすかな情動の現れが何回か見られたと言う。眉をひそめ、唇をわずかに震わせたし、一度は唇をかみしめたが、この動作は情動を制御するためにされることがある。「皮膚伝導度が下がりました。心拍数も下がりました。これは悲しんでいるときに起こります。悲しみは体の活性を抑えますから」と、チェンツォーヴァ・ダットンは画面に表示された生理的データをチェックしながら言う。しかし被験者は自分が悲しんでいると気づいているのだろうか。ゴールドは参加者五七番に記入してもらう書類の束を持って実験室に入っていく。真相はすぐにわかるはずだ。

情動とは何か?

痛みの研究と同様、情動の研究においても一見単純に思われる問いについて考える必要がある。情動とは何か、という問いだ。これについて研究者たちは、じつはいくつかの異なった考え方をしている。チェンツォーヴァ・ダットンの博士課程指導教官だったスタンフォード大学の心理学者、ジーン・ツァイは、この分野には古典的な定義があると指摘する。情動とは、意味のある事象に対する生理的、主観的、行動的な応答を伴う感情の状態だというのだ。言い換えれば「周囲の環境で何かが起きて、それに対して応答する必要があるという状況です」とツァイは言う。進化の観点から見れば、報酬や脅威が存在する場合に、それについてあまり考えることなくすばやく反応することを可能にする仕組みと言える。

生物の進化では、ごくすばやい反応が重視される傾向がある。そして情動は一般にほんの数秒しか持続しない。しかし、人にはそれより長く続く「気分」や、生涯にわたって持続しうる「人格特性」もある、とツァイは言う。また、情動反応は必ずしも外部刺激に対して起きるわけではない。記憶や想像上のシナリオに反応することもある。つまり、進化的な定義ではすべてをカバーすることができない。

味覚の専門家と同じく一部の情動研究者も、生得的で普遍的と思われるいくつかの基本要素に情動を分類する（情動の場合、各要素は化学物質の受容体ではなく顔に現れる表情と関連づけられる）。情動を分類するための基本要素をまとめたリストとして、広く受け入れられた唯一のものはないが、たいていのリストには、幸福、悲しみ、嫌悪、恐怖、怒り、驚き、軽蔑が入っている。基本味と同様、これらの基本情動はそれぞれが一つの適応的行動と関係づけられている。「恐怖は捕食者からの逃走を可能にしますし、怒りは攻撃を可能にします」とツァイは言う。基本情動の上に、羞恥やプライドといった複雑な情動があり、一部の研究者はこれらのほうが文化や言語から習得され影響されやすいと考えている。

ツァイはもっと微妙な四象限の図による分類を支持し、「覚醒」（または興奮）と「誘意性」（ポジティブまたはネガティブ）という二つの要素を縦軸と横軸に設定して情動を分類する。「この分類によれば、興奮や熱狂のように覚醒度の高いポジティブな状態や、落ち着きや平穏のように覚醒度の低いポジティブな状態などが考えられます」と彼女は言う。これらとは逆の「恐怖や緊張、怒りのように覚醒度が高くネガティブな状態や、覚醒度が低くネガティブな鈍麻や脱力感といった状態もあります」。このように情動状態を二本以上の軸に沿って分類する方法は「次元モデル」と呼ばれる。さまざまなバリエーションがあるが、軸としてよく使われるのは覚醒次元と誘意性次元である。

一九四九年、イェール大学の神経科学者ポール・マクリーンは「内臓脳」という概念を発表し、のちに「大脳辺縁系」と新たな名称をつけた。[3] これは情動にとって重要な領域の集まりで、外的感覚刺激と人の内的状態を媒介する。そのなかには、かつて嗅脳（または「鼻脳」とも呼ばれた。情動と嗅覚の分かちがたい関係を表す命名である）と呼ばれた領域の多くに加えて、扁桃体、眼窩前頭皮質、海馬も含まれており、マクリーンはこれらがすべての感覚を互いに結びつけると考えた。現在、研究者たちはマクリーンの説の多くに異議を唱え、これらの領域のなかにはほかの機能をもつことがわかっているものが含まれる一方で、情動に関係する領域でここに入っていないものもあると主張する。それでも大脳辺縁系という名称は定着した。マクリーンは多数の注目すべき領域を正しくとらえていたのだ。特に、感覚系から送られてくる初期の入力にもとづいて情動反応と脅威検知反応を引き起こす扁桃体についての理解は卓越していた。

このように、情動は体の内部と外部から誘起され、私たちはそれを体の内部と外部で感じる。痛みの研究者と同じく、情動の専門家もやはり言語の問題にぶつかる。私たちは情動を表すのに「灼けつくような怒りを覚える」「嫉妬で胸がむかつく」「喜びのあまり目がくらむ」「憂うつで頭が重い」といった身体と結びついた表現をよく使うが、これらは比喩なのか、それとも実際の感覚なのか、という問題である。チェンツォーヴァ・ダットンの考えでは、答えは両方だ。ただしそれらをどの程度区別するように教わるかは文化によって異なる。「それらはもともと、実際にさまざまな情報が非常に強く絡み合った流れであり、脳と心がそれを処理して意味を見出そうとします。この感覚と情動の流れを区別して、自分と体がそれぞれどう感じているかについて別々の情報に選り分けようとするのは、自分の経験をどう分類すべきかについて私たちが文化から与えられる複合概念と強く関係しています」

実際「多くの言語において、感覚に言及しないで情動を語るのはまったく不可能です」とチェンツォーヴァ・ダットンは言う。彼女のおこなっている国際的な研究ではしばしば、被験者に質問票を渡し、本人の情動状態を記述してもらう。「ロシアとガーナでは、回収した質問票に逆に質問が書かれていることがよくあります。その質問を見る限り、彼らにとって情動とは独立した領域ではなく、思考と情動と知覚認知は切り離されていないらしいのです」。しかし英語の場合、情動を表す身体的比喩がある一方で、「喜び」「静穏」「憂うつ」「疎外感」のように情動だけを表す言葉もある。また、アメリカ文化は一般に感情を表現して人に伝えることを奨励する。アメリカ人にとってこれは当たり前のことと思われるので、チェンツォーヴァ・ダットンがアメリカの学生に一ページの調査票を渡して自分の感情について書かせると、たいていの学生は記入するのに一分もかからない。対照的に、「アジア人、ロシア人、そしてとりわけガーナ人は、このタスクを極度に難しいと感じます。ガーナ人は記入するのに二〇分ほどかかり、ロシア人は五、六分ほどかかります。アメリカ人よりもはるかに時間がかかるのです」

言語と文化は何に注意を向けるべきか人に教える。そして何かに注意を向けるという行為をするだけで、その見方が強化される。何かうれしいことが起きて、肌が軽くうずくのを感じ、「私は幸せだ!」と思ったとしよう。するとこの先、皮膚のうずきは幸せのしるしと解釈されるようになる。なぜなら「幸せ」という言葉と身体の感覚とのあいだに結びつきが形成されたからだ。この仕組みは集団レベルでも作用する。情動に関係した言葉や身体症状を用いて誰もが感情をうまく伝える(頭痛の話をすることでストレスを暗示したり、「ちぇっ」という言葉で不満を表現したりする)ことができるなら、それらの結びつきは社会的に強化されていく。脳と体は協調して働くので、生理的症状について考えれば考えるほど、その症状は強まっていく。「心臓が脈打っているという事実に注意を向けると、ほぼ確実に心臓がさらに脈打つようになります。注意を向けることによって、このようなフィードバックのループが生じるのです」とチェンツォーヴァ・ダットンは言う。

チェンツォーヴァ・ダットンと何度も共同研究をしているコンコルディア大学の臨床心理学者、アンドリュー・ライダーは、身体と情動のフィードバックループが作用している完璧な例としてパニック発作を挙げる。たとえば自分が不安に駆られているのに気づいたとしよう。「何か気がかりがある場合でもいいですし、あるいはコーヒーを二杯でなく四杯も飲んでしまって、そのせいで心拍数が少し上がり、手のひらにちょっと汗をかき、胸が軽く締めつけられるように感じているのでもいいでしょう」とライダーは言う。こうしたわずかな変化を気にしがちな人は、変化に気づいたせいでいっそう不安になるかもしれない。すると、鼓動がさらに速くなり、手のひらの汗が増え、胸が先ほどよりもきつく締めつけられている気がしてくる。「何かまずいことが起ころうとしているのではないかと気づいたことによって、同時にその問題を刺激しているのです。そしてこのループを何度か繰り返します。心臓がすごい勢いで脈を打ち、胸がひどく締めつけられ、手のひらは汗でびしょびしょになります。こうしてパニック発作が起き、気持ちが動転してしまうのです」

このループにおいて文化がどんな役割を果たしているか、はっきり見て取れる、と彼は言う。なぜなら、あらゆるものがパニック発作を促進するわけではなく、パニック発作を促進する要因は世界各地で異なるからだ。くしゃみをする前に鼻がむずむずしたか、あるいは小指が奇妙に痛んだとしよう。これらは手のひらの汗と同じくらい不意に起こるしはっきり認識できるものだが、それでパニック発作に陥ることはないはずだ。これは、くしゃみや小指の痛みを差し迫った危険と結びつけるという考えがどこの文化にも存在しないからである。しかし北米人は、脈が速くなったり胸が痛んだりすると不安を覚える。これらが心臓発作の前兆として恐れられているからだ。「胸の締めつけ感などが心臓発作と関係するということが文化の中で信じられていなければ、パニック発作のループが生じることはありえないでしょう」とライダーは言う。

今度は胸ではなく首が痛むとしよう。北米人にとって、これは不快ではあるかもしれないが、不安をかき立てるものではない。しかしカンボジアでは、首の痛みがパニック発作の引き金になるということを研究者が観察している。[4] 血液と「カヤール」（体内を流れるとされる空気の「風」を意味する）が首までのぼると血管が破裂すると信じられているからだ。胸の締めつけ感と首の痛みはどちらもストレス症状である。困難な状況に陥ったときには、これらに加えてほかにも不安を暗示する症状がいくつか現れるかもしれない。しかしどの症状に気をつけるべきか文化から学んでいるので、その症状にはほかの症状よりも注意を払い、場合によっては大げさに考えすぎて症状を強め、パニック発作を招くこともある。「そんなわけで、コーヒーを飲みすぎたら筋肉が緊張して首が凝り、心臓の脈が速くなるかもしれませんし、ダーは言う。しかし彼は北米人なので、「首が凝っても気にしません。いらいらするかもしれません」とライさすったりはするかもしれませんが、そのせいでループが生じて症状がどんどん強力になって私を動転させることはありえません。私はただ心臓と胸の問題だけに注意を向けるでしょう」

よそ者なら気づきもしないような徴候に対して特定の地域の人が恐れを抱くという例は、世界中で見受けられる。チェンツォーヴァ・ダットンはよくロシアの例を挙げる。ロシアでは暑さと寒さが急に切り替わるのは病気のもとだと古くから信じられているので、そのような変化に注意が払われる。その結果、オフィスでは空調がほとんど使われず、氷の入った飲み物が出てくることもめったになく、隙間風が入ってこないか周囲に気を配るという。別の例として、マラリアが蔓延するガーナでは、大学生が互いに最近疲れていないかとか熱はないかと何かにつけて尋ね合う。チェンツォーヴァ・ダットンはそのやりとりに驚いたが、西アフリカの気候のもとで暮らす人にとっては、体調を知るのにこれらは非常にわかりやすい情報なのだ。

社会的な不安に関しても、同様のフィードバックループが作用する。たとえばパーティーに出席しているのだが、自分が人からどう思われているか心配なので、拒絶のサインが見られないかと絶えずほかの人のようすをうかがっているとしよう、とライダーが例を挙げる。不安で手が少し震えるので、何か握れば大丈夫かとワインの入ったグラスをもらう。話している相手がちょっとよそ見をする。つまらないやつだと思われてしまったのか？　自分よりもおもしろい人が部屋に入って来たのか？　「こういうことを考えると手が震えます。でもワイングラスをもらったから大丈夫。グラスをしっかり握っていよう。ところがグラスをきつく握ると、じつは手がさらに震えてしまうのです」。こうなると、手の震えをほかの人に気づかれてしまうのではないか、ワインをこぼす醜態を演じてしまわないかと、不安に駆られる。皮肉なことに、自分にもっと意識を向けると、話している相手にはこちらがいっそう無礼で反応の悪い人間だと映るかもしれない。そうなったら相手は立ち去り、不安の種がさらに増える。こうしてフィードバックのループができあがる。

今度はうつ病の例で考えてみよう。うつ病には、疲労と不眠という二つの苦しみが伴う。自分がどれほど疲れているかを意識すればするほど、きちんと眠れないことが不安になる。このため、疲労を感じていても「ベッドに入るときには『今夜も一時間半くらいしか眠れないのか』と不安を覚えます。もちろん、このように予想すること自体が状況を悪化させているのです」とライダーは言う。

情動の知覚には、もう一つ重なり合っているフィードバックのメカニズムがある。すなわち、感情は単発的に生じるのではなく社会的なコンテクストの中で生じるという事実である。たとえば、うつ病はしばしば忌避の対象となる。うつ病患者は、うつ病だということを誰かに話したり常に疲れているといった症状を示したりしたら、仲間から悪く思われるのではないか、ひどい扱いを受けるのではないかと恐れるかもしれない。そのようなマイナスイメージが、身体の問題に対しては起こりえない形で精神の問題を悪化させる。「脚を骨折して、仲間からバカにされたとしても、そのせいで骨折が悪化することはありません。ところがうつ病だからという理由で仲間から避けられると、そのこと自体がうつ病を悪化させるのです」とライダーは言う。同様に、気分を軽くするために絶えず励ましや助けが必要な場合、そのことが周囲の社会的ネットワークから迷惑がられ、その結果として孤独感が強まるかもしれない。「不調を感じればなおさら助けが必要になるというやっかいなループがあります。ところが助けを求めれば求めるほど、いっそう強い拒絶感を覚えることになるのです」とチェンツォーヴァ・ダットンは言う。

感情、生理的状態、対人関係が重なり合って互いにフィードバックを与え合うことによって、きわめて複雑なシステムが生じる。このシステムにおいては、何に注意を向けるべきかを学習することが重要だ。それによって、自分をどのように理解するか、他者からどのように理解され、扱われるかが決まってくる。ライダーはこう言う。「世界はとても複雑で、私たちはおそらくそのほんの一部にしか認知資源を投入することができないのです。そこで、文化が非常に重要になります。文化は認知資源をどこに注ぐべきかという指針を与えてくれますから」

しかし、問題がある。文化による指針は、その文化に属する人には見えにくいのだ。当たり前すぎて、私たちは自分の知覚するものがすべて生得的で普遍的だと思い、悲しみとはどんなものかについても、誰もが同じとらえ方をしていると思い込んでしまう。世界が悲しみをどう感じるのか本当に知りたければ、きわめて忍耐強い被験者を募って、カメラで顔をとらえ、被験者の体にさまざまなモニターをつないで、ごくわずかにだが心を傷つけていくしかない。

悲しみと文化

チェンツォーヴァ・ダットンが観察室に戻り、数週間前にここで実験に参加した女性を撮影したビデオを呼び出す。参加者三七番です、と言いながらチェンツォーヴァ・ダットンが再生するのは、若い中国系アメリカ人女性をクローズアップで撮った映像だ。前髪をまっすぐに切りそろえ、顔にはそばかすが散っている。女性はしばらく黙ったまま座り、視線を前に向けて短いアニメーション動画を見ている。チェンツォーヴァ・ダットンによると、動画の中で娘が何度も湖に戻ってくるうちに、いくつかの特定の場面で多くの被験者が情動を発露させるらしい。娘が湖を訪れるたびに情動は強くなり、泣く人は娘がボートの中に入る最後の場面で泣く。

参加者三七番は、泣かないように相当がんばっているようだ。手を何度も顔に当てているが、鼻をこすっているのか、それともあふれる涙に反応しているのかはわからない。「唇をかんで、自分を抑えようとしているみたいですね。いわば、表情にブレーキをかけているのです」とチェンツォーヴァ・ダットンは言う。泣く前の徴候がさらにいくつか見られる。瞬《まばた》きし、唇がへの字になり始め、軽く鼻をすする。唇が震えだすが、その唇をかんだまま涙をこらえる。だが、もはや抵抗しきれないのは明らかだ。「あごがちょっと震え始めました」とチェンツォーヴァ・ダットンが言ったとたんに、女性の顔を大粒の涙が二つ流れ落ちる。「ほら、ほら」と、チェンツォーヴァ・ダットンは落ち着いた声で言いながら、画面に向かってうなずく。

この被験者には、自分の体について考えるように指示を出してある。そして実際、本人の報告によると、ほぼ全面的に自分の体だけに注意を払っている。長いリストに挙げられたさまざまな感覚をどのくらいの強さで感じたか、〇点から八点までの点数で評価するスケールにおいて、被験者が特に高い点をつけたのは、涙ぐむこと、呼吸の変化、心拍数の上昇、体温の上昇感といった身体感覚と、「記憶の喚起」というもっと認知的なカテゴリーだった。その一方で、沈うつや嘆きといった情動的カテゴリーはかなり低い点となり、悲しみそのものは〇点だった。とはいえ、積極的に悲しみを感じていなかったとしても、何か悲しいことを考えているという自覚はあるように見えた。動画を見たあとの気持ちを述べよという指示に対しては、「昔の友人を思い出してさびしくなった。実家に帰りたいと思う」と記した。

　チェンツォーヴァ・ダットンによると、今までのところこれが典型的な結果である。中国系アメリカ人は自分の体がどう応答しているかをはるかに強く意識し、ヨーロッパ系アメリカ人は悲しいという主観的な気持ちを報告することが多いという。しかし例外もある。ゴールドが参加者五七番に対する動画視聴後の調査を終えて戻ってきたが、どうやらこの被験者はまさにそうした例外の一人かもしれない。チェンツォーヴァ・ダットンらの仮説に従えば、彼女は情動に注意を向けるように指示されたヨーロッパ系アメリカ人なので、感情をかなり強く覚えるはずだと予想される。ところが実際の結果は一概にそうとは言えず、かすかに悲しげな表情は見せたものの、自己報告は著しく分析的で、動画の音楽と絵をどれほど楽しんだか、そして動画の意味を理解しようとどんな努力をしたかについての記述がほとんどを占めた。彼女は「特に強い情動は覚えない。少し悲しかった」と記し、悲しみのカテゴリーに〇点をつけていた。

「まあ！」と、チェンツォーヴァ・ダットンはこの結果に目を通しながら声を上げる。特に高い点がついているのは感情だが、それらは注意深さ、集中、満足といったポジティブな感情だった。「美的な快感のようなものを動画に見出したということですね。確かに美しい動画ですから」と、彼女は考えをめぐらせながら言う。先ほど観察された皮膚伝導度の低下は、被験者が悲しくなったせいではなく、おだやかな気持ちになっていたせいかもしれない。情動研究においては、まさにこういうことが起きる。個々の人間については予測ができないのだ。「あらゆる種類の反応があって、反応する人もいればしない人もいます」とチェンツォーヴァ・ダットンは言う。「ですから大事なのは、人の応答にはノイズが存在するという事実と照らし合わせたうえで、意味のある差異を見つけ出すことです」

それでも、個々人からなる大規模な文化に目を向ければ、さまざまなパターンが見えてくる。来年の春に研究室が分析を完了するころには、参加者五七番が特異だったことが明らかになっているだろう[5]。全体として、体か情動に注意を向けるようにと被験者に言葉で指示を出しても効果がないということを研究室は見出した。差異は文化の境界線に沿って分かれていた。ほとんどの被験者が悲しい気持ちになったと報告したが、中国系アメリカ人は涙があふれたなどの身体感覚の経験を報告する割合が高かった。ヨーロッパ系アメリカ人は皮膚伝導度の上昇（情動反応と関連する無意識的な身体的応答）が大きいのに対し、中国系アメリカ人からは筋肉の緊張、心拍数の上昇、喉の詰まりといった意識的に感知される身体症状の報告が多かった。

研究チームの結論によれば、全体として、呼吸数と心拍数のデータから、中国系アメリカ人被験者が動画に対して強い身体反応を示さず、どちらかといえばヨーロッパ系アメリカ人被験者のほうが若干強い身体反応を示していた。「この結果から、文化は心理生理的応答を通じてではなく経験の解釈を通じて情動的応答を形づくるという見方が裏づけられる」とチームは結論した。つまり、人は情動をボトムアップではなくトップダウンで読み取るのだ。身体の状態よりも文化から教わった予想のほうが、人の知覚に影響するのである。

文化による情動の違い

チェンツォーヴァ・ダットンの研究は、ツァイ研究室の提唱した「理想的感情」（実際の感情ではなく、感じたいと思う感情[6]）という概念を基盤としている。ツァイは理想的感情を「人が到達しようと努める望ましい状態、無意識的または意識的な目標または状態」と考えており、これが人の実際の感情、あるいは人がその瞬間に抱いている真の感情とは違うかもしれないということに気づいた。「文化がどちらにも影響するのは間違いありません。しかし私たちの考えでは、文化は実際にどう感じるかよりもどう感じたいかに強く影響します。なぜなら私たちは、どんなことがよいこと、望ましいこと、高潔なこととされているかを文化から教わるからです」とツァイは言う。

そんなわけで、幸福になりたいという願いは万人に共通だが、どんな幸福を追求するかは人それぞれだとツァイは考えている。彼女の研究室ではアメリカ人被験者と中国または台湾出身の被験者を対象とした研究に重点を置いており、一般に東アジア人はおだやかで安らかな幸福状態に価値を置くのに対し、アメリカ人は活気に満ちた幸福状態に価値を置く傾向があるということを見出している（四象限分類法を思い出してほしい。どちらにもポジティブな誘意性はあるが、覚醒レベルが異なるということだ）。これらの文化的差異はすでに就学前の年代から見受けられ、気質（つまり、全般的な情動的反応のレベル）の個人差について補正してもなお差異は消えない。

こうした価値観が日常生活の中でどのように伝えられ強化されるかを明らかにするため、ツァイの研究室では笑顔について研究している。笑顔というのは、内的な幸福感を外の世界に示す手段となるからだ。童話の本からファッション雑誌やニュース雑誌、フェイスブックのプロフィール、企業ＣＥＯの写真に至るまで、さまざまな対象を分析した結果、一貫してアメリカ人のほうが力強い笑顔を見せる傾向があり、東アジア人はおだやかな笑顔を見せる傾向があるということが判明した[7]（彼女の研究室では、ＦＡＣＳを使って笑顔の情動的要素の測定もしている。基準として用いるのは、口が開いているか、歯が見えるか、眼尻にしわができているかなど、つくり笑いではなく心からの笑顔であることを示すと考えられている指標である）。

ツァイによると、これらの理想的状態（実際の状態ではなく）から影響を受けて、私たちは自分の情動経験と行動の多くをつくり上げるのだという。たとえば気分が落ち込んでいて、自分を元気づけたいとしよう。活気のある状態を理想とする人なら、その高揚状態を達成するためにランニングでもすればよいかもしれない。静穏を理想とする人なら、家で読書でもすればよい。ツァイは二〇〇七年に発表した論文において、各文化で好まれるドラッグにもそれぞれの理想とする状態が影響するのかもしれないと指摘している。アメリカではヘロインのように鎮静作用のあるアヘン剤よりも刺激作用のあるコカインやアンフェタミンが多く乱用されるのに対し、中国ではアヘン剤のほうが広く使われているという。人が何に価値を置くかは、その人の属する文化が他者とのどんなかかわり方を促すかとも関係する、とツァイは主張する。個人が自立して他者に影響を与えることが奨励される文化においては、力強く活気に満ちた状態が重要視される。一方、集団の和と他者への適応を求める文化なら、静穏な状態に価値が置かれる。あとで紹介するが、ツァイの研究室では、理想的状態が無意識的に作用して、周囲の人について下すひそかな判断に影響しているのかについても調べている。

チェンツォーヴァ・ダットンの研究は、ツァイの研究から分岐したもので、ネガティブな状態もそれなりに望ましいという考えにもとづいてネガティブな状態を研究している。ネガティブな情動も注意を喚起するシグナルとなるので大事だと彼女は言う。大事だからこそ、私たちは心の中でそれを生み出すこともできる。「動物とは違って、私たちは思考によって情動状態をつくり出すことができます。シマウマがすさまじいストレスを感じるのは実際にライオンに追いかけられているときだけですが、私の教えている学生たちは、中間試験のことを心配するだけで同じ状態になれます」と彼女は言う。さらに彼女の指摘によれば、幸福を想像するよりも不安を想像するほうがはるかに容易なのだ。人はポジティブなものにはすぐに慣れてしまうが、ネガティブなものに対しては警戒心を抱きやすい。「人間は脅威に対して著しく高い感受性をもつように進化してきました。脅威に対してよく反応できるほうが、自分の遺伝子を子孫に残すのにおそらく都合がよいですから」

アメリカの心理学はネガティブな感情を機能不全ととらえる傾向がある、と彼女は言う。しかし「多くの文化的コンテクストにおいて、ネガティブな感情はとても重要で、人間を高め、役に立つものだと考えられています」。チェンツォーヴァ・ダットンがロシア人から聞き取り調査をした際、自分や子どもの生活の中に悲しみがあってほしいという発言がしばしば聞かれた。「悲しみは人間関係の助けとなり、他者への思いやりを育て、問題解決に役立ち、自分をもっと客観的にしてくれると言うのです。自分がただの人間にすぎないということを思い出させて傲慢を戒めてくれるという点で、悲しみは興奮や幸福と拮抗するのです」

チェンツォーヴァ・ダットンは最近のプロジェクトにおいて、理想的感情を達成すると、たとえそれがネガティブなものであっても、注意力を必要とするタスクを遂行する助けとなるのか調べている。被験者にパズルを解かせるのだが、まずはその作業中に感じたい情動を選ばせて、動画か音楽を使ってその情動を達成させる。「この場合、アメリカ人はかなりの割合で幸福感を希望し、ロシア人はかなりの割合で悲しみを希望します」と彼女は言う。現在は、その情動を覚えることが実際に意識を集中する助けとなるか調べている。

チェンツォーヴァ・ダットンはツァイとおこなっている別の二件の共同研究において、人は抑うつ状態にあるとき自分の文化の理想的感情に抗うと結論した。(8)「ヨーロッパ系アメリカ人は情動を示さなくなります。アジア人もアジア的な規範に反することをします。情緒不安定になって、過度に情動をあらわにします」。抑うつ状態にある人は、自分の文化において適切とされる応答を演じるエネルギーがないのだ、と彼女は言う。あるいは文化規範に同調しないことで他者から批判されるので、いっそう抑うつ状態が強まるのかもしれない。

現在、チェンツォーヴァ・ダットンとライダーは、こうした知覚の違いがクリニックでどのように現れるか調べている。二〇〇二年から、ライダーはカナダと中国でうつ病患者や不安障害患者を調べている。「私たちがやっているのは、これらの異なる文化的枠組みによって私たちが特定の経験へと注意を向け、それによって症状が生じる仕組みの研究です」と彼は言う。つまり、クリニックに助けを求めざるをえないほど重い徴候がどのようにして生じるのかを調べているのだ。

ライダーの指摘によれば、一九七〇年代ごろに欧米人が中国の精神病患者の研究を始めて以来、ひどく無礼でときにはあからさまに人種差別的な説明の試みがなされてきた。初期には、ヨーロッパ人のように心を重視することが標準だという前提のもと、伝統的な精神分析を用いて、身体症状にとらわれる「身体化障害」（精神的ストレスを身体症状に転換すること）を未熟な防御機構と見なすこともあった。そのため、身体化障害の患者は情動面において未熟であるか、感情を抑圧しているに違いないとされた（ヨーロッパ的標準から逸脱した状態であることを指す「中国的身体化障害」という用語もつくられた。ライダーは、それならば「西洋的心理化障害」という用語があってもよいはずだと言う）。もう少し好意的に、身体症状に注意を集中することで精神疾患につきものの偏見を避けようとしているのだとする説もあった。とりわけ共産主義体制のもとでは、将来に対する絶望などの感情があることを認めれば、政府への批判ととられるおそれがあったからだ。

ライダーらは、人が何を知覚するかは結局のところ、本人にとって重要かどうかによって決まると考えている。[9] 苦しみを人に伝えるために最も意味があるものはどんなことか、どんな結果が予想されるか（助けから忌避に至るまでいろいろ考えられる）によって決まるというのだ。カナダのトロントと中国の長沙でクリニックの患者を対象とした二〇〇八年の研究で、ライダーは患者に自身の問題を自由に語らせる形式の聞き取り調査と、臨床医が標準的なうつ病症状について質問する定型的な聞き取り調査をおこなった。

その結果、中国人患者は身体の問題に触れることが多く、カナダ人患者はネガティブな思考に言及することが多かった。中国人患者からは、倦怠感、睡眠に関する問題、体重の減少などについての訴えがカナダ人患者よりもはるかに多かったのに対し、カナダ人患者は絶望感、興味や快感の喪失、自尊心の低下をしばしば訴えた。ただし、この傾向は調査対象としたすべての症状にあてはまるわけではなかった。どちらの患者も痛みとめまいに言及する頻度はほぼ同じだったのだ（現在、ライダーの研究グループは追加の研究として、韓国と中国で集めたデータを比較し、地方居住者と都市居住者の違いなど、ほかの人口統計学的な層別の差異を探している）。

この研究を補うものとして、チェンツォーヴァ・ダットンの研究室に所属する博士課程学生だったチェ・ウンスが、この研究と同じくどのようなつらい症状を挙げるかを調べた研究を二〇一四年に完了させた[10]。この研究では、韓国人とヨーロッパ系アメリカ人を比較した。まず被験者に、自分が怒りを覚える状況についてセラピストか友人に宛てて書かせた。それから、自分がどのくらいうまく自分の状態を伝えて共感を喚起することができたと思うか評価させた。チェが被験者の書いた文章を分析した結果、出来事を記述する際に韓国人のほうがアメリカ人よりも身体への言及を多用することと、身体にかかわる言葉を用いて経験を伝えるほうが満足感が得られ、より多くの同情を読み手に期待していることが判明した（アメリカ人はそのような期待をまったく抱かなかった）。

同じ研究の別の部分で、身体に言及すると読み手が実際にもっと同情を覚えたか調べるために、チェは韓国人被験者に、難航する職探しを記した文章といらだたしい職場環境を記した文章を読ませた。ただしそれぞれの結末は複数のパターンを用意した。読ませる文章のうち、一部は頭痛、食欲不振、脱毛などの身体症状への言及で終わらせ、一部は抑うつと「落ち込み」を覚えるという記述で終わらせた。すると実際に、身体にかかわる記述のほうが強い同情を喚起し、被験者が当事者を気の毒に思ったり、助けたいと願ったりする割合が高かった。これは、他者から助けや慰めを得たい場合の戦略を選ぶ際に文化が指針となることを示す例である、とチェは結論している。

ライダーは、自らの臨床経験や同僚医師から聞く話を踏まえて、いかなる患者も情動的症状か身体的症状の一方だけを訴えるのはまれだと考えている。むしろどちらに重きを置くかという問題であり、しばしば原因と結果に対する見方の違いの問題である。彼が調べた中国人のうつ病患者はたいてい、なんらかの情動的症状にも言及している。つまり、根本的な問題は身体的なものだと見なしているだけなのだ。「つまり『あなたはうつ、不安、罪悪感、自己嫌悪を覚えていますか』と訊くと、患者は『はい、この一年ほどまともに眠れていないせいで仕事がめちゃくちゃで、妻も我慢してくれなくなってきました。もちろん、自分でもそういう気分的な問題は感じています。でもこれらの問題は睡眠の問題と比べればどうということとはありません』と答えたりします」。一方、北米で育った人は、これらの感情こそ真の問題で、ほかのことは副次的な影響にすぎないと思うかもしれない。「心配事が絶えないときにまともに食事ができずベッドから出たくなくなるのは絶望感のせいだ、といった具合です」とライダーは言う。

そして彼によれば、この点が重要だ。というのは、この研究の最大の目的は、臨床医が患者をもっとよく理解できるようにすることだからだ。患者がある特定のものに悩まされる理由が理解できれば、間違った診断を下したり、うつ状態とはこうある「べき」だと示唆したり、問題の重要性に気づかず見過ごしたりすることが避けられる。「セラピストに理解してもらえないということもうつにつながります。ですから、たとえば私が患者を自分の文化的枠組みにさっさと押し込んでしまったら、私が患者をすぐに理解できないだけでなく、患者が自分のことを理解してもらえず疎んじられていると感じるように積極的に仕向けることにもなりかねません」とライダーは言う。患者にとってリアルに感じられるものは何か、そして患者がその感覚を他者にどう理解されることを期待しているか、それこそがセラピストにとって大事である。「私は患者が何を感じているのか知りたいです。それから、患者が自分はほかの人にどう思われていると思っているのかも知りたいですね」とライダーは言う。

アジアと欧米で情動反応は違うのか？

ストレスを感じたり助けを求めたりする場面は、医師の診察室だけではない。日常生活でもそれは起きている。ライダーの研究室では、日常生活においても文化によるパターンが働いているのを見られると考えている。そこで私は再び観察室からカメラごしに観察をしている。ただし今回、私たちがいるのはモントリオールにある彼の実験室で、観察対象の部屋は意図的に殺風景にしていたジョージタウンの実験室と比べてはるかに居心地がよい。学生ラウンジを模したような部屋で、淡い黄色の壁に囲まれ、エビ茶色のふかふかの椅子がコーヒーテーブルのまわりに置かれている。

心理学専攻学生のチョウ・ビルが被験者二名に博士論文で扱う実験のデモンストレーションをさせるところだ。チョウによると、全体として「文化によって社会不安障害がどう異なるか調べています」とのことだ。特に日本で「対人恐怖症」と呼ばれる症候群に関心をもっている。これは、他者を不快にさせたり傷つけたりすることに極度の恐れを抱くことである。自己ではなく他者を強く意識する点で、これは興味深い社会不安障害だという。ライダーによると、対人恐怖症では自分が拒絶されることよりも集団の和を乱すことを恐れる。しばしば集団の幸福が優先される日本や中国では、この傾向が顕著らしい。今回の実験で、チョウはストレス下にある人が助けを求めたり与えたりする際の違いを調べようとしている。

実験のこの部分では、手ごわいタスクを課されたときに友人どうしのペア（二人ともそろって中国系カナダ人か、またはヨーロッパ系カナダ人）がどうふるまうか調べる。今日の被験者として、チョウは自分と同じくコンコルディア大学で心理学を専攻するチャオ・ユエと、近くのマギル大学で文化精神医学を学んでいるワタナベ・モモカを呼んでいた（通常は同じ民族の出身者でペアをつくるが、今回はデモンストレーションなので、中国人と日本人のペアとなった）。二人がエビ茶色の椅子に落ち着くと、チョウはこれからしてもらう仕事を明かす。お絵描きボードでボストン中心部の絵を描けというのが今日のミッションだ。正確には、一人が絵を描き、もう一人が手伝う。

率直に言って、これは不可能だ。

「そのとおり」とライダーは言う。

「でも、それを調べたいわけではないのです。できるかどうかはどうでもいいのです」と、今度はチョウが言う。絵を描かせるのはストレスを与えるためにすぎない。真に調べたいのは、チョウの言う「解決不可能」な問題にぶつかったときに、人のやりとりに文化的な差異が見られるのか、なのだ。

ジョージタウンの実験室と同じく、ここでも被験者は心拍モニターを装着し、実験後に調査票を自分で記入し、行動を撮影される。ただし今回の実験で観察者が観察するのは、助けを求めたり与えたりしていることを示す行動や言語による細かいキューである。声に出して頼むといった直接的な助けの要求に加えて、文句を言うとかいらだったふるまいをするといった間接的な要求も観察する。さらに、絵を描く友人にアドバイスを与えたり、自尊心を鼓舞したり、体を楽にしてあげたりするなど、助けを与えていることを示す行動や、友人のやる気を損なわせたり気を散らせたりする「ネガティブな行動」も観察する。つまりこの実験では、情動的シグナルに二つの側面がある。一つは一人目がどんなふうにして苦しさを表現するか、もう一つは二人目がそれにどう応じるかである。

チョウはお絵描きボードと被験者に模写させるボストンの写真を準備して、黄色い壁の部屋に入る。

「被験者はショックを受けるでしょうね」と、ちょっと楽しげに言う。

被験者のうち「秘密の椅子」に座ったほうに絵を描く役を割り当てるという方法で、実験はランダム化されている。今日はワタナベがその椅子に座った。チョウはワタナベに、これから見せる写真を一〇分間で模写してくださいと指示する。それからもう一人の被験者に、助けるのはかまわないが代わりに描いてはいけないと説明し、「これは彼女の仕事だということを忘れないでくださいね」と言う。

チョウがボストンの写真を見せ、二人の被験者が笑いだしたところで、「三つ数えたら始めてください。一、二、三、スタート!」と言いながら部屋を出ていく。友人に見守られて、ワタナベが必死に絵を描き始める。別の部屋にいる研究者たちは、二人の被験者の座る位置がだんだん近づいてきたとか、しょっちゅうくすくす笑うのは緊張をやわらげるためだろうなどと発言する。ヘルパー役のチャオは文字どおり手を貸す。不安定なお絵描きボードをコーヒーテーブルに当てて押さえているのだ。さらにアドバイスと気持ちの支えを与えている。「本当に上手。すごい!」と言うあいだに笑い声が大きくなっていく。

「うん。次はどっちに行く?」とワタナベが応じる。

これこそまさに研究チームが求めていた展開だ。何十回にもおよぶやりとりから、人が互いに情動的キューを読み取り合っていることがわかる。一〇分後、チョウは作業をやめさせて、新たなタスクを与える。今度はウェブカメラの前に座り、ワタナベは自分がもっと親しくなりたいと思っている人に自己紹介しているふりをしなくてはならない。このタスクでも友人は手助けしてよいが、ワタナベの代わりにタスクをしてはいけない。お絵描きボードにボストンの街を描くのが大変だと思うなら、見知らぬ人に向かってカメラの前で一〇分間のスピーチを即興でしてみるとよい。「こちらのタスクを必ず後半にもってくるのには理由があるのです」と、ライダーは何食わぬ顔で言う。こちらのほうが被験者自身にかかわることで、自己があらわになるので手ごわいのだ。

ワタナベは果敢にも自分について語る試みに挑戦するが、文を四つほど口にしたところで行き詰まる。友人が耳元に口を寄せて何かささやく。二人は挑戦を続ける。ワタナベは言うべきことがなくなるたびに

「次は?」と言いたげに隣に目をやり、二人で力を合わせて新しい話題を見つけては、モントリオールの食事情、料理、街を動き回る方法などについて語る。

チョウは二人を撮影した動画を見ながら、どちらのグループも同程度に助けを求めて受け取るが、中国人被験者のほうが間接的に助けを求めることが多いだろうと言う。あからさまに頼むとグループの和を乱したり、相手に社会的な負担を与えたりするおそれがあるからだ。「私たちはなごやかな人間関係になじんでいるので、助けを求めたり与えたりする行為は常に起きているはずです。『助けが必要だが、相手にはそれがわかっているはずなので、あからさまに言うべきではない』という感じです」とチョウは言う。これは自分の文化の社会的・情動的世界の読み取り方を知っていることに伴うポジティブな面だ。このおかげで、他者を助ける方法がわかる。しかし極端にネガティブな面として、対人恐怖症のような社会不安障害が生じる可能性もある。

数カ月後に研究が完了すると、チョウは自分の考えが部分的には正しかったことがわかった。しかし意外な発見もあった。[11] どちらのタスクにおいても中国人ペアのほうがじつは直接的に助けを求める頻度が高かったのだ。一方、カナダ人ペアの場合、最初のタスクで絵を描く被験者が間接的に助けを求める頻度が高いほど、二つ目のタスクで友人が相手を批判したりやる気を失わせたりしてネガティブにふるまう傾向が強かった。中国人ペアでは、最初のタスクで間接的に助けを求めるほうが、あとのタスクで友人がネガティブにふるまう傾向が低かった。このように予想外の結果が生じたのは実験の設計のせいかもしれない、とチョウは結論した。被験者は友人を助けるようにと明確に指示されたので、助けることが義務だと感じられ、助けを求めることが和を乱したり利己的であったりするわけではなく正当な行為と感じられたのだろう。しかし中国人被験者は、人に何かを頼むときには相手に負担を感じさせないようにすべきという文化的期待に慣れているので、間接的に助けを求めることがカナダ人被験者よりも受け入れやすかったのだ、とチョウは結論した。

さらにチョウの指摘によれば、過去の研究は友人どうしでなく他人に対して明確に助けを求める状況だけを扱っていた。そこでチョウは、親密な関係にある相手に対しては違った行動をとるのか知りたいと思った。そして今回の研究から、親密な関係にある場合は別の行動をとるらしいことがわかった。つまり「この予想外の結果は、過去の研究から考えれば『予想外』というだけです」とチョウは言う。

信頼できる政治家の顔は？

心理学者がある行動パターンを抽出し、その根底にある神経メカニズムを解明したいと思う場合、fMRIスキャナーを利用するということはすでにご存じのとおりだ。そんなわけである晴れた春の午後、ツァイ研究室に所属する博士課程学生のパク・ボギョンと実験室管理者のエリザベス・ブレヴィンズは、若い女性被験者を狭いベッドに心地よく横たわらせ、磁気装置の中へ送り込もうとしている。ツァイの夫でスタンフォード大学の心理学・神経科学研究者のブライアン・クヌートソンと協力して、ツァイ研究室では私たちが自分の情動に関する情報を「読み出す」のではなく、他者の情動に関する情報を「書き込む」仕組みを調べている。言い換えれば、自分の内的状態のとらえ方に理想的感情がどう影響するかではなく、他者の感情を解釈するのに理想的感情がどのように役立つかを明らかにしようとしているのだ。

パクとブレヴィンズは、毛布をかけてスポンジ枕をあてがった被験者をスキャナーに送り込むと、被験者の眼の上にコイルを移動させてから観察室に戻る。パクは被験者に見せる画像を呼び出す。さまざまな人の顔の画像だが、どれも至近距離で撮影されていて、あごより下と額の生え際より上は見えない。男性と女性、東アジア人とヨーロッパ系アメリカ人の顔が混ざっていて、いずれも笑顔だが興奮やおだやかさの度合いはそれぞれ異なる。画像を一つ見るたびに、被験者はその人の人格特性に関する二つの質問のうち一つに答える。一つは「この人はリーダーとしてどのくらい優秀ですか」、もう一つは「この人はどのくらい見慣れた感じがしますか」という質問だ（ここで「見慣れた」とは、日常生活で会う可能性のある誰かとどのくらい似ているかという意味）。どちらの質問に対しても、被験者は一点から四点のスケールで答える。

この実験の被験者は全員がヨーロッパ系アメリカ人か東アジア人の女性で、それぞれにとっての理想的感情を調べるために、実験のあとで質問票に回答してもらう。研究チームは被験者のニューロン活動と人格特性の点数および質問票の回答との相関を調べる。白人被験者について、ブレヴィンズは「興奮度の高い笑顔を見せた場合、被験者はその人のことを、おだやかな笑顔を見せる人よりもリーダーとして優秀だと思うか」を考える。反対に、アジア人被験者はおだやかな笑顔を見せる人のほうがリーダーとして優秀だと思うかについても考える。

リーダーの資質を測る指標として、笑顔の力強さはあまり意味がないと思われるかもしれない。しかしこの数年間、ツァイの研究室では、他者の有能さや信頼性に関する判断と理想的感情が相関しているということが何度も確かめられている。このことは、現実世界において意味をもつ。なぜなら現実世界ではさまざまな文化的バックグラウンドをもつ人が常に混ざり合い、誰を採用し、誰を昇進させ、誰を信頼し、誰と親しくなり、誰を選出するかについての「直感的」な社会的判断がしばしば求められるからだ。「問題は、何を根拠としてそれらの判断を下しているかです」とツァイは言う。こうした直感的な感情は相手の顔に見て取れる表情から生じ、特に自分の理想とする感情が相手の示す情動にどれだけ見て取れるかが重要だ、とツァイは考えている。「興奮に価値を置く文化の出身者は、おだやかさに価値を置く文化の出身者と比べて、興奮した顔に親しみや信頼性を感じ、ひいてはリーダーとして優秀だと思うでしょう」

ある文化の中で、少数派集団の価値観と多数派の期待が絶えずかみ合わない場合、「竹の天井」（西洋文化的な社会で働くアジア人が中間管理職より上に昇進するのが難しい状況）のような現象が起きるとツァイは考える。彼女の考えでは、アジア人は同僚と比べて行動力や熱意に欠けると見なされ、そのため強力なリーダーにはなれないと判断される。子ども時代の一部をインドネシアで過ごしたバラク・オバマ元大統領でさえ、この齟齬《そご》の被害者かもしれない、とツァイは見ている。オバマは常に落ち着いているが、そのことが一部の人にはアメリカの政治家としてはおとなしすぎると受け止められ、しばしば批判された。

　そこでリーダーシップに関する見方を調べる初期の研究として、ツァイの研究室では政治家の笑顔を比較した。[12] 一〇カ国の議員三〇〇〇人分以上の公式顔写真を調べた結果、興奮に価値を置く国のほうが力強い笑顔を浮かべる政治家の割合が高いことが判明した（各国の理想的感情については、大学生の国別調査を使って調べた）。アメリカはドイツやフランスと並んで、力強い笑顔を見せる政治家の割合でトップに立った。一方、中国、香港、台湾は下位となり、メキシコと日本は中間だった。おもしろいことに、韓国はヨーロッパ諸国と肩を並べた。韓国はキリスト教人口が多いからではないかとツァイは言う。彼女の研究室がおこなった過去の研究で、キリスト教の書物や信者が仏教と比べて興奮状態を重視するということが判明しているのだ。[13] ちなみに韓国以外の東アジア諸国では仏教が優勢である。

　ここでヘビが自分の尾を飲み込む図式が見て取れる。直感レベルで、人は自分から見て最も適切または快適と感じられる情動的ふるまいを示す候補者に対して、最も強い好感を覚える。頭のよい政治家は、自分の属する文化ではどんなふるまいが期待されるか理解している。いったん当選したら、議員には広報担当者がついて、その文化においていかにも政治家らしく見える写真を選ぶのを助けてくれる。これによって、リーダーとはこんなふうに見えるべきという有権者の見方が強化される。「これは文化心理学者が『文化のサイクル』とか『相互構築』と呼ぶ現象です。文化は人によってつくられますが、人はほかの人がつくった文化から影響を受けるのです」とツァイは言う。

こうした情動的判断は、生活の中で生じるあらゆる選択の場面で顔を出す。ツァイの研究室に以前学生として所属していたタマラ・シムズは、アクティブなライフスタイルとおだやかなライフスタイルのいずれかを推奨する医師のプロフィールを複数用意して、それにもとづいて被験者に医師を選ばせる実験をおこなった。[14] 被験者はおおむね自分の情動的価値観に一致する医師を選んだ。追加の実験で、今度は活気に満ちたふるまいかおだやかなふるまいのいずれかを示す「バーチャル医師」に被験者をランダムに割り振ったところ、被験者は自分自身の理想的感情に合致する医師に割り振られたときのほうが、その医師による保健指導に従う傾向が強かった。[15] ということは、興奮に価値を置く人が活気に満ちたタイプの医師に当たれば、「一週間のうちに、水をたくさん飲む、早く寝る、就寝の二時間前以降は食事をしない、たくさん歩くといった保健行動をするようになる可能性が高いです」とツァイは言う。また、研究室では医学生に患者を評価させる研究もおこなった。その結果、医学生は自分と同じ情動的価値観をもつ患者のほうがよい患者になると考え、そのような患者を相手にするほうが自分も力を発揮できると思うと述べた。

私たちはおそらく、自分では論理的だと思う判断を下す際に情動が関与するということに気づいてさえいない。私たちは好き嫌いを別の言い方にすり替えて、カリスマ性があるのは誰かとか、好感度の高い人や組織にとって「適材」となりそうな人は誰かと判断したりする、とツァイは指摘する。「他者を知覚するプロセスは非常に自動的なものなので、そこに文化が影響しているとは考えもしません。この人はフレンドリーだということが自分にはわかっていると思うだけです。あるいは、あいつは変なやつだと思うだけです」。そうした評価は「自動的に下されるので、間違いのない事実のように感じられます」。しかし実際にはもちろん、評価は頭の中で生み出される。正確には頭のどこで評価が下されるのか、ツァイは知ろうとしている。そんなわけで、パクはfMRI観察室の制御装置のパネルをタッチして、最初の顔の画像を呼び出す。これから一五分間、女性被験者に数十人分の顔の画像を評価させる。そのあいだ、パクは被験者の脳の活動を記録する。

研究室では特に三つの脳領域の活動に関心を寄せている。その三つは、それぞれ被験者の判断のもととなる神経メカニズムに関する異なる説に対応する。「白人は力強い表情を見せるリーダーのほうがすぐれていると思いますが、それは白人の抱く自己像と合うからかもしれません」とパクは言う。研究室では、この可能性を「認知的メカニズム」と呼んでいる。これは人が自分の理想に合致する相手に自分を重ねるという考え方である。これが正しいなら、アイデンティティーや自分に関係する情報の処理にかかわる内側前頭前野の活動が強まるはずだとパクは言う。

第二の説は視覚に関係する。活気に満ちた顔に大きな価値を置く人は、おだやかな顔よりも活気に満ちた顔に注意を向け、おだやかな顔を見ているときとは別の処理をするのかもしれない。そうだとすると、自分の理想に合致する顔を見ているときには、顔に応答する脳領域である紡錘状回の活動が高まるはずだと研究チームは考えている。

一方、第三の可能性は——そして彼らのデータが最終的に実証した説は——感情もしくは情動のメカニズムによるものだとする見方である[16]。人は自分の理想に合致する顔のほうが心地よいと感じる。このことは、側坐核を含む腹側線条体の活動が強まることでわかる。愛情と鎮痛に関する実験のところで述べたとおり、側坐核は脳のドーパミン系の一部である。自分の求めるタイプの笑顔を目にすることは、ささやかな報酬となるのだ。

この説が正しいのなら、注意を払えと文化から教え込まれる対象が、自分自身の情動に関する知覚についてのみならず、情動に満ちた周囲の世界についても、解釈の指針として働くということになる。人は星座の見方を学習するのと同じように、自分の内的状態を読み取ることを学習する。さらにそれと同様に、他者を読み取ることも学習するのだ。

ニューロンレベルから社会レベルに至るまで、私たちは情報の流れがもたらす膨大な計算に対処しなくてはならない。つまり、知るべき事柄であふれる無限の宇宙と対峙しなくてはならない。脳は、言語や経験、社会関係、文化による強化といったソフトなバイオハッキングの力で形づくられるパラメーターを使って、私たちの注意を誘導することで情報の洪水を処理する。私たちはありとあらゆることを知覚するわけではない。そんなことができるはずはない。それでも世界は完全だと感じられる。同期して秩序を保ち、欠けた部分や限界などないように思われる。しかし実際には、私たちは感覚という小さな鍵穴から宇宙をのぞき見ているだけなのだ。

それでも人間は対象を操作する生き物である。人類の歴史を通じて、私たちは技術を使って力を拡張し、経験を増強してきた。そしてこのプロセスは今もなお加速する一方だ。神経機能代替装置やブレイン・マシン・インターフェースの開発のところで見たとおり、感覚や知覚を操作する能力は向上を続けている。これらの技術の第一世代はもっぱら医学的な必要を抱える人にある程度の機能を回復させるために開発されたものだが、私たちは自然が与えてくれた以上の知覚能力や知覚経験を手に入れられるかもしれない時代に差しかかっている。そして私たちは進化よりも速いスピードで新たなものを生み出す。自然が進化によって眼をつくるには何百万年もかかったが、人間はほんの数十年で人工網膜を完成させてしまった。

次世代の知覚技術は、単に人を支援するだけではないだろう。私たちのとらえる現実を拡張し、変更するように設計されるはずだ。それに伴って、装置が身体に接近し、日常生活に入り込んで、もっと当たり前に使われるようになるだろう。本書の最後のパートでは、SFで描かれていた未来が現在と融合し始め、人と機械の境界線が消え始めるとどうなるのか見ていくことにしよう。

第3部　知覚のハッキング

9　仮想現実

戦争を体験させる仮想現実（ＶＲ）

ブルース・ジョンは、おだやかな話し方をする青年だ。だぶだぶのジーンズとよれた灰色のスウェットシャツというういでたちで、目の前の台にじっと座る兵士の体に電極を貼り付けている。皮膚伝導センサーを兵士の左手の中指と人差し指に取り付ける。心拍センサー二個を肘の内側に取り付ける。兵士の胸骨の下には、呼吸を記録する呼吸ベルトがすでに装着されている。

この兵士は、一カ月後にはアフガニスタンに派遣される。五分後には、仮想世界でアフガニスタンに行く。

この兵士（匿名。名前は機密事項だ）は長身で肩幅が広く、カーキ色の作業服を着て、ブーツはひもできつく締められている。コロラド州のバックリー空軍基地を本拠地とする在韓特殊作戦分遣隊という部隊に属する州兵軍の一員だ。隊員はほとんどがパートタイムの兵士で、文民の仕事もしている。隊を指揮するケネス・チャヴェス大佐は、文民としてデンヴァー市警察に三五年以上勤務している。チャヴェスはこれまでにアフガニスタンとイラクに派遣されたことがあり、震災後のハイチにも行っている。しかし隊員の三分の一にとっては、今回が初の海外派兵となる。現地で直面するようなストレスにふだんからさらされる職業（警察や病院での仕事）に就いている者は数えるほどしかいない。

　兵士たちは主に自分たちと同じようなアフガニスタンの部隊とともに活動する。アメリカが海外への派兵人員を減らしたあとでアフガンの部隊が作戦を実行できるように態勢を整えることが目的だ。戦闘に加わることは想定されていない。それでも危険に直面するおそれはある、とチャヴェスは言う。軍用車隊で移動するので、手製爆弾の脅威にさらされる。働いている基地が攻撃の標的となる可能性もある。チャヴェスは、自分の部下たちが身体的には無事であっても心に傷を負って帰国するかもしれないということを理解している。「動員や派兵のあとで強いストレスが生じる原因の一つは罪悪感だ。生き残ったことに罪悪感を覚えることもあるし、行動しなかったという罪悪感を覚えることもある——行動すべきだったのではないかと。自分が行動すれば、誰かが負傷するのを防げたかもしれないし、救助することもできたかもしれない。市民の負傷も防げたかもしれない。何かを目撃して、それが心に重くのしかかることもあるだろう。その思いが死ぬまで続くのだ」とチャヴェスは言う。

　チャヴェスは自分の部隊の隊員たちにレジリエンス（不利な状況に適応して生き延びる力）をもってほしいと思っている。隣の部屋で志願者がいろいろな装置をつけているのはそのためである。南カリフォルニア大学の創造技術研究所の研究員、アルバート・〝スキップ〟・リッツォが率いる研究の一環だ。リッツォは心理学者で、治療用のツールとして仮想現実を利用している。一〇年以上前から、彼は心的外傷後ストレス障害（ＰＴＳＤ）の治療で軍に協力してきた。ＰＴＳＤとは、危険が去ってから長時間が経過しても、脳の自然な「闘争か逃走か《ファイト・オア・フライト》」というストレス反応が持続する状態である。ＰＴＳＤは軍にとって切実な問題となっており、二〇一四年の連邦議会調査局報告書では、二〇〇〇年以降にイラクとアフガニスタンから帰還した兵士のうち一一万九〇〇〇人近くがＰＴＳＤの診断を受けたと推定されている。[1]

　リッツォの「バーチャル・イラク」と「バーチャル・アフガニスタン」によるシミュレーションでは、

ゴーグル型のヘッドマウント（頭部装着）ディスプレイを使って全身で感覚体験できる模擬環境をつくり出し、兵士を戦地での経験に引き戻す。そしてセラピストの指導のもとで、最大の不安を覚えた瞬間を追体験させる。不安の瞬間を追体験させるのは、恐怖を引き起こす力を消し去ることを目的としている。この方法は、患者にストレス要因をそのまま追体験させるか、あるいは想像してセラピストに語らせる「曝《エク》露療法《スポージャー・セラピー》」という非常に古くからある考え方に則っている。「この方法なら、恐れている対象や不安をもたらす要因に向き合うことができる。安全な環境でそれができて、悪いことは何も起こらない。突如として恐怖が消え始めるんだ」とリッツォは言う。

そんな想像上の環境に人を置きたい場合、仮想現実《バーチャル・リアリティ》（VR）はとてつもない威力をもつ。知覚認知を変化させることを目的として設計されたコンピューター技術のなかで、仮想現実はおそらく最も早期の最も強力な例だろう。この分野が成熟するにつれて、私たちが感覚を電子機器の世界と融合させるとどうなるかについて、きわめて興味深い知見がもたらされてきた。私たちは現実の世界に対するときと同様に仮想世界に対して生理的、情動的、知性的な反応を示し、仮想世界での感情や行動を現実の生活に持ち込むことさえあるということが明らかになっている。今では世界各地の仮想現実の研究室で、この技術を逆方向で応用する取り組みが進められている。物理学や生物学に抗って、脳が新たなあり方にどれほど容易に適応するのか調べようと、仮想の身体や環境を生み出す研究をしている研究室があり、それらの仮想現実は現実離れの度合いをだんだん強めている。一方、リッツォの研究室のように、超高精度な仮想現実に目を向けているところもある。彼はきわめてリアルな感覚環境をつくり出し、心をだまして治癒に向かわせることを目指している。

仮想現実のキーワードは「没入」だ。シミュレーションが効果を発揮するには、ユーザーがその内部に完全に入っていると感じ、その世界に対して自然に反応する必要がある。この技術が誕生したばかりの一九九〇年代初めには、そのような感覚を実現するのは難しかった。仮想現実はほぼ完全に視覚と聴覚に限られ、潜水用ヘルメットほどの大きさのヘッドマウントディスプレイを使っていた。画像は漫画っぽく、トラッキング（動いている体の位置を追跡すること）とレンダリング（周囲の世界を映像化すること）の遅延《レイテンシー》のせいで気分が悪くなるような代物だった。現在ではもっとなめらかな動作で応答速度も上がり、扱う感覚も大幅に増えた。リッツォの研究グループは、兵士を座らせる台の下に低周波振動装置《バスシェイカー》を組み込んでいる。これが振動し、爆弾が爆発したときには床を震わせる。高機動軍用車《ハンヴィー》のエンジンを始動させると、椅子がガタガタと鳴る。リッツォが自分の実験室で実験するときには、見た目と感触をライフル銃に似せた模造兵器を参加者に持たせて仮想の道路を巡視させる。装置を使って、腐敗した生ごみ、ディーゼル燃料、汗の臭気を室内に送り込む。リッツォは砂漠の日差しを再現するために太陽灯を加えるべきか検討している（味覚にはてこずっている。「どうしたら味覚を取り入れられるのかわからない。スプーンで砂をすくって兵士の口に突っ込んだりすればいいのだろうか」）。

今日はリッツォが考えた最新のアイディアを初めてテストする。戦闘に参加する前に、ＰＴＳＤに対する耐性を兵士にもたせることはできるのかというテーマに挑む。今回、兵士はトラウマを追体験するのではない。事前に経験するのだ。さまざまな状況に対して、あらかじめ仮想現実で対処していれば、実際に遭遇した場合におそらくもっとうまく切り抜けられるだろう。怒りや悲しみや不安を感じるにしても、これらの感情によって壊滅的なダメージを受けることはなくなるはずだ。リッツォはよくこんなふうに言う。「先にいい仕事をしておけば、あとが楽になる」

チャヴェスがＳＴＲＩＶＥ（仮想環境におけるストレス耐性）計画と名づけられたこの新しいアイディアのテストを引き受けたのは、警察で働いていたあいだにストレスの経験はうまく対処すれば役に立つと確信したからだ[2]。「たくさんの警察官が危機的な出来事を経験して、それによって苦しむ者もいれば成長する者もいるということを見てきた。だから、心的外傷後ストレス障害というものが本当に存在すると思うし、外傷後の成長というのもあると思っている」

ジョンがシミュレーションをしている暗い部屋には、これから戦線に配置されようとしている部隊の残していったいろいろなものが散らばっている。テーブルにはダリー語とパシュトー語の学習用CDが山積みになっている。アフガニスタンの各地方で任務を遂行するための国務省発行の手引書。派手な赤色の栄養ドリンクのボトルがピラミッド状に積み上げられている。ボトルにはフルーツパンチ味と書いてあるが、実際には靴下のようなにおいがはっきり感じられる。それでも基地の兵士たちは誰もが屈することなく飲んでいる。

「データが取れているか、急いでソフトウェアをチェックします」とジョンが言う。彼はディスプレイに表示される兵士の呼吸数を観察している。ストレスの指標となるコルチゾール、ドーパミン、ノルアドレナリンといった物質について分析するため、すでに兵士から採血している。シミュレーションから戻ったら、もう一度測定をおこなう。主観的な不安の度合いとデータからわかる生物学的状態とのあいだに関連性が見つかるだろう、とリッツォは言う。

「準備ができました」とジョンが言う。「このヘッドマウントディスプレイをつけてもらいます」。その装置はソニー製のスリムな白いゴーグルで、サイズはスキー用のゴーグルと大差なく、マジックテープで留めるようになっている。ジョンはさらに「遮蔽シュラウド」と呼ばれる筒状の黒い布をゴーグルの上からかぶせる。チューブトップで眼を覆うような感じだ。「光を遮断して周辺視野を見えなくするためです」とジョンが説明する。それから兵士にビデオゲーム用コントロールパッドを渡す。移動する兵士の位置はゴーグルで追跡するが、何か操作をしたり、シミュレーションの出す質問に答えたりするにはコントローラーを使う必要がある。

兵士はこの仮想世界に二時間ほど滞在し、アフガニスタンに派遣されたある陸軍部隊をフォローする六つのシミュレーションを体験する。これはリッツォが「バンド・オブ・ブラザース」と呼ぶストーリーだ。いずれは三〇パートにして、テレビの連続ドラマのように数週間にわたって体験するようになるかもしれない。今のところはそれより短いが、心地よいものではない。兵士にも周囲の人にもいやなことが起きる。これは教育用のツールなので、しょっちゅうシミュレーションが中断して仮想の教官が現れ、ストレスの生理学について説明したり、不安のコントロールについて助言を与えたりする。兵士は自分のストレスレベルを評価したり、情動について述べたりすることを求められる。しかしほとんどの場合、部隊の一員として参加し、ほかの兵士と同じように見たり聞いたり感じたりする。

「では、ストーリーを始めます」とジョンが言う。「不快になるときもあるかもしれませんが、不快感は長続きしません。映画を見ているときやビデオゲームをプレイしているときに経験するようなものです。続行できないほど不快なときは、『ストップ』と言ってください」

ジョンがボタンを押す。遮蔽シュラウドをかぶせられた兵士は、私たちの目の前にある台にじっと座っている。しかし今、彼は向こうの世界にもいるのだ。

仮想現実で治療する

兵士が仮想の旅に出ているあいだ、リッツォは隣の部屋にいて、さまざまな世界が保存されている赤いプラスチック製のモンスターとでも呼ぶべき大きなノートパソコンのキーボードを騒々しく叩いている。このノートパソコンにヘッドフォンを挿せば、携帯可能な仮想現実実験室となる。リッツォはあらゆる点で「大きな人」という印象を与える。快活なニューヨーク訛りで立て続けに話し、誰とでもハグや握手をする。ごわごわした作業用シャツを着て、白髪交じりのカールした長い髪を頭の後ろで一つに結んでいる。

チャヴェス大佐のことを親しみを込めて「ブラザー」と呼ぶ。リッツォの研究がCNNで取り上げられているのをチャヴェスが見て、それを基地で使わせてほしいとメールを送って以来、二人はすごい勢いで共同作業を進めている。

リッツォは特別にハイテクなバックグラウンドがあるわけではない。二〇年前には臨床神経心理学者として、脳損傷患者の認知リハビリに携わっていた。しかし、そこで使われるツールに不満を抱いていた。ほとんどがワークブックを使った退屈な訓練で、脳損傷のせいで注意力に問題のある患者には役立たないからだ。あるとき彼は、自動車事故に遭った若い男性患者が木の下で、当時としては最先端のハイテク玩具で遊んでいるのに出くわした。「テトリス」のゲームボーイ版だ。この患者はけがのせいで、一〇分から一五分を超えてタスクを続けるのが難しかった。「ところが、このゲームには夢中になっていたんだ」。そこで、あるアイディアが浮かんだ。治療もこんなふうに熱中できるものにしたらどうか。

その年のクリスマス、リッツォは誰かからスーパーファミコン版の「シムシティ」をもらった。この超オタク的な都市設計ゲームをリッツォは気に入り、自分の患者も気に入るに違いないと思った。シムシティは「究極の実行機能を必要とするもので、それを訓練する究極のツールだった。戦略を考えて、着手し、監督し、修復し、調整する――これらはみな実行機能の要素と考えられる」。実際、テトリスで遊んでいた患者と同じように、リッツォの患者も仮想の都市計画を進めるのに夢中になった。「患者にとってはリハビリとは感じられず、ゲームで遊んでいるとしか思えなかったんだ」

次のアイディアがリッツォの頭に浮かんだのは、車でスポーツジムへ向かっている最中だった。ラジオでインタビューをやっていて、初の仮想現実用のグローブとゴーグルを発売した会社の経営者でコンピューター科学者のジャロン・ラニアーが出演していた。ラニアーは日本のショールームにいた。そこでは、客が仮想現実インターフェースを使ってキッチンの設計ができるという。リッツォはラジオを消せなくなった。駐車場に停めた車に乗ったままで、仮想現実を使えば日常的な環境をつくり出せるだけでなく、日常的な環境の中で起きるあらゆることがコントロールできるということに気づいた。認知リハビリにぴったりではないか。そこでトレーニングは後回しにして書店に駆け込むと、仮想現実に関する本を全部くれと言った。「二冊あったよ」と彼は淡々と言う。彼はその二冊をトレーニングの合間に読んだ。翌日出勤すると、上司からチラシを渡された。身体障害者のための仮想現実の利用をテーマとした初の会合が開かれると書いてある。「『なんだって！　もうこれを考えている人がいたのか！』と思ったね」

それから数年間、リッツォはよりよい設備が利用できる立場を求めて職を転々とした。一九九〇年代の初頭には、仮想現実は成長産業だった。それをテーマにした会議が開催されたり、雑誌が創刊されたり、映画が制作されたりした（『バーチャル・ウォーズ』『ストレンジ・デイズ／一九九九年一二月三一日』『JM』などの映画がつくられている）。「サイバーパンクSFの作家が、こぞって仮想現実を取り上げた。仮想現実を自分でつくるための本が出たりした」と、リッツォは当時を振り返る。テレビやがらくたを使ってシステムを自作する方法を指南する本もあった。しかしやがてバブルがはじけた。その原因の一つは、サイバーパンク小説『スノウ・クラッシュ』のような、精巧にレンダリングされたエキゾチックな風景や生命体や高速で展開する冒険であふれる世界がすぐに訪れるという予言がなかなか実現しなかったことにある。装置は高価で扱いにくかった。インターネット接続は速度が遅かった（当時はダイヤルアップ接続だったことを思い出そう）。画像の輪郭はぎざぎざで、人間の動作はロボットのようだった。すべてがピクセルで構成されていた。「初めてヘッドマウントディスプレイをつけて仮想の都市を歩き回ったときは、まったくひどかった。質感を欠いた幾何学的な図形だらけで、動きはぎくしゃくして、ヘッドマウントディスプレイは重たくて、最後にはビルの壁にはまって動けなくなった」とリッツォは語る。

しかしリッツォが進めていた学術的な研究は、映画的な華々しさよりも治療に役立つことを求めていた。

そして彼はこのメディアで実験をしたいと願った。彼は3Dのブロックを頭の中で回転させる空間訓練プログラムを作成した。注意欠陥障害をもつ子どものための仮想現実の教室にも取り組んだ。二〇〇三年、湾岸地域に派遣されていた兵士たちの帰国が始まると、リッツォは帰還兵の助けとなるようなこともしたいと考え始めた。

PTSDに苦しむ兵士のために戦場の状況を再現しようと考えたのは、リッツォが初めてではなかった。彼の研究は、エモリー大学のバーバラ・ロスバウムと当時はジョージア工科大学にいたコンピューター科学者ラリー・ホッジズによる長きにわたる共同研究の成果を利用している。この二人は仮想現実を用いた曝露療法のパイオニアだ。この療法は、当初はトークセラピーの一種として、高所恐怖症、スピーチ恐怖症、クモ恐怖症といった、よくあるタイプの恐怖症に患者が向き合うのを助けるために長く用いられてきた。セラピストの指導を受けながら、患者は恐怖をもたらす原因に少しずつ接していく。クモ恐怖症患者なら、まずはクモの話をして、それからクモの写真を見る。やがて本物のクモにたどり着く。仮想現実は、こうした恐ろしいものが実際にはそこに存在していないのに、存在するかのように提示する方法となった。

一九九〇年代の中ごろに仮想現実の研究を始める前、ロスバウムは現実生活で恐怖症と向き合わせるために患者を外へ連れ出していた。高所恐怖症患者ならエレベーターに乗せて、飛行機恐怖症患者なら飛行機に乗せた。しかしこれには時間がかかる。「診察室を離れる必要があり、通常は時間が余計にかかります。患者に関する守秘義務に違反するおそれもあります。ところが仮想現実を使えば、診察室から出ずに、四五分間の治療時間内で治療がすべてできます」とロスバウムは言う。

ロスバウムのグループが最初に試した仮想現実環境は、高所恐怖症のためのものだった。(3) 被験者をエレベーターに乗せたり、ホテルのバルコニーに立たせたり、谷間にロープと木の板を渡しただけの橋（あるいは被験者は「インディ・ジョーンズの橋」と呼んだ）を渡らせたりするのだ。ロスバウムによると、これは有効だった。予備試験《パイロット》の被験者が発汗や震えといった身体的な恐怖症状を報告したことから、仮想環境に反応していることが示された。それだけでなく、不安が時間とともに軽減した。さらにはその後、被験者一〇人のうち七人が、研究者に求められたわけでもないのに、自ら現実の高所に身を置いた。「ここが本当に大事なところです。いくら仮想のエレベーターに乗れても、本物のエレベーターに乗れなければ意味がありませんから」とロスバウムは言う。

次のシミュレーションのために、ロスバウムはコンピューター科学チームに頼んで、仮想現実の飛行機をつくってもらった。それまで、飛行機恐怖症の治療は困難だった。空港まで患者を連れていき、デルタ航空に頼み込んで停機中の飛行機に立ち入らせてもらう必要があったからだ。しかし、シミュレーションを使えば、「本物の飛行機に乗ったときと同じように、窓の外に見えるもののほとんどを再現することができます。離陸時の光景も、アトランタの土地も、雲も、患者に見せられます。嵐を通過することも、雲を陰らせることもできます」。これもうまくいった。その次の研究で、仮想現実療法が停機中の飛行機に乗り込む曝露療法と同等の効果をもたらすことが確認でき、患者の大半は治療開始から半年以内で本物の飛行機に乗れるようになった。

それから今度はベトナム戦争の帰還兵を支援したいと考えた。研究者たちは、ＰＴＳＤになった人がすぐに（ときには意図的に）「感覚麻痺」をきたし、トラウマと関係するあらゆるものをシャットアウトするという話をよくするのに気づいていた。このような回避行動はＰＴＳＤの特徴で、症状を悪化させる可能性が高い。「私たちのおよそ七割が一生のうちにトラウマ的な出来事を経験しますが、その七割が必ずＰＴＳＤになるわけではありません」と、ロスバウムは指摘する。たとえば自動車事故のあとで車の運転を再開するところを想像してください、と彼女は言う。初めのうちは緊張して極度に警戒するかもしれないが、運転を続けても悪いことが起こらなければ恐怖は消失する。「ところがＰＴＳＤになると、そうはいかないのです。その理由の一つは患者の回避行動です。恐怖の原因について考えるのを回避し、それを思い出させる場所へ行くことも回避するからです」

PTSDの治療は、想像上の惨事を恐れる高所恐怖症や飛行機恐怖症などの治療とは異なる。PTSD患者の場合は「最悪の恐怖を現実に経験しているのです」とロスバウムは言う。そこで、実際に起きたことに関する記憶を修正する必要がある。しかし九〇年代半ばには、ベトナム戦争の帰還兵が帰国してから二〇年以上が経過していた。PTSDや、それと関連したうつ病、薬物やアルコールの乱用、対人関係が困難になるなどの問題と闘い続けている人には治療が効かないと見なされ、支援の効果が最も出にくい集団とされた。仮想現実療法は奇抜ではあったが、仮にうまくいかなくても失うものはさほどなかった。

一九九五年、ロスバウムのグループは「バーチャル・ベトナム」を完成させた(4)。戦闘地域への到着や負傷者の搬送を思い出させるヒューイ・ヘリコプターの内部と、ジャングルを切り開いて設けられた着陸場という、帰還兵の気持ちを強く刺激する二種類の環境をシミュレートするものだった（敵から射撃されやすかったことを思い出させる着陸場は帰還兵の不安をあまりにもかき立てたので、チームは無防備な感じを弱めるために山を一つ加えることになった）。帰還兵がバーチャル・ベトナムに入ると、セラピストが帰還兵にベトナムでの記憶のなかで最大のトラウマとなっているものを現在形で語らせる。そのあいだ、セラピストは帰還兵の語る記憶に合うように環境をコントロールする。ロスバウムによると、最初の被験者はかつてヘリコプターのパイロットだった。「帰還兵が自分はヘリコプターを着陸させるところだと言うと、セラピストはヘリコプターを着陸させます。帰還兵が『激しい砲撃が起きている』と言えば、セラピストは砲撃のシーンを出現させることができます」

初めのうち、帰還兵がどのくらい環境に没入するか、どう反応するか、ロスバウムのチームにはわからなかった。被験者は外来患者だったが、緊急に精神科の助けが必要となった場合に備えて、最初の臨床試験はアトランタ退役軍人病院の入院病棟でおこなった。ヘリコプターのシミュレーションでは、「降りろ！　降りろ！」という男性の叫び声が流れるのだが、帰還兵が仮想現実ヘリコプターを降りるときに、とてつもなく高価な仮想現実ヘルメットを無意識に外して放り投げるのではないかと心配した研究チームは、そうなっても大丈夫なように、ヘルメットをひもで天井につないでおいた。「しかしその必要はありませんでした」とロスバウムは言う。錯乱状態に陥る者はおらず、ヘルメットを放り投げる者もいなかった。そして全体として、治療は有効だった。試験終了時と半年後の追跡調査時に、PTSDとうつ病について標準化された基準を用いて評価したところ、被験者のスコアは改善していた[5]。

コンピューターで処理された感覚入力に対して心がどう反応するかについて、ほかにも驚くべき示唆が得られた。帰還兵は自分の記憶から取り出したディテールを仮想現実の風景にまぎれ込ませるということが判明した。「ある帰還兵は戦車が見えたと言いましたが、シミュレーションに戦車は出てきません。敵の姿が見えたと言う帰還兵もいましたが、シミュレーションには敵も登場しません。水牛がいたという者もいましたが、水牛もやはり登場しません」とロスバウムは言う。戦争中に集団墓地の穴を掘らされたブルドーザー運転手は、渡されたマウスのボタンをブルドーザーの運転装置として使い、当時の記憶全体を演じた。

二〇〇三年、リッツォはイラク戦争とアフガニスタン戦争の帰還兵を対象とした独自のデモンストレーションを発表した。ただ多くの被験者に利用してもらうだけでなく、ビデオゲームとともに育って仮想現実療法になじみやすそうな若い兵士にも治療を提供できればと期待していた（現在、リッツォとロスバウムは頻繁に共同研究をしている）。リッツォには、このアイディアが再挑戦に値するという根拠がほかにもあった。仮想現実療法なら、いずれは家庭のパソコンやスマートフォンアプリでの利用が可能になりそうなので、都会から遠く離れた地域に住む帰還兵が治療施設に出向かなくてはならないとか、混雑した施設で長く待たされるといった、物理的な障害が克服できる。そのうえ、人に直接助けを求めるのは気が進まないという兵士にとって、機械が相手ならハードルが下がるかもしれない。「まあ認めるがね、民間の施設でもどこでもこんな感じだったよ。『放っておくか、セラピストに相談するか、どっちのほうがマシか?』ってね」とリッツォは言う。

しかしバーチャル・イラクをデモ版から本物のプログラムに(そしてリッツォの仕事の中心に)変えた契機は、二〇〇四年に「ニューイングランド・ジャーナル・オブ・メディシン」に掲載された論文だった[6]。アフガニスタンから帰還した陸軍兵の一一%がPTSDの広範な診断基準に該当し、イラクから帰還した陸軍兵についても一八%から二〇%近くが該当する(職種によって異なる)という内容だった。「このおかげで誰もがPTSDに関心をもつようになったからね」とリッツォは言う。二〇〇五年、バーチャル・イラクはアメリカ海軍研究局から助成金の提供を受け始め、試験用として五〇の臨床施設に導入された。個人レベルの症例研究や小規模な臨床試験において、リッツォのグループや他の研究グループは、PTSD症状、抑うつ、不安が軽減することを確認した。PTSDの診断基準に該当しなくなる被験者さえ現れた。研究は今も続いているが、これまでの結果からリッツォは、仮想現実療法が戦地からの帰還兵にとって安全で有効だと確信している[7]。

リッツォはSTRIVEがさらに多くの人の助けになると考えている。戦地に配置される前の兵士に限らず、救急治療室のスタッフや自然災害の救助隊員など、日常的にトラウマに遭遇する民間人にも応用できるのではないか。STRIVEは状態依存性学習という心理学の原理を応用している。この原理は、ある情動状態や心理状態で学習した事柄は、そのときと同じ状態になるとよく思い出せるという考え方だ。「大学院で誰もが使う典型的な例がある。試験勉強中にコーヒーをがぶ飲みした場合、試験中にもコーヒーをがぶ飲みするといいってね」とリッツォは説明する。ストレスを誘発しながらストレスのコントロール法を指導することができれば、現実世界でストレスに対処しやすくなるかもしれない。戦争が忌まわしいものであることは変わらない、とリッツォは言う。しかし、いくらかはましになるかもしれない。

仮想現実で兵士を訓練する

コロラド州のパイロット試験に参加している兵士は、眼をゴーグルで覆い、暗い部屋の中で回転椅子に座っている。

彼は今、小さな町の外れを通るほこりっぽい道路で、砂漠の向こうへと高機動軍用車を走らせている。自分の手がハンドルを握り、車内のすべてが上下に揺れ動き、乾ききった土地が外を通り過ぎていくのが見える。エンジンのガタガタという音や、後部座席のおしゃべり、車のオーディオから流れるヘビーメタル音楽が聞こえる。つい先ほどナレーターの声が流れ、爆発装置の部品を敵に提供していると思われる男を自分の所属部隊が探していること、そして部隊で以前に運転手を務めていた兵士が手製爆弾の破片で負傷したことを告げた。

運転手が頭を回すと、車内にいるほかの兵士が見える。助手席には部隊を指揮するソト伍長。堅物タイプで、迷彩のヘルメットをかぶり、黄色いサングラスをかけている。ソトの後ろにいるのはバコヴィック。色白で赤毛の彼は、部隊の中で口の達者な男と目されている。運転手の真後ろには、背もたれにさえぎられて見えないが、車内の良心と呼ぶにふさわしい、マックヒューという兵士が座っている。

退屈な砂漠のドライブが始まってしばらくは、後部座席の二人が口論したりくだらないジョークを言ったりして、ソトは彼らに静かにしろと言い続ける。やがて前を走る軍用車が路肩に停まる。ソトが運転手に、あの車の後ろに停めろと言う。運転手には、自分の手が双眼鏡に伸びるのが見える。それを眼にあてがうと、路上の黒っぽい点がクリアな画像となる。人間だ。血まみれの男性らしき人間が、胎児のように体を丸めて倒れている。灰色のゆったりした服を着ているので、軍人ではなく地元の住民だとわかる。暗い部屋で、兵士は他人から見てわかるくらい背筋を伸ばす。

仮想現実の軍用車の中で、どうすべきかと口論が始まる。古代ギリシャ劇の合唱隊が運転手自身の考えを代弁するかのごとく、バコヴィックとマックヒューは助けに行くべきだと言い、ソトは爆発物処理班が来るのを待つべきだと言う。

やがて厄介なことに、路上の男性が頭を持ち上げる。

「生きていやがる」と後部座席から声が上がる。これは罠ではないのかと議論するうちに、車内の緊張が高まる。「怪しい。絶対におかしい」とソトは言って、道路に人の姿がまるでないのは不自然だと指摘する。しかし後部座席の二人は、せめて水を飲ませてやるくらいかまわないではないかと指揮官に訴える。

「どうしろって言うんです？　やつが死ぬのをここでじっと見届けろって言うんですか？」

「そうだ。じっとな。お前の言うとおり、やつが死ぬのを見届ければいいんだ。悪党ではないかもしれないが、尻の穴にC４爆薬を詰め込んでいないという保証もない。われわれが助けに行くのを待っているのかもしれない。近づくのを待って、そこでやつか村の仲間がスイッチを入れたら、ドカン！」

アニメーションは映画ほどリアルではないが、鮮明で細部まで表現されている。運転手には、フロントガラスにこびりついた汚れや、ダッシュボードのひび割れ、倒れた男のそばを飛び回るハエが見える。車のモーターがガタガタと音を立てるのに合わせて、低周波振動装置が台を軽く揺さぶる。このシミュレーションは携帯用の簡易版なので、通常版で使える感覚刺激をすべて搭載しているわけではない。代わりに会話で感覚的なヒントを伝えることを狙って、サウナみたいに暑いとか、においもサウナみたいだなどと兵士たちに文句を言わせる。ようやく爆発物処理班が現れる。キャタピラに載ったロボットが、路上の男に近づいていく。

ここで今までのシーンが消える。次のシーンでは、先ほどまでソトが座っていた席に別の男性が座り、ダッシュボードに軽く体をもたせかけて運転手に顔を向ける。運転手の指導にあたるブランチ大尉だと名乗り、力強い口調で話す。運転手を助けて、頭と心を準備させるのだと言う。「お前が元気で無事に帰国し、ここでの経験に悩まされたりしないように」

「今日のことを振り返ろう」とブランチ大尉が続ける。「路上で男が血を流して死にかけていたとき、お前はその場にいるだけで何もしなかった。どんな気分だった？　間違ったことをしていると思ったか？不満だったか？　何ともしようがなかったか？　耐えがたい気分だっただろう？　ここではこういう一筋縄ではいかない状況が日常茶飯事だ。いたるところで、人として当たり前の衝動が試される。今まで生きてきて善良でまともな人間から教わったことを、棚上げにするしかないときもある。サンディエゴやシャーロットや、アイダホ州のどこぞの町で正しいとされていることでも、ここでは命取りになるかもしれん。ここで味わうことになる感情に対して備えができていないなら、あるいは戦闘に加わったときにストレスで心がどうなるか知らないなら、ヘルメットや戦闘装備を兵舎に置いていくのと同じだ。深刻なトラブルを自分で招いているようなものだからな。これがレジリエンスの訓練というものだ。感情の装備とでも考えればいい」

路上では、ロボットが倒れた男のところにたどり着く。不意に爆発が起き、低周波振動装置が揺れる。暗い部屋にいる兵士は前かがみの姿勢になり始めていたが、声を出さずにさっと背筋を伸ばして座り直す。

「これが真実だ」とブランチが口を開く。「今回はソトが正しかった。だが、次は罠ではなく、罪のない市民が死ぬかもしれない」

スクリーンでは車隊が再び動きだす。

仮想現実が現実世界に影響をおよぼす

知覚認知の操作によって行動に影響を与える方法を調べている仮想現実研究の一派はほかにもあるが、そちらはまったく別のタイプのストーリーを用いている。私はシャワーを浴びながらそれを経験しようとしている。

というより、正確には私の感覚がシャワーを浴びている。白いタイルの貼られたスペースで、湯が絶え間なく頭にかかる。私の体はスタンフォード大学の仮想人間相互作用研究室《バーチャル・ヒューマン・インタラクション・ラボ》にいて、仮想現実用のヘルメットをかぶり、眼はコンピューターの立体映像画面をのぞき込んでいる。ヘルメットの後部には頭の回転を追跡する加速度計がついていて、その上には体の位置を示す五つの点滅式赤外線LEDライトの一つが設置され、私はそこから延びる何本もの長いケーブルを引きずっている。研究室責任者のコーディ・カルーツは私がそれにつまずかないように気を配っている。

二〇〇八年、雑誌の取材で私が初めて訪れたときには、この研究室はコミュニケーション学科に置かれた空っぽに近い屋根裏部屋で、仮想世界の映像はごつごつした漫画的な画質だった。感心はするが、多角形《ポリゴン》とやりとりしているような感じは否めなかった。ところが今では、改装された実験室はガラスと布張りの壁に囲まれて、最高級の録音スタジオのような最先端の雰囲気に満ちている。八台のカメラが〇・一ミリ以内の精度で私の動作を追跡する。壁と天井に埋め込まれたスピーカーから流れる音が私をどこまでも追ってくる。床下に設置された一六個のサブウーファーが床を震わせて動きを強調する。映像は以前よりも陰影に富み、細部まで緻密に描出する。私の頭に落ちてくる水滴が光を受けてきらめき、リアルな軌跡を描く。

創設以来、この研究室では仮想現実の経験がたとえごく短いものであっても現実生活に引き継がれるということを示す研究を進展させてきた。[8] ここの元メンバーのニック・イーは、さまざまに姿を変えるギリシャ神話の海神にちなんで、この現象を「プロテウス効果」と名づけた。初期の実験で、被験者の「アバター」と呼ばれる仮想現実の中での身体に、かろうじて知覚できるくらいの変更を加えて、その変更がそれ以降の行動にどう影響するか調べた。現在ではプロテウス効果をテーマとした本の著者でもあるイーの発見によると、仮想現実世界で実際よりも少し背を高くされた人は、現実世界に戻ってから交渉タスクをさせると、以前よりも強硬な態度を示していた。[9] 実際よりも少し容姿をよくされた場合には、あとで架空の出会い系サイトで相手を選ぶように指示されると以前よりも容姿のすぐれた相手を選んだ。魅力的でないアバターを割り当てられた人は、架空の出会い系サイトで自分の身長について事実と異なることを言う傾向が強まった。かつてここのメンバーだったジェシー・フォックスは、被験者の容姿に似せたアバターの体重を本人の運動レベルに応じて増減させるようにした場合、被験者の運動量が増えることを発見した。[10] フォックスは、セクシーな服を着た自身のアバターとして過ごした女性は、肌もあらわな服を着た他人のアバターとして過ごした女性と比べて、あとで「レイプ神話を支持する」（レイプ被害者は被害を自ら引き起こしたか、または本人に責任があるとする考え方）の評価スケールでスコアが高くなることも発見した。[11] 自分のセクシーな姿を見ることで罪悪感がかき立てられるか、あるいはレイプ被害者は自分だったらしないような行為をしたか着ないような服を着たに違いないと信じたいという自己弁護的願望を生み出すせいかもしれない、とフォックスは結論している。

このような感情のわずかな変化は「移転」と呼ばれ、研究室では現在、よい社会的目的のために移転を利用する方法を探っている。「仮想現実を使って世界をもっとよい場所にするにはどうしたらよいか、それを考えることに研究室の知的資源を集中しようとがんばっているところだ」と、認知心理学者のジェレミー・ベイレンソンは言う。彼は研究室の創設者で、研究生活に対して徹底してくだけた姿勢をとる。

サーフィンをし、ヘビーメタル音楽を愛好する。毎年、自分のもとで研究を始める学生の課題図書として、古典的なVR活劇サイバーパンク小説であるウィリアム・ギブスンの『ニューロマンサー』を指定し、学生とともに講読する。物事をリアルにするために仮想現実を利用するとか、二つの世界の境界をもてあそぶといった考えを好む。「仮想現実のキャッチ22」と自ら呼ぶもの、すなわち「知覚という観点から言うと、仮想現実は本物の現実とはほぼ区別できないものとなりうる」という考えを推進したいと考えている。彼は著作の中でしばしば、物理的世界を「地上の」現実と呼ぶ。これは経験されるさまざまな現実の一つにすぎないということだ。

しかしリッツォの研究室の非情なリアルさとは違って、ベイレンソンの仮想現実は基本的に魔術的リアリズムの新たな一形態だ。カルーツが私に体験させようとしているデモンストレーションは抒情的で、ちょっとシュールなところもある。九カ月後にまた彼と会うときには、このシミュレーションは奇想天外としか呼びようのないものとなっているだろう。「仮想現実の世界にはルールなどないからね。制約や物理法則や現実など打ち破っていいんだ」とベイレンソンは言う。「そこで、私たちがやっているのは、すばらしい結果や悲惨な結果に人間を置いて、人間の行動とその結果とのつながりを真に直感的に示せるようなシミュレーションの設計だ」

そういうわけで、私はシャワーを浴びている。バスルームの窓からは、とても奇妙な戸外の風景が見える。裏庭にテーブルが二脚あり、一方には石炭が山盛りになった皿が一枚載っている。もう一方のテーブルの向こうに私がいる――正確には私のアバターだ。私が最初の実験に参加していたら、自分にそっくりなアバターを使えたはずだが、今日の実験ではほかの誰かの体を借りている。地味なブレザーを着てメタルフレームのメガネをかけ、髪は前髪を下ろした金髪で、片側は毛先が肩に届き、反対側は刈り上げられている。プレイヤーにコントロールされていないたいていのアバターと同じく、私のアバターも体の一部のパーツだけが動くアニメーションで描かれていて、自動化されたいくつかの小さな動作を順に繰り返し、体重と視線を左右に移動させている。いつまでもバスを待ち続ける人のように、忙しく活動しているわけではないにせよ、生きているようには見える。

頭上から大きな声が響いて、私は跳び上がる。「あなたのタスクは、窓の外を眺めながら、シャワーを浴びているふりをすることです。シャワーからお湯が出ていることを確かめたら、体をお湯で濡らしてください」

窓の外の裏庭では、石炭の塊が皿から浮かび上がり、私のアバターのところへ飛んでいく。そしてアバターが食べる――石炭を。ぼりぼりと恐ろしい音を立てて石炭をかみ砕きながら、私の眼を見すえる。それから曲げた肘に向かって咳をする。これより不気味な咳は想像できない。

「まず、右腕を洗ってください」と頭上の声が言う。

言われたとおりに洗うと、石炭の塊がまた皿から浮かび上がる。かみ砕く。ゴホゴホ。今回、アバターは悲しげに咳き込みながら、実際に私から顔をそむける。

「右の肩を洗ってください」。洗う。かみ砕く。ゴホゴホ。

ヘルメットをかぶった私はにわかにぞっとし、「アバターがこんな気持ちの悪い石炭を食べるなんてかわいそうで、見ていて気分が悪くなります」とカルーツに言う。少なくとも、彼がいると思われるあたりに向かって言う。私はすっかり動揺してしまい、仮想現実体験の前提をほぼぶち壊しにしている。仮想現実の第四の壁〔舞台と観客のあいだに存在するとされる架空の壁〕を壊し、これが幻影だという事実に注意を向けることによって幻影の効果を台無しにしている。

しかし、装置は私の訴えなど聞き入れない。追跡技術によって、私が見るべき方向へ目を向けていないことを感知したのか、「洗いながら窓の外を見続けてください」と、例の声が警告する。それから冷淡に

「右の脇腹を洗ってください」と言う。

「もう無理！」と私は泣き言を言う。カルーツはコンピューターほど冷淡ではなく、実験をやめてくれる。

六分間続くはずのシミュレーションで、私は一分間しか耐えられなかった。

私はカルーツに手伝ってもらってヘルメットを脱ぎながら、彼の説明を聞く。この実験は、研究室のメンバーのジャッキー・ベイリーがエネルギー省から委託されて資源節約の研究をする目的で設計したのだそうだ。石炭の塊一つは一〇〇ワット分の電気を表している。これはシャワーのために一五秒間、水を温めて流すのに必要な量だ。実際の実験では、シミュレーションの前後に被験者に手を洗わせて、蛇口で湯の使用量と温度を測定した。一部の被験者は私と同じシミュレーションをやり、一部の被験者にはアバターが石炭を食べる場面はなく石炭が二脚のテーブルのあいだを移動するようすだけを見せ、さらに別の被験者には石炭の消費量の表示だけを見せた。石炭が浮遊するのを見せられた被験者（アバターの有無にかかわらず）は、これを見ていない被験者と比べて湯の使用量は変わらないが温度は低くしていた。つまり、省エネに努めていたということだ。

研究室では最近、他者や自然界に対する共感の形成についても研究している。ある実験では、霧のかかった市街地で被験者をスーパーヒーローのように空中飛行させ、糖尿病の子どもの救助に向かわせた。別の実験では、緑色と赤色を認識する能力を被験者から奪い、色覚障害者をもっと助けるようになるか調べることが目的だった。別の実験では、現実の生活でも他者にもっと助けの手を差し伸べるようになるか調べた。

そして今、カルーツはある実験に私を放り込もうとしている。私は丘の斜面に立ち、巨大な木から屋根のように広がる枝を見上げながら、鳥の鳴き声を聞いている。手にはチェーンソーを持っている。というか、正確にはチェーンソーのうなりを思わせる振動を発生させるコントローラーだ。私はこの木に木にのこぎりを当て、木が倒れ、その轟音はくてはいけないが、そんな仕事はしたくない。それでも私は木にのこぎりを当て、木が倒れ、その轟音は永久に続くかと思われ、鳥は鳴くのをやめ、私は一人で丘に立ち尽くす。深い悲しみが襲ってくる。

実際の実験では、実験が終わったように思われてからが本当のテストだった。紙の無駄使いについて調べたのだ。一部の被験者には仮想現実を経験させたが、それ以外の被験者には感覚を刺激する文章を読ませて自分が木を切り倒す人物だと想像だけさせた。それから、以前この研究室にいて今はジョージア大学で教えている研究者のスンヨー（グレース）・アンが「うっかり」水の入ったグラスを倒し、こぼれた水を拭くのを手伝ってほしいと被験者に頼む。ここでアンは、被験者の使う紙ナプキンの枚数を数える。どちらの群の被験者も、木を切り倒したときには自分の行為が環境に害をおよぼすような気がしたと言ったが、仮想現実を経験した被験者のほうが紙ナプキンの使用枚数が少なかった。つまり、現実の行動に変化が起きたということだ[13]。

こうした現実生活での変化は、被験者が仮想世界にどのくらい「入り込んでいる」と感じているかがわかるという点で重要だとベイレンソンは考えている。「現実世界にいるときならこうするだろうと思われるのと同じ反応をしたら、その人は仮想世界に入り込んでいると言える」。彼にとって、私たちが現実世界にいるときとまったく同じように仮想世界で考えたり感じたりすることは意外ではなく、ヘルメットを外しても仮想世界での経験を振り払うことができないというのも当然である。「脳は、仮想の経験と現実の経験を識別するようにはできていないから」と彼は言う。「目の前のものが断崖のように見えたら、私はそこに断崖があると思うだろう。これこそまさに脳のやり方だ」。電子的な環境と現実の環境を区別する必要のある世界で人間が暮らすようになってからの時間は「進化の歴史においてはほんの一瞬」にすぎないらしい。

私たちが容易に現実の生活を振り切って、もっと現実離れした生活に移ることができるということについて、彼はなんら不自然ではないと思っている。人間には、映画やラジオや本のみならず、テクノロジーが発達する以前にも、物語を語ったり薬物を使用したりして意識を別の場所に飛ばすことによって、精神を解離させて別の世界にふけってきた長い歴史がある。「そうした手段《メディア》の歴史を見てみれば、その手のものはいつもいくらでも存在してきたことがわかる。人は自分の生活に思いをめぐらせてどこか別の場所へ移動することを楽しむ。そうした手段などなくても、しょっちゅう夢想にふける。つまり、心はさまようことが好きなんだ」。心を体から解き放って架空の生活を探求するという点では、仮想現実は目新しいものではない。ただし、かつてよりも容易であるのは確かだ。脳が架空の世界を構築するのに必要な作業が少しですむ。「そう、オンデマンドで夢が見られるようなものだね」と彼はおだやかな口調で言う。

もっと重大な問いは「いつになったら、現実ではないと感じなくなるのかということだ」とベイレンソンは言う。「私たちはまだその段階には達していないが、技術はとても急速に進歩していると確信している」。研究室では二万ドルから四万ドルくらいする従来型の仮想現実ヘルメットをまだ使っているが、それよりはるかに安価なゲーム用装置も使っている。たとえば、マイクロソフト社が出しているXボックス用のハンズフリー型コントローラーの「キネクト」は、赤外線を照射して人の体の動きを追跡する。プレイヤーが何も装着したり触れたりしなくても、キネクトはプレイヤーの動作をデジタルアバターで再現する。研究室では、家庭用ゲーム機のユーザーに向けて開発された軽量のヘッドマウントディスプレイ「オキュラス・リフト」のためのシナリオも作成し始めている。このディスプレイでは仮想現実システム全体を代替することはできないが、画質は良好なので、仮想現実を一般消費者の市場へ届けるブレイクスルーとなるかもしれない（二〇一四年前半にフェイスブック社がオキュラス社を買収した。仮想現実については両社とも、コンピューティングおよびコミュニケーションのプラットフォームとして評価しており、それがまもなく没入体験をゲームの世界以外にも広げてくれると見ている）。

ベイレンソンによると、おそらく最も重要なのは、スマートフォンが普及したこの一〇年間で、私たちがインターネット上の人づきあいやタスクに追われながら、片方の眼でバーチャルなものを見ながら活動するのに熟達したことである。スマートフォンのアプリはまだ高度に没入型とは言えず、全身が包み込まれる感覚経験は無理だが、臨場感にすぐれ、ユーザーの注意を引きつけてこちらではなくあちらにいるように感じさせてくれる。仮想現実用の装置が小型化して価格も下がるにつれて、仮想現実は今よりもさらに日常生活に埋め込まれ、地上の現実の生活からネット上の生活を切り離すことがしだいに難しくなっていくだろうとベイレンソンは予想している。「フェイスブックを学生のコンパのように感じさせたり、オンラインのギャンブルをラスベガスのように感じさせたりでき、現実世界の他者がいるところでもそれらの活動が可能」になったら、どんなことが起きるだろう、と彼は問いかける。「世界はどう変わるだろうか」

研究室を辞去する前に、カルーツがデモンストレーションをもう一つ見せてくれる。精緻化する仮想現実の世界を示し、夢に適応することがどれほど容易になりつつあるかを教えてくれるものである。実験はおこなわず、イタリア風の邸宅の裏手に草の茂った庭があり、近くで泉がゴボゴボと心地よい音を立てているだけだ。テラコッタの壁と木製の屋根梁が驚異的な精密さで描出され、ひび割れやすす汚れまでこと細かに描かれている。暖炉でゆったりと炎がはぜる。木々を揺らすそよ風が、タンポポの白い綿毛と巨大な青いチョウを宙に舞い上がらせる。

ここはなんと心地よいのかと胸を打たれる。窓の中を見てみたい。開いたドアから足を踏み入れたい。目の前で世界が果てしなく広がる気がする。私はシミュレーションのあら探しを始める。これが現実の場所ではないことを示す部分はないだろうか。美しすぎるとは言えるかもしれない。極度の素朴さが、テーマパークのようなわざとらしさを感じさせる。鮮やかな色彩が合板と塗料を思い浮かばせる。駐車場も描けばよかったのにと、現実的なことを考えてしまう。頭が後ろから軽く引っ張られるのを感じる。架空の風景の中を無防備に歩き回る私が現実世界の壁にぶつからないように、カルーツがヘルメットのケーブルをつかんでいるのだ。しかし私はおおむね、アドベンチャーゲームでここを歩いたらどんなに愉快か、あるいは邸宅でドラマチックなストーリーが展開するのを見守ったり、庭でただ休んだりできたらどれほど楽しいかと考えている。四つん這いになって足元の草の葉を観察し、もっと近くで見たらピクセルが識別できるのか、仮想だとわかってしまうのかと考える。しかし、そんなことにはならない。泉まで歩き、午後のそよ風を受けてきらめきながらさざ波を立てる水を見つめる。このとき、この世界で唯一の決定的な不備に気づく。水面に私の姿が映っていないのだ。

魔法が解ける瞬間というのは、その魔法に自分がどれほどとらわれていたかに気づかされる瞬間となることがある。仮想の水のリアルさについて私が心の中であれこれ思いをめぐらせているあいだ、がらんとした暗いスタジオで私をつなぐケーブルをずっと握ってくれているカルーツには、現実の私の姿が見えているのだ。夢の世界にすっかり入り込んだ私は、膝をついて頭を下げ、幻の泉に自分の姿は映らないのか確かめようと腕を伸ばしている。

人間でないアバターになる

ベイレンソンの研究室のメンバーたちがよく口にする問いがもう一つある。仮想世界で自分は自分でなくてはならないのかという、重大な問いだ。そこで研究室では、人の外見に少し手を加えることにした。アバターを本人よりも美人にしたり、身長や体格や年齢を変えたり、場合によっては別の人種に変えたりした(心理学では、このように自分が別の人や別の状態になったと想像することを「視点取得」と呼ぶ)。しかし仮想世界では、人間の姿にこだわるべき理由がない。自分以外の体に入り込むことができれば、メリットもある。「過去の研究から、自分以外の人間のアバターに入り込むと、その人間に対して共感を覚えるようになるということがわかっている。ということは、人種や年齢や性別による差別意識を弱めることができるわけだ」とベイレンソンは言う。「では、人間以外のものについても同じ効果は得られるのだろうか？」

九カ月後、私はその答えを知るために研究室を再訪する。今回もやはり暗く静かな部屋で、コーディ・カルーツがいかにも楽しげなようすで私の手足に装置をつけてくれる。布製の膝当てをつけてから、手首に赤外線マーカーを巻く。子どもがサッカーの練習試合で着るようなナイロン製のベストを私に着せて、背骨のそばに二個の赤外線マーカーを取り付ける。そしてヘルメットをかぶせる。それから彼は私を四つん這いにさせると、シミュレーションをスタートさせる。

私は牛になった。

牛になって、美しい牧草地にいる。緑の草地が広がり、これを囲むように小屋が建っているのが遠くに見える。目の前には牛がもう一頭いる。カルーツの説明によると、これは私のアバターの鏡像だそうだ。ヘルメットをかぶったまま四つん這いになった場合の物理的な負荷を考えると、私が自分の体を見下ろして牛だと認識するのは難しいので、鏡像を使う。牛になった自分があまりにもかわいらしいので、思わず「まあ！」と声を漏らす。茶色と白の混ざった小さな子牛で、カーブした短い角が生え、丸々とした胴体をきゃしゃな脚が支えている。私が右のひづめを持ち上げると、分身の牛も同じ動作をする。あたりを少し歩いて牧草地の地形を把握し、牛の自分が同じ行動をするのを観察する。仮想現実に携わる人たちは、意識を自分の外部の表象に移すことを「身体移転」と呼ぶ。牛が私と同じ動作をしているとき、私はまさしく牛に身体移転をしている。

「スタンフォード大学牧場へようこそ」と頭上から声が響く。「あなたはショートホーン種の牛です。あなたは産乳用にも産肉用にも適した兼用種です」。自分が牛肉になるのに適していると言われて、ちょっと心がざわつく。しかしその言葉を受け入れて、与えられる指示に耳を傾ける。給餌車のところに行って餌を食べろと言われる。なるべく干し草が食べやすいように姿勢を整える。目の前の牛も同じ動作をする。頭上の声が、あとどのくらい体重を増やす必要があるのか、信じがたい数字を告げる。毎日およそ一・五キロ、最終的に三〇〇キロ近くまで増やさなくてはいけないらしい。誰からも指示されていないが、草をはむふりをしたほうがいいのだろうかと思い始める。それが妙にしっくりくる気がする。

今度は水桶のところへ行けと言われる。分身の牛と私は体を左に向ける。牛追い棒が空中にあるのが見える。現実世界では、それは先端に赤外線マーカーを取り付けた木製の棒で、実験助手が握っている。今日はそれは作動していない（今やっているのは、この実験のごく初期のバージョンである）が、ふだんなら助手がその棒で私を軽く突いたはずだ。牛追い棒が私に向かってくるのを見るのと同時に、それが脇腹に食い込むのを感じたに違いない。あとでカルーツから聞いたところによると、これは「同調触覚」と呼ばれ、これもまた身体移転を生じさせる方法だそうだ。今日の実験では、牛追い棒は近くの空中にあるだけなので、私は棒で突かれたりしないで水桶を見下ろして立ち、毎日一〇〇リットル水を飲めと頭上の声が言うのを聞く。

「最初にあなたがいた柵が見えるまで左に回ってください。あなたはここで二〇〇日過ごして、目標体重に達しました。そこで、食肉処理場に行ってもらいます」

こんなことは考えていなかった。「食肉処理場」という言葉を聞いて、悲しみと恐怖が押し寄せてくる。あまりにも突然で、罠にはめられた気がするし、アバターの牛に対して罪悪感と責任を感じる。アバターはいくらか自分自身のように感じられる一方で、私より幼く無垢にも感じられ、何と言ってもベジタリアンだ。この仮想の生活にほんの数分間いただけなのにこんな仕打ちとは、明らかに厳しすぎる。私の中で牛になった部分は言われたとおりに柵を目指して歩いていく。だが、人間の部分はわめいている。これは誰かから指示されたわけではなく、自分でもびっくりしているが、不安から生じた怒りだ。「ひどい！」と、誰にともなく叫ぶ。

シミュレーションは続き、私はアバターの牛と向き合えと命じられる。向こうもこちらを見る。これまでにないほど無垢でいとしく思える。「ここで食肉処理場のトラックを待ちます」と頭上の声が言う。床が振動し始める。近づいてくるタイヤのきしむ音が聞こえたかと思うと、今度はバックするトラックの警告音が鳴り響く。周囲の世界が騒々しく揺らぐなかで、私は本物の恐怖がほとばしるのを感じる。頭を左右に動かして、トラックがどこから現れるのか知ろうとする。トラックが来たらどうなるのか？　しかしトラックは現れない。実験が終わったのだ。「ああ、もう」と思わず安堵の声を漏らす私から、カルーツがヘルメットを外す。

本物の実験に参加していたら、シミュレーションのあとで調査がおこなわれて、牛への共感が強まったか、そしてもっと幅広く動物の権利擁護に対する気持ちが変わったかについて評価されたはずだ。愛らしくて親しみやすく、私たちと同じく哺乳類である牛は、研究室がこのアイディアを検証する対象としては手始めにすぎない。私がここを訪れる直前、カルーツは実験に変更を加えて、被験者がサンゴ礁のサンゴになるようにしていた。牛よりもさらに人間からかけ離れた形態の体を用いるということだ。このサンゴは動かず、鮮やかな紫色をしている。かすかに腕を思い起こさせる枝だけが、このシミュレーションで人間の形態を感じさせる類似点だ。サンゴは澄んだ青い水の中にあり、さまざまな海の生物が周囲を行き交っている。同調触覚を生じさせるために、漁網がサンゴに当たるのと同時に実験助手が棒で被験者の胸を突く。この時、海洋酸性化に関する事実を語る音声が流れる。これは、化石燃料の燃焼によって生じる二酸化炭素が海水に吸収されることで起きる現象だという。同時に被験者は周囲の生物が徐々に死んでいくのを目撃する。まずウニが死に、次にウニを餌とする魚が死に、それから酸性の海水に殻を溶かされた巻貝が死ぬ。生物たちが消えていくにつれて、海水はしだいに濁り、岩は藻類に覆われる。被験者が視線を下に向けると、自分の体がだんだんしおれていくのが見え、やがて粉々になって海底に崩れ落ちる。

「つまりどちらのシミュレーションでも、自分が死ぬか死にかけるのを見なくてはならないということですね」と私は力なく言う。

「確かにとても劇的な効果がありますね」とカルーツが認める。

研究室ではサンゴのシナリオを作成するにあたって海洋生物学者の協力を得ている。被験者はこれを仮想現実環境か動画か音声のみのいずれかの方法で経験することになる。ベイレンソンによると、最終的には瀕死のサンゴの立場を直感的に経験することが教育方法としてどのくらい効果的かを調べようとしている。「自分がサンゴになった場合のほうが、学習効果が高く、問題意識が強まり、学習意欲がかき立てられるのだろうか」と彼は言う。海に関連した目的のために被験者がお金を寄付する意思や、嘆願書に署名する意思など、共感に関係する指標についても調べる予定だ。

このように人間以外のものに姿を変える場合、認知に関するもっと専門的な問題もかかわってくる。「ホムンクルスの柔軟性」という問題だ。ホムンクルスとは「小人」を意味し、脳皮質上の感覚や運動にかかわる領域を人体に対応させて地図のように描いたものを指す。手足、胴体、頭部のさまざまな部位をつかさどる領域が、この皮質上の配置図ではおおむねつま先から頭という順番で並んでいる。ただし顔と指は敏感で細かい作業に携わるので、ほかの部位と比べて神経が密集しており、皮質上で広い面積を占める。この皮質領域と人体との対応にもとづいて「小人」の体の絵を描けば、分厚い唇とピエロのような手をもつ人物になるだろう。

ベイレンソンによると、仮想現実では「明らかに人間ではない生物の体に人を入り込ませた場合、その人はその体を操れるのか、という問題がホムンクルスの柔軟性から浮かんでくる」。たとえば、ベイレンソンの友人であり助言者でもあるジャロン・ラニアーが奇抜なアバターを使った初期の実験で試したように「誰かがロブスターになった」と想像しよう、と彼は言う。「ロブスターには脚が八本ある。一番前の脚を動かすのは簡単だ。自分の体の両腕を動かせば、仮想の脚が同じように動く。しかし、残りの脚はどうやって動かせばよいのだろう」

これはとんでもなく不思議な問いで、またきわめて現実的な問いでもある。フィリップ・K・ディックの短編小説を映画化した『マイノリティ・リポート』で描かれているように、アバターを使ってデジタルオブジェクトを操作するとしよう。映画ではトム・クルーズが未来の警察官を演じている。「トム・クルーズが両手でデータを操作するシーンがあったのを覚えているかな?」とベイレンソンが尋ねる。「なぜ両手しか使わないのだろう。データはすべてデジタルだ。八本の腕をコントロールできるようになれば、もっと効率的に違いない」。別の例として、仮想環境を使って現実世界の機械を操作するにはどうするか考えてみよう、と彼が言う。この場合、複数のユーザーが一つの「共有の体」を操作する「多対一」のコントロールや、一人の専門家が複数の装置を制御する「一対多」のコントロールが可能になる。たとえば軍では「飛行機の操縦が最もうまい兵士一人に飛行機を一機しか操縦させないのはもったいないよね?」と彼は言う。あるいは遠隔操作ロボットはどうだろう。レン医師とダ・ヴィンチを思い出そう。レンには腕が二本しかないが、ダ・ヴィンチは四本のアームで三本の鉗子とカメラ一台を動かす。今のところ、レンは二本の鉗子を交互に操作するか、助手に三本目の鉗子を任せることはできるが、すべてを同時に操作することはできない。

そんなわけで、私がこの研究室を訪れる最後の日に、これを試そうとしている。研究室に所属する博士課程学生のアンドレア・スティーヴンソン・ウォンが作成したシナリオに従い、私は仮想の第三の腕を与えられ、その腕のコントロールを習得するのにかかる時間を調べるのだ。カルーツが私にヘルメットをかぶせ、手首に赤外線マーカーとプラスチック製の小型加速度計を装着する。明かりが消え、私は仮想の鏡に浮かぶ自分のアバターを見つめる。体の輪郭が銀色で描かれている。ふつうの腕が二本あって、これは自分の腕をふつうに動かせば操作できる。しかし、やたらと長い腕のようなものが胸から突き出ている。これには肘関節がなく、ただ申し訳程度に指らしきものがついている。カルーツは私に、鏡の前で新しい腕に慣れるための時間を数秒だけくれる。この腕は左右の手首を回転させてコントロールするのだという。片方の手首（どちらの手首かは教えてもらえない）で前後方向の動きを制御し、もう一方で左右方向の動きを制御する。私は両手を前にぐっと突き出し、手首を動かしてみる。第三の腕が車のワイパーのように左右に動きだす。これで練習は終わりだ。

鏡が消えて、私の目の前にはいくつものキューブが浮かんでいる。ちょうど指先で触れられるくらいの距離だ。左側には青いキューブが九個、右側には赤いキューブが九個。キューブはときおり白くなるらしい。そうなったら、私は本物の手でそれに触れるようにと言われている。

青と赤のキューブより数十センチ向こうに、緑色のキューブが九個ある。ここに白いキューブが現れたときにも触れるようにと言われている。「距離がありますから、ふつうの腕は使えません。そこで第三の腕の出番です」とカルーツが言う。

了解。準備完了。青いキューブの一つが白く光る。私は自分の手でそれを叩く。キューブはぱっと明るく光り、ひとしきり美しいきらめきを放つと、青色に戻る。簡単だ。

今度は奥の緑色の群れでキューブが一つ白く光る。これが手ごわいということは、頭ではわかっている。カルーツもわかっている。彼が私を励まそうとする。そのとき私が第三の腕を伸ばすと……キューブに触れる。

自分が何をしたのか理解できていない。とにかく成功した。「やった！」とカルーツが言う。

私は驚きの声を上げて、またタスクを続ける。キューブが光ったら叩く。本物の腕を使うこともあれば仮想の腕を使うこともあるが、不思議と違和感がない。特に意識しなくても、第三の腕を動かすのに必要な頭と筋肉の計算ができている。本物の左右の手首が架空の腕をちゃんと動かしている。将来、これが実際の仕事で役立つスキルにならないかという考えが頭に浮かぶ。特技はホムンクルスの柔軟性です！

実際のところ、スティーヴンソン・ウォンは、被験者が五分以内で適応でき、第三の腕を与えられた被験者は、対照群の被験者（本物の腕しか使えず、緑色のキューブに触れるときには足を前に踏み出す必要がある）と比べてタスクの成績がよかったと結論している。[14] この研究の初期には、腕と脚を入れ替えた場合や、脚を本来よりも遠くまで伸ばせるようにした場合にも、被験者がすぐに適応するということが判明している。私は前年の秋にこれを試していた。自分の腕で仮想の足をコントロールするか、またはにわかにすごく柔軟になった脚を頭の上まで蹴り上げることによって、宙に浮かぶ仮想の風船を割るタスクが容易に遂行できることがわかった。スマートではなかった。狂ったロボットのように手足を振り回しながら、室内をどたどたと歩き回った。それでも風船を割ることはできた。スティーヴンソン・ウォンによれば、その実験の目的は、被験者が風船を割るのに手ではなく足を使うように切り替える（どちらの条件でも風船を割る道具としては足のほうが適していた）かどうか調べることだった（実際に被験者は足を使った。ただし脚の届く範囲を広くしたほうが成績はよかった）。

ホムンクルスの柔軟性の研究においては、道具の使用について考えることが重要だ、とスティーヴンソン・ウォンは言う。私たちが道具の使い方を習得する方法と、体の新たなコントロールを習得する方法には、共通する部分があるからだ。「人は新しい道具の使い方をすばやく習得するのがとても得意です。また、道具というのは体の延長と考えることができます」。第三の腕を使った実験では、被験者は四つのパターンのうちいずれか一つの仮想現実を体験する。私と同じように、腕が胸についているというパターンが一つ。ほかに、自分の体のそばに腕が浮かんでいるパターンや、胸から金属製の円筒のようなものが突き出ているパターン、体の横に六角形の道具が浮かんでいるというパターンがある。つまり、道具か身体パーツが、体についているかついていないかという組み合わせだ。このパターンによって、使用の習得に差が出るかもしれない。ベイリンソンの言葉を借りれば、「使っているのはハンマーか、それとも自分の腕か」ということだ。

これをテストする方法もある。私がキューブのタスクを終えると、カルーツはキューブを消し、今度は射撃の標的を宙に浮かべる。そして私に、第三の腕を的の中心に当ててくださいと指示する。私が言われたとおりにすると、とどろくような音が聞こえ、まぶしい光が現れる。私の脳はこれを「手に火がついた」ととらえる。

私は叫び声を上げる。無意識のうちに肩と首が固くこわばる。これこそまさに研究室が知りたいことだ。架空の腕が脅威にさらされたときにどう反応するか調べているのだ。「これが道具で、誰かがそれに火をつけたのなら、おびえるにはおよばない。しかし自分の腕だったら、放っておくわけにいかないからね」とベイレンソンは言う。

私はこの研究室でずいぶん長い時間を過ごしてきた。メンバーの論文を山ほど読み、彼らのやり方について遠慮なく取材させてもらった。私はこの実験の仕組みが理解できる。仮想の手と仮想の炎だということはわかっている。それなのにちょっと動転してしまったのはなぜなのか。

リアルだからだ。

10　拡張現実

アイボーグ、ロブ・スペンス

ロブ・スペンスの眼は仕事場だ。

アイボーグの名で知られるスペンスは、リビングルームのヒーターの前でタバコを吸っている。外ではオレンジ色のカエデの葉が風にはためき、トロントにこの冬初めて降った雪が繊細な渦を描いている。スペンスはちょっと海賊を思わせる風貌だ。黒い髪はぼさぼさで、数日分の無精ひげが伸び、右眼に眼帯を当てている。眼帯の奥は空洞だが、可動式の連結ポストが設置されていて、義眼がはめられるようになっている。ガラス製の義眼を入れることもあるが、カメラを装着することもある。

コーヒーテーブルに置いてあるノートパソコンは、彼の所有するさまざまなアイカメラ（旧式のものから最新型まで）に対応している。最初の実用モデルは眼球というより謎めいたロボットの部品を思わせ、バッテリー、トランスミッター、カメラパーツを寄せ集めた、妙に角ばった装置だった。特定のときに赤色LEDを点灯させることのできるものもあった。「まるでターミネーターだ」と言って、スペンスは苦笑する。「漫画好きの人間が体の一部を失ったのだから、まあ当たり前か」

しかし次のバージョンとして、本物の眼にそっくりなカメラの製作が進められている。スペンスはそのシェル〔義眼の外層〕の写真を何枚か呼び出す。義眼技工士が模様を手書きしたもので、スペンスの淡緑色の虹彩が再現され、赤色の細い血管は糸を使って表現されている。その奥にカメラが設置され、瞳孔からレンズが外をのぞくことになる。新しいカメラの入った新しい義眼が完成したら、ドキュメンタリー映画の監督であるスペンスは、自分の仕事にこれを使うつもりでいる。「僕にとって、これはおもちゃだ。眼が一つしかない映画監督にとって、ものすごくクールなおもちゃだね」とスペンスは言う。

このカメラはスペンスの脳につながっているわけではなく、ディーン・ロイドの人工網膜のように網膜に情報を送るわけでもない。これは体内と体外の境界上に位置するウェアラブル装置であり、遠隔受信機に無線で信号を送る。スペンスが使っている受信機はベビーモニターのようなもので、白いプラスチック製の箱にビデオ画面がついている。しかし理屈のうえでは、情報はどこへでも送信することができる。ほかの人のノートパソコンにも、あるいはインターネット全体にも送れるのだ。

スペンスのアイカメラは二〇〇九年に登場したもので、ウェアラブルな感覚増強装置に一歩近づいた、初期の拡張現実装置である。拡張現実《オーグメンテッド・リアリティ》（AR）装置は、通常は恒常的に埋め込むのではなく装着または携帯して、ユーザーの知覚を変化させたり、ほかの方法では得られない情報を伝えたりする働きがある。仮想現実と脳に直接働きかける埋め込み《インプラント》装置との中間だと考える人もいる。部屋一つ分もある大型装置と体内に埋め込むチップとのあいだに位置する技術というわけだ。拡張現実の最大の特徴は、現実世界と仮想世界を重ね合わせることだ。そのためこの技術は「複合現実」とも呼ばれる。

拡張現実はまだ生まれてまもない技術なので、ルールや装置の形状規格《フォームファクター》もまだ形成途上だ。市場に出てきた製品は、ほとんどがアクセサリーのたぐいだ。腕時計、指輪、衣類、スマートフォンアプリ、メガネ（カメラを眼の内部に組み込むのではなく眼の前に位置させる）などがある。何をもって「拡張」とするかについては、まだ共通の合意に達していないが、最も単純なレベルは「基本的に現実世界にグラフィックを重ねることです」と、非営利業界団体「オーグメンテッド・リアリティ」の共同創設者でCEOを務めるオリ・インバーは言う。彼は年に一度開催される「拡張現実世界エキスポ（AWE）」も主催している。トレードマークのピンクとオレンジのジャケットから「AWE参加中」の文字が光って見えるので、人混みの中にいてもそのエネルギッシュな姿は見つけられる。

現実世界にグラフィックや文字を重ねるというのは、基本的に「グーグルグラス」のやったことだ。巨大テクノロジー企業のグーグル社は、まず二〇一三年に少人数の「エクスプローラー」〔一定の条件を満たした人が試用版を先行使用した〕を対象としてこのクールなメガネを発売し、二〇一五年の初めにはデザインを見直すために販売を中止した。オリジナルのデザインでは、つるに組み込まれた超小型プロジェクターから右眼の前に突き出た透過型スクリーンに光を照射するという方法で、地図やメールなどを表示した。グーグルグラスには、カメラ、音声操作によるネット検索、音声通話といった機能が搭載されていた。グーグル社の知名度のおかげで、グーグルグラスは最も存在感のある拡張現実装置となり、ウェアラブル装置をめぐる初期の話題の中心となったが、同社はこの位置づけに不安を抱いていた。グーグル社はウェブサイトの「よくある質問」コーナーで、グーグルグラスは没入型ではなく「決して拡張現実ではない」こと、そして「スクリーンはデフォルトではアクティブでない[1]」ことを明言した（それならばスクリーンをアクティブにしたときのグーグルグラスは何なのかという疑問が生じるが、グーグル社の広報チームは取材の申し込みに回答しなかった）。それでも拡張現実に対する世間の関心を刺激した点で、多くの関係者がグーグルグラスを評価しながらも、グーグルグラスは真の拡張現実デバイスではなく、単にスマートフォンを目の前にもってきたようなものだと言っている。グーグルグラスのような製品は、コンテクストの中で情報を伝えるとは言っても、ユーザーの視野の一部にしか情報が映らないので、現実世界に別の世界を完全に重ね合わすことはできない、とインバーは言う。

ウェアラブルでない多くの拡張現実装置では、現実世界の上に重ねて描かれた仮想のものを見るために、スマートフォンやタブレットなどのデバイスを現実の対象に向ける必要がある。広告や雑誌の上にデバイスをかざすと、モデルが動きだすのが見える。星や通過中の飛行機に関する情報がほしければ、デバイスを空へ向ける。生物学の教科書にデバイスをかざせば、心臓の仕組みが勉強できる。私が気に入っているアイディアの一つはある年のAWEに出品されたもので、つくったのはスイス連邦工科大学ローザンヌ校の学生たちだ。彼らは私が鏡の図柄のテンポラリータトゥー〔しばらくすると消えるタトゥー〕を腕につけるのをやさしく手伝ってくれた。それから彼らに案内されて特殊な鏡の前に行くと、その中でタトゥーが動きだして見えた。タトゥーの中心に眼が一つ現れて、黒い涙を流しながら泣く。やがてタトゥーの鏡は涙でいっぱいになり、粉々に砕けた。これらの重ね合わされた映像は魅惑的かもしれないが、ほかの開発者は自分たちのほうが先へ進んでいて、真に知覚を変化させる多感覚装置をつくっていると主張する。インバーに言わせれば、「現実をプログラムする」ものらしい。拡張現実というのは、彼がかつて携わっていた仮想現実とは違うそうだ。というのは、拡張現実は没入型ではなく、わざと半透明にしてあるからだ。眼に装着するアイウェアは、仮想現実のディスプレイのように完全に目を覆う非透過型ではなく透明なので、スクリーンの向こうに眼の焦点を合わせることができる。ポータブルな装置なら行動の妨げにならず、両手をふつうに使い、感じることができる。「現実世界で、今ここにいながらにして、世界を拡張することが狙いなのです」とインバーは言う。

実際、インバーがこの分野に惹かれたのは、自分の子どもたちがスクリーンの前でじつに楽しそうだったからだ。当初、拡張現実の用途のほとんどは勉強や日々の用事を「ゲーム化」する子ども向けの手段だと、彼は思っていた。対象をインタラクティブな形で提示したり、現実世界で動き回ってタスクを完了すればポイントがもらえたりするようなものだと思っていたのだ。しかし、拡張現実メガネをいち早く使い始めたユーザーは、両手を空けておきながら情報を入手する必要のある職種の人が多い、ということに彼はすぐ気づいた。たとえばスマートグラスでX線画像を表示して、医師が患者の体の表面に画像を重ねて見られるようにできる。電気技師に壁の内部の配線を見せることもできる。倉庫での荷詰めからエンジンの修理まで、複雑な作業にあたる人をガイドするのにも使える。映画『マトリックス』で、脳に送り込まれた指示に従って、トリニティーがヘリコプターの操縦をたちどころに習得する場面を覚えているだろうか、とインバーが言う。「拡張現実ではまさにこういうことができるのです。ただし、プラグは要りません」

　拡張現実業界は、SFやサイボーグへの言及であふれている。それも当然だろう。SFに登場する技術は以前から拡張現実のモデルとなってきた。特にアイウェア（メガネ類）では、『スタートレック』に登場するジョーディ・ラ＝フォージの装着しているヴァイザー（これを使うと電磁スペクトルの全域が「見える」）から『ニューロマンサー』のモリイ・ミリオンズ（埋め込み型のミラーグラスのおかげで暗視とデジタルデータの読み出しができる）など、さまざまな例がある。アイボーグのアイカメラはこれらほど進んではいないが、ある種の超人的な能力を与えてくれることは間違いない。自分の眼で写真が撮れるのだ。カメラの記録能力のおかげで、完全記憶能力《トータル・リコール》（一回二時間まで）を自分のものにしている。自分の視覚をコンピューターやインターネットに接続することができる。アイカメラを人工網膜技術と組み合わせてさらにグラフィックを重ねれば、視野にリアルタイムで戦術情報が映し出される「ターミネーターの視覚」がついに獲得できる。アイボーグは好んでこんな話をする。だが、それでもパズルのピースはまだそろっていない。ロイドと同じように、スペンスもT型である。つまり、性能がまだ十分とは言えない初期のバージョンなのだ。

　スペンスが眼をけがしたのは九歳のときだった。祖父の猟銃で遊んでいて、撃った反動で照準器が眼に入ってしまったのだ。彼は病院に運ばれて手術を受けた。「一時的に眼は助かったが、のちに法定失明となった。ふつうの人がコーク瓶ごしに見たときのような見え方だったな」と彼は言う。成人すると、スペンスは映画監督になった。最初に撮ったドキュメンタリーは『みんなでトロントを嫌おう』というタイトルで、自分の出身地を風刺的に描いた作品だった。その中でスペンスは「メタキャラクター」の一人として登場する。眼帯をつけたトロント特使のミスター・トロントという役柄だ。映画の制作中に視力が悪化したので、二〇〇七年に残っていた眼球の摘出手術を受けた。アイカメラのアイディアが浮かんだのはこのときだ。アイカメラをつくっているあいだに、彼の第二のメタキャラクターとなるアイボーグが誕生した。

なぜアイカメラをつくろうと決めたのかとしょっちゅう訊かれるが、スペンスにとっては当然の成り行きと思われた。昔からずっとSFファンだったのだ。クロゼットには漫画本が三〇〇〇冊しまってある。マントルピースには大好きなドラマ『六〇〇万ドルの男』のアクションフィギュアが飾ってある。このフィギュアの眼にはプラスチックがはめ込まれているので、頭の後ろからのぞけばバイオニックアイで「見る」ことができる(テレビのドラマでは、眼にズームレンズがついていた。眼で熱を感じたり、暗闇で物を見たりすることもできた)。こういうタイプの人間なら、当然のこととして周囲からもこういうことを勧められる。「自分で考えたオリジナルのアイディアというわけではないんだ。まったく違う。ただし大事なのは、実現させたということだからね」とスペンスは言う。

あるいは大事なのは、それを実現させると周囲の人たちに言いだしたことかもしれない。資金がなかったので、助けてくれそうなエンジニアたちのマニアとしてのプライドに訴えた。見返りはと言えば、自慢できる権利くらいしかない。電子機器会社に電話で突撃し、カメラメーカーやハッカーの集まりに参加し、関心を示したテクノロジー系メディアに話を持ちかけた。ステーキが焼き上がるよりずっと前にステーキの焼ける音を売り込んだというわけだ。スペンスに言わせれば、「ステーキの焼ける音だけで、たくさんのものが手に入る」らしい。

多数のパートナーと手を組んできたが、支援の大半は電子機器会社のオムニビジョンとＲｆリンクス、それにエンジニアのコスタ・グラマティスと電気技師のマーティン・リングから得た。グラマティスはスペンスの家に引っ越してきて、二カ月でアイカメラのプロトタイプをつくり上げた。スコットランド在住のリングは、バージョン４から参加した。プロジェクトのペースは時間とともに上がったり下がったりしたが、この自家製造方式のおかげで、企業や大学のプロジェクトを滞らせる問題を回避することができた。政府機関の承認や、臨床試験に関する大学の規則、助成金申請書の作成、マウスモデルの作製などにわずらわされる必要がなかったのだ。ただやりたいようにやるだけだった。「スティーヴ・ジョブズになったようなものだ。もっとも、資金はなく、あんなに頭がよくもないが。しかしすばらしいチームがいて、イノベーションが実行できて、それなりの機動力があるのは間違いない」

面倒な問題をいくつか解決する必要があった、とグラマティスは語る。「バッテリーが爆発するから危険なんだ。眼のまわりは水分が多い。ロブの体を傷つけないように、生体適合性の材料しか使えない。実用的なものにするには、バッテリーの寿命もある程度は必要だし、無線の周波数は、皮膚を隔てても十分に機能するものでなきゃいけない」。それでも開発の成果を世に出すと、スペンスはサイボーグだという話に飛びついたメディアやハッカー界から大きな注目を浴びた。グラマティスによれば、二〇〇九年の段階で眼の視点から映画を撮影するというのはきわめて斬新だった。グーグルグラスやＧｏＰｒｏ《ゴープロ》（現在では一人称の視点からのアクションシーンを撮影するのに広く使われている小型軽量カメラ）が登場するよりずっと前のことだ。ｉＰｈｏｎｅさえ二年ほど前に発売されたばかりだった。「この視点から撮った動画は、まだ誰も見たことがなかったんだ」とグラマティスが振り返る。「講演に呼ばれて世界中に行った。

目が回りそうだった。『タイム』誌で二〇〇九年の最優秀発明品に選ばれたし、『リプリーズ・ビリーブ・イット・オア・ノット！』〔奇妙な展示品を集めた博物館〕にも入った。すごい騒ぎだったよ」

セミプロのサイボーグであることを売りにする人物と言えば、スペンスが初めてというわけではない。スペンスはトロントで最初にアイカメラを装着した人物でさえない[2]。その栄誉はトロント大学の工学教授、スティーヴ・マンのものだ。彼は一九七八年から自作のメガネ型カメラを目の前に常時つけている。彼はこのカメラをアイタップと呼び、これによって生じる知覚を「拡張媒介現実」と呼ぶ（マンはスペンスのプロジェクトに初めのうちは協力していたが、のちに決別した[3]）。ほかに注目すべき人物としては、イギリス人アーティストのニール・ハービソンもいる。彼は生まれつき色が認識できず、二〇〇四年から本人曰く、彼独自の「アイボーグ」を使っている[4]。後頭部から頭頂部を経て前方に突き出た弧状のアンテナを設置し、後頭骨に埋め込んだチップで色を音の周波数に変換する。彼はのちに周波数域を広げ、肉眼では見えない赤外線と紫外線の波長も音に変換できるようにした。また、二〇一〇年にはニューヨーク大学芸術学部教授のワファー・ビラールが「３ｒｄｉ」と名づけたカメラを自分の頭皮に埋め込み（まさに「頭の後ろに眼がある」状態だ）、これを使って画像をウェブサイトに伝送した[5]。一九九三年から、ジョージア工科大学のウェアラブルコンピューティング専門家で、グーグル社のグーグルグラス・プロジェクトで開発を支援したサッド・スターナーは、「ザ・リジー」と名づけた装置を装着している（この名前は、かつて「ティン・リジー」と呼ばれたT型フォードに敬意を表したものだ[6]）。この装置は進化し、初期モデルは主に腰に巻いて装着するものだったが、ヘッドマウントディスプレイと手に取り付けるキーボードも使われていた。

そして今や、神経系や運動系の機能を代替する黎明期の装置を装着している人がたくさんいる。二〇一一年、「デウスエクス ヒューマンレボリューション」というゲームの発売の際に、スペンスはそうした人を多数撮影した短編ドキュメンタリー映画を制作した。[7]このゲームの主人公は、アイカメラと改造された手をもつサイボーグのアダム・ジェンセンである。映画の中で、スペンスは自分を仲間のサイボーグだと紹介し、ほかのサイボーグから話を聞くために世界各地へ赴く。レティナ・インプラント社の人工網膜の臨床試験に参加しているフィンランド人、ミイカ・ターホや、義手使用者のジェイソン・ヘンダーソンなどが登場する。ヘンダーソンとの愉快なやりとりの中で、スペンスは「今、僕はこのバイオニックアイで、あなたのバイオニックハンドを撮影しているんだ！」と高らかに言う。

スペンスのカメラには限界や妙な癖がある。二時間しか録画できない。映像はカラーだが、解像度は人間の通常の視覚よりもはるかに劣る。スペンスによれば、二〇〇〇年ごろの携帯電話の動画程度だそうだ。眼窩内から送信するのは難しく、スペンスの言葉を借りれば「ハムの中に送信機を突っ込むようなもの」らしい。受信状態がよくないときには、自分の頭を横から叩いてクリアにすることもある。それでも、アイカメラは人間と機械をミックスさせた魅力的な装置だ。「アイカメラは彼の体の一部だから、そこから世界を見れば、彼と一体化した視点になる。彼の見ているものを、まさに彼が見ているとおりに見ることができるからね」とグラマティスは言う。スペンスのまぶたは動くので、瞬きをする。そのせいで数秒ごとに画面が暗くなる。まつげがフレームに出入りするのも見える。三脚や肩に載せたカメラとは違って、アイカメラはスペンスの視線に従う。アイカメラを取り付けるための連結ポストを設置した眼筋は、まだ正常に動く。このため、すばらしく斬新な映像が生まれる可能性とともに、問題が起きる可能性もある。たとえばイギリスのテレビ番組の司会者がアイカメラからの映像をモニターで見ながら、冗談で「私の脚を見ていらっしゃいますね」と言ったとき、スペンスは赤面し、女性を前にしたときは常に顔を見るように心がけていますというようなことをあわてて口にした。

映画監督として、スペンスは自分がこのように「神のような三人称的視点」からの語りとは一線を画していることが気に入っている。三人称的な語りでは、カメラの台車やリグ（撮影の周辺機材一式を取り付けたもの）の効果により、「魔法の天使」がカメラを動かしているかのように感じられる。「僕が撮るのは、そういうのと比べるとはるかに一人称的な意識の流れに近い。もっとぎくしゃくしているから。ルールなどあまりなく、しょっちゅう視線がそれたり瞬いたりする」とスペンスは言う。彼は自分の作風について、映画『ブレア・ウィッチ・プロジェクト』で広く知られるようになった「手ぶれカメラ」スタイルに近いと思っている。この作品は学生たちが森の中を歩き回りながら手持ちカメラで撮影したとされる低予算のホラー映画だが、学生たちは撮影中に消息を絶ったことになっており、映像が映画ではなく「発見されたフィルム」だという設定によって恐怖感を強めていた（真偽のほどは定かでないが、この作品は観客を乗り物酔い状態にすることでも有名だった）。

そんなわけで、スペンスは自分のカメラのもつ力について偉そうな発言をするのは避けている（「このカメラが与えてくれる力と言えば、メディアの注目を集めることだな」と真顔で冗談を言う）。しかし、感覚装置が体とどれほど密接になりうるかを示したという点で、市販用AR装置の到来を告げるすばらしい先触れとなったことは間違いない。このカメラがきっかけとなって、画像やその他のデータを集めるウェアラブル装置をめぐり、技術やアートや倫理に関する問いが広く提起されるようになった。そして何と言っても、このアイカメラは拡張現実研究の最先端で生まれた概念の実現可能性を堂々と証明していた。この分野はあたかも片足を企業の研究所に、もう片足をハッカーのガレージに着けて立つような格好で、両者の研究が入り混じっている。巨額の研究資金などなかったスペンスは、ボランティアの労力とぎりぎりのクレジットカードを使ってこの装置を製作した。見事なグラフィックで情報を重ね合わせることなどできず、高性能なカメラもついていない。そういうものをつくれないからではなく、費用が足りなかったからだ。だが、民間企業が超高性能のズーム機能、顔認識、コントラストの強調、さらには暗視機能まで備えたウェアラブルな感覚装置をつくろうとすることは容易に想像できる。

実際、すでに試みている人物がいる。

ウェアラブルなAR装置

アーサー・チャンは小さなガラスの小瓶を手に持っている。中にはコンタクトレンズが浮かび、レンズの中心にはめ込まれた部品は一〇セントコインを思わせる金属的な輝きを放っている。「今見えている銀色は、すべて光の反射です。鏡のようなものです」とチャンが言う。

チャンはイノヴェガという会社の上級技術スタッフだ。同社は「iオプティック」という拡張現実システムを開発している。このメタリックなレンズと特殊なメガネを装着し、メガネから眼に画像を送って現実世界の上に仮想イメージを重ね合わせる。イノヴェガ社のデザインは拡張現実の世界で抜きん出ている。コンタクトレンズのほうがメガネよりも体によく密着する。コンタクトレンズを採用したのは、この分野の抱えるきわめて重大な技術的課題を解決するためだった。遠くまではっきりと見えるようにしながら、同時にコンピューターディスプレイを眼のそばに置くにはどうすればよいのかという問題である。説得力がありながら気を散らしすぎない拡張現実の経験を実現するには、この点が非常に重要だとイノヴェガ社は考えている。

メガネだけでこの問題を解決しようとする場合、もっと広い視野を生み出すためにもっと大きな光学システムをつくる必要があった。しかしそうするとメガネがスマートさを欠いて巨大になり、消費者の支持が得られない。そこで、アイウェアによって視覚の限界に対応するのではなく、「人間の視覚自体を変えよう」ということになった、とチャンは語る。コンタクトレンズは、遠くを見るのに必要な環境光をふつうに取り入れながら、ディスプレイから送られてくる光を再構築する。つまり二重のゲートウェイとして機能する。このおかげでどちらの光も同時に網膜で焦点を結ばせることができる。チャンによると、「超人的な焦点調節力が得られ」、自分の眼が拡大鏡のようになるので、小さなディスプレイが大きくクリアに見えるようになる。

現在、iオプティックのアイウェアは数種類のモデルの製作を進めている。ディスプレイを横目で見るタイプは、見た目はオレンジ色のビーチ用サングラスと似ている。右のこめかみ付近にディスプレイ用スクリーンがついていて、これを見るときには眼を動かす必要がある。透明タイプは、見た目は防弾サングラスに似ている。プロジェクターが画像を反射させて眼に送るので、画像を正面で見ることができる。チャンの考えでは、横見タイプでは四〇度、透明タイプでは九〇度の視野角が確保でき、これなら没入体験を実現するのに必要な視野角にほぼ等しい（参考までに、透明度が高いとされるグーグルグラスでは一五度、透明性のない仮想現実用のヘッドマウントディスプレイのオキュラス・リフトはおよそ一〇〇度の視野角が確保できる）。ほかにスポーツの練習用とモバイルエンターテインメント用に一つずつ、合計二種類のモデルがあるが、それらは見たところサングラスのようで、スマートフォンかタブレット端末に接続して両眼に動画を流す。スポーツ用では、リアルタイムのパフォーマンスデータも表示できる。エンターテインメント用は七〇度近い視野角が得られ、イノヴェガ社ではこれがIMAXの映画鑑賞に匹敵するとしている。

開発企業であるイノヴェガ社は、ハードウェアとレンズの製造ライセンスを供与する計画である。ユーザーは検眼士にレンズの処方箋を発行してもらう。必要ならば視力矯正を加えてもらうこともできる（コンタクトレンズは医療機器なので、視力矯正をしない場合でも処方箋が必要である）。処方箋をもらったら、一般のコンタクトレンズを買うときと同じように薬局でiオプティックのレンズを購入する。メタリックな眼に抵抗がある人のために、イノヴェガ社は虹彩の色がわずかに濃くなるだけというもっと自然な色の製品の開発も進めている。レンズは一日中つけていて、拡張現実メガネは必要なときだけかければよい。サイボーグ的な未来における老眼鏡みたいなものだ。

iオプティックの仕組みを見せてもらうために、私たちはイノヴェガ社のサンディエゴ実験施設の研究室へ向かう。エンジニアリングディレクターのジェイ・マーシュが、工具、測径器、成形用粘土の散らかった作業台で仕上げを終えたところだ。彼は眼にカメラを装着したマネキンの頭部を準備していた。「アイ」カメラには例の銀色のレンズがついている。その上に横見タイプのメガネがかけられている。カメラはプロジェクターに接続されているので、マネキンの頭が見るものを私たちも見ることができる。つまり、マネキンを観察している私たちが見える。チャンが自分のスマートフォンを装置につなぐと、私たちのいる場所の地図がマネキンの視野の右半分に重なって表示される。「基本的にこれは目の前にデスクトップがあるのと同じことです」とチャンは言う。

多くの拡張現実デザイン企業と同じく、イノヴェガ社もプラットフォームだけをつくり、アプリケーションの開発は他社に任せるつもりだ。初期の拡張現実アプリのグラフィックはシンプルで、メールや天気予報など、スマートフォンのアプリから転用されたものが多かった。しかし今では最初から拡張現実に特化したアプリがつくられつつある。そうしたアプリをもっと没入感の高い透明ディスプレイや視線追《アイ・トラッキ》跡《ング》、カメラと組み合わせれば、いずれはチャンの言う「一ピクセルのずれもない表示」で本物と偽物をぴったり融合させることができるはずだ。たとえば友人とレーザータグ〔レーザー銃を使ったサバイバルゲーム〕をしているが、友人の姿はアバターとして見えるという状況を想像してみよう。あるいはどこかへ行くときに、地図の代わりに線が路面に現れて目的地まで案内してくれるというのはどうだろう。または、周囲にある平らな面が、『マイノリティ・リポート』風の個人向け広告を映すスクリーンになるかもしれない。

拡張現実はユーザーに通常ではもちえない視力を与えることもできる。イノヴェガ社は明るい環境と暗い環境とのあいだを移行する際（たとえば砂漠で兵士が暗い戸口をのぞき込む場合）や、カメラセンサーを使って銃口の閃光を検知しようとする際の明暗差を調節する方法を探るプロジェクトで軍と協力してきた。同社は視力の弱いユーザーのために拡大機能をもつ製品をつくることも検討しているし、ウインクするだけでズームインやズームアウトができるコンタクトレンズを開発したカリフォルニア大学サンディエゴ校の研究室との共同研究開発もしている。現在開発しているわけではないが、赤外線カメラを加えれば暗視能力を得ることもできるとチャンは指摘する。

近いうちに、イノヴェガ社はこのレンズの最大の用途は産業用になると見ている。その場合、単純なグラフィックや文字でも役に立つ。エンジニアとしての研修中に自動車の組み立てラインで働いた経験をもつマーシュは、作業をしながら指示が受けられたらとても便利だと言う。自動車が製造ラインを進んでいくときに、作業員はたとえば配線の位置を示すグラフィックが重なって映し出されるのを見ることができる。「ワイヤをこういうふうにいろいろな穴に通してここに留めつけろというような指示を受けることができます。それから、留め具を抜かしたときにはそれも教えてもらえます」と彼は言う。

実際、拡張現実メガネを市場へいち早く送り出した企業の一つであるビュージックス（本社ニューヨーク）は、二〇一三年後半に「M100スマートグラス」を発売したが、これは主に作業現場での使用を目的としていた。私はイノヴェガ社の研究室を訪れてから数カ月後、今度はビュージックス社の販売営業開発部長サイ・タンに、作業員によるM100の使い方を遠隔デモンストレーションで見せてもらった。彼は自分のスマートグラスをかけると、それをコンピューターに接続する。そのコンピューターは五〇〇〇キロほど離れた私のコンピューターとつながっていて、私たちはビデオ通話でやりとりしているのだが、不意に私は彼の視点で物が見えるようになる。

次にサイは荷箱の写真を取り上げて、箱のバーコードを見る。まるで倉庫の作業員が本物の箱を調べるときのようだ。「ヘッドセットのコンピューターが箱を見て、中に私の知るべきものが入っていることを認識し、その情報を取り出して私に伝えます」とサイは言う。青いポロシャツの画像がスクリーンに現れる。その画像に重ねて16と30という数字が表示されている。その隣に数字の3が記された黄色い四角と「店舗12」と書かれた青い四角が見える。これらは棚出し用の指示です、とサイが説明する。「箱の中身はシャツが三〇枚、色はすべて青、サイズは16、三枚取り出して店舗12に出荷せよという意味です」

それから彼は、アンドロイド搭載デバイス用としてこれまでにつくられている一〇万種類のアプリケーションのうちいくつかを見せてくれる。アプリはすべて他社が開発したもので、多くはもともとスマートフォン用だったという。彼が白い名刺を掲げて「すぐに翻訳できますよ」と言っているうちに、名刺の文字が「Thanks, friend!」から「Gracias, amigo!」にさっと変わる。次に彼は顔認識アプリのベータ版を立ち上げて、自分の顔の写真を見る。すると、彼の名前、肩書、勤務先が表示される。すべてリンクトインのプロフィールから取り出した情報だ（プライバシーの観点から、顔認識については賛否が分かれている。グーグル社はグーグルグラス用にその種のアプリを開発することを禁じている。顔認識アプリを開発している企業はたいてい、自社のサービスを市場に出せばユーザーは自分のデータが利用されるのを防ぐことができると主張する。今見せてくれているアプリについては、サイが自分のプロフィールへのアクセスを許可している）。それからサイは、戦地勤務の兵士や救急隊員、警察官などのために設計されたアプリを見せてくれる。八個のメガネから送られてくる情報を同時に監視できるという。今、私たちはハリケーンの最中に撮影された画像を見ている。

Ｍ１００は狙撃兵用のメガネによく似ているが、白いプラスチック製のつるにはカメラとディスプレイが組み込まれ、右眼の前でカーブしている。ビュージックス社の次のプロジェクトは片眼用ではなく両眼用なので、透過型スクリーンを大型化する必要性（やはり視野の問題だ）に対して導波管技術を使って問題を克服することを目指している。レンズ自体に横から光を照射することにより、目の前にバーを置く必要をなくそうというのだ。

この分野はとても新しいので、ここで活動する企業はみな他社から抜きん出ることを目指し、導波管技術にせよ、コンタクトレンズにせよ、あるいはホログラフィック・インターフェースであれ、独自の技術を確立しようとしている。ホログラフィック・インターフェースというのは、シリコンヴァレーにあるメタ社（ウェアラブルコンピューターの生みの親と言われるスティーヴ・マンがチーフ・サイエンティストを務めている）の「メタ1」というメガネのセールスポイントだ。メタ1はユーザーの頭と手の位置をトラッキングするので、ユーザーは目の前に広がる拡張現実世界の中でオブジェクトを操作することができる。メガネをコントロールする方法を模索し続けている（ボイスコマンドにするか？　それともジェスチャー認識か？　スマートフォンのインターフェースか？）業界にとって、これは非常に興味をそそられる製品だ。二〇一四年の拡張現実世界エキスポ（ＡＷＥ）に出展したメタ社のブースには、三〇分待ちの行列ができた。ブースにはブルーの分厚いカーテンがかかっていて、客が二人ずつ招き入れられた。最終的な一般ユーザー用バージョンは別の形状になりそうだが、開発者用キットとしてつくられた今のバージョンは箱型で、ストラップを使って装着する。

エンジニアのラガフ・スードが私に装置をつけながら、手を上げてくださいと言った。メガネごしに、手が赤い輪郭として見える。青い球体のホログラムが現れた。頭でそれを追うと、メガネが私の位置を追跡する。私がよそを向くと、球体をまた見つけられるように矢印が助けてくれる。すべてのものに手で触れることができる。球体を指で突くとはじけて、黄色い炎となる（これは未来の気泡シートつぶしではないかと私は想像する）。手の中で形を保ったり、空中で引っ張って別の場所で放したりすることができる。

スードがオートバイのエンジンの図を示した。「手を伸ばしてこれに触れると、部品が飛び散るのが見えますよ」と言いながら、実際にそれをやってみせる。「ゆっくり自分のほうに引き寄せると、勝手に組み上がります。ねじがそれぞれの位置に少しずつはまっていくのが見られます」

二〇一五年までにこの分野はさらに多様化が進み、この年に開催された大規模な技術展示会では拡張現実や仮想現実の製品デモが脚光を浴びた。AWEのみならず、世界の開発企業が開発中の製品を披露する場となるコンスーマー・エレクトロニクス・ショー（CES）や、ゲームの国際見本市（E3）でも同様だった。この年に発表された初期デザインで目を引いたものをここでいくつか紹介したい。AWEでは、もともとは軍や政府機関のために一個五〇〇〇ドル程度でいかにもごつい外観の拡張現実アイウェアを開発したオスターハウト・デザイングループが、およそ半額で販売される「R‐7」という一般向けモデルを発表した。これには気の利いたアクセサリーとして、ブルートゥース接続が可能な指輪型の「ワイヤレス・フィンガーマウス」や、磁石で貼り付ける交換可能なレンズカバーなどがついていた。仮想現実使用時には色の濃いカバーを使ったり、拡張現実使用時には透明度の高いカバーを使ったりと切り替えることができる。CESでは、オキュラス・リフトのチームが最新型の「オキュラス・クレセント・ベイ」のプロトタイプを発表した。この時点では、この製品は電動式鉛筆削り器を顔にくくりつけたようにも見えたが、その卓越したリアルさは絶賛された。E3の直前、オキュラス社はリング型の「オキュラス・タッチ・コントローラー」も発売していた。ユーザーが左右の手でリングを一つずつ握ると、リング内部に搭載されたカメラとセンサーが手と指の動きを追跡し、ユーザーは仮想世界でオブジェクトを操作したり、持ち上げたり落としたりすることができる。CESでは、アヴェガント社が映画およびビデオゲーム用のポータブルシアター「グリフ」のプロトタイプを出品した。これは、使わないときにはヘッドフォンのように頭に装着しておく。映像を見るときには、ヘッドピースを眼の前に下ろすと、マイクロミラーアレイが画像を反射して眼に送り込む。これらのデザインはどれもスマートとは言いがたいが、テクノロジー評論家はこれらの新製品について、没入感と使い勝手が向上しており、身につけていてもおかしくないくらいスタイリッシュだとも言えなくはないと、慎重な言い回しで称賛した。まあ確かにそう言えなくはない。

これらの製品が実際に発売された場合にどんな反応が見られるか、予想するのは難しい。自宅でゲームをするときだけでなく人前で身につけるものとなれば、なおさら反応は読みにくい。たいていのデザイナーは、野暮で目立つ形状を避けるのが、マニアではない一般ユーザーの気持ちをつかむ第一歩だと言う。ユーザーの気が散ったり気分が悪くなったりしないように、快適な視覚体験を実現することも大事だ。しかし最後の難関は、ウェアラブル装置がスマートフォンを改良したようなものであり、コンピューターを頭に装着すべきもっともな理由があるということをユーザーに納得させることだろう。フランスのオプティンヴェント社でCEOを務めるケイヴァン・ミルザは、その理由とは迅速さだと考えている。二〇一四年に私が初めて会ったとき、彼はメタ社のブースからテーブルをいくつか隔てたところで初期デザインの「ORA‐1」メガネを展示していた。メガネのほうが「脳に一〇秒近いですから」と彼は言った。何かを調べたいときにいちいちポケットを探る必要がないので、意思決定から行動までの時間が短縮できる。「これはウェアラブルなバイオニックアイです」と彼は力を込めて言った。「いつでもスタンバイしているので、情報が必要なときには、より多くの情報がより手軽に短時間で得られるのです」

ミルザは、拡張現実とは、さらに迅速かつシームレスに知覚を改変する脳埋め込み装置に至る前段階であるという見方にかなり満足している。「人間がネットワークやクラウドと融合した真のサイボーグの段階に至る前の、両者が混ざった中間段階のようなものです」。彼は、コンピューター技術を用いた装置が小型化して携帯しやすくなるにつれて、体の上のほうへ進出してきたと指摘した。いよいよ今、それが頭にたどり着こうとしている。「研究室からデスクへ、膝の上へ、そしてポケットへと進んできました。じわじわと脳に近づいていませんか？」と彼は言って、にやりと笑った。

サイボーグとは何か？

このへんで、サイボーグとは何かについて論じるべきだろう。人間とテクノロジーの混ざり合ったものであることは間違いない。しかし、その境界線はどこにあるのか。ペースメーカーをつけている人はサイボーグだろうか。腕時計はどうだろう。コンタクトレンズは？　服は？　体と機械の比率に基準があるのだろうか。

サイボーグという言葉は、一九六〇年にマンフレッド・クラインズと精神科医のネイサン・クラインが人類の宇宙探査を想定してつくり出したものだ(8)。彼らは、地球という、あぶくのごとくはかない場所で自分の身を守ろうとするのではなく「人間と機械を組み合わせた自己調整型システム」をつくることによって、人間が新たな厳しい環境にどのように適応できるか想像した。というのは、「あぶくはあまりにもたやすく破裂する」からだ。その自己調整型システムは体と一体化したものでなくてはならない、と彼らは記した。「宇宙で人間が乗り物を操縦することに加えて、自分の生命を維持するためだけに絶えずいろいろなチェックや調整をしなくてはならないなら、人間は機械の奴隷となってしまう」からだ。サイボーグの目的は、「そうしたロボットのような問題は自動的かつ無意識的に処理し、人間は自由に探索し、創造し、思考し、感じることができるようにしてくれる、組織的なシステムを提供することである」と彼らは主張した。彼らの考えた可能性としては、薬物を持続的に投与できる浸透圧ポンプ、体内から二酸化炭素を除去する「逆燃料電池」式人工肺、体液を再循環させるシャントなどがあった。サイボーグは遺伝的特性を変えることなく身体に修飾を加えることによって進化を追い越す手段となるだろう、と彼らは記している。

しかしその後、この用語がカバーする範囲は広がっている。フェミニズム理論家で科学哲学者のダナ・ハラウェイは、大きな反響を呼んだ一九八五年の小論「サイボーグ宣言」において、人間は誰もがサイボーグだと主張した。[9]「文化」対「自然」、「自己」対「他者」、「現実」対「うわべ」といった二元論では容易にくくれない、複雑な生き物だと訴えたのだ。一般消費者向けのテクノロジー製品が急激に小型化した時代に執筆した彼女は、さまざまな装置がいたるところで人知れず存在するようになり、持ち運びもしやすくなりつつあると指摘した。「我々の最高の機械は日の光からできていて、いずれも軽くてクリーンである。なぜなら、どの機械をとってみても、信号……でしかない……からである。……サイボーグはといえば、第五元素たるエーテルである」〔『猿と女とサイボーグ』高橋さきの訳、青土社より引用〕とハラウェイは記している。彼女は、テクノロジーを人の体に入り込ませようとする軍や産業界の意向が問題をはらんでいることに気づいていたが、サイボーグという概念が、複数の要素の混ざり合った存在であることに誇りをもつことによって、人を自由にするということも看破していた。「サイボーグは、人々が動物や機械と連帯関係を結ぶことを恐れず、未来永劫にわたって部分的なままにとどまるアイデンティティや相矛盾する立場に臆することのないような、社会や身体の生きられたリアリティに関わるものかもしれない」〔同〕

イギリスのサイバネティクス教授で「世界初のサイボーグ」を自称するケヴィン・ウォーウィックは、一九九八年から自分の体に改造手術を施し、一時的に装置を埋め込んでいる。[10]二〇〇二年には、腕に電極アレイを埋め込んで、ロボットハンドを遠隔操作したり、車椅子を動かしたり、帽子に取り付けた超音波センサーから送られる信号を腕の埋め込み装置で受信するという方法で物までの距離を感知したりできるようにした。妻の腕にもっと単純な電極を装着して、夫婦の腕のあいだで運動に関係する電気信号をやりとりする実験もおこなった。彼は自伝『私はサイボーグ』で「サイボーグ」という言葉を「部分的に動物で、部分的に機械で、その能力が通常の限界を超えて拡張された存在」と定義し、人間をシステムにつないで「ニューラルネットワークの結節点《ノード》に」する技術に着目している。彼の見方によると、サイボーグは「インターネットでつながるところならどこでも」感知とコミュニケーションができ、人間の体の限界を超えて対象をコントロールできるので、人間がシステムとつながればとてつもない力が生まれる。「サイボーグの体は、電子的な接続がある限り、どこまでも拡張する」と彼は書いている。

しかし、ネットワーキングがすばらしいことだと誰もが思っているわけではない。「ストップ・ザ・サイボーグズ」という団体の共同設立者の一人であるアダム・ウッドは、サイバネティクスについて同じような定義を用い、人間と機械が同じ制御フィードバックループに組み込まれたものだとしている。ウッドにとって、装置が体に埋め込まれている必要はなく、常時装着する必要さえなく、大事なのはその装置が行動に与える影響である。「人間がサイボーグになることをポジティブにとらえる見方があります。能力が増強されるとか、道具を使いこなしているとか、本来は備わっていなかった能力を獲得したなどととらえることができます」と、ウッドはロンドンのパブでビールをジョッキからちびちびと飲みながら言う。「しかし同様に、逆の見方もできるのです。人間がシステムにコントロールされているとも言えるのです」

ウッドはウェアラブル技術をきわめて声高に公然と批判する。特にグーグルグラスに対して批判的で、ストップ・ザ・サイボーグズはこれがテストケースになると見なしている。ウッドはネオラッダイト〔技術が人の雇用機会を奪うことを恐れ、高度な技術に否定的な立場をとる人〕というわけではない。彼は機械学習の分野で研究に携わっている。拡張現実について、最初はとてもクールだと思った。しかし今では、そこに内包されたイデオロギーや能力について十分に議論されないまま、ただ目新しさゆえにあまりにも急激に支持を拡大していることを懸念している。最大の懸案はネットワーキングの側面だ。ある技術が高度にネットワーク化されるにつれて、その技術はサイボーグ化していく。ウッドはX軸とY軸からなる図をよく頭に浮かべる。一方の軸は技術が体と融合した度合いを表し、もう一方の軸は体が外部からコントロールされる度合いを表す。両者が極限に達する位置には、『スタートレック』に登場するボーグのハイブマインド（集合精神）が相当する。その対極にあるのがハンマーだ。現在の拡張現実はほとんどがこれらのあいだのどこかに位置する。

個人のデータを集めたり、位置を追跡したり、知覚を改変したり、情報を人に送り込むことで行動を変えさせたりできる装置は、ディストピアをもたらすかもしれない。拡張現実メガネが行動を誘発する仕組みを考えてみればよい、とウッドは言う。行動に報酬が結びつけられるかもしれない。タスクを完了するとポイントがもらえたり、個人情報の断片をソーシャルメディアで共有すれば称賛されたりするかもしれない。あるいはユーザーの眼に入るあらゆるものに情報を重ねて表示し、選択に影響を与えるかもしれない。たとえばこのパブへ向かって歩いている人の前に、この店は最低だというトリップアドバイザーのレビューが表示されたら、その人は店には寄らずに通り過ぎてしまうのではないだろうか。または、パブを検索している人がパブのリストを入手したとしても、そこに載っていないパブについてはわからない。「ユーザーはコントロールされているのです。システムによって知覚が変えられていますから」とウッドは言う。

バー選びくらいならどうということもないかもしれないが、顔認識のせいでこれらの装置が個人情報を互いに伝え合うようになり、犯罪歴や交際歴などが他人に知られてしまうとしたらどうか、とウッドは問う（これはありえないことではない。裁判記録は公開されているし、交際相手の過去を調査するアプリケーションはすでに存在するし、ウェブは本人の意思で共有された個人情報であふれている）。ウッドの言う「人のトリップアドバイザー」を誰かがつくって、親しみやすさや信頼性や（ビジネス用には）顧客としての価値といった指標で私たちが互いを評価できるようになったらどうだろう。そういう評価はスコアの数字で表されるので、客観的に思われるかもしれないが、その背後にあるシステムがもつバイアスについては、私たちには知りようがない、とウッドは指摘する。「悪い」顧客とはどんな顧客なのか。信用格付が低い（金銭についてだらしないということを意味するかもしれない）人なのか、それともその店であまりお金を使わない（財布のひもが固いということを意味するかもしれない）人なのか、あるいは自動応答サービスに電話をかけてどなったことがある（単にこれは人間だということを意味するだけかもしれない）人なのか。また、私たちは意思決定する際の手助けや知覚の選別やデータの保存に機械を当てにすることが増えているが、そのような機械がじつは信頼性に欠け、操作やハッキングや盗み聞きや消去をしがちだとしたらどうか。そのような場合、「きわめて現実的な意味で、拡張された自己を自分できちんとコントロールできなくなります」とウッドは言う。

このような問題は、拡張現実に限ったものではない。人は常に、行動に報酬を与え、互いに社会的なプレッシャーをかけてきた。私たちは何世代も前からさまざまな仕事を機械に任せてきたし、今ではスマートフォンを使って人を評価したり、居場所を突き止めたり、「いいね」を押したりすることに余念がない。とはいえまさに感覚器官と世界とのあいだに入り込む技術を使えば、「きわめてきめ細かいレベルでそうしたことができてしまいます」とウッドは言う。そのように機械と体がぴったり一体化すれば、「私たちは他者から操作されても気づきにくくなるでしょう。体の外からわかりやすい形で操作されることが少なくなるのです。ですから、いかなる意味においても、これは新しい問題ではありません。昔からあった問題がもっと重大になっているのです」

これまでのところ、一般市民と拡張現実とのあいだで最大の対立は、プライバシーの問題をめぐって起きている。これは視覚とカメラばかりを重視した第一世代の装置が残した遺産だ。ストップ・ザ・サイボーグズは初期の取り組みの一つとして、カフェやバーに対して店内でのグーグルグラスや「監視装置」

の使用を禁止することを求めるチラシをつくった。眼にカメラを装着するのは、目立たぬように設置された閉回路の監視カメラとは違う、とウッドは主張する。「プライバシーを侵害しているという印象が強く、はっきりとその存在が見て取れます」。そのようなカメラがあると、人はおおむね自分が監視されていると感じる。そう思うと気持ちがいらだつ。グーグルグラスの誕生の地であるサンフランシスコのベイエリアで、一部の店が同様の掲示を張り出した。また、全国でグーグルグラスをかけた客とそれを不快に思う客や店主とのあいだで衝突が起きた。[11] こうしたエピソードや、「メガネ野郎《グラスホール》」〔glass（メガネ）とasshole（ろくでなし）を合わせた造語〕という侮蔑的な言葉の出現に対応したのか、二〇一四年の初めにグーグル社はグーグルグラスのユーザー向けマナーガイドを発表した。[12] 写真を撮る前には許可を得ること、グーグルグラスの電源を切ってほしいと言われたら従うこと、そして質問や好奇の目には礼儀正しく対応すること、といったアドバイスが挙げられていた。翌年に販売が中止されると、ハイテク評論家たちはそれを監視への懸念と対人関係での気まずさのせいだとした。ユーザーは自分の顔にカメラが取り付けられているのに不自然さを覚え、周囲の人たちは自分がカメラの視野に入るのを不快に感じたのだ。

体に取り付けたカメラをめぐって不安やさらには暴力沙汰が起きたのは、このときが初めてではない。ニール・ハービソンはBBCに寄稿した記事で、二〇一一年に自身が遭遇した出来事を記している。[13] カメラを装着していたら、デモを撮影していると思われて、警察官に取り上げられそうになったという。その翌年には、スティーヴ・マンがパリのファストフード店で三人の男に襲われ、一人がマンの頭からメガネを奪い取ろうとした（ボルトで頭蓋骨に固定してある）。マンはメガネの機能を医師に説明してもらった文書を携行しているのだが、別の男がそれを破いた。[14] 二〇一四年には、オハイオ州の映画館でグーグルグラスをかけていた男性が、米国映画協会と国土安全保障省の係員から事情を聴かれた。[15] 映画を撮影して海賊版をつくろうとしているのではないかと疑われたのだ（それは濡れ衣だった）。

しかし、ありふれたスマートフォンよりも拡張現実装置のほうが侵入的だとか不自然だということはないと言ってよい。むしろ問題は少ないかもしれない。「私たちがサイボーグやらグラスホールやらその手のものになるのではないかと、アイウェアが批判にさらされています」と、オプティンヴェント社CEOのミルザは言うが、私たちがすでに「底知れぬ四角形」に夢中になっていて、それによって絶えず注意が散漫になっていると指摘する。「無礼そのものではありませんか。ちょっと失礼して、あなたの目の前でスマートフォンを使わせてもらいます。四インチの画面を見つめて入力を始めたとしましょう。これが人間らしいふるまいと言えるでしょうか」

世の中には、写真を撮られてもまったく気にならないという人もいる。私がイノヴェガ社を訪れたとき、チャンは自分が常に記録されているということを心得ていると言った。「私について不正確な情報が伝えられたり、クレジットカード情報や個人情報が盗まれたりしない限り、いろいろな情報が公開されるのはかまいません」。しかし……ひどい髪形をしているときや鼻をほじっているところを世間にさらされても平気なのだろうか。「私が本当に鼻に指を突っ込んでいるのなら、それが私の真実の姿ですから」と、チャンは笑いながら言った。「プライバシーを守りたい人のプライバシーを守り、プライバシーを公開されてもかまわない人とどう折り合いをつけるか、その方法を考える必要はありますね」

とは言っても、イノヴェガ社の初期のデザインにはカメラは搭載されておらず、これからも搭載しないかもしれない。「第一号の製品にはカメラを搭載しないかもしれません。カメラが成功への障害になると考えているので」とマーシュは言った。二〇一五年に再びオプティンヴェント社のミルザとコンタクトをとったとき、彼のORAチームはベータ版のメガネを開発者に提供していたが、「拡張現実ヘッドフォン」モデルも手がけていた。これはすでに高性能でかさばるヘッドフォンを使うことに慣れた若い世代をターゲットとしたものだ。AWE展示会で、きらめく白いヘッドフォンがガラスケースの中で回転していた。

これはカメラとディスプレイのついたアームが動かせるようになっていて、ユーザーが人と話すときにはアームを上げて眼の前からどけることができる。眼のそばに装置を置くのはデリケートな問題だということがわかってきたための処置だ。「消費者はまだ、顔にテクノロジー製品をつける心構えができていないのです」とミルザは結論した。しかしヘッドフォンについては「スマートグラスにはない『クールな要素』」があると主張した。ヘッドフォンは実用的な道具というよりも楽しむためのアイテムであり、サイボーグというより流行の先端にいることの象徴なのだと彼は考えている。ヘッドフォンなら、眼の前にカメラを装着することで生じるプライバシーの問題を起こさずに、「もっと脳に近く、常に作動している」技術の恩恵が受けられる。「野暮ったく見えずに超高性能を実現する。それこそ私たちが目指していることなのです」とミルザは言い切った。

テクノロジーの乱用による市民の自由への侵害に抗議し、監視する「電子フロンティア財団」の専属弁護士、カート・オプサールは、スマートフォンと比べれば拡張現実はまだニッチな市場だと指摘する。スマートフォンの集める動画、音声、位置情報の総量は、拡張現実が扱う情報と比べれば段違いに多い。仮に拡張現実装置がもっと普及しても、それらは記録装置を規制する州法の監視下に置かれるだろう。そうした法のうち、音声関連の法律は一般に録音される人の同意を義務づけ、動画関連の法律はたとえば更衣室のようなデリケートな場所での録画装置の使用を禁止する。もちろん「ずっと前から、隠しカメラをもつことは可能でした。スパイ用品店に行けば、コートのボタンかペンに似せて設計されたカメラが売られています」と彼は指摘する。隠しカメラはよい目的にも悪い目的にも利用されている。調査報道のための取材からスカートの中の盗撮に至るまで、その使い道は多岐にわたる。

しかし、拡張現実メガネには重大な違いがいくつかある、と彼は言う。たとえば常時撮影できることだ。「スマートフォンのカメラを堂々と人に向けたまま歩き回るのはおそらく無理ですが、グーグルグラスならかけたまま歩き回れるかもしれません」。どんなときにどんなところでならカメラを使ってよいかという基準がまだ確立していない。法律の枠組みで言えば、目撃したものを表現する言論の自由と他者のプライバシー権とのあいだで生じる対立にどう対処すべきかという規範が定まっていないのだ。スマートメガネをかけてパーティーか会員制のクラブに行ったとしよう。この場合、撮影してよいだろうか。オプサールによれば、従来は社会規範によって、プライバシーの侵害行為が制限されてきた。噂話をしたり場を白けさせたりすれば、それなりのしっぺ返しを受ける。オプサールはスマートメガネについても同様の圧力が存在することを期待している。「写真を撮られるのを嫌がっている相手の写真を撮ることはできるかもしれませんが、そんなことをしたら二度とパーティーに呼んでもらえないのではないでしょうか」

眼内カメラをつけたドキュメンタリー映画監督として、かつてスペンスはこうした考えと闘わねばならなかった。彼は自分がサイボーグ界で注目を浴びる存在であることについて、複雑な思いを抱いている。アイボーグになったのは事故に遭ったせいであり、もともとサイボーグの理論やプライバシーの問題に強い関心があったわけではない。ところが今ではサイボーグについて人前で論じることに多くの時間を費やし、サイボーグであることの意味について広い視野で考えている。「Tシャツを着るだけでもサイボーグになれると思うよ。Tシャツはテクノロジーの成果だし、ただの裸の体にパーツが加わるわけだから。僕たちが昔の人よりも背が高く、寿命が長く、雪の中で足を凍えさせずにいられることにも理由がある――靴もテクノロジーだからだ」とスペンスは言う。彼は講演する際には「この先、人間はもっと体のいろいろなパーツを交換しようとするでしょう。靴から膝のネジへ、コンタクトレンズからレーザー眼科手術へと移行していくのはまさに正常な進化です」と訴える。「必要に迫られていないのに体を変化させる」人などいないと聴衆から反論されるであろうことに対して先手を打ち、「パメラ・アンダーソンの写真を見せるんだ。すでに何百万人という人が単にバストの見た目をよくするという目的で手術を受け、体にメスを入れ、自分の体を変化させている。これはよくあることで、別に問題ではなく、ふつうのことじゃないか！」と語る。

彼はダブルスタンダードを見て取っている。私たちは目新しいものにばかり注意を向け、古い技術については それがじつはかなりハイテクなものであっても気に留めないのだ。たとえば、ガラス製の義眼を使う人がいる。「今、そういう人たちはサイボーグと呼ばれているか？　呼ばれていないよね。でも、眼に六〇セントの赤色LEDをはめたらどうだろう。サイボーグのできあがりだ」とスペンスは言う。それでも彼はアイカメラの機能を増強するのを好んでいる。彼のチームはレーザーポインターを使った「ギャグ・アイ」なるものを考案した。これを使うと、パワーポイントのプレゼンテーション画面を視線で指し示すことができる。テクノロジーマニアなら興奮する代物に違いない。彼は当初、監視をテーマとした作品をつくるつもりなどなかったが、今ではそれを考えている。「カメラの機能によって、撮る対象が決まってくる。ゴープロを手に入れると、谷間を飛び越える人をヘルメットの視点から撮影した動画を撮りたくなるものだが、それと同じことだね」

二〇一三年の後半に私が彼と会ったころには、トロントの街は当時のロブ・フォード市長のスキャンダルで大騒ぎになっていた。クラックコカインを吸っているらしい場面をスマートフォンで映した動画がメディアに広まったことを受けて、本人が薬物の使用を認めたのだった[16]。「ここの市長の話は知ってるよね？」とスペンスは淡々と言った。「じゃあ、人生の破滅を迎えたのはなぜだと思う？　小型の隠しカメラで撮られているのに気づかなかったからだ。つまり今や『ビッグブラザー』はそんなに恐れるべきものじゃない。怖いのは『リトルブラザー』のほうだ」。リトルブラザーとは、監視社会を描いたコリイ・ドクトロウのディストピア小説のタイトルとして有名になった言葉だ。

スペンスのもたらした最大の影響の一つは、「スーベイランス」という概念である。これはマンが考えた造語で、権力者が「上から」監視する「サーベイランス」とは逆に、市民が「下から」監視することを意味する。[17] スーベイランスは強い力をもつが、諸刃の剣でもある。一九九一年にロドニー・キングが警察官に殴打される場面をカメラがとらえたことをきっかけとして、ロサンゼルス市内で暴動が発生し、世界が憤った。これは権力の乱用を市民が撮影した初期の著名な一例となった。現在では、多くのコミュニティーが警察官にカメラの装着を要求している。市民に対する責任感の向上を望んでのことである。しかし、二〇一三年のボストンマラソンで起きた爆破事件を思い出そう。あの事件のあと、司法当局は市民に対し、犯人逮捕につながりそうな動画や写真の提供を求めた。当局が警察官ではなく市民の撮影した動画に頼ることに懸念を覚える人もいた（さらに問題視されたのは、ネット上で写真や警察無線の情報をアマチュアが分析し、それによって何人かが誤って告発されたことだった）。[18] 確かにマラソンは公共の場で開催されたし、公共の場にいる人はプライバシーの保護を期待しない。しかし拡張現実装置を装着した人が、正当な理由と令状がなければ当局がアクセスできないプライベートな場（会社や家庭など。フォード市長の動画は家庭で撮られた）に入り込み、自分の画像が公開されたり警察に渡ったりすることなど考えていない人たちの中で装置を使うこともありうる。「ウェアラブル装置の問題点は、あらゆる行動や場所が可視化されることです」とウッドは言う。「あらゆる場所が可視化されたら、支配的な勢力やイデオロギーがそこを調べたり監視したりできてしまうのです」

小型カメラを使えば当局にとっても監視が容易になり、実際に監視がおこなわれやすくなる、とオプサールは指摘する。秘密捜査官が特定の人物を追跡するために公共の場に隠しカメラを設置していた時代には、監視はおそろしく面倒な仕事だった。「抵抗が強かったので、よほど切実な理由がない限り、当局は監視をしませんでした」とオプサールは言う。平均的な市民にとって、「そのことがプライバシー保護にいくらか役立っていました。しかし実行可能なあらゆることが実際にいつでも誰に対してもできるようになったら、プライバシーの保護などなくなってしまうでしょう」

ウッドは、当局が法的規則を執行するためではなく、市民が道徳規範を守らせるためにスーベイランスを用いる場合には、グレーゾーンが存在することも見抜いている。たとえばレストランの客が人種差別的な弁舌を振るったとしよう。「これは犯罪行為というわけではありませんから、法的機構の出る幕ではありません」とウッドは言う。「しかしそれを不快に思った隣のテーブルの客が録音し、その人物を勤務先で解雇させたりするかもしれません。つまりこの種の市民による監視には、『群衆による道徳の執行』という面があるのです」。さらにウッドによれば、人種差別主義者をこらしめるのはすばらしいことだと思われるかもしれないが、周囲のいたるところにカメラがあるという状況には明確なイデオロギー的要素はない。同性愛嫌悪者がゲイバーの客たちを公にさらすためにウェアラブル装置を使うのも、同性愛者の人権擁護活動家が差別的行為を撮影するのにウェアラブル装置を使うのも、どちらも同じくらい簡単だということは想像がつくのではないだろうか。

そのようなカメラが手の中ではなく眼に装着されていたら、それは問題なのだろうか。「不思議なことに、そのほうが脅威や損害をもたらす可能性があると思われ、プライバシーが侵害されると感じられてしまうんだ」と、スペンスは自分のアイカメラについて語る——ほかの小型カメラを使う場合にも、同様の倫理的な判断が求められるはずなのだが。それでも彼は、ウェアラブル装置は作動しているかどうか見分けるのが難しいという点を認める。実際、常時作動しているものもあるかもしれない（表示ランプ、スクリーン照明、音声コマンドを使って、写真を撮ったことを示す装置もあるが、すべてではない）。手持ちカメラを顔に近づければ、写真を撮ろうとしていることが周囲に伝わり、被写体は笑顔をつくったり撮影を拒否したりする機会が与えられる。一方、カメラが眼の中にある場合には、そのようなやりとりがはっきりおこなわれることはない。

ドキュメンタリー映画の制作に関して、スペンスはこのことに関心をもっている。どっきりカメラ番組のように、「まず撮影して、あとでインタビューする」というやり方も可能かもしれない。あるいは許可を得てふつうにインタビューをする場合でも、目立ちにくいカメラなら相手がリラックスする助けとなるかもしれない。スペンスは次の映画『みんなでトロントを嫌おう2』のためのブレインストーミングを始めている。この作品はホッケー（正確には「なぜトロント・メイプルリーフスはひどいチームなのか」）に焦点を当て、選手やファンに密着したインタビューをするために「視点と一致したカメラ」としてアイカメラを使う計画である。顔を合わせての会話にはほかでは得られない特別な要素があり、スペンスはその大切なものを敏感にとらえることができる。その特別な要素を食い物にすることなく生かすにはどうしたらよいか心得ているのだ。「相手の眼を見すえることは人間らしい行為でありながら、いざするとなるときわめて難しい行為だと思われている」と、彼は考えながら口にする。「眼は心の窓。ユーチューブへの窓ではなく。だろう?」

人を幸福にする拡張現実

拡張現実の世界でカメラのない場所へ行こう。

ロンドン市立大学にあるエイドリアン・デイヴィッド・チェオクの研究室の作業スペースは、ほぼ机一つである。ダークウッドに彫刻を施した古めかしい巨大な机に、マーブル模様の施された緑色の吸い取り紙が広げてある。この紙が、殺風景な屋根裏部屋のようになりかねないこの部屋にヴィクトリア朝時代を思わせる上品な趣を添えている。博士課程でコンピューター科学を専攻するジョーダン・テュウェルとマリウス・ブラウンが、机の引き出しからなにやら不思議なものを次々に取り出している。

最初に片手いっぱいの指輪を取り出し、机の上にざらざらと置く。これらの指輪は長距離を隔てて触覚を伝えるデバイスを開発するプロジェクト「リングU」でつくられたプロトタイプだ。このプロトタイプは3Dプリンターでつくったプラスチック製の単純なもので、ふつうなら宝石がはまっている位置に突起がついている。ブラウンと私は指にこの指輪をはめる。ブラウンが自分のはめた指輪のボタンを押すと、私の指輪が振動し、突起がピンク色に光る。私が指輪を押すと、今度は彼の指輪が震え、突起がオレンジ色にきらめく。このささやかなハグにはシンプルなメッセージが込められている。「あなたのことを考えています」というメッセージだ。

最初に発売されるリングUは、スーパーヒーローサイズで、オパール色に光るプラスチック製の宝石がついたものとなるだろう。指輪を押す強さによって振動の強さが変わり、ブルートゥースで電話回線ネットワークに接続できる。「世界中どこにいても、誰かにハグを送ることができるのです」とブラウンは言う。アプリを使うと、宝石が光るときの色を自分の気持ちに合わせて変えることもできる。気分によって色の変わる「ムードリング」と似ているが、パートナーが感じるのは本人ではなく指輪をつけている相手の気持ちだ。

実際、この研究室全体が、気分を分かち合ったり心温まる贈り物を届けたりすることをテーマとしている。拡張現実業界の多くは医療、軍事、産業にかかわっているが、パーベイシブ（ユビキタス）コンピューティング教授のチェオク（ビートルズのメンバーのような髪型をして、気さくにふるまって柔らかい口調で話す）は、一般の人の気分をよくすることに関心がある。「これらのコンピューター技術を利用して、人をもっと幸福にできると思います。それこそ私たちが目指していることです。家族のきずな、友人どうしのきずな、恋人どうしのきずなを強めたいのです」とチェオクは言う。

「パーベイシブ」という言葉でチェオクが意味するのは、身近な環境に存在して人を取り巻くテクノロジーだ。指輪は彼がかつて所長として在職したシンガポールの複合現実研究所で、インターネット経由でハグを送る方法を考えていたときにおこなった実験から派生して生まれたものだ。遠くにいるペットを抱きしめたいという人の支援を目的とした実験で、飼い主がニワトリの形をしたおもちゃをなでると、特殊なジャケットを着せたペットのニワトリがその感触を感じ取ることになっていた。このアイディアをもとにして、彼は「ハギー・パジャマ」をつくった。これは仕事で家に帰れない親が寝る前の子どもを抱きしめることができるというものだ。[19]

当時の目標は単に触覚を伝えることだったが、チェオクの研究室はまもなく触覚が感情に影響を与える仕組みの研究に乗り出した。[20] 動画、におい、色のついた光といった触覚以外の感覚入力を触覚と組み合わせれば、感情を強めることができるかもしれず、変わった能力も生み出せるかもしれない、と彼は考えた。「おばあちゃんのハグの記録を残すというのはどうでしょう。おばあちゃんが亡くなってしまっても、動画でおばあちゃんの姿を見るだけでなく、同時におばあちゃんのハグを感じたり、おばあちゃんのにおいをかいだりできます」。触覚関連のプロジェクトで研究を進めるにつれて、チェオクは特殊な衣服やごつい装置を身につけるのは嫌がられることに気づいた。そこで指輪を選んだ。指輪なら目立たず、社会的にも許容されるからである。「相手が仕事の打ち合わせ中でも、あるいは空港にいても、指にハグを送ることができます。それに指輪自体はそんなに人目を引かず、控えめです」

拡張現実の研究を始めたとき、チェオクはこの分野の大勢《たいせい》に従って視覚に着目した。しかし視覚はデータを伝達するのに適しているが、体験を伝えるにはあまり適していないと感じられた。特に、遠距離を隔てて大切な人に体験を伝えるには適していない。視覚では、恋人の手を握ることも祖母をハグすることもできない。「インターネットはこれから、情報の共有にとどまらず、体験も共有する段階に進むでしょう。これには触覚、味覚、嗅覚も含めた五感すべてが必要となります」とチェオクは言う。この三つの感覚、なかでも嗅覚は大脳辺縁系と密接に結びついていて、感情を伝えるのにとりわけ役立つ。そこで多くの拡張現実プロジェクトがハードSF的な切れ味を持っているのに対し、チェオクのプロジェクトは、キス、料理、手紙、なじみのある香水の香りなど、日常生活の喜びをもとにした、柔らかくノスタルジックなものが多い。

たとえば「センティー」というのがある。テュウェルとブラウンが机からそれを取り出す。小さな白いカプセルに液体香料が入ったもので、スマートフォンに取り付けて使う。センティーのアプリを使っている人どうしなら、メッセージを送信するときに香りのついた空気を相手に送ることができる。たとえばカフェで待ち合わせをするならコーヒーの香りを送り、デートの約束ならバラの香りを送る（センティーは二〇一三年に日本で発売された。カートリッジには一種類の香料しか入れられないが、交換カートリッジが販売されている）。研究室では広告への応用も試みている。二〇一四年には食肉加工メーカーのオスカー・マイヤー社（このときは「ベーコン振興研究所」と称した）が「ベーコン目覚まし時計」キャンペーンを実施した。応募者のうち三〇〇〇人の当選者に、「ベーコンの香りでお目覚め」というスマートフォンアプリとともに使うとベーコンを焼く音と香りで起こしてくれるというカプセルをプレゼントしたのだ。

チェオクは食事をともにすることで生まれるきずなにも関心があり、これに関係したプロジェクトも進めている。スペインにある高級レストランの「ムガリッツ」と共同で、彼の研究室は来店前に客の興味をかき立てる広告アプリを開発した。ムガリッツでは、食事の初めに客が自分ですりつぶした調味料を風味豊かなコンソメスープに加えて、それを客たちが一緒に飲む。アプリでは、すり鉢とすりこぎを上から映した画像を示し、この経験を再現する。円を描くようにスマートフォンを動かすと調味料（ゴマ、コショウ、サフラン）が粉末状になり、センティーがスープの香りを放つ。店の料理を事前に味見したり、食事をしたあとで料理の味を思い出したりすることができるというわけだ。スープづくりは共同作業なので、その香りの記憶は食事をともにした人たちに対する親愛の情と結びついたものとなるだろう、とテュウェルは言う。

ウェブを使ってハグできるなら、キスもできるはずだ（ちなみにそれ以上のこともできる。触覚研究には、遠隔セックスに特化した「テレディルドニクス」という独立した分野が存在する）。チェオクの研究室がおこなっている最新の触覚研究プロジェクトは、電話でキスを送ろうというもので、「キッセンジャー」と呼ばれている。[21] この名前はヘンリー・キッシンジャー元国務長官への敬意を表したものではなく、「キス」と「メッセンジャー」を合わせた造語である。チェオクによると、問題は「私たちはガラスごしにキスしたいとは思わない」ことだという。硬い物体では不自然な感じがする。そこで最初のバージョンでは、ユーザーがおもちゃの動物にキスするという方法でキスを送り合った。プラスチック製のボールにぎょろりとした眼、ふわふわの耳、それに脚がついていて、どことなく犬かウサギに似ている。これに大きなピンク色の唇がついていて、これがキスの振動と力を伝える。ブラウンがその次のバージョンを机の引き出しから取り出す。これは唇の形をしていて、スマートフォンに取り付けるようになっている。キスする相手とテレビ電話で話しながら、この唇に自分の唇を押し当てる。力覚センサーと作動装置が働いて唇の圧力を再現することで、よりリアルなキスが生まれる。「おそらくこちらのほうがはるかに自然でしょう」とテュウェルが言う。おもちゃの動物と唇を合わせる必要がないからだ。「それに相手を親密に感じられます。実際に相手の顔が自分のすぐそばにあるのですから」とブラウンが言葉を継ぐ。センティーを使って、愛する人と結びついた香りが出るようにすれば、この体験がさらに豊かなものになるかもしれない。

触覚、味覚、嗅覚を扱うのは、率直に言って手ごわい。拡張現実の研究室がこれらにあまり手を出してこなかったのはそのせいだ。光波や音波はたやすく二進コードに変換できるが、コンピューターの画面を通じて圧力や化学物質を送ることはできないので、インターネットで接続された両側に特別なハードウェアが必要となる。リングUでは、双方が指輪をはめなくてはならない。キッセンジャーでは人工の唇が必要だ。センティーでは香りのカートリッジを用意する必要がある。それでも注目すべき研究者が何人かいる。その多くは日本にいて、たとえば慶應義塾大学の研究室は「タグキャンディー」というものを発明した。振動するベースの装置に棒つきキャンディーを差し込むと、このベースがキャンディーを通じて（さらに歯から骨へ）触覚と音を伝え、炭酸水のように泡立つ感覚や、花火のように爆発する感覚、あるいは着陸する飛行機のように轟音を放つ感覚を生み出す。東京大学でつくられたヘッドマウント型の「メタクッキー」は、ユーザーの鼻に香りつきの空気を送り込むことで、プレーンなクッキーの風味をチョコレートやアーモンドやメイプルに変える。明治大学では、ストローや食器に電気を通して味を変えようと試みた。

チェオクの研究室を訪ねる数カ月前、私はペンシルヴェニア州ピッツバーグにあるディズニー・リサーチに立ち寄った。そこではイワン・プピレフが空気を使って触覚を遠距離で伝える方法を研究していた。[22] チェオクと同様、彼も複雑な装置を必要としない拡張現実に関心がある。テーマパークをつくり、同時に何百人という客に同じ体験をさせようとする企業にとって、装置の調節は難しい問題だ。サイズを見極め、客の列やスタッフの配置を考え、おかしな反応が起きないようにしなくてはならない。そのうえ、何かを身につけなくてはいけないとなれば「魔法が台無しになります」とプピレフは言う。彼によれば、すでにあるものを使うほうがよく、「空気こそ、私たちを包み込む唯一の媒体です」

彼のつくったプロトタイプの装置は「エアリアル」と呼ばれ、カメラ用の三脚の上にプラスチック製の箱を取り付けたような形をしている。サブウーファーがノズルに空気を送り込み、五つの面に設けられた開口部からこの空気が渦となって送り出される。送り出される空気はドーナッツ型をしており、中心の穴から引き出された空気が側面を回って反対側から戻ってくるという循環を続ける。この循環によって空気の流れが安定し、消散するまでに一メートル以上も進むことができる。この空気が人にぶつかると、動く空気によって生じる低圧の輪がつぶれるので、ぶつかられた人はその衝撃を感じる。激しく蹴られたように感じられることもあれば、そっと叩かれたように感じられることもあり、その強さはいろいろである。ヘリウムなど別のガスを試してもよいし、空気の温度を変えたり、渦の内側に煙か香料か、場合によっては炎など、別のものを入れたりしてもよいかもしれない、とプピレフが教えてくれる。

初期のデモンストレーションで、彼らは蝶が手に舞い降りるイリュージョンを制作した。テーブルを巨大なビデオ画面として使えるように、二つの装置をテーブルの上方に設置した。手をテーブルの上に置くと、蝶の映像が手のひらで舞い、エアリアルは蝶の羽ばたきとタイミングを細かく合わせて、高速だが弱い空気の渦を続けざまに手のひらへ向けて送り出す。別のデモンストレーションでは、体のまわりをぐるぐると飛ぶ鳥や、テレビ画面から飛び出てくるサッカーボール（見ている人はゴールキーパーのように自分の手で「ブロック」できる）のイリュージョンをつくったこともある。

触覚のフィードバックはごくわずかで不完全でもかまわない、とプピレフは言う。動画と組み合わせれば、わずかなフィードバックでも疑念を消し去るには十分なのだそうだ。娯楽用の拡張現実には、配管工が配水管を修理するときなどに必要なものとは別種の条件が求められる。ユーザーが技術にばかり目を奪われるのは望ましくない。客がアトラクションを訪れたとき、「お客さんには魔法の庭か魔法の家に足を踏み入れたか、おとぎ話の世界に迷い込んだと思ってもらいたいのです。それが完全な体験とマジックのトリックとの違いです」とプピレフは説明する。

とはいえ、エアリエルがディズニーランドでの経験をひそかに拡張してくれる日は訪れないかもしれない。ほんの数カ月後にプピレフはグーグル社に転職し（導電性のある繊維を布に織り込み、触れられたことを感知して伝えることのできる布をつくる「プロジェクト・ジャカード」の責任者となった）、のちにディズニーの関係者はエアリエルの開発がもう進められていないと述べたのだ。それでもなお、プロトタイプの段階であっても、エアリアルは視覚以外の感覚を通じて拡張現実が魅惑的に表現できることを示したのだった。

チェオクは拡張現実の進む次の段階として、すでに画像や音について実現されているのと同様に、触覚、味覚、嗅覚に関する情報のデジタル化を考えている。「MP3が登場するまで、音楽を人と共有したければレコードかテープを渡すしかなかったでしょう？　この方法ではあまり大規模な共有はできません」とチェオクは言う。「しかしMP3が登場して以来、私たちは世界中のどこへでも音楽を届けることができるようになりました。においや味についても同じことが言えます。今はまだアナログな部分がとても多いというだけです」。デジタル化が実現すれば、化学物質を介在させないでじかに受容体を刺激することができる。チェオクの研究室は、舌に当てると味蕾が電気的に刺激されて苦味や酸味の感覚が生じる小型装置を開発した[23]。次の段階として、チェオクはマルセイユ大学の神経科学研究室と共同で、fMRIスキャナーの中で使えるタイプの開発を目指している。それが実現すれば、味細胞を化学的に刺激したときと比較して神経の反応を調べることができる。チェオクはまた、口蓋に装着した電磁装置などを使って、嗅球を直接刺激できるかについても調べている。この研究は実用段階には程遠いが、ゆくゆくはこの種の装置を使って、現実世界ではできない体験を生み出すことができるかもしれないとチェオクは考えている。たとえば、「シナモンからバニラに一秒で変わる」風味が経験できるかもしれない。

これまでのところ、嗅覚、触覚、味覚を対象とした第一世代の拡張現実装置には限界があるせいで、これらの装置は厳しい検分をおおむねまぬかれてきた。カメラを使わず、特別にデリケートな情報を追跡するわけでもなく、本人の知らぬまに知覚を変えることもない。しかし拡張現実の直面する倫理的なジレンマについて執筆してきたチェオクは、感覚装置がデジタル化されて体内への埋め込みが可能になったら、状況が変わるかもしれないと述べている。彼は別の分野におけるオプトジェネティクスの進展をフォローしており、拡張現実にもこれが応用できると予見している。「光ファイバーをニューロンにつなぐことができるなら、それが意味するのは、実質的にコンピューターの世界を生体のニューロンの世界につなぐことができるということです。私たちの生きているあいだに、たとえば嗅覚を直接刺激することが可能になるかもしれません。嗅球を刺激するのではなく、脳の中枢や嗅覚をつかさどるニューロンを刺激することによって」とチェオクは言う。こうなれば状況は一変する。なぜなら彼によれば、「人がこの手のものを常時身につけていれば、仮想現実と現実との境界が完全にぼやける」からだ。

ともあれチェオクとプピレフは、人がそのような境界線のぼやけを受け入れ、さらには望みさえすると指摘する。プピレフは、生活の多くの部分で私たちが人工の経験を受け入れるのは、それが人工であってもリアルな感情や記憶を生み出すからだと強調する。「ディズニーランドに行ったら、そこにあるのは現実でしょうか。映画に行ったら、そこで目にするのは現実ですか?」。それどころか、二人によれば、人間の感覚は世界の限られた帯域しか知覚できないので、私たちが現実を完全に経験することはないのだ。「私たちには赤外線が見えません。コウモリや犬には聞こえるのに人間には聞こえない周波数もあります。つまり、私たちの現実というのはもともと変調された現実とでも呼ぶべきものなのです」とチェオクは言う。

だから、変調がさらに一段階くらい加わったところでどうということはない。

拡張現実がもたらす問題

拡張現実が成熟していくのに伴い、この技術にかかわる人たちには考えざるをえない問題がいろいろと出てくるはずだ。自分たちは拡張現実に何を求めているのか。この技術に伴うとりわけ厄介な問題を起こすことなく恩恵を受けるにはどうすべきか。地図やメールやその他のすでにスマートフォンでできている機能よりも先へ進むにはどうしたらよいのか。AWE展示会を運営するインバーは、「スキューモーフィズム」という言葉をしばしば持ち出す。これは古い方法を利用して新しいメディアを生み出すことを意味する。たとえば初期の映画を考えてほしい、とインバーは言う。観客はそのリアルさに驚嘆した。蒸気機関車が駅に到着する光景を撮影したリュミエール兄弟の映画を見て、劇場はパニックに陥ったと言われている。しかし多くの映画は舞台の体裁を借りて、場面が変わるときには幕が下り、自然な環境で撮影せずに舞台のセットや小道具を使っていた。同様に、「現実世界とかかわり合うための新たな言語を生み出す必要があると思います」とインバーは言う。「拡張現実を映画産業にたとえるなら、私たちが今いるのはおそらく一九〇三年ごろでしょう。技術はすでにあって、駅に入ってくる列車の映像など、心を奪う成果もいくらか示せています。しかしカットやズーム、パンなど、映画でストーリーを語るのに重要な技法がまだ生まれていない段階です」

きわめて興味深い警告が、身体障害者と見なされる人たちから得られる。彼らはすでに身体の能力を拡張するために設計された支援技術を何世代にもわたって目撃してきた。彼らのコミュニティーでは、支援技術がどれほど有用で歓迎すべきものかをめぐって広範な議論が交わされている。カルガリー大学で、障害・能力・科学・技術の関係について研究をしているグレゴール・ウォルブリングは、人工装具や埋め込み装置なども含めた新しい技術が社会に与える影響について数々の著作を執筆してきた。彼の主張によれば、新しい技術は人が「生産的」であるとか「ノーマル」であると見なされるためにできなくてはならない事柄に対する期待を生み出し、強化する。彼はそうした期待を「能力への期待」と呼び、この期待は絶えず変化すると指摘する。(24) 最近まで、電話やコンピューターやインターネットを使わなくてはならない人はいなかった。あらゆる人にとって、これらの技術によって世界が変わった。しかし、たとえばかつては対面しての会話に頼るしかなかった読唇者や手話使用者にとって、遠隔通信への移行が特別な影響をもたらしたことを考えてほしい。やがてこれらの技術が世間で十分に受け入れられるようになると、今度はそれを使いこなすスキルが必須となった。生計が技術と結びついているとウォルブリングは言う。ピザの宅配のように単純な仕事であっても、自動車とそれを運転する能力が必要だ。「つまり私たちはすでにこれをやっているのです」とウォルブリングは言う。「私たちの利用する技術が増えても、私たちは社会構造として何を求めるのか、どんな能力への期待を重要視するのか、という問題については決して考えないのです」

ウォルブリングによれば、初期の拡張現実装置はあまり高性能ではないが、それらの装置がどんな能力をもたらしてくれるか、誰がその恩恵を受けるか、適応しなければ取り残されるおそれがあるのはどんな人かについて、私たちは考えるべきだ。「コンピューターだって、第一世代のころには大したことはできませんでしたよね?」とウォルブリングは言う。しかしコンピュータースキルが中産階級の仕事で必須となったのと同じように、拡張現実も労働生活の一部になると彼は予想している。「これらの多くについては、選択の余地はないでしょう。就きたい仕事があれば、それなりのことをしたり、それなりのものを買ったりしなくてはならない。それだけのことです」。インターネットの利用を拒もうと思えば拒めなくもないのと同様に、拡張現実についても拒むことは不可能ではない。「しかしその場合には、それに伴う社会的な帰結を受け入れなくてはなりません」。そうなればおそらく、収入や教育や交友関係に影響が生じるだろう。「それでも選択の余地があると言えるでしょうか」とウォルブリングは問う。

こうした問題はどれも「新しい」のではなく、「より新しい」のだと、ウッドなら言うかもしれない。ウォルブリングは、私たちが常に今よりもすばらしく今より多様な能力を手に入れていくという期待を言い表すのに「能力の漸進」という言葉を使う。これは「新たな標準」が次々に果てしなく生み出される状況だ。この状況は、電子機器が登場するよりもはるか昔から起きている。打製石器や火の使用といった技術と同じく、その技術を使える者に生存上の優位を与え、周囲のほかの者は追いつくか置き去りにされるかのいずれかを余儀なくさせる技術をめぐっては、常にこの状況が起きてきたのだ。テクノロジーの信奉者は、これを革新の原動力と呼ぶだろう。テクノロジーを警戒する者は、生存競争と呼ぶかもしれない。知的な種にはこのサイクルが昔から存在してきたが、今では新たな標準が人の体にも進出し、おそらくまもなく脳まで巻き込むようになることを考えると、その影響は以前よりも重大になっている。

あるとき、私がＡＷＥのブースでケイヴァン・ミルザと座っていたら、彼はこの先に待ち受けているかもしれないことに対して断固たるダーウィニズム的な展望を語りだした。「ちょっと恐ろしい考えですが、聞いてください。隣にいる人が脳に装置を埋め込んでいて、私の一〇倍のスピードで仕事がこなせて、私より手際がよく、世界を拡張された見方でとらえ、私よりも多くの情報を手にしているなら、彼のほうがある意味で私より優秀だということになるでしょう。そうなったら、私はこのまま取り残されたいとは思いません」と彼は言った。「誰もが可能な限り自分の能力を高める必要に追われるようになるだろう。「これはまさに適者生存の世界です。自己進化のようなものですね。私たちは自分の進化を自分でコントロールするようになるのです」

感覚増強装置が人に優位性を与えるようになったら、社会も進化する必要があるだろう。本章に登場したほとんどの人たちが、この新たな能力を規制する方法について同じ考えをもっていた。社会規範だ。オプサールが指摘したとおり、社会の変化は技術の発展に歩調を合わせることができるのに対し、法廷はそれができない。チェオクは、感覚増強装置を禁止したり無視したりできるのは、それを使っているのが少数のオタクに限られているあいだだけだと言う。おばあちゃんにまで広まったら、「新たな行動規範を受け入れるしかありません」。そして、拡張現実が一般大衆に受け入れられるようになったらどうなるのか、という重大な問題が出てくる。ウッドの指摘によれば、アイボーグやマンのように自分の装置を自分でつくった初期の単独行動者はメディアの注目を集める。しかし斬新なカメラが二つあるのと、社会全体に行き渡っているのとでは、事情が違う。拡張現実のユーザーが何百万人もいて、自分では十分にコントロールできない市販の拡張現実用の製品を使うようになったら、どんな変化が起きるだろう。実際、ユーザー層が新しい物好きの裕福なオタクの白人ばかりでなくなったら、いったいどんなことが起きるのか。「あるものがめずらしくて特別な意味をもつ段階から、ありふれたものとなった段階に切り替わるときには、急激な変化が起こるものです。これから何が起こるのか、私たちにはわかりません」とウッドは言う。

なぜカメラアイが必要か?

出番を待っているアイボーグが少なくともあと一人はいる。ターニャ・マリー・ヴラフという女性だ。冷え込んだ冬のある日、サンフランシスコのカフェでコーヒーを飲みながら、彼女はバッグに手を突っ込み、はめ込み用の義眼を引っ張り出してテーブルに置く。黒い虹彩に銀色の同心円が描かれている。もう一つ、玉虫色に光る真珠色の義眼もある。こちらには虹彩がなく、代わりにくぼみがある。彼女はその中におもちゃの粘土を詰め込み、それから花を押しつける。さらにもう一つ、残っている淡青色の眼に合う義眼がある。彼女はカメラアイをぜひともほしいと思っていた。しかし二つ目をつくるのは一つ目をつくったときより大変だった。

ヴラフは二〇〇五年に自動車事故で左眼を失った。それまでは劇場の支配人として働き、アートとコンピューターの交わる領域を扱う講座に参加し、ウィリアム・ギブスンやフィリップ・K・ディックを愛読していた。彼らの作品のおかげで、不可能なことはないと思うようになった。それで、「病院で意識が戻りかけたとき、モルヒネの影響でしょうか、『そうだ、バイオニックアイを！　今度はそれだ！』という気分だったんです」

スペンスとよく似て、カメラアイに関するヴラフの計画は自分のもう一つのアイデンティティーと混ざり合っている。事故のあと、彼女はブログを始めた。「新しい自分をつくり出して、自分を表現する別の方法を見つける」ためだそうだ。その後、シナリオの講座を受けて、自分の分身であるサイボーグ暗殺者、アイザの細部を描くのに役立てた。アイザのバイオニックアイは、顔を認識し、温度を感知し、物の材質を識別し、独立型の隠しカメラになる。しかし司令部につながってもいて、そのせいで本来の自己とのあいだで摩擦が起きる（ヴラフはサイボーグの身体パーツにつきもののネットワークの問題を認めることについてはなかなか巧みだ）。劇場で働いた経験のおかげで、アイカメラについて彼女が抱く夢には明らかにパフォーマンス的な色合いがある。見知らぬ街を歩き、アイカメラで撮った画像を使って、自分を見てくれる人たちに自分の居場所を教えられないかと考えているのだ。ハイテクな装備を身につけて歩き回り、人の反応を撮影したいとも考えている。「狂った未来主義者」と自分で命名したアイディアがあって、それはアイカメラを使って抗議デモなどのイベントを生《なま》で撮影してドキュメンタリーに仕立てるというものだ。「ロボットアイを使った撮影でおもしろいのは記憶です。それと、出来事のさなかにいて、自分が直接経験していることを表現し、共有できることです」と彼女は言う。

一方で、たった一人の観客に対して再生したらどうかと想像することもある。完全記憶能力について考えてみよう。この能力があれば、記録と個人的な記憶を同列で探索することができる。「口げんかの内容から自動車事故に遭ったことや鍵をどこに置いたかまで、あらゆること」が思い出せる、と彼女は言う。あるいは自分の経験した楽しいことを追体験するというのはどうだろう。「マドリードに行ったとき、ある男性と激しい恋に落ちました」と、彼女はなつかしそうに思い出を語る。「一緒にホットチョコレートを飲んでチュロスを食べました。あのときのことを記録できていたら、何度も繰り返し再生するに違いありません。人生で最も甘美な気持ちがしました」

二〇〇八年、「ワイアード」創刊者のケヴィン・ケリーの支援を受けて、ヴラフはエンジニアを募集した。それによって、スペンスと同じように注目が一気に集まった。ただし当事者が女性となると、メディアの注目にはいやらしいニュアンスが伴った。バスルームなども撮影するのかと、記者が意味ありげな目つきで質問したりした。『スタートレック』に出てくるセブン・オブ・ナインとしょっちゅう比較されました」とヴラフは苦々しげに言う。セブン・オブ・ナインというのは、眉のところにインプラントを装着しているセクシーな登場人物だ。ヴラフはウェブサイトを開設し、一万九〇〇〇ドルを集め、まもなくグラマティスとアイボーグチームに出会った。彼らにはすでにデザインがあった。

しかし、ここでにわかに行き詰まった。アイボーグチームは、スペンスのものと同じ装置を容易につくれると思っていた。スペンスの場合、無償で提供してもらった部品と労働力はグラマティスの推定で二〇万ドルほどに相当し、開発には二年かかった。ところがヴラフの眼はスペンスとは違う。本来の眼球の一部が残っていて、その上に眼球の前側だけの義眼をつけているのだ。このため、部品を入れられるスペースが狭い。「一〇セント硬貨を重ねて三枚しか入れられないスペースに、ビデオカメラを詰め込もうとするようなものだね」とグラマティスは言う。レーザースキャンと適合性検査の結果、別のデザインが必要だと判明した。おそらく成型プラスチックに部品を収めたものがよいだろう。それには資金がもっと要る。そのうえ金型製作などの特殊技能も必要だが、そのようなものをもつメンバーはいない。スペンスには部品を提供してくれる人がいたが、ヴラフにはそういう人もいない。エンジニアチームはスペンスのときより年齢が上がってさまざまな責任も負うようになり、以前ほど時間が自由にならない。

そこでヴラフはベンチャー投資会社といった従来の手法で資金を調達しようとしたが、なかなか思うようにいかないらしい。「片眼を失っていて、これを買ってくれるという人が十分に現れると断言することができない」からだ。医療業界はむしろ人工網膜に関心を寄せている。資金がもっと集まるまでアイカメラの製作は休止せざるをえず、ヴラフとグラマティスは医療用の用途についても考え始めた。グラマティスによると、本物の眼のように見えるアイカメラを視力回復用義眼と組み合わせる方法に関心を抱く防衛産業の関係者から声がかかっているそうだ。それが実現できれば、「それこそ未来の姿だ」と彼は言う。ヴラフ自身は、エンジニアと身体障害者を引き合わせてオーダーメイドの人工装具をつくらせてくれる企業か財団と協力して働きたいという新たな夢をもっている。「誰もが少しずつ違うから。この世界で暮らし、自分を誇りに思うためには、必要なものは人によって違うのではないでしょうか」。このような考え方は、まさに拡張現実の世界や、それを取り巻くＤＩＹとハッカーのコミュニティーが得意とするものだ。もともとあるものを自分仕様に変える。現実の規則を曲げる。ミルザの言葉を借りれば、彼らは「自己進化」するのだ。

そんなわけで、ヴラフは依然として幸運を待ち続けている。自分にも製作所から眼が届く日を待ち望んでいる。カメラアイが必要なわけではない、と彼女は力を込める。ガラス製の義眼さえじつは必要ではない。ただ、進化したいという衝動に抗うのが難しいだけだ。「私にとって大事なのは自分を変えることです。今必要なのは、失った眼を再建する力です。いわば、創造したいという衝動に身をゆだねているのです。そうしないわけにいかないという気がしています」

11 新しい感覚

磁石を埋め込む――ボディーピアス店にて

フォレストはボディーピアス店でサンパ・フォン・サイボーグに施術してもらうのを待っている。周囲の人たちの腕や上腹部にはタトゥーが踊り、顔はピアスできらめいている。しかしTシャツとジーンズに身を包んだフォレスト（ラストネームは本人の希望により匿名）は妙に目立たない男性で、茶色の髪はやや乱れ、明るい笑顔を浮かべる。彼は自分のことを、人体改造していることが外からはわからない「ステルスサイボーグ」だと思っている。

「左手には磁石が七つ入ってる」と言って、彼は手を開く。小指、人差し指、中指の先に一つずつ、残りは指のあいだの股に入れてある。握ってみてと、こちらに指を差し出す。磁石の入っている部分は、小さな水膨れのように見える。皮膚の下で磁石が米粒のように動く。フォレストは、これを使って隠れた世界を感じることができるそうだ。

「ふつうの人には感覚が五つあるけど、僕には六つある」と彼は言う。

フォレストは仮想環境や着脱可能な装置を使うのではなく自分の体そのものに手を加えて、知覚を拡張したいと考えている。感覚改造の実験をしているバイオハッカーたちのあいだで、群を抜いて多く試みられている新しい感覚は磁覚、すなわち磁場を知覚する能力である。この能力は自然界で広く見られる。渡り鳥やウミガメから昆虫、さらには細菌に至るまで、磁覚をもつ種はたくさんあるが、その仕組みはあまり解明されていない。科学者は人間にもその能力が備わっている可能性を否定してはいないが、実際にはその可能性はきわめて低そうだ。磁石の埋め込みは人間が進化を出し抜けるかどうかを調べるためにとりあえず試みられている方法だ。磁石を通じて、ほかの方法では知覚できない環境情報を集めることが、そしてその情報を脳に書き込むことが、できるのだろうか。

磁石の埋め込みの研究をしている人の大半は、実験室の科学者ではない。多くはバイオハッカー、超人主義者、身体改造アーティストなどで、自分のやっていることが医学研究ではなくボディーアートだと思っているので、大学や政府機関での研究を制限する規則に縛られずに探求を進めている。そのため彼らの研究に関する正式な記録はあまりなく、当事者の話が蓄積されているだけだ。今世紀に入るころに磁石の埋め込みが広まり始めて以来、当事者の話は増え続けている。埋め込まれる磁石はさほど強力なものではなく、クレジットカードやコンピューターの情報を消去してしまうほどではない。ほとんどの人は一つか二つ埋め込むくらいで、いくつも埋め込む人はあまりいない。しかしフォレストのように磁石をたくさん入れている人は、本来なら得られなかったはずの感覚が感じられるようになったと言う。

「下手なたとえだけど、『マトリックス』でカプセルを飲むような感じだよ」とフォレストは言って、主人公がふつうの生活を続けるか世界の真の姿を見る能力を獲得するかの選択を迫られる場面を引き合いに出す。「目が覚めて手を使うと、世界が前とはまるで違っていて、それに対処しなくてはならない。都合のいいこともあるし、そうでないこともある。ときには厄介でもある。でも、とにかくそれは存在していて、避けることはできない。それが新たな現実なんだ」

磁石のおかげで、周囲の環境にある別の層の情報を感じ取ることができる、とフォレストは言う。たとえばテラスのネジ、書類を留めるホッチキス針、壁の中を通るケーブルなど、隠れた金属がわかる。近くにほかの磁石があれば、その磁力を感じることももちろんできる。しかし彼をはじめとしてほとんどの人が報告する見えない力の多くは、電気のコンセントや蛍光灯、電源コードなどから感じられる電流だ。彼はその感覚を電気ショックに似ているが「ハチの羽音のざわめき」のようだと表現する。今までで最も妙な経験は、ある店でセキュリティゲートを通ったら手が警報システムに引きつけられるのを感じたことだそうだ。しかしたいていは、たとえば映画館のスピーカーからの振動のように心地よいという。「すごいよ。体が音を感じるんだ。強い重低音が体を駆け抜けるみたいな感じ」

とはいえ、それだけでは満足できない。そこで彼はさらなる効果を求めて、この店を再び訪れたのだった。

フォレストは名前を呼ばれて部屋に入る。狭い部屋に歯科用椅子のようなリクライニングチェアが置いてある。座面には滅菌された青い紙製のドレープがかかっている。フォレストはその隣の椅子に座り、ドレープの上に腕を伸ばす。サンパ・フォン・サイボーグが向かい合って座り、フォレストが磁石を入れてほしい位置を説明するのを熱心に聞いている。

フォン・サイボーグは貴族を思わせる威厳のある人物で、身体改造界の第一人者だ。[1] 一九九〇年代からボディーピアスの施術をしている。フィンランド出身だが今はロンドンを拠点とし、身体改造の求めに応じて世界を飛び回っている。頭を剃り上げ、この日はハーレーダビッドソンのバンダナを巻いているが、以前は金属製のスパイクを頭に二列に並べた「メタル・モヒカン」ヘッドをしていたこともある。歯にはエッチングの施された金属冠をかぶせ、耳たぶはピアスに引き伸ばされ、体にはタトゥーがタペストリーのように彫られている。彼と、施術を手伝うパートナーのアネタ・フォン・サイボーグの右腕には「あばら骨」状のパーツがいくつも入っている。手首から肘にかけて皮下に入れたシリコンが輪を描いて並び、まるで皮膚の下にビーズのブレスレットをつけているかのように見える。フォン・サイボーグがこの業界にもたらした成果の一つが「マッドマックス・バー」と言われるアクセサリーで、これはジグザグ型のメタルバーを皮膚に出入りさせるボディーピアスの一種である。彼は耳の上部を妖精《エルフ》のようにとがらせる方法も考案した。

フォン・サイボーグが磁石の実験を始めたのは、二〇〇〇年代の初めごろだった。自分でもいくつか試してみたが、これと言った結果は得られなかった。最初に試したのは球形の磁石だった。磁石のまわりが瘢痕組織化して生じる空洞の中で磁石が回転するというものだったが、大した感覚は得られなかった。二〇一一年、彼はフォレストが今から埋め込んでもらうのと同じ新たなデザインを「スーパーストロング」磁石と名づけて発表し、それから実験を本格的に再開した。今、磁石は滅菌液に浸してある。色は灰白色で、直径三ミリで長さ七ミリのペレット形をしていて、体内で崩壊しないようにコーティングされている。フォレストが磁石を入れてほしい部位を説明すると、フォン・サイボーグがサインペンで皮膚に印をつける。指先に三つ、右の手のひらの付け根に一つ、肘のそばに一つだ。

磁石を埋め込む処置自体はすぐに終わり、出血もほとんどない。フォン・サイボーグは各部位を小さく切開し、そこから磁石を押し込み、綿棒で皮膚をしっかり押さえてから、包帯を巻く。フォン・サイボーグによると、磁石は深い位置ではなく「皮膚のすぐ下の皮下層」に埋め込まれる(よい子の皆さんはこれを家でまねしないように。特殊な磁石を使ってプロが施術するからすぐに終わるのであって、店で売っているようなふつうの磁石ではこうはいかない)。施術中ずっと、フォレストは顔をひどくしかめている。腕をまったく動かさないようにしながら、眼を閉じている。処置が終わるとうれしそうな顔になり、「きつかった」と言う。全員がタバコを吸うために外へ出ていく。

新しい磁石の感度がわかるまでに二カ月ほどかかるとフォン・サイボーグがフォレストに告げる。傷が治癒するまで待たなくてはいけないのだ。しかし、磁石を二個ではなく一二個も埋め込んでいる点を除けば、フォレストは磁石のインプラントを求める客としてふつうだとフォン・サイボーグが言う。いち早くこれに飛びついた客は、パーティーで手にクリップや瓶のキャップをくっつける芸を見せたいとか、皮膚の上からでも見える大きな磁石を入れたいというベテラン身体改造者だったが、最近の客はほとんどが見せびらかすためではなく探求を目的としている。「外からは見えない。完全に自分のためだけにやっているんだ」と、フォン・サイボーグが考え深げにタバコを吸いながら言う。「この種の埋め込みを求めるマニアはたくさんいる。新たな感覚が手に入るわけだから」

磁覚を獲得する

まともな懐疑心をもつ人なら、手に磁石を埋め込むだけで本当に磁覚が生じるのか疑問に思うだろう。磁覚に限らず、人間がもつ既知の五感以外の感覚を自分のものにすることができるのかと疑問を抱くのではないか。

このような試みを擁護するバイオハッカーに言わせれば、自然界に磁覚が存在からこそ、それを感知する生体機構が進化によってすでにつくられている。ほかの動物は環境からこの信号を受け取って脳に書き込むことができ、脳がそれを意味のある情報に変換することが知られている。私たちがしかるべき感覚器官をもたずに生まれているにしても、巧妙な代替策によってそのプロセスを模倣することはできるのではないだろうか。脳には驚くべき可塑性がある。視力や聴力を失った人たちのあいだで人工網膜や人工内耳がたどってきた道筋を見れば、人が学習によってノイズから信号を区別できるようになることがわかる。それまでにまったく経験したことのないタイプの情報に適応する場合でも、やはり信号を取り出すことができる。研究はおこなわれていなくても、磁石を埋め込まれている人の話には、驚くほどの一貫性がある。

電流やほかの磁石の磁力、金属の物体が感知できるというのだ。単に彼らはみな思い込みが激しいだけなのだと片づけるのは難しい。

とはいえ、私たちは生まれつき手に磁石が入っているわけではなく、明らかな磁覚受容器をもつわけでもなく、聴覚や視覚と同じように磁覚に特化した感覚野が脳にあるわけでもない。日常生活において機能する磁覚が人間に備わっているという行動学的な証拠もない。埋め込まれた磁石の集めた情報が脳に送られる仕組みや、脳がその情報を処理する仕組みも不明である。人間に磁覚受容器がないのなら、磁石の効果は間接的で、別の感覚のためにつくられた受容器や神経に作用しているに違いない。その場合、その感覚は本当に磁覚なのか。別の何かではないのだろうか。

本章の終わりまでに、フォレストのような人たちが表現する知覚経験の背後には何があるのか、私はそれについての仮説を示すつもりだ。しかしまずは、この小規模なバイオハッキング業界が挑もうとしている、非常に重大できわめてクールな問題について考えよう。経験し損なうことに対する集団的不安、そして自分の感覚の世界が今よりもっと広くてすばらしいものになりうるのか知りたいという願望である。

というのは、感覚の世界というのはじつはがっかりするほど狭いのだ。私たちに知覚できないものがあるのは、感覚器官の作用する範囲が限られているからである。人間の眼は電磁スペクトルの一部しか見ることができず、四〇〇ナノメートルから七〇〇ナノメートルくらいの可視光線の波長は見えるが、紫外線や赤外線、ガンマ線、X線は見えない。耳は周波数が二〇ヘルツから二万ヘルツまでの音しか聞き取れない。しかし一部の動物は私たちとは限界が異なる。ミツバチは紫外線を見ることができ、そのおかげで花の模様を見つけられる。コウモリ、イヌ、イルカ、一部の昆虫は超音波域の音を聞き取ることができる。これらは五感とは別の新しい感覚ではなく、人間がすでにもっている「視覚」と「聴覚」という感覚の識別範囲が広いだけである。

動物のなかには、人間にはふつうできない方法で感覚情報を利用するものがいる。たとえばコウモリ、クジラ、イルカ、トガリネズミ、一部の鳥は、洞穴や水中や地中のような見通しの悪い環境で、反響定位や生物ソナーを使って距離を感知する。物体から跳ね返ってくる音を空間的な基準点として使い、移動したり餌を探したりできるのだ（反響定位では、自分の声を使って音によるフィードバックを得る。ソナーは別の種類の音を使う）。これは一つの独立した感覚ではなく、聴覚の特別な使い方である。人間の場合、この能力は生まれつき備わってはいないが、習得した人の例は、きちんと裏づけられたものがいくつかある。特によく知られているのが非営利団体の「ワールド・アクセス・フォー・ザ・ブラインド」を創設したダニエル・キッシュで、彼は「フラッシュソナー」と自分で名づけた方法の指導にあたっている。彼は舌を鳴らして反響音を聞くことで近くにある物体の位置と大きさがわかり、場合によっては材質がわかることもあるという。

また、人間にはない身体パーツを備えているおかげで、人間のもたない感覚域や感覚様相をもつ動物もいる。たとえばサメやエイは電気を感知することができるので、光の少ない環境でその感覚を使って物体やほかの生物を見つけることができる。これらの魚の体内には導電性のゲルの詰まった管があり、この管は電圧の変化を検知する特殊な細胞につながっている。一方、赤外線を感知できるヘビもいる。赤外線は電磁スペクトル上で可視赤色光の波長の隣に位置する。赤外線に関する情報は、ヘビの顔にある「ピット器官」という温覚や触覚を伝える三叉神経系の一部を経て変換される（人間の場合、口のそばの三叉神経は化学物質による刺激や口当たりに関する情報を伝える）。

おそらく人間には磁覚を受容するのに適した体の部位もない。しかし、断言するのは難しい。というのは、動物がどんな器官を使っているかわかっていないからだ。「感覚生物学で答えが出ていない最大の問いは、磁覚がどんな仕組みで働くのかという問いなのです」と、デューク大学で海洋生物の視覚と磁覚を研究している感覚生態学者のソンケ・ヨンセンは言う。

この問いが手ごわいのは、いくつかのきわめてややこしい理由による。第一に、ヨンセンによれば、ほかの感覚では受容器が小さくても(たとえば網膜の光受容細胞や蝸牛の有毛細胞のように)、信号を集めて増幅するもっと大きな器官に囲まれている。しかし「磁覚については、そのような器官がないのです」。光や音と違って磁場は生体組織と相互作用しないので、自然は磁気を集める器官を生み出さなかった。そのような器官が存在しないので、研究対象とすべき回路を見つけるのは難しい。「数種類の神経細胞を探すしかないのです」とヨンセンは言う。その細胞はまったく目立たないものかもしれないうえに、どこに存在するかもわからない。ほかの感覚器官は体の表面に位置する必要があるが、磁覚の受容細胞にはその必要がなく、脳内にある必要さえない。

どこにあるにせよ、その細胞は電磁刺激を変換して脳に読み取り可能な電気信号にしなくてはならない。ヨンセンによると、それから動物は二つの用途のうち少なくとも一方でこの情報を使っていると思われる。自分の進んでいる方向を把握するための「コンパス」としてか、あるいは地理的な位置を把握するための「地図」としてである。これらの情報は、おそらく地球の磁力線の傾きを感知することによって得られる。この磁力線というのは、地球の南北両極を結ぶ巨大な弧を描いていて、動物はその角度を感知することができる。この知覚経験が動物にとってどんなものなのかはよくわかっておらず、ウミガメにでも訊いてみるしかない。ある種の鳥においてはこの傾きを表す線が視野に重なって見えると示唆する研究結果が得られているが、ほかの種では磁覚は完全に独立した感覚かもしれない。

今のところ、磁覚の仕組みについては三つの説がある。[2] 三つとも正しいかもしれない、とヨンセンは言う。実際、動物は動き回るときに複数の仕組みを使っている可能性がある。第一の仮説は電磁誘導で、これはサメとエイに特有のものである。体が電気を伝えるので、泳いでいるときに磁場を通れば、磁場との位置関係によって異なる電圧変化を電気センサーで感知することができるかもしれない。ただしヨンセンによれば、この説を証明するのは難しい。この二つの能力を切り離して調べる行動実験を設計するのが難しいからだ（そもそも、サメの行動実験を設計すること自体が容易でない）。

二つ目の説は磁鉄鉱（マグネタイト）仮説というもので、走磁性細菌において成り立つことが知られている。このタイプの細菌は地磁気を感知する能力を使って運動方向を定め、泥だらけの生息環境で特定の深さの層まで行くことができる。細菌は細胞内に磁鉄鉱の結晶をつくり、これが（ヨンセンの言葉を借りれば「細胞の中で小さなコンパス針」のように）回転して、地磁気と平行になる。この動きによって、細胞のイオンチャンネルが開くか、または別の受容機構に圧力がかかり、神経が反応するのかもしれない。魚や鳥でも同様のプロセスが研究されている。しかし磁鉄鉱が存在するからといって、その動物に磁覚があるとは言えない。磁鉄鉱の粒子はいたるところで見られ、高齢の人間の脳にも存在するのだ。「磁鉄鉱というのは酸化鉄で、ヘモグロビンの分解産物として大量に存在するのです」とヨンセンは言う。「どこにでも存在しますから、なんらかの受容系の構成要素だと言い切ることはできません。単にそこにあるというだけです」

第三の可能性はラジカル対《つい》仮説(3)と呼ばれるもので、これは先の二つよりも解明するのが難しい。マサチューセッツ大学医学部の神経生物学者、スティーヴン・レパートは、ショウジョウバエと蝶に関してこの説を主張している。この説では、化学的な仕組みが使われているとされる。光感受性分子が分子間の連鎖反応を開始させると、ラジカル対（スピン状態が交互に入れ替わる不対電子をもつラジカルの対）が生成される。この入れ替わりによって磁気モーメントが生じ、「地磁気のごくわずかな変化が感知できる可能性があります」とレパートは言う。この説を提案したのはイリノイ大学アーバナ・シャンペーン校の物理学者、クラウス・シュルテンである。彼と共同研究していたカリフォルニア大学アーヴァイン校のソーステン・リッツは、この光感受性分子が、「クリプトクロム」という光受容タンパク質であると主張した。クリプトクロムは通常、植物や動物において、概日リズムによる体内時計システムにかかわっている。

磁覚研究の多くは鳥やウミガメの行動に着目しているが、レパートはそれらより遺伝子操作しやすい動物を使ってクリプトクロムを調べている。一連の実験において、自然の状態のショウジョウバエを迷路に入れると、そばに置かれた磁石を避けるが、砂糖を報酬として訓練すると、磁石に向かって飛んでいくようになるということを示した。つまり、ショウジョウバエが磁石を感知したということだ。この実験で重要なのは、紫外線から青色にかけての光、正確には三八〇ナノメートルから四二〇ナノメートルの波長の光を照射したときにのみ、訓練が有効だった点である。「クリプトクロムは青色光の受容体らしいので、これは理にかないます」とレパートは言う。一方、クリプトクロムの遺伝子をもたないショウジョウバエでは訓練しても効果がなかった。「このことから、クリプトクロムの関与が証明されました」

次にレパートらはオオカバマダラという渡りをする蝶を使って実験した。[4] レパートによると、オオカバマダラは越冬のために南へ向かうときにおそらく複数のナビゲーション機構を使う。晴れた日には太陽の水平方向を利用し、「空が部分的に曇っている日には、雲間の空を見て、太陽光の偏光パターンを利用することができます」。空全体が曇っているときにどうやって飛び続けるのかは謎だが、「磁気コンパスならつじつまが合います」

レパートの研究室では、蝶のフライトシミュレーターを使う。大きな円筒の内側にワイヤで蝶をつなぎ、飛行方向を観察するのだ。円筒のまわりは、地磁気の傾斜角度を再現できる磁気コイルで囲まれている。南へ向かうときに遭遇するのと同じ傾きの磁気にさらされると、蝶は実際に頭を南へ向けた。磁気の傾きを逆にすると、今度は北を向いた。「これは磁気の傾きを感知するコンパスに関する厳密なテスト」であり、この結果から蝶が磁気を感知できることがわかる、とレパートは言う。さらに研究室では光フィルターを使って、この仕組みが働くのはショウジョウバエで観察されたのと同じ紫外線から青色の波長の光を照射したときだけだということを発見した。つまり、ここでもクリプトクロムが関与していたのだ。

オオカバマダラの場合、磁気感知に使われるクリプトクロムは主に触角に存在するとレパートは考えている。そこで研究室では次に、オオカバマダラの触角を黒く塗って、受容体に光が届かないようにした。触角を黒く塗られた蝶は混乱したように円を描いて飛んだが、透明な塗料を塗られた蝶は正常な向きに飛ぶことができた。以上の結果を合わせると、二種の昆虫がクリプトクロムの感知する青色光を照射されると磁覚を示し、受容体をさえぎるか関連遺伝子を除去した場合には磁気への応答が阻害されると言える。しかしこのプロセスでラジカル対が生成される正確な仕組みについては議論が続いているとレパートは言う。「すべてまだ仮説にすぎません」

人間にも磁覚があると最も強く主張したのは、マンチェスター大学の動物学者、ロビン・ベイカーだった。一九八〇年代のことである。ある実験では目隠しをした学生を「曲がりくねったルート」でキャンパスから遠くへ連れていき、(目隠しをしたままで)今いる場所が大学に対してどの方角か推測させた。この実験の中で、学生の一部には中に棒磁石を入れた目隠しをさせ、一部にはプラセボ(棒状の真鍮)を入れた目隠しをさせた。[5] その結果、ベイカーは「人間には視覚キューがなくても自分の来た方向を認識する能力がある」と結論した。また、磁石入りの目隠しをした学生のほうがプラセボの学生よりも方角の推測がうまくできなかったことから、「棒磁石が方向感覚になんらかの影響を与えたことが示唆される」と考えた。磁石入りまたは真鍮入りの目隠しをした学生を椅子に座らせて、椅子を回転させたあとで方角の推測がどのくらいできるか調べる実験もおこなった。彼は一種の磁鉄鉱説を主張し、人間は副鼻腔に磁性物質が蓄積しているのではないかと述べた。[6] しかしこの説を証明した人はおらず、追試もおこなわれていない。

ヨンセンとレパートは、人間に磁覚があるとする見方には懐疑的だが、これを否定するつもりはない。「私たちが磁気を感知できることを示す説得力のある行動学的証拠はありません」とヨンセンは言う。それでも「それができる動物はかなりいます。ですから、人間にもできると言えないわけではないのです。しかし、その能力にアクセスすることはできないようです。著しく退化してしまったのかもしれません」

二〇一一年、レパートの研究室は人間の網膜に存在するクリプトクロムを扱った論文を発表した。[7] クリプトクロムは磁覚ではなく体内時計と関係すると考えられている。それでもレパートの研究は、本来の遺伝子を失わせたショウジョウバエに人間の遺伝子を挿入すると、磁気が感知できるようになることを示した。このことから、人間には「磁覚系で作用する分子レベルの能力がある」ことがわかるとレパートは言う。「人間の眼でも実際に作用するのかはわかりませんが、再びこれについて調べるべきかもしれないと考えられます」

自分の手に磁石を埋め込む人がいますよと教えると、レパートもヨンセンも驚き、同じ反応を示した。適正な実験をしない限り、埋め込んだ磁石が機能するのかどうかわからないと言ったのだ。ヨンセンは、細胞内で磁気性粒子がコンパスのように動くという磁鉄鉱説と似ているが、それより規模が大きいという点を指摘した。そばに大きな磁石があれば埋め込まれた磁石が反応して動くのが感じられるのは間違いないと思うが、鳥や蝶と同じように磁石を使って地磁気を読み取るのは無理だろうと言う。「地磁気というのはきわめて微弱なのです。物体を回転させるほどの力はありません」

「ずいぶん大胆なアイディアですね」と、磁石の埋め込みの話を聞いたレパートは愉快そうに笑いながら言う。しかしそれから、人間のクリプトクロムを扱ったあの論文のせいで、今でも磁覚をもっと主張する人たちからメールが送られてくると明かす。「ですから私は何を聞いても驚かないのです。今のお話にもまったく」とおだやかに言う。「うまくいくかって？　まあ、幸運を祈ると言っておきましょう。もう実験は始まっているようですからね」

自分の体をハッキングするボディーハッカー

グラインドハウスではその実験が盛大におこなわれていて、[8] 磁石の埋め込みは感覚の探求の第一歩にすぎない（当人たちはふざけてこれを「グラインダーの神々に捧げる血の生贄」と呼ぶ）。ある週末の夜遅く、メンバーがリビングのコーヒーテーブルに集まった。テーブルには、体内の数値を読み取るためにつくった「サーカディア」という埋め込み装置の見本が置いてある。

これと同じものがティム・キャノンの腕の中にもある。昼間はソフトウェア開発者として働くキャノンは、このグループの創設者の一人で、最もよくしゃべるメンバーだ。彼の話し方は、せっかちで威勢がよく、並外れた頭のよさを感じさせる。ペンシルヴェニアの冬なのに、はだしで半ズボンを履き、「イケてるってこういうこと」と大書されたTシャツを着ている。サーカディアを使い始めて三週間ほどになる。その装置はトランプ一組よりやや小さく、左腕の肘からすぐ下の内側に埋め込まれている。周囲の肉は腫れてピンクがかっているが、その点を除けば問題はなさそうだ。彼はそこに触れても痛がるようすは見せない。装置全体が、歯車に収められたDNA二重らせんを描いたタトゥーの下に収まっている。

もっとドライで無口なショーン・サーヴァーは、このグループで電気設計を担当している。以前は空軍の航空技師だったが、今は理容師として働き、仕事が終わるとたいていここに寄り、地下室で何かつくっている。彼がサーカディアのデモ版を手で示す。キャノンの腕に埋め込まれているのと同様、透明なシリコンのケースに格納され、中の部品が見えるようになっている。ワイヤレス充電用の受信コイル、バッテリー、ブルートゥース接続モジュール、一列に並んだLEDが見える。「これはどちらかというとコンセプトの実証用。でも、皮膚の下でこのLEDを光らせれば、こんなふうにデータを送ることができるよ」

とサーヴァーは言う。デモンストレーションとして、キャノンが充電コイルを取り上げて腕に当てる。皮膚の下でLEDが三回、緑色に点滅する。それから赤い光がついたままになって、装置が充電中であることを示す。キャノンの腕がクリスマスのような色で輝くのを見ているうちに、誰かが「ジングル・ベル」をハミングし始める。

「まあ、僕はお祭り男だからな」と、キャノンが苦笑交じりに言う。

この装置が光るようにした理由がじつはもう一つある。世間の反応を促すためだ。これが光っているのを見た人は、自分も欲しくなるかもしれない。これを使った新しいアートの可能性を考え出すかもしれない。あるいはただ首を振って、このおかしな男は自分の腕に何をしたのかといぶかしむかもしれない。大事なのは、ステルスサイボーグの対極であること、つまりきわめてわかりやすい形で身体を改造することだ。「この装置は、サイボーグの未来がまさにここにあるってことを教えてくれる。僕らはみんなに理解してほしいんだ――ああ、あいつは自作の電子装置を皮膚の下に埋め込んでデータを取り出したり、ブルートゥース接続機能を利用してスマートフォンで装置を操作したりしてるんだって。僕らは装置と一体化しているんだ！」

グラインドハウス（じつはキャノンの自宅）は、ピッツバーグ郊外の外れに建つレンガ造りの小さな二階建ての家だ。サーヴァーは、まるでこの町で車に轢かれて死んだ動物がすべてこの家の前に積み上げられているみたいだとよく口にする。ここは文明が未開の地と出会う境界線というわけだ。そして、その言葉はあながち間違っていない。この家はバイオハッカー集団（この時点で一七人まで増えていた）の作業場だ。ただし、この冬にここで暮らしているのはほんの数人で、その一人のルーカス・ディモヴェオはアームチェアで体を丸め、ほかのメンバーたちがサーカディアを得意げに見せているかたわらでノートパソコンのキーを叩いていた。ディモヴェオは、かつて大学で生物学を専攻していたが、すでに存在しているものよりもまだ見ぬものの可能性に心を惹かれて退学し、それからこのグループの活動を仕切っている。グループの名前はボディーハッカーを指す「グラインダー」という言葉に由来する。このグラインダーという言葉は、ウォーレン・エリスのグラフィックノベル『ドクター・スリープレス』から借用したものだ。この作品は、「社会から取り残されたワイルドなパンクロッカーたちの貧乏集団が、基本的に自ら進んで自分たちの能力拡張装置をつくる」未来を描いている、とキャノンは言う。集団のメンバーたちは遅々として進まない計画に業を煮やし、「ジェットパックはどこにある?」というスローガンをスプレーペンキで書く。この言葉が今ではグラインドハウスの合言葉となっている。

「グラインドハウス・ウェットウェア」は、オリジナルの装置を開発し、ゆくゆくは販売することを目的として、二〇一二年の初めに結成された。これまでのところ、体内に埋め込んだ磁石と連動して作動するウェアラブル装置をいくつか発明している。サーカディアは彼らにとって初の埋め込み装置だ。今のバージョンでは体温を測るセンサーが一つ搭載されているだけだが、いずれは心拍数、血圧、さらには血中酸素濃度も測定でき、データをスマートフォンに送ってユーザーが自分のバイタルサインをチェックできる製品をつくりたいと考えている。『おお、いいぞ、心臓が健康そのものだ』とか言えたらいいよね」と、サーヴァーはまるで腕時計でも見ているかのように、なにげない口調で言う。身のまわりのものにデータを読み取らせて、ユーザーの体温に合わせてサーモスタットを作動させたり、いやな一日を過ごしたユーザーの血圧が上昇しているなら家の明かりを弱くしたりできるようになるかもしれない。このような展望は、今のサーカディアでできることからはかなり隔たっている。今のところ、サーカディアにできることといえば、光ることとぐらいだ。腫れがおさまるまでは、キャノンの体温を測ることさえできない。

キャノンとサーヴァーが友人になったのは、双方に互いを補うスキルがあったからだ。キャノンはソフトウェアに詳しく、サーヴァーはハードウェアに詳しい。二人は趣味的なプロジェクトをいくつか試したあと、「あるときティムがインターネットでブログ記事を見つけたんだ。[9] レフト・アノニムという女の人が指に磁石を埋め込んで、それで電磁場を感じられるようになったって話だった」とサーヴァーが言う。スコットランドの大学生で、感覚拡張の先行きに関心をもつブロガーのアノニムは、「ゴミの山のトランスヒューマニスト」として、自分の体に無線自動識別（RFID）チップ、磁石、温度センサーの試作品を埋め込む実験について旺盛に執筆していた。病院の受診、感染、それに皮膚の中に物を埋め込むときや皮膚から取り出すときの痛みやおぞましさ（ときには野菜の皮むき器を使ったりする）といった、かなり恐ろしい話を細部までオープンに明かしていたが、とにかくやり遂げた。そして、磁石は効果を発揮した。「この話にティムは大興奮した」とサーヴァーが明かす。「一カ月後、ティムも磁石を一つ埋め込んでいた。それから『これとやりとりできる装置をつくろう』みたいなことを言いだしたんだ」

ディモヴェオも同じくアノニムにインスパイアされた。彼は、いろいろな人が集まって「機能する（場合によっては極端な）身体改造」について議論する「バイオハック・ミー」というウェブフォーラムの創設メンバーの一人だ。しかし大学に入学したころには、進展の遅さに失望していた。なかなか進展しないのは、埋め込んだ装置に電力を供給する方法がわからなかったことが主たる理由だった。そこで一緒に作業できる人を求めるメッセージを投稿した。キャノンが応じ、それからサーヴァーも加わった。知り合ってまもないころのミーティングでディモヴェオは、埋め込んだ磁石と作用しあうハードウェアの製作を提案した。「今でも覚えてる。ショーンとティムが顔を見合わせて言ったんだ。『もう三カ月前にそれは完成して、クロゼットにしまってあるよ』ってね。僕らはそこからスタートしたんだ」とディモヴェオは語る。

こうして完成した最初の発明品が「ボトルノーズ」で、これは指に埋め込まれた磁石に接続すると、ある種のソナーになる。プラスチック製の小さな箱に超音波距離センサーが入っていて、鋼製の釘に磁気ワイヤを巻きつけた外部コイルがセンサーにつながっている。グラインドハウスの地下室で撮影したデモンストレーションでは、目隠しをしたキャノンが手にボトルノーズを持ち、コイルから磁石に送られる振動を使って物（たいていはシリアルの箱）を見つけたり、サーヴァーの立っている場所を突き止めたり、それらの物やサーヴァーが自分に対して近づいているのか遠ざかっているのか判断したりしている。帽子に電極が内蔵されていて脳に電流を送る「思考帽」もつくった。また、手の動きをコンピューターで追跡できるようにする「第六感手袋」というプロジェクトにも着手したが、これは途中で断念した。

それから彼らはすぐさま体内への埋め込みが可能なコンパスに突き進みたいと考えた。これはサンフランシスコの「センスブリッジ」というハッカー集団が開発した「ノース・ポー」から浮かんだアイディアだ。ノース・ポーは、足首に巻いて装着すると、モーターの振動によってどちらが北かわかるというものである。アノニムはこれの皮下埋め込み版「サウス・ポー」を自分の左脚用につくろうと計画したが、まだ完成していない。グラインドハウス版は「ノース・スター」と名づけられ、手の甲に埋め込むことを予定している。当初の計画では方角を感知するためにコンパスを埋め込み、ユーザーが北を向けば星形の埋め込み装置の光が明るくなるようにして、半直感的に方角がわかるようにするつもりだった。しかし、まずはもっと単純なものから始める必要があるということがすぐにわかった。それでサーカディアをつくったというわけだ。「これは僕らの学習ツールだね」とサーヴァーは言う。この装置はいくつかのきわめて重大な問いに答えるように設計されている。体内に埋め込んだ電子機器をワイヤレスで充電するにはどうしたらよいか。生体の測定データをどうしたらスマートフォンに送れるか。そして、ティムの命を奪うことなくこれらの問題をすべて解決するにはどんな方法があるのか。

今のところ、ティムを殺さずにすむと自信をもって断言することはできない。サーカディアは快適そのものというわけではない。今後の装置は小型化して丸みを帯びたデザインにする必要がある。部品については入念にテストし、そのためにたとえばバッテリーに釘を打ち込んで破裂しないかテストしたりしているが、キャノンは常に最悪の事態を想定している。「少しでも頭痛がすると、リチウムポリマーが脳に浸み込んでいるんじゃないかと思う。筋肉が痙攣するたびに、バッテリーが破損したんじゃないかとか、ショートしたんじゃないかと思って、あと数分で死ぬんだって思ったりする」。サーカディアを埋め込んだままにして、半年経ったら取り出して損耗について調べる計画だった（結局、充電用コイルからの熱でバッテリーが膨張していることがわかったので、三カ月後に取り出した。シリコンは無事だったので、キャノンに被害はなかった）。しかし、まだ誰もつくっていないものをつくろうとする場合には、こういうリスクを逃れることはできないと彼らは感じている。

キャノンの装置の埋め込みは、ドイツで開催されたフェスティバルで身体改造アーティストのスティーヴ・ハワースがおこなったが、キャノンは自分で見ていられなかった（「一度だけ見て、後悔した」）。ボディーアート界との関係は実利的なものだ。アクセサリーの簡単な埋め込み処置を医師に頼めば保険や医療上の必要性についてあれこれ訊かれるが、ボディーピアス師に頼めばさっさとやってくれるのだ。しかしグラインドハウスのメンバーは、自己表現というより探究の手段として身体改造をとらえている。ディモヴェオに言わせれば「僕らを引き合わせた重大なテーマの一つが知覚だった。みんないろいろな感覚をつくり出したり追加したりすることに興味があったからね」。これは「ジェットパックはどこにある？」の精神を体にあてはめたものであり、人間には不当にも経験し損ねているものがあるという感情であり、マムシやサメや蝶にはある意味で開かれている世界が人間には閉ざされているという思いでもある。「人間にはとても大きな野心がある。あらゆるものを探索したいと思うものなんだ。宇宙には、僕たちが気づかないままやり過ごしているものがたくさんあるんだ」とディモヴェオは言う。キャノンは、磁石を埋め込んで、以前には感じられなかったものを感じることによって、自分の中の何かが呼び覚まされたと言う。「人間の知覚でとらえられていないものがじつはどれほどあるかとつくづく感じさせられる」

それでもグラインドハウスのメンバーはみな、どんな感覚を切り開きたいかについては、それぞれ独自の考えをもっている。「僕の夢は、紫外線と赤外線を感知する光受容体を獲得すること。センチメンタルだと思われるだろうけど、日の出を見るのが好きなんだ。だから紫外線や赤外線が見えたら日の出はどんなふうに見えるんだろうといつも思ってる」とディモヴェオは言う。

「僕は電磁スペクトルを全部感じたい」とサーヴァーは言う。「X線が発生していたらそれを感じたいし、どこかでガンマ線バーストが起きていたらそれも感じたい。そういうことをすべて知りたいと思う。全部現実だから。自分は現実のほんの一部分しか理解していないからね」

「僕の場合はちょっと違う」と今度はキャノンが言う。「僕は自分が消費期限つきの体に閉じ込められているように感じている」。まだ三〇代の初めなので、これはいわゆる中年の危機ではない、と彼は言う。ベーコンを食べたら寿命が縮むとかいうような現世的な制約を脱したいという願望だ。あるいは、絶え間ない実存的恐怖だ。ほかの人はこれに気づいていないかもしれないが、彼はこれを恐れている。「誰でもいつか死ぬんだぜ！」と、彼は悔しげに言う。「このままでいいのか？ 死と甘美な忘却に向かう船に乗り込んでいるというのに」

実際、メンバーはみな自分の体にはかなり失望している。ディモヴェオには、不満を抱く特別な理由がある。アロペシアという病気のせいで、二一歳ですでに頭髪を完全に失っていたのだ。アロペシアは脱毛を引き起こす自己免疫疾患で、鼻を保護する毛まで抜けることもある。「昔からいつも体が弱くて、いろいろと妙な病気にかかってきたんだ」。重い肺感染症にかかったが、なんとか死なずにすんだこともあるという。「子どものころから早々と、人間の体がいかにお粗末なものか気づいてしまった」

「僕は体を強化するより体を完全に脱ぎ捨てたいと思っている」とキャノンが言う。「全然満足できないから——」

「——能力の点で」と、サーヴァーが割って入る。

「脳なんかを見てみると、まともに設計されていないことがはっきりとわかるね」とキャノンが言う。

「有能な人間ならこんなものはつくらないね」とディモヴェオが続ける。

「体の仕組みを見たら、誰かがちゃんと考えてつくってはいないって、はっきりわかるよ。体というのは意識を支えるのによいシステムじゃなさそうだね」とキャノンがまとめる。

それでも彼らは、人間が力を合わせれば生物学的な問題から脱する方法を生み出せると心から信じている。グラインドハウスがもっとすぐれた脳をつくることはできないかもしれないし、ベーコンをいくら食べても耐えられる心臓や不死の体をつくることもできないかもしれない。少なくとも深夜にレディオシャックを訪れて調達してきた部品では無理かもしれない。しかし、彼らのそばを通り過ぎる情報の宇宙をのぞき込むことのできる感覚装置ならつくれるかもしれない。そんなわけで、コーヒーテーブルを囲んでいたメンバーたちは立ち上がり、次にどんなものがつくれるか考えようと地下室へ降りていく。

磁石インプラントの創始者

今日《こんにち》の感覚実験の多くは磁石から始まり、磁石はスティーヴ・ハワースから始まる。

ハワースは当たりの柔らかい男性で、頭を剃り、右眼をまたいで切り傷の痕跡が三本走っている。まるでピューマと格闘して傷跡が残ったかのようだ。「磁石を入れた直後は痛んで出血して、生々しい傷が残った。でもきれいに治ってしまったよ、残念なことに」と、彼は不満げに言う。ボディーアートの痕跡がもっとはっきり見えるように残ったらよかったのにと思っているのだ。身体加工の施術や指導のために各地へ出かけるとき以外、彼はアリゾナ州の自宅で仕事をする。自宅にボディーピアススタジオとボディージュエリー製作用のクリーンルームを設けているのだ。ハワースはもともと医療機器とインプラントの設計をしていた。外科用カニューレの設計に携わっていたが、一九九〇年代に身体改造に転身した。耳たぶの軟骨の上部を型抜きするイヤーパンチ、皮膚のすぐ下に入れるシリコン製埋め込みアクセサリー（ハート型やメリケンサック、手榴弾の形にすることが多い）、皮膚の下にインプラントを埋め込んで、そこから皮膚の外に突き出た留め具にアクセサリーをつけられるようにする皮膚貫通《トランスダーマル》インプラントの技術などを発明した。

ハワースは一九九九年ごろから磁石の埋め込みの研究をしている。(10) そのころ、彼とボディージュエリーデザイナーのジェシー・ジャレルが磁石を埋め込んで、そこに時計やスパイクを留めたり、目の前にゴーグルのシールドをつけたりしたらどうかと思いついたのだ。最初の試みとして、ジャレルの手首に磁石を埋め込み、六週間後に時計をつけてみた。時計は固定できたが、問題があった。磁石の力が強すぎたのだ。「二〇分以上時計をつけていると、血液が流れなくなって、組織が壊死するおそれがあった」と、ハワースが説明する。

そこでこのアイディアは没となったが、ハワースがある男性に出会ったことで新たなアイディアが浮かんだ。その男性は事故で小指に工具鋼のかけらが入ったまま、取れなくなってしまった。「彼はスピーカー工場で働いていて、スピーカーのそばに行くだけで、どれが磁気を帯びていてどれが帯びていないかわかるって言うんだ」とハワースは言う。このプロセスをひっくり返して、指に小さな磁石を埋め込めば、ほかの磁石を感知することができるはずだと彼らは考えた。

最初の実験台になってくれたのは、トッド・ハフマンだった。彼は大学の学部で神経科学を学んでから、アリゾナ州立大学で生物情報学を研究していた。それ以前に人工内耳の研究をしており、ユーザーが新しい感覚情報に対して適応するプロセスに関心があった。ハフマンは、装置を体外に装着した場合と体内に埋め込んだ場合で脳が適応するプロセスに違いはあるのだろうかと考え始めた。たとえばヘッドフォンをつけるのと人工内耳を埋め込むのでは、何か違うのだろうか。感覚装置が一時的なもので着脱可能なら、脳が「体の一部となっている感覚と同じようにメンタルモデルを内在化すること」はないと彼は推測した。そこで磁石の話を聞いたとき、磁石を指の爪に接着することはできても、体内に埋め込んだ場合と同じにはならないはずだと考えた。「僕がやりたかったのは、自分の世界観に新たな感覚様相を取り込むという試みを自分で経験することだった」と彼は言う。

三人は磁石のデザインを考え、これならほかの磁石をたいてい感知できるだろうと予想した。ところが磁石を埋め込んでまもなく、ハフマンはフライパンを取ろうと手を伸ばしたときに別の感覚を覚えて衝撃を受けた。電磁調理器から磁場が生じていたのだ。新たな力を感知した瞬間は、まさに彼の求めていたものだった。「新たな感覚経験によって、現実に対するそれまでのメンタルモデルが打ち砕かれた」と彼は言う。

ハワースは自分の指用磁石インプラントをつくっていて、これはサンパ・フォン・サイボーグのものとはデザインも埋め込み方法も異なる。ハワースのはアスピリンの錠剤ほどの大きさをした金色の丸い粒で、シリコンでコーティングされている。彼は磁石の埋め込みをめぐる安全性の問題についてきわめてオープンで、テストした磁石のうち最初の六個は失敗に終わり、取り出すはめになったと明かす。それらの磁石は浸漬コーティングされていたため被膜に薄い部分が生じ、そこから破れた。それで磁石が崩壊したのだ。そこでハワースは、二〇〇〇psiの圧力〔一平方センチあたり約一四〇キログラム〕による射出成型で硬化させるという新たな製造方法を考案した。「これだけの圧力がかかると、結晶構造がとてつもなくしっかりと固定する。鋭利な道具を使わない限り、ケースを破壊するのはほぼ不可能だ」と彼は言う。そしてこの方法が人気を集め始めた。ハワースの推定によると、二〇一四年の初めまでに彼は磁石の埋め込みを三〇〇〇件ほどこなし、それとは別に磁石を五〇〇〇個売った。このうち彼の知る限り不具合は四件しか起きていない。

ハワースとハフマンは、磁石で得られる感覚経験はさほど複雑ではなく、この経験を「磁気視覚」と呼び始めた人もいるが正確には視覚でない、という点で見解が一致している。「第六の感覚としては、視覚や聴覚ほどユニークではない」とハワースは言う。「しかし、腕のそばで何かが動けば腕の毛でそれが感知できるのと同じように、磁気視覚は自分が磁場を通過したことを教えてくれる」。つまり、磁石か電流のそばを通れば気づくということだ。

ハワースによると、磁石を埋め込んでいない人にそれがどんな感覚かを説明するのは難しいらしい。彼は磁石で指輪をつくったら埋め込んだ場合と同じ効果が得られるか調べるために、磁石を埋め込んでいない自分の指に磁石をテープで留めて、感覚を比べてみた。しかしどうしても同じにはならない、と彼は言う。それでも代わりの策がある。「ちょっと指を貸して」と言って、私の指を磁石の埋め込まれている自分の中指に押し当てる。それから大きな球形の磁石を手に取り、私たちの手のそばへ持ってくる。彼の指に埋め込まれた磁石が皮膚の下で震えるのが感じられる。なめらかなケースに入って円盤型をしているので、瘢痕組織で囲まれた空洞の中で回転しているのだそうだ。

それから私たちはキッチンに行き、また双方の指を押し当てたところで、彼が電動式缶切り器の電源を入れる。今回は、彼の皮膚の下で磁石がうなるのが感じられる。「磁場の振動に合わせて磁石が振動しているんだ」と彼は言って、缶切り器から手を離し、それからまた近づけて、ハート型に似た磁力線をたどってみせる。パートナーのマンディ・ヴァーターラウスがはるかに強力な自分の磁石でデモンストレーションをしようと加わり、彼とマンディが手で宙に曲線を描いているあいだに、他とは違う独特の感覚を感じているのか、それとも単に触覚を感じているのか、どちらだと思いますかと私は二人に尋ねる。結局のところ、磁石の動作によって圧力（機械的刺激）が生じるので、磁石は皮膚の中の神経と相互作用しているということではないのか。私はハワースが、何かが腕の毛を動かしているというたとえを使ったことに強い印象を受けていた。あれは触覚のメタファーだ。

これはなかなか手ごわい問いだ。ハワースの自宅を訪ねるまでに、私は磁石を埋め込んだ一〇人あまりの人にも同じ質問をしていた。ほとんどの人が、触覚でありそれ以外でもあるように思われる感覚を言葉で表現するのに苦労し、二つの感覚の混ざり合った「共感覚」だと言う人もいた。「触覚と似ているけど、反応が違うね」と、ハワースは考え込みながら言う。

「作用領域がどこからどこまでで、ほかより強い部分はどこかということはわかって、心の中でその仕組みを描く3Dマップが手に入れられるという点では似てるわね」とマンディが言う。「でも、触覚とまったく同じというわけではないわ。手を伸ばしてつかむことができないから。指で操作することはできないからね」

「熱源みたいなものだね」とハワースが同意する。「熱源に近づくほど、熱が強く感じられるよね。それと同じで、磁気源に近づけば磁気が強く感じられるんだ」

磁石を埋め込んでいるたいていの人と同じく、この二人も埋め込んだ磁石に少しずつ慣れたと感じていた。ハワースによれば、慣れた理由の一つは瘢痕組織が薄くなったことだが、脳が新たな入力を認識できるようになったこともまた理由の一つらしい。「半年も経てばかなり慣れるよ。そして自分の一部になる。異物感とか違和感はないね。ただ潜在意識の一部になるだけで」

磁石を埋め込んでいる人は、潜在意識的な反応のエピソードをしばしば語る。磁石を入れている人にとっては痛みを伴うであろう行為をほかの人がしているのを見て思わず顔をしかめてしまったとか、磁覚の夢を見たとか、予期せぬときに磁気を帯びたものに遭遇して心から驚いたなどという話が出てくる。たとえばハワースの場合、あるとき、交際している女性の娘の人形が山積みになっていたので片づけていた。

「バービー人形を拾い上げたら不意に指が人形のほうへ引っ張られた。思わず『おい、何だよこれ』と口走ってしまったよ」。じつはビニール製の水着をつけられるように、人形の股のところに磁石がはめ込まれていた。そんなところに磁石が反応するとは、誰も予期していなかったに違いない。

ハワースにとってこれが新しい感覚であるのは、磁石なしでは不可能な方法で世界と確実に触れ合えるからという理由が最も大きい。彼はパソコンのハードディスクが回転するときや、電子レンジを使うとき、作業場で電子機器をいじっているときにはいつもそのことを感じる。「僕はもう長くこうしてきた。磁石がなくなったら、まさに感覚を一つ失ったように感じるだろうね。生活から何か大事なものが欠けてしまう」

隠れた次元を探索するトランスヒューマニスト

バイオハッカーの集団に、このなかで磁石を埋め込んでいるのは誰かと尋ねるのは、ハイテクマニアの集団にスマートフォンを所有しているのは誰かと尋ねるようなものだ。答えは全員だ。バイオハッカー集団にとっての磁石は、幻覚剤によるトリップを楽しむために次々と強力な薬を求めてやまないサイケ集団にとっての最初のドラッグと同じなのだ。

サンフランシスコの寿司屋の上階にある部屋で、超人間主義《トランスヒューマニズム》に関する会議を終えた十数人のバイオハッカーが集まっている。その一人のリッチ・リーは、ハワースに頼んで耳珠《じじゅ》と呼ばれる部分（耳の穴の前にある軟骨の突起）に磁石を埋め込んでもらった。首にコイルを巻いて、それがスマートフォンとつながっている。スマートフォンからコイルに音が送られると磁場が生じて磁石が振動するので、彼はその音を聞き取ることができる。「サイエンス・フォー・ザ・マシズ」（大衆のための科学）という団体のメンバーたちもいる。彼らは近赤外線視覚を獲得できるか調べる実験を考案した。彼らはこれから、ビタミン

Aを摂取しないように食事を細かく管理し、代わりにビタミンA2のサプリメントを飲むことにしている。ビタミンA2は、淡水魚の近赤外線視覚と関係すると考えられているのだ。三カ月間、この食事に加えてレチノイン酸の投与を周期的に受けてから、「ギブスン・リフト」と命名したばかりの自作の装置を使って成果をテストする予定だ。この装置はオキュラス・リフトに似た形状のヘッドセットで、近赤外線を眼に照射する。被験者の眼の表面に特殊な電極を設置して、眼の応答を測定する。

グラインドハウスのメンバーと同様、ここに集った人たちも隠れた次元を探索したいという願望に突き動かされている。「見えない世界が存在するのにそれが自分には観察できないというのは我慢がならない」と、耳珠に磁石を入れたリーが言う。「まさに今起きている超新星の末期《まつご》の叫びが聞こえたっていいはずだ。びっくりするような音に違いない。天体の奏でる音楽や、海底でのコミュニケーションだって聞いてみたい。僕たちの知覚域を超えたところで、いろいろなすごいことが起きているんだ」。彼らは身体の限界についても、やはりグラインドハウスのメンバーと同じく不満を抱いている。「進化してきたからといって、人間が地上で最も偉大な存在だということにはならないよ」と、赤外線プロジェクトのメンバーであるガブリエル・リチーナが言う。「ほかの生物ほど大量に死んでいないだけだ」。彼によれば、人間には改良の余地があるので、新しいものを試すほうがよい。というのは、一〇〇〇件の実験をやって、そのうち一つでも成功すれば、「進化をものにしたことになるからね」

進化を支配しようと彼らが試みている方法の一つが、テーブルについたアマル・グラーフストラの前でおこなわれている。彼はエリンという若い女性の手にRFIDチップを埋め込もうとしている。グラーフストラは、RFIDインプラント関連の資材と安全ガイドを販売するデンジャラス・シングズという会社の経営者で、彼自身も二〇〇五年からRFIDチップを二つ埋め込んでいる。RFIDチップは感覚装置ではない。ユーザーに感覚ではなく行動を起こさせる。しかしこのチップは、人が長期にわたって装置を体内に埋め込んでも安全に生存できることを示した初期のバイオハッカープロジェクトの一つだった。グラーフストラは自分の体内に埋め込んだチップを使って、ドアを開けたり、コンピューターの本人認証をしたり、オートバイを起動させたりする。職場の入室カードや道路の料金所用のＩＣカードやペットの追跡用チップとして。すでに日常生活でＲＦＩＤを利用している読者もいるのではないだろうか。

埋め込みの処置はほんの数秒で完了する。グラーフストラはエリンの親指と人差し指のあいだの皮膚を切開して広げ、あらかじめセットしておいた器具（中空のピアス開け針が注射器のピストンに取り付けられたものを想像すればよい）を使って皮膚のすぐ下にチップを挿入する。それからエリンに使い方を説明する。デモ用に、ＲＦＩＤのドアロックシステムのアクセス制御装置に接続された電子鍵ユニットを取り出す。グラーフストラの指示に従い、エリンは読み取り装置の前で手をかざして、チップをシステムに登録する。「手をいったん離してからまた近づけて」とグラーフストラに言われて、エリンが再び手をかざすと、今度はロックが解除される。「すごい！」とエリンはうれしそうに言う。

人間にチップを埋め込むというアイディアは、グラーフストラが思いついたわけではない。サイボーグのパイオニアであるケヴィン・ウォーウィックが一九九八年に初めて埋め込んだのが、ＲＦＩＤチップだったのだ。ウォーウィックはチップを九日間埋め込んだままにして、大学の建物とのやりとりに使った。入口のロックを解除したり、電灯のスイッチを入れたり、コンピューターのそばを通ったときに自分のホームページを表示させたり、別のコンピューターに入退館を記録させたりした。入退館の記録については、「ビッグブラザー問題」ゆえにジャーナリストたちが明らかに関心をもった、と彼は自伝に記している。[11] 二〇〇四年には、ヴェリチップ社が食品医薬品局の承認を得て、チップの埋め込みを事業化した。しかし医療用の患者認識装置として発売された装置をめぐって論争が起き、追跡やハッキングに対する懸念が生じ、販売は中止された。一部の州では、企業が従業員にチップの埋め込みを強制する可能性を不安視して、強制的なＩＤ埋め込みがただちに禁止された。

拡張現実装置と同様、埋め込み装置も監視をめぐる難しい問題を投げかけた。追跡装置と体が一体化されるほど、多くの情報が発信され、本人の居場所のみならず行動まで把握されることになる。たとえばストップ・ザ・サイボーグズのアダム・ウッドは、運動量以外に心拍数、消費カロリー、睡眠時間をモニターするフィットネス用のリストバンドやスマートフォンアプリが人のプライバシーに侵入する可能性を指摘した。自分で利用するためにこれらのデータを追跡したいと思う人もいるかもしれないが、保険会社から保険料の団体割引率を計算するために従業員全体の健康情報を利用したいと言われたからと、勤務先から装置の使用を指示されたらどうなるかとウッドは指摘した。

埋め込みチップやサーカディアのようなセンサーは常時装着するようにできていて、リストバンドやスマートウォッチのように好きなときに外したり電源を切ったりすることができない。カルガリー大学の能力研究専門家のグレゴール・ウォルブリングは、十分に高度な体内センサーを使えば人の行動だけでなく体内の生化学データも追跡できると指摘する。「皮肉な言い方をすれば、見事な監視が実現するでしょうね。国家安全保障局に電話の盗聴やメールの盗み見をされているのが問題だと思っている人がいますが、センサーはそれどころではなく、基本的に何でも監視できます。体内の生化学的組成の変化もすべてです」と彼は言う。血液中のドーパミンやセロトニンといった物質の濃度や薬物（不法薬物や処方薬）の有無を追跡するセンサーがあると想像しよう。これが役に立つと感じられるか、それとも恐怖を覚えるかは、取得された情報の行き先によって変わる。本人だけ？　医師？　勤務先？　警察？「もはや身体のプライバシーなど存在しなくなります」とウォルブリングは言う。

グラーフストラや彼とともにテーブルを囲む人たちにとって、このＲＦＩＤチップが脅威になることはない。通信範囲はほんの二・五センチほどで、どの装置に情報の読み取りを許可するかはユーザーが管理できるので、誰がデータを取得できるかも管理できるのだ。たとえば、玄関のドアにチップの読み取り装置を取り付けたとしても「そのデータはほかのどこにも行かないよ。ユーザーがいつどこでいくらの買い物をしたか知るクレジットカード会社に行くことはない。ポケットの中にあって持ち主の居場所を絶えず報告するスマートフォンとは違うんだ。データはユーザー自身のもので、自分で管理し、ほかの人と共有するかどうかは自分で決められる」とグラーフストラは言う。

　情報へのアクセスと管理は、バイオハッカーのコミュニティーにおいてきわめて重要な問題だ。彼らは一般に、科学の知識や発見のためのツールは誰もが利用できるようにすべきと考えている。企業や政府や大学などは実利的および倫理的な理由から、よくある病気や障害を抱える人のための製品開発に力を注ぎ、健康だがもっと能力を増強したいと願う少数の人のためには手を打たない。バイオハッカーたちは、そうした一握りの機関に資源が集中することに対抗する勢力であることを自任している。「医療コミュニティーと向き合うなかで、非常にいら立ちを覚えたのが、そうした資源の集中の問題だった」とリーが言う。彼は片眼の視力を失い、もう一方の視力も失うおそれがあると言われた（じつは誤診だった）とき、耳珠への埋め込みを思いついた。聴力を強化すれば視力を補うことができると考えたのだ。しかし彼はまだ失明に至っておらず、視力の治療ではなく聴力の増強を目指していた。だから、ときには怒りに満ちた扱いも受けたらしい。「『何の用です？　悪くないじゃないですか。そんな人を治すわけにはいきませんよ』なんてことを言われたよ」

「これこそまさに、現代医学とトランスヒューマニズムや感覚増強や身体改造などとの違いだ。一方は失った機能の回復を目指し、もう一方は能力の増強を目指す」とリーが続ける。

　グラインダーたちは、自分の体は自分のものなのだから、好きなように加工してよいはずだとも主張する。この考えを身体の統治権、身体の不可侵性、自己所有権と呼ぶこともできる。この問題に関連して、女性が避妊手段を入手したり、妊娠中絶を受けようとするときのプライバシー権は、どちらも「生殖の自律」としてアメリカの法廷で支持されている。法廷ではタトゥーは言論の自由の一形態であると裁定され、一般に合衆国憲法修正第一条〔言論の自由を保障している〕が衣服や髪の色も対象とすると解釈されている(ほかの身体加工についてはまだだが)。「たいていの人は、車を買ったら何かしら手を加えるよね。手を加えず、何もしないでいたら、自分のものだって気がしないよ」とリチーナは言う。簡単なものであっても埋め込み装置を入れている人にとって、そうした加工は真に自己の一部となる。チップをカードに組み込まないで手に埋め込むべき理由をグラーフストラに尋ねると、ハワースが磁石の埋め込みについて語ったのとよく似た心情を語る。「気持ちの面で違うね。片時も自分から離れることがない。そうなると、自己認識が変わってくる」。チップを埋め込んで一〇年が過ぎ、「今では、これが僕自身の能力の一部だと思っている。体の一部であるとともに」と彼は言う。

テーブルを囲む人たちは、教育や運動、それにメガネなどのありふれた道具で体や心を強化することはすでに受け入れられていると指摘する。それに、健康な人が自ら強化を求めることを利用して巨利をむさぼる業界もすでに存在している。そう、美容整形だ。これらの手段は人間の美や健康や知性を正常範囲の極限まで押し進めるだけで、限界を超えることはないと言えるかもしれない。しかしウォルブリングが前に指摘したとおり、「ノーマル」とはこういうもの、という期待は高まり続けるものだ。かつては、はしかのウイルスに感染すれば死ぬのがふつうだった。しかし今では、予防接種という身体強化が社会に利益をもたらすものと広く見なされている。衛生や栄養に関する技術のおかげで、数世紀のあいだで平均身長と平均寿命が著しく延びた。それに言うまでもなく、生物学的限界というのはあらかじめ定まっているものだとする見方はひどく危険であり、女性や宗教団体、有色人種に対して教育や職業上の機会や人権を拒否するために悪用されてきた。人間が自己の改良をやめるべき境界線はどこに引けばよいのかとグラインダーたちは問う。

今のところ、特に侵襲性の高い技術については、その境界線は医学的な必要性で決まるらしい。私がグラインドハウスのメンバーたちと初めて話したとき、彼らは消費者市場でロボット用の部品が手に入らないことを嘆く「ジェットパックはどこにある?」的な瞬間にぶつかっていた。「戦争で腕を吹き飛ばされたなら、確実にロボットアームをつけてもらえる。しかしただほしいというだけでは、望みはかなわない」とキャノンは言った。

「頭がおかしいと思われかねないしね!」とディモヴェオが続ける。

少なくとも、えらく高くつくだろう。現在の義手は、本物の手の器用さにはとうていおよばない。しかも義手を使うにはひどく大がかりな手術が必要で、だから神経機能代替装置が本来の身体パーツよりも高い性能をもつようになったとしても、購入者の多くはウェアラブルなものを選ぶだろう、とウォルブリングは指摘する。つまり、義足ではなくロボットスーツを買うのだ。彼によれば、医療用ではなく娯楽用として設計された強化装置はすべて、たとえばメガネのようにウェアラブルである。手術に伴うリスク、費用、保険、アップグレードする際の再手術などの面倒は嫌われるだろう。ビデオゲームをするためにわざわざブレイン・マシン・インターフェースを使う必要はない、と彼は言う。「『ウォークラフト』をプレイするのに、脳で直接コントロールするだけのために手術を受けたがる人などいますか?」

ウェアラブル装置と同様、埋め込み装置の技術でも果てしない軍拡競争の問題が生じる。期待の増大、同調圧力、強化した者の優位性(技術に関して下層階級が発生する可能性もある)、既存の経済的・人種的・性別的な格差の拡大などが考えられる。理屈の上では、誰かが脚を一〇本もっていてもかまわない、とウォルブリングは言う。問題は、脚が一〇本あるほうが二本だけよりも生産性が高いと思われるようになったらどうなるか、である。「今までは脚が二本で能力になんら問題のなかった人が、脚が一本もない人と同程度に能力が欠如していると見なされるようになるのです」

グラインドハウスのメンバーも、排除の問題に取り組んでいる。ある晩ディモヴェオは、アーティストが拡張した知覚のパレットを使って創作できたら音楽や絵画はどう変わるだろうと想像をめぐらせていた。「アートの中核をこういう新しい感覚が占めるようになったら、楽しみのための能力強化がされるようになると思う。そのときには、人の感情に訴えるのに今までとは違った方法が取り沙汰されるようになるんだろう」。ここでキャノンが割って入る。「ある意味で、そういうアートは排他的になっていくよ。強化していないノーマルな人間がキャンバスをどれほどよく見ても、作品が鑑賞できないわけだから」

彼らの考えた解決策は（ほかのたいていのバイオハッカーと同じく）、情報を誰でも入手可能で自由に利用や加工ができるオープンソースにして、自分で装置をつくれるようにすることだ。アクセスの問題をメンバーたちにぶつけると、テーブルを囲む全員が嬉々として声を合わせて「だからオープンソースなんだよ！」と言う。しかし、オープンソースにしても格安な費用が保証されるわけではなく、誰もが自分で装置をつくれる（あるいはつくりたがる）わけでもない、ということを彼らは率直に認める。それでも彼らの考えでは、独占や価格のつり上げに対する妨げにはなるだろうし、技術を使って何ができ、自分のデータがどこへ行くかをユーザーに知らせることもできる。

とはいえ、身体改造コミュニティーには、さらなる専門化を望み、同じ関心をもつ大学や医学研究者ともっとオープンに手を組みたいと考える人もたくさんいる。ある夜、私がサンパ・フォン・サイボーグと雑談していると、彼は自分のスマートフォンを取り出して、義眼や義指で使う連結ポストを見せる。トランスダーマルインプラントで使う留め具と似ていなくもない。彼は粗雑な施術や事故を減らすために、ボディーピアス師と医師がもっと協力するようになり、身体改造師の教育を改善することを希望している。美術学校と医学部を合わせたような政府認定機関を設け、そこで学生が経験豊富な身体改造師から指導を受け、真皮層までの施術の許可証が取得できるようにしたらどうかと考えている。「どこの国にもアートスクールがある。だったら、ボディーアートスクールがあってもいいんじゃないかな」

インプラント術の学校を想像するのが難しいとしても――最近までボディーピアスやタトゥーだってかなり奇異なものと思われていたし、偏見さえ受けていた。フォン・サイボーグは、ボディーピアスが異端でなくなった正確な時点を覚えている。一九九三年にエアロスミスが《クライン》のミュージックビデオをリリースした日である。ビデオの中で、若き日のアリシア・シルヴァーストーンがへそにリングピアスをつける場面があるのだ。「あのおかげで、一夜にしてすべてが変わった。一般の人が耳以外のピアスを実際に目にしたのは、あのときが初めてだったはずだ。だから『こんなのあり?』と思われたのは間違いない」。すぐに彼は一日に三〇人のへそにピアスの穴を開けるようになった。今やごくふつうのチアリーダーのキャプテンも、へそにピアスをつけているのではないだろうか。そしてかつては先鋭的と思われたものがありふれたものへと変わるにつれて、この分野は新たな先端を求めて拡大した。今やフォン・サイボーグが扱うものは、RFIDチップ、モーター搭載で振動する埋め込み装置、音楽や心拍に合わせて点滅するLEDにまで広がっている。

グラインドハウスのメンバーたちは常に金銭的な障壁を警戒しているので、ライセンスや授業料に対しては慎重だが、ボディーアートの学校をつくるとか優良な処置についてコミュニティーで基準を定めるといったアイディアは大いに気に入っている。今はまだ通信販売やボディーピアススタジオに頼っているこの未熟なこの業界が、いずれは商業生産や表通りに面したクリニックを擁するようになり、自分たちの製品がへそピアスと同じくらいありふれたものになることを彼らは期待している。キャノンはこんな想像をしている。「客がふと立ち寄って、『サーカディアを一つとサウス・ポーを一つお願いします。それから、この眼を交換しようかと思うんですが、ターコイズ色だとどんなのがありますか』なんて言う日が待ち遠しくてたまらない」

自らの手で知覚を拡張する

夜が更けてきた。グラインドハウスのメンバーは地下室でノース・スターの作業にかかっている。今はまだ、回路基板にワイヤを配線した程度だ。ノース・スターのデザインは二種類が考えられている。ユーザーが北を向けば光るコンパスを手に埋め込むフルバージョンと、ただ光るだけのライトバージョンで、こちらのほうがハッカーの愉快なおもちゃとして消費者にアピールしやすいと彼らは思っている。

キャノンはコーヒーテーブルに陣取って、黒いノートパソコンのそばに無数の電子部品を広げている。サーヴァーは作業台の前ではんだごてを使っている。手元がよく見えるように、メガネに宝石鑑定士用ルーペをつけている。カレーをつくろうと野菜を炒めていたディモヴェオが地下室へ降りてきて、コンピューターで静かに作業をする。このプロジェクトはまだ始まったばかりなので、今夜の作業は基礎的な部分だけだ。データの記録とLEDの点灯にごくわずかな電力しか必要としない（長期にわたって埋め込む装置には欠かせない条件だ）マイクロコントローラーをつくろうとしている。彼らが目指しているのは、八秒間消えてから一秒間だけ点灯するというサイクルにすることだ。これなら一回の充電で数週間もつ。

なかなかスピーディーには進まない。資金がほぼゼロの状態で作業しているのだからなおさらだ。そこで明日からの三日間は、いくつかの作業を徹底的に検討することになっている。データをメモリーカードに記録するために消費電力の少ない回路基盤を入手すること、三色のLEDを赤、青、緑の順番で点灯させるプログラムを組むこと、ナイチンゲール回路（スリープモードに入ると陽気なさえずり声で知らせてくれる）を使ってスリープタイマーとウェイクアップ機能をテストすること。これらがすべて同時にうまくいけば最高だが、いつも何かしら問題が起きるものだ。はんだの破片が付着して、接続がショートするかもしれない。LEDの点灯順が逆だったり、コードの不備を表すおかしな点滅をしたりするかもしれない。ログファイルに何も記録されていないかもしれない。前にはうまくいったことが、今度はうまくいかないかもしれない。もうだめだとあきらめたとたんに動きだすものもあるかもしれない。

「待たされてばかりだ」と、キャノンが何度目かわからないほどのLEDの問題のあとで淡々と言う。それがいやだというわけではない。メンバーは完璧に満足している。サーヴァーはキャノンからどんな無理難題を出されても、いつも「よっしゃ」と言って応える。ここの雰囲気は子どものお泊り会に似ている。違うのは、はんだ付け作業があることくらいだ。絶え間なくからかい合い、内輪でしか通じないジョークが飛び交う。グラインドハウスのメンバーはよくふざけて妙に丁寧な話し方をして、言葉の終わりにいちいち「サー」と言ったりする。あたかもこれから決闘に臨もうとしているかのようだ（サーヴァーは、腹立たしいことに何も起きていない回路基板から目を上げて、「デンマークでは何か不穏なことが起きておりますぞ、サー」〔シェイクスピア作『ハムレット』の一節のもじり〕と言う）。

深夜になり、紅茶キノコの瓶にタバコの吸い殻がどっさりたまり、この家の住人はみな眠りについたか外出し、サーヴァーだけがメモリーカードにコードを書き込もうとしているというときでも、メンバーたちは楽しげだ。土曜日の夜に暖房の入らない地下室で自分はいったい何をやっているんだと思ったりはしないのだろうか。「そんなことは思わない」とサーヴァーが言う。「よその地下室だって暖房は入らないだろうから」

三日後の夜、ついに成功する。いくらかは。メンバーたちが目を細めて回路を眺めているあいだ、私は埋め込んだ磁石がどのように機能するのかについての作業仮説を説明する。専門家に電話で相談できる「磁気指学科《マグネットフィンガー》」などない。しかしグラインドハウスを訪れる合間に、私はケース・ウェスタン・リザーヴ大学の神経科学者ダニエル・ウェッソンに会いに行った。彼は嗅覚の専門家であるだけでなく、動物の知覚認知の講座も担当しており、磁石のアイディアに関心をもっている。

ウェッソンはまず、磁石を埋め込むと固有の感覚が得られるという考えを一蹴した。「人間のもつ五感以外の何も経験することはできません。ほかの感覚のための回路が脳にはありませんから」。既存の五感覚のチャンネルのいずれかを使わずに末梢神経系から脳を刺激することはできないそうだ。手の神経線維に接するように磁石を置けば、「手は触覚を感知するようにできていますから、触覚を感知するだけです。その触覚が熱い鍋によるものであれ、皮膚を押し動かす磁石によるものであれ」

それでもウェッソンは、触覚チャンネルに新たな入力を送り込むと、脳は際立った可塑性によってそのノイズからパターンを生み出すようになる、と勢い込んで指摘した。磁石が環境に反応して動き、磁石を埋め込んでいる人は触覚によってその圧力を感じる。やがてこれが十分に繰り返されると、脳は新しいパターンを学習する。つまりこれは感覚代行であり、視覚イメージを触覚キューに変換して視覚喪失者が動き回るのを助ける装置のように、支援技術を生み出すのに利用されている。「神経系の目的は、環境のエネルギーを意味のあるコードに変換することに尽きます。磁石がやっているのは、私たちが新しいタイプの環境エネルギーを検出できるようにすることです」とウェッソンは言う。つまり新しい感覚ではなく、古くからの感覚を通じて伝えられる新しい情報なのだ。触覚プラスアルファと言ってもよい。

同じ質問をほかの科学者たちにしても、それぞれ同じ結論に至る。カリフォルニア大学ロサンゼルス校の神経科学者で、時間を専門に研究し、関連器官のない知覚経験の研究に精通しているディーン・ブオノマーノも、情報が触覚を通じて伝達されているという見方に同調する。彼は埋め込んだ磁石をガイガーカウンターの使用にたとえる。ガイガーカウンターは放射線（通常、人間には感知できない）を音波（感知できる）に変換する。ブオノマーノによれば、これを第六の感覚と呼んでよいかどうかは用語の定義しだいだ。第六の感覚というのが磁気を感知する新たな脳領域を指すなら、「答えは絶対にノーです」。しかしこの感覚を「通常は感知しない物理的刺激を環境から感知する能力」と定義するなら、「答えは絶対に一〇〇%のイエスです」と彼は言う。

「この人たちは最も厳密な意味での磁覚を獲得しているのでは決してありませんが、何かに利用するのに十分な触覚を得ているという可能性はあると思います」と、磁覚専門家のソンケ・ヨンセンは言う。「神経系が新しい情報に適応してそれを取り込む能力というのは、まさに信じがたいとしか言いようがありません。点字はその一例ですね」

私が親しくなったバイオハッカーたちにこの考えを確かめると、一様に安堵の同意で迎えられる。「まさにそのとおり！」とキャノンが声を張り上げる。サーヴァーも、「完璧に理にかなっているね。僕は電磁スペクトルを触覚で感じるよ」と同調する。

アマル・グラーフストラは次のような立場をとっている。「脳は触覚から入ってくるデータを再解釈する方法をマスターしている。人は脳に至るその経路を借用するんだ」。そして、私の知っている人の中で指に磁石を入れていて、かつ神経科学の学位をもっている唯一の人物であるトッド・ハフマンは、「これは完全に既存の感覚への便乗」であり、具体的には触覚への便乗だと言う。磁気指学科を誰かが開設してくれない限り、私たちがコンセンサスに近づくことができるのはここまでかもしれない。

そんなわけで、グラインドハウスの面々はノース・スターに戻る。これは基本的に別の感覚代行のコンセプトであり、磁気の向きに関する情報を視覚によって脳に伝える。先ほどまで、メンバーたちは低電力で書き込むデータ記録に取り組んでいたが、今度はスリーププログラムを加えようとしている。しかし新しいコードをカードに書き込もうとすると、動作が停止してしまう。再び挑戦しても、やはり停止する。もう一度やってもやはり同じだ。さらに今度はＬＥＤがまたおかしな点滅を始めた。「もう、どうなってんだ」と、キャノンが回路を小突いてから、お手上げといったようすで椅子に座る。「よし。またこれについてリサーチする必要があるな」

「よっしゃ」と、サーヴァーが楽しげに言う。

ここで私はテープレコーダーを止め、ノートを閉じ、グラインドハウスの階段を昇る。いずれ何かが起こるとしても、今夜は何も起こりそうにないからだ。読者がこの本を読んでいるときにもまだ起きていないかもしれない。進化を追い越そうとするのは、想像を絶するくらい難しい。世界はランダムな突然変異よりも速く進歩するかもしれないが、進化には並列処理という強みがある。科学はすべて力を合わせるよりもたくさんの実験を同時にすることができるのだ。世界中の実験室がすべて力を合わせるよりもたくさんの実験を同時にすることができるのだ。地下室レベルの予算しかないなら、同時に試せるバリエーションの数もそれなりでしかない。翌年までに、このグループではまずライトバージョンに取り組み、コンパスはあとに回すと決めた。しかしボトルノーズ・ソナーの開発を再開し、ユーザーが手袋を使ったモデルをつくれるようにDIYキットの開発もしていた。グループは合同会社となった。地下的存在でありながら、同時に表舞台にも出てくるようになった。そして何より、彼らはまだグラインドをしていた。

彼らだけでなく、世界がグラインドを続けた。二〇一五年、アップルが「アップルウォッチ」を発売した。これは限られた生体データ収集機能を搭載した他社のスマートウォッチと同じく、私にはサーカディアの親戚のようなものに感じられた。ショッピングセンターで実際に購入できるサーカディアだ（アップルウォッチでは、搭載された「デジタルタッチ」機能によって、ユーザーはタップパターンや自分の心拍を、アップルウォッチをつけている友人の手首に送信することもできる(12)。これはまさに『ドクター・スリープレス』そのものだ）。バイオハッカー集団「サイエンス・フォー・ザ・マシズ」は、近赤外線視覚を追求する食事制限実験をやめて、暗視能力をもたらそうとガブリエル・リチーナの眼にクロロフィル類似体の液体を直接垂らしてみた。ベイラー医科大学のデイヴィッド・イーグルマンのグループは、株式市

418

場やツイッターから得た情報を触覚パターンに変換して、背中の振動によって感知できるようにするベストを開発したと発表した[13]。デューク大学のグループは、両下肢が麻痺した男性を被験者として脳で制御するロボットスーツの実験をしたことをすでに明らかにしていた[14]。装置はロボットの動作と地面との接触からのフィードバックを変換して、「スマートシャツ」に入れた小型バイブレーターに送る。これによって、男性は自分の力で歩いているように感じることができる。ブラウン大学の「ブレインゲート」チームは、ワイヤレスのブレイン・マシン・インターフェースを開発したと発表した[15]。私たちが聞いたことのないバイオハッカーが、私たちがまだ想像もできないようなことをどこかで実現させているのはほぼ間違いない。最先端がさらに先へ行った。先端というのは常にそういうものなのだ。

知覚認知の強化や拡張を目指す探究をすれば、奇妙な形で私たちの限界中の限界を探ることになる。私たちが標準仕様の人間の脳を備えている限り、情報を受け取る方法は五つしかもてない。これが私たちの知覚における根本的な限界なのだ。しかしその限界の内側に、巧妙な迂回策、これら五種類のデータの流れを処理するプロセスをもてあそぶ方法が存在しているのではないかという、期待をかき立てる可能性が存在する。今までのところ、ほとんどの試みは五感の範囲を広げるか、五感の機能を回復できる技術を開発するか、あるいは本来の五感によって機能するチャンネルから新しいタイプの情報を送り込むことによって「第六」の感覚をでっち上げることを目指していた。磁石や人工網膜のように、SFで描かれていた未来から飛び込んできたようなものもある。これらのなかには、皮膚の下に埋め込んだ感覚装置が脳にはっきりと語りかけることのできる世界を垣間見せてくれるものもある。また、第六の基本味の探索のように、はるかにおだやかな研究もある。つまり、私たちのまわりにすでに存在する情報の流れを分類し、それに注意を払う新たな方法を習得することによって、知覚を変えることができるという考えだ。

突き詰めれば、これらはすべてすでにハッキングされたものに対するハッキングだ。脳はある種のフィルター装置であり、私たち自身のために知覚をゆがめて、感覚入力があたかも同期した直線的で完全なものであると思わせる（実際にはそうでないときでも）ということが神経科学からわかる。一方、社会科学からは、私たちが常に言語、経験、文化的慣習によって注意を方向づけられ、自分の内的状態を意味のある形で他者に伝えることのできる社会的な世界を生み出していることがわかる。そして、脳について得られているすべての知見から、脳は新しい情報を旺盛に吸収する装置であることがわかる。脳は、私たちが脳に書き込めるようになることはすべて読むようになる。私たちはハッカーであり、ハッキングされる者でもある。改造し、改造される。読み出しをし、書き込みもする。自然とは驚くべき存在だ、とバイオハッカーたちは言う。バイオハッカー以前にも、エンジニア、医師、アスリート、教師——人間に自らの努力で自らの心や体を変容させることを求めるあらゆる人が、そう言ってきた。しかし、これ以上はもう望めないというほどだろうか。

　これは魅力的だが実現の難しい、無謀なもくろみだ。情報の宇宙は広大で、私たちの現実は矮小だ。私たちは自分の知らないことが存在するということを知っている。感知できないものを想像しようと悪戦苦闘する。人間とは、自分の行動を広げることができるだけでなく経験も広げることができる生き物だ。そんな人間を超えた存在になりたいという思いは、胸を打つほど人間的だ。そんなわけで、私たちは先端に向かって、その先端がどこにあろうとも突き進み続ける。「世界に対する僕たちの認識は、今の僕たちがもつハードウェアによって決まる。そしてそのハードウェアは偶然の産物としてはこれ以上ないくらいによくできている」とティム・キャノンは私に語ったことがある。「雷に打たれても泥にまみれても、けっこう大丈夫なくらいに。でも、僕たちはもっと挑戦してもいいのではないかと思う」

謝辞

本書を執筆するために、じつにたくさんの人の家に泊めていただいた。私を泊めてつきあってくださった皆さんに感謝する。次の方々のおかげで、本書の執筆が金銭的に可能になり、ものすごく楽しいものになった。ローラ・キリップス（フィラデルフィア）、ジャッキー・ブラウン（トロント）、ジェシカ・ワースター（モントリオール）、カレシュ家とマヘタ＝ロイグ家の皆さん（ワシントンDC）、プラトーニ一族の皆さん（南カリフォルニアおよびニュージャージー）、メレチオ・フロレス（フェニックス）、マックスウェル家の皆さん（デンヴァー）、シャノン・サーヴィス（秘密の執筆場所）、ステファニア・ルーセル（パリ）、ローリソン家の皆さん（ロンドン）。

私を研究室や実験室、自宅に招いて合計三〇〇〇個の質問をさせてくださったり、メールやスカイプではるか遠くから意見を聞かせてくださったりして、本書に登場してくださった皆さんには、特別な謝意を伝えたい。その忍耐力、洞察力、そして知覚という分野を探求するすばらしい研究に感謝する。特に惜しみなく時間を割いてファクトチェックの手助けをしてくださったダニエル・ウェッソン、マイケル・トードフ、ニコル・ガルノー、レイチェル・ハーツ、クリシュナ・シェノイに心からありがとうと言いたい。それから、本書に登場はしないが、親切心と豊富な知識によって私を本書に登場する人たちとつないでくれた方々、特にケン・ゴールドバーグ、クリス・ロス、マサイアス・タバート、サンダー・カッツ、ペーテル・ファン・タッセル、サム・ローレンズ、ジェイソン・ジャークス、ディラン・バージソンにもお礼を言いたい。

最後になったが、わが戦友のエリック・サイモンズとジョナサン・カウフマンに感謝する。二人がいなかったら、私が本を書くことはなかっただろうし、書いたとしても孤独な作業となっただろう。私にありとあらゆる知識をかんで含めるように与えてくれた友人でアドバイザーのシンシア・ゴーニー、敏腕エージェントのジリアン・マッケンジー（本書のアイディアを刺激してくれた）、優秀なエディターのティッセ・タカギ（本書を有望だと見込んでくれた）とアリソン・マキーン（その見込みを実現させた）に感謝する。すばらしい友人のケイシー・マイナー、ゾウイ・グラッドストーン、リン・デレゴフスキー、ジェニー・マックスウェルは、やさしい心遣いと心を落ち着かせる言葉をくれた。カリフォルニア大学バークレー校ジャーナリズム大学院と、いつも私を励ましてコーヒーにつきあってくれた学生と同僚たちにも感謝する。マイク・スミスとリーア・プラトーニは家で力を合わせて私をしっかりとサポートしてくれた。それから両親のボブ・プラトーニとアレクシス・プラトーニに感謝。二人のおかげで私は本が大好きになった。子ども部屋で明かりを落として、寝たふりをしながらいつも本を読んでいたこと、今さらですがごめんなさい。

訳者あとがき

物書きなら誰でも知っているとおり、読み書きができれば大きな力が手に入る。しかし、編集を支配することができればもっと大きな力が手に入るのだ。

——カーラ・プラトーニ

「現実」とは何か。唯一無二の現実がどこかに存在するのではなく、外界からの刺激によって脳がおのおの現実を創造している。視覚や聴覚などの感覚によって刺激を読み取り、脳がそれを外界の現実の像として描き出す。このことはすでに広く認められるようになった。

本書『バイオハッキング』の第1部では、この五感と脳による「読み書き」に関する最新の知見を求めて、著者カーラ・プラトーニが各地の知覚研究者や料理人や調香師など、知覚に縁の深い人たちを取材する。プラトーニはキャリアを積んだ科学ジャーナリストだが、本書を執筆するまで知覚科学は「ほぼ未知の領域」だったという。それでも精力的に各地へ赴き、知覚科学研究の現場でときには自ら実験にも参加して、最新の成果をレポートする。味やにおいなど、比較的誰にでも同じように感じられそうな知覚対象さえ、遺伝や文化によるフィルターをかけられ、じつは人によって感じ方が異なる。表現する言葉がなければ人は対象を知覚できないのか、それとも知覚できないから言葉が存在しないのかという、ニワトリとタマゴ的な「知覚と言語」の問題に、著者はしばしば遭遇する。甘味、塩味、酸味、苦味、うま味に次ぐ第六の味を求め、人間には脂肪やカルシウムの味が感知できるのか、そのような味があるとしたら何と呼ぶべきかを探る研究は、まさにこの問題の典型である。

時間感覚、痛み、情動という、複数の感覚で形成される「メタ感覚的知覚」を扱う第2部でも、プラトーニは広範な体当たりの取材で知覚の謎に迫る。時間という、それこそ万人に共通の絶対的な尺度と思えるものすら、じつは個人の経験や社会の影響、さらにはニューロンの働きによって創出されているという。ミリ秒レベルのごく短い時間を脳がどうとらえるのかを最先端の脳科学研究が明らかにする一方で、短期的な視野にとらわれがちな現代人へのアンチテーゼとして一万年という長い時間を感覚的にとらえることを目指す「一万年時計」というプロジェクトも進められている。痛みの分野では、心の痛みが鎮痛薬で抑えられるのか、体の痛みが愛情で癒やせるのかという研究の行方が興味深い。

プラトーニの言う「編集」を先端的なテクノロジーで試みるバイオハッカーたちが登場するのが第3部だ。兵士の派兵前の訓練やトラウマのケアに仮想現実《バーチャル・リアリティ》（VR）が利用されている。数十年前に登場したばかりの仮想現実はとうていリアルと言えるものではなかったが、情報処理技術の飛躍的な向上によって、今では大きな効果を上げられるようになった。兵士のみならず一般人に対しても、仮想現実で環境破壊を体験させると環境保護意識が高まるといった効果が確かめられ、さらなる応用が期待される。現実世界と仮想世界を融合させる拡張現実《オーグメンテッド・リアリティ》（ＡＲ）も進歩が著しいが、装置の小型化が進み、人知れず絶え間なくこの技術が利用できるようになれば、プライバシーや倫理をめぐる問題も出てくる。本書では拡張現実をただ礼賛するのではなく、問題点についてもかなり深く議論している点が好ましい。

本書の第1部では人間のもつ「五感」を扱っているが、第3部の最終章では章題の「新しい感覚」が示すとおり、バイオハッカーたちによる「第六の感覚」の探求が描かれる。現在のところ、最も有力視されているのが磁気を感知する「磁覚」だが、本章ではおおむねその存在については否定的な見方がなされている。それでも現在の人間の体に満足せず、進化によるゆるやかな能力の向上を待たずに自分たちの技術で新たな能力を獲得しようと、バイオハッカーたちは自ら体内に装置を埋め込み、壮絶な挑戦を続ける。その姿を見ると、ひょっとしたら私たちの生きているあいだに何か新しい感覚が使いこなせるようになるのではないかとも思えてくる。

「現実」とは脳の生み出すフィクションだという事実と、さらにはそのフィクションすら編集するテクノロジー。人間がすでにもつ驚異的な能力と、さらにその増強を望んでやまない人々。本書は人間のもつ可能性とその先にある未来を示してくれる。

本書の翻訳を通じて知覚科学の最先端に触れ、それを紹介できることをうれしく思う。翻訳の機会をくださり、緻密な編集作業で本訳書を磨き上げてくださった白揚社の阿部明子氏にお礼を申し上げる。

二〇一八年初秋

田沢恭子

1364.

8. Grindhouse Wetware, "About Us," http://www.grindhousewetware.com/.
9. Lepht Anonym, "Sapiens Anonym," http://sapiensanonym.blogspot.com/.
10. Steve Haworth Modified, LLC, 2012, "Magnetic FAQ," http://stevehaworth.com/main/?page_id=871.
11. Kevin Warwick, *I, Cyborg* (Chicago: University of Illinois Press, 2004), 82–89.
12. "Apple Watch—New Ways to Connect," Apple, 2015, https://www.apple.com /watch/new-ways-to-connect/.
13. David Eagleman, "Can We Create New Senses for Humans?" TED Talk, March 2015, http://www.ted.com/talks/david_eagleman_can_we_create_new_senses_for_humans?.
14. Miguel Nicolelis, "Brain-to-Brain Communication Has Arrived. Here's How We Did It." TEDGlobal Talk, October 2014, https://www.ted.com/talks/miguel_nicolelis_brain_to_brain_communication_has_arrived_how_we_did_it.
15. Antonio Regalado, "A Brain-Computer Interface that Works Wirelessly," *MIT Technology Review*, January 14, 2015, http://www.technologyreview.com/news/534206/a- brain-computer-interface-that-works-wirelessly.

land-security-hauls-man-from-movie-theater-for-wearing-google-glass/.
16. Daniel Dale, "Rob Ford: Yes, I Have Smoked Crack Cocaine," *Toronto Star*, November 5, 2013, http://www.thestar.com/news/crime/2013/11/05/rob_ford_yes_i_have_smoked_crack_cocaine.html.
17. Steve Mann and Joseph Ferenbok, "New Media and the Power Politics of Sousveillance in a Surveillance-Dominated World," *Surveillance & Society* 11, no. 1/2 (2013): 18–34.
18. Chris Gayomeli, "4 Innocent People Wrongly Accused of Being Boston Marathon Bombing Suspects," *The Week*, April 19, 2013, http://theweek.com/article/index/243028/4-innocent-people-wrongly-accused-of-being-boston-marathon-bombing-suspects.
19. James Teh and Adrian David Cheok, "Pet Internet and Huggy Pajama: A Comparative Analysis of Design Issues," *International Journal of Virtual Reality* 7, no. 4 (2008): 41–46.
20. Gilang Andi Pradana et al., "Emotional Priming of Mobile Text Messages with Ring-Shaped Wearable Device Using Color Lighting and Tactile Expressions" (paper presented at the Augmented Human International Conference, Kobe, Japan, March 7–9, 2014).
21. Elaham Saadatian et al., "Mediating Intimacy in Long-Distance Relationships Using Kiss Messaging," *International Journal of Human-Computer Studies* 72, no. 10–11 (2014): 736–746.
22. "Aireal: Interactive Tactile Experiences in Free Air," Disney Research, www.disneyresearch.com/project/aireal/.
23. Adrian David Cheok et al., "Digital Taste for Remote Multisensory Interactions" (poster presented at User Interface Software and Technology Symposium, Santa Barbara, California, October 16–19, 2011).
24. Gregor Wolbring, "Ethical Theories and Discourses through an Ability Expectations and Ableism Lens," *Asian Bioethics Review* 4, no. 4 (2012): 293–309.

11 新しい感覚

1. Samppa Von Cyborg, "Body Mod," http://voncyb.org/#bodymod/.
2. Sonke Johnsen and Kenneth Lohmann, "Magnetoreception in Animals," *Physics Today* 61, no. 3 (2008) 29–35; Kenneth Lohmann, "Magnetic-Field Perception," *Nature News & Views* 464, no. 22 (2010): 1140–1142.
3. Thorsten Ritz, Salih Adem, and Klaus Schulten, "A Model for Photoreceptor-Based Magnetoreception in Birds," *Biophysical Journal* 78 (2000): 707–718.
4. Patrick Guerra, Robert Gegear, and Steven Reppert, "A Magnetic Compass Aids Monarch Butterfly Migration," *Nature Communications* 5 (2014), doi:10.1038/ncomms5164.
5. R. Robin Baker, "Goal Orientation by Blindfolded Humans after Long-Distance Displacement: Possible Involvement of a Magnetic Sense," *Science* 210 (1980): 555–557.
6. R. Robin Baker, "Sinal Magnetite and Direction Finding," *Physics & Technology* 15 (1984): 30–36.
7. Lauren Foley, Robert Gegear, and Steven Reppert, "Human Cryptochrome Exhibits Light-Dependent Magnetosensitivity," *Nature Communications* 2 (2011), doi:10.1038/ncomms

forcement and Identification on Exercise Behaviors," *Media Psychology* 12 (2009): 1–25.
11. Jesse Fox, Jeremy Bailenson, and Liz Tricase, "The Embodiment of Sexualized Virtual Selves: The Proteus Effect and Experiences of Self-Objectification via Avatars," *Computers in Human Behavior* 29 (2013): 930–938.
12. Jakki Bailey et al., "The Impact of Vivid Messages on Reducing Energy Consumption Related to Hot Water Use," *Environment and Behavior* 17 (2015): 570–592.
13. Sun Joo (Grace) Ahn, Jeremy Bailenson, and Dooyeon Park, "Short- and Long-Term Effects of Embodied Experiences in Immersive Virtual Environments on Environmental Locus of Control and Behavior," *Computers in Human Behavior* 39 (2014): 235–245.
14. Andrea Stevenson Won, "Homuncular Flexibility in Virtual Reality," *Journal of Computer Mediated Communication* 20, no. 3 (2015): 241–259.

10 拡張現実

1. "FAQ," Google "Glass Press," https://sites.google.com/site/glasscomms/faqs.
2. Steve Mann, "My Augmediated Life," *IEEE Spectrum*, March 1, 2013, http://spectrum.ieee.org/geek-life/profiles/steve-mann-my-augmediated-life.
3. "Implantable Camera System," http://wearcam.org/eyeborg.htm.
4. Neil Harbisson, "I Listen to Color," TEDGlobal Talk, June 2012, http://www.ted.com/talks/neil_harbisson_i_listen_to_color.
5. "3rdi," "About," www.3rdi.me.
6. Jesse Lichtenstein, "Magnifying Glass," *Atlanta Magazine*, March 2, 2014, http://www.atlantamagazine.com/great-reads/magnifying-glass-thad-starner-google-glass/.
7. "Deus Ex: Human Revolution—The Eyeborg Documentary," August 2, 2011, http://eyeborgproject.com.
8. Manfred Clynes and Nathan Kline, "Cyborgs and Space," *Astronautics*, September 1960, 26–27, 74–76.
9. Donna Haraway, "Manifesto for Cyborgs: Science, Technology, and Socialist Feminism in the 1980s," *Socialist Review* 80 (1985): 65–108.
10. Kevin Warwick, *I, Cyborg* (Chicago: University of Illinois Press, 2004), 61, 232–235, 260–264, 282–289.
11. "Woman Wearing Google Glass Says She Was Attacked in San Francisco Bar," CBS, February 25, 2015, http://sanfrancisco.cbslocal.com/2014/02/25/wornan-wearing-google-glass-says-she-was-attacked-in-san-francisco-bar/.
12. "Explorers," Google, https://sites.google.corn/site/glasscomms/glass-explorers.
13. Neil Harbisson, "The Man Who Hears Colour," BBC, February 15, 2012, www.bbc.com/news/magazine-16681630.
14. "Physical Assault by McDonald's for Wearing Digital Eye Glass," *Steve Mann's Blog*, July 16, 2012, http://eyetap.blogspot.com/2012/07/physical-assault-by-mcdonalds-for.html.
15. Emma Woollacott, "Homeland Security Hauls Man from Movie Theater for Wearing Google Glass," *Forbes*, January 22, 2014, www.forbes.com/sites/emmawoollacott/2014/01/22/home

(2008): 300–313.
10. Eunsoo Choi and Yulia Chentsova-Dutton, "Distress Experience and Expression in Cultural Contexts: Examination of Koreans and Americans" (poster presented at the Annual Meeting of the Society of Personality and Social Psychology, Austin, Texas, February 13–15, 2014).
11. Biru Zhou et al., "Ask and You Shall Receive: Actor-Partner Interdependence Model Approach to Estimate Cultural and Gender Variations in Social Support Seeking and Provision Behaviours," (2015), unpublished manuscript.
12. Jeanne Tsai et al., "Leaders' Smiles Reflect Their Nations' Ideal Affect," (2014), unpublished manuscript.
13. Jeanne Tsai, Felicity Miao, and Emma Seppala, "Good Feelings in Christianity and Buddhism: Religious Differences in Ideal Affect," *Personality and Social Psychology Bulletin* 33, no. 409 (2007): 409–421.
14. Tamara Sims et al., "Choosing a Physician Depends on How You Want to Feel," *Emotion* 14, no. 1 (2014), 187–192.
15. Tamara Sims and Jeanne Tsai, "Patients Respond More Positively to Physicians Who Focus on Their Ideal Affect," *Emotion* 15, no. 3 (2014), 303–318.
16. BoKyung Park et al., "Neural Evidence for Cultural Differences in the Valuation of Positive Facial Expressions," (2015), unpublished manuscript.

9 仮想現実

1. Hannah Fischer, "A Guide to U.S. Military Casualty Statistics," Congressional Research Service report, February 19, 2014, www.crs.gov.
2. Albert Rizzo et al., "Virtual Reality as a Tool for Delivering PTSD Exposure Therapy and Stress Resilience Training," *Military Behavioral Health* 1 (2013): 48–54.
3. Larry F. Hodges et al., "Virtual Environments for Treating the Fear of Heights," *IEEE Computer* 28, no. 7 (1995): 27–34.
4. Larry F. Hodges et al., "Virtual Vietnam: A Virtual Environment for the Treatment of Vietnam War Veterans with Post-traumatic Stress Disorder" (paper presented at the International Conference on Artificial Reality and Telexistence, Tokyo, Japan, 1998).
5. Barbara Olasov Rothbaum et al., "Virtual Reality Exposure Therapy for PTSD Vietnam Veterans: A Case Study," *Journal of Traumatic Stress* 12, no, 2 (1999): 263–271.
6. Charles Hoge et al., "Combat Duty in Iraq and Afghanistan, Mental Health Problems, and Barriers to Care," *New England Journal of Medicine* 351, no. 1 (2004): 13–22.
7. Albert Rizzo et al., "Virtual Reality Applications to Address the Wounds of War," *Psychiatric Annals* 43, no. 3 (2013): 123–138.
8. Nick Yee and Jeremy Bailenson, "The Proteus Effect: The Effect of Transformed Self-Representation on Behavior," *Human Communication Research* 33 (2007): 271–290.
9. Nick Yee and Jeremy Bailenson, "The Difference between Being and Seeing," *Media Psychology* 12 (2009): 195–209.
10. Jesse Fox and Jeremy Bailenson, "Virtual Self-Modeling: The Effects of Vicarious Rein-

On: Different Neural Mechanisms Are Associated with Reliving Social and Physical Pain," *PLoS ONE* 10, no. 6 (2015): doi:10.1371/journal.pone.0128294.

7. Ian Lyons and Sian Beilock, "When Math Hurts: Math Anxiety Predicts Pain Network Activation in Anticipation of Doing Math," *PLoS ONE* 7, no. 10 (2012), doi:10.1371/journal.pone.0048076.
8. Jarred Younger et al., "Viewing Pictures of a Romantic Partner Reduces Experimental Pain: Involvement of Neural Reward Systems," *PLoS ONE* 5, no. 10 (2010), doi:10.1371/journal.pone.0013309.
9. Sarah Master et al., "Partner Photographs Reduce Experimentally Induced Pain," *Psychological Science* 20, no. 11 (2009): 1316–1318.
10. Naomi Eisenberger et al., "Attachment Figures Activate a Safety Signal-Related Neural Region and Reduce Pain Experience," *Proceedings of the National Academy of Sciences* 108, no. 28 (2011): 11721–11726.
11. Tristen Inakagi and Naomi Eisenberger, "Neural Correlates of Giving Support to a Loved One," *Psychosomatic Medicine* 74 (2012): 3–7.

8 情動

1. Yulia Chentsova-Dutton, Andrew Ryder, and Jeanne Tsai, "Understanding Depression across Cultural Contexts," in *Handbook of Depression*, 3rd ed., ed. Ian Gotlib and Constance Hammen (New York: Guilford, 2014), 337–354.
2. Andrew Ryder and Yulia Chentsova-Dutton, "Depression in Cultural Context: 'Chinese Somatization,' Revisited," *Psychiatric Clinics of North America* 35 (2012): 15–36.
3. Paul MacLean, "Psychosomatic Disease and the 'Visceral Brain,'" *Psychosomatic Medicine* 11, no. 6 (1949): 338–352.
4. Devon Hinton and Michael Otto, "Symptom Presentation and Symptom Meaning among Traumatized Cambodian Refugees: Relevance to a Somatically Focused Cognitive-Behavior Therapy," *Cognitive and Behavioral Practice* 13, no. 4 (2009): 249–260.
5. Yulia Chentsova-Dutton et al., "Chinese Americans Report More Somatic Experiences than European Americans Following a Sad Film" (poster presented at Association for Psychological Science Annual Convention, San Francisco, California, May 22–25, 2014).
6. Jeanne Tsai, "Ideal Affect: Cultural Causes and Behavioral Consequences," *Perspectives on Psychological Science* 2, no. 3 (2007): 242–259.
7. Jeanne Tsai et al., "Learning What Feelings to Desire: Socialization of Ideal Affect through Children's Storybooks," *Personality and Social Psychology Bulletin* 33, no. 17 (2007): 17–30.
8. Yulia Chentsova-Dutton et al., "Depression and Emotional Reactivity: Variation among Asian Americans of East Asian Descent and European Americans," *Journal of Abnormal Psychology* 116, no. 4 (2002): 776–785.
9. Andrew Ryder et al., "The Cultural Shaping of Depression: Somatic Symptoms in China, Psychological Symptoms in North America?" *Journal of Abnormal Psychology* 117, no. 2

5. Jacques Marescaux et al., "Transcontinental Robot-assisted Remote Telesurgery: Feasibility and Potential Applications," *Annals of Surgery* 235, no. 4 (2002): 487–492.
6. Mehran Anvari, Craig McKinley, and Harvey Stein, "Establishment of the World's First Telerobotic Remote Surgical Service," *Annals of Surgery* 241 (2005): 460–464.
7. Krishna Shenoy et al., "Challenges and Opportunities for Next-generation Intracortically Based Neural Prostheses," *IEEE Transactions on Biomedical Engineering* 58, no. 7 (2011): 1891–1899.

6 時間

1. Uma Karmarkar and Dean Buonomano, "Timing in the Absence of Clocks: Encoding Time in Neural Network States," *Neuron* 53 (2007): 427–438.
2. Warren Meck, Trevor Penney, and Viviane Pouthas, "Corrico-striatal Representation of Time in Animals and Humans," *Current Opinion in Neurobiology* 18 (2008): 145–152.
3. Richard Ivry and Rebecca Spencer, "The Neural Representation of Time," *Current Opinion in Neurobiology* 14 (2004): 225–232.
4. Dean Buonomano and Rodrigo Laje, "Population Clocks: Motor Timing with Neural Dynamics," *Trends in Cognitive Sciences* 14, no. 12 (2010): 520–527.
5. David Eagleman, "Human Time Perception and Its Illusions," *Current Opinion in Neurobiology* 18 (2008): 131–136.
6. Chess Stetson et al., "Does Time Really Slow Down during a Frightening Event?" *PLoS ONE* 2, no. 12 (2007), doi:10.1371/journal.pone.0001295.
7. David Eagleman, "Brain Time," in *What's Next? Dispatches from the Future of Science*, ed. Max Brockman (New York: Vintage, 2009), http://edge.org/conversation/brain-time.
8. Hope Johnson, Anubhuthi Goel, and Dean Buonomano, "Neural Dynamics of in vitro Cortical Networks Reflects Experienced Temporal Patterns," *Nature Neuroscience* 13, no. 8 (2010): 917–919.

7 痛み

1. Naomi Eisenberger, Matthew Lieberman, and Kipling Williams, "Does Rejection Hurt? An fMRI Study of Social Exclusion," *Science* 302 (2003): 290–292.
2. Naomi Eisenberger, "Broken Hearts and Broken Bones: A Neural Perspective on the Similarities between Social and Physical Pain," *Current Directions in Psychological Science* 21, no. 1 (2012): 42–47.
3. Ethan Kross et al., "Social Rejection Shares Somatosensory Representations with Physical Pain," *Proceedings of the National Academy of Sciences* 108, no. 15 (2011): 6270–6275.
4. C. Nathan DeWall et al., "Acetaminophen Reduces Social Pain: Behavioral and Neural Evidence," *Psychological Science* 21, no. 7 (2010): 931–937.
5. Timothy Deckman et al., "Can Marijuana Reduce Social Pain?" *Social Psychological and Personality Science* 5, no. 2 (2013), doi:10.1177/1948550613488949.
6. Meghan Meyer, Kipling Williams, and Naomi Eisenberger, "Why Social Pain Can Live

6. Sheila Nirenberg, "A Prosthetic Eye to Treat Blindness," TEDMED Talk, October 2011, http://www.ted.com/talks/sheila_nirenberg_a_prosthetic_eye_to_treat_blindness.

4 聴覚

1. 完全開示。私はカリフォルニア大学バークレー校ジャーナリズム大学院で教職に就いているが、本書のリサーチ中には雇用関係がなかった。
2. Edward Chang et al., "Categorical Speech Representation in Human Superior Temporal Gyrus," *Nature Neuroscience* 13, no. 11 (2010): 1428–1432.
3. Edward Chang et al., "Functional Organization of Human Sensorimotor Cortex for Speech Articulation," *Nature* 495 (2013): 327–332.
4. Brian Pasley et al., "Reconstructing Speech from Human Auditory Cortex," *PLoS Biology* 10, no. 1 (2012), doi:10.1371/journal.pbio.1001251.
5. Brian Pasley et al., "Decoding Spectrotemporal Features of Overt and Covert Speech from the Human Cortex," *Frontiers in Neuroengineering* 7, no. 14 (2014), doi:10.3389/fneng.2014.00014.
6. Jack Gallant et al., "Identifying Natural Images from Human Brain Activity," *Nature* 452 (2008): 352–355.
7. Jack Gallant et al., "Bayesian Reconstruction of Natural Images from Human Brain Activity," *Neuron* 63 (2009): 902–915.
8. Jack Gallant et al., "Reconstructing Visual Experiences from Brain Activity," *Current Biology* 21 (2011): 1641–1646.
9. Alexander Huth et al., "A Continuous Semantic Space Describes the Representation of Thousands of Object and Action Categories across the Human Brain," *Neuron* 76, (2012): 1210–1224.
10. Thomas Naselaris et al., "A Voxel-wise Encoding Model for Early Visual Areas Decodes Mental Images of Remembered Scenes," *NeuroImage* 105 (2014): 215–228.
11. Tomoyasu Horikawa et al., "Neural Decoding of Visual Imagery during Sleep," *Science* 340 (2013): 639–642.

5 触覚

1. Allison Okamura et al., "Force Feedback and Sensory Substitution for Robot-assisted Surgery," in *Surgical Robotics: Systems, Applications and Visions*, ed. Jacob Rosen, Blake Hannaford, and Richard Satava (New York: Springer, 2010), 419–448.
2. Zhan Fan Quek et al., "Sensory Augmentation of Stiffness Using Fingerpad Skin Stretch," *IEEE World Haptics Conference* (2013): 467–472.
3. Andrew Stanley and Allison Okamura, "Controllable Surface Haptics via Particle Jamming and Pneumatics," *IEEE Transactions on Haptics* 8, no. 1 (2015): 20–30.
4. Andrew Stanley et al., "Integration of a Particle Jamming Tactile Display with a Cable-driven Parallel Robot," in *Haptics: Neuroscience, Devices, Modeling, and Applications; Proceedings of the Eurohaptics Conference* (New York: Springer, 2014), 258–265.

3. Andreas Keller et al., "Humans Can Discriminate More than 1 Trillion Olfactory Stimuli," *Science* 343, no. 6177 (2014): 1370–1372.
4. Rachel Herz, *The Scent of Desire: Discovering Our Enigmatic Sense of Smell* (New York: HarperCollins, 2007), 3–6, 13–24, 50–52, 63–73, 238.
5. Rachel Herz and Jonathan Schooler, "A Naturalistic Study of Autobiographical Memories Evoked by Olfactory and Visual Cues: Testing the Proustian Hypothesis," *American Journal of Psychology* 115, no. 1, (2002): 21–32.
6. Rachel Herz, "A Naturalistic Analysis of Autobiographical Memories Triggered by Olfactory Visual and Auditory Stimuli," *Chemical Senses* 29 (2004): 217–224.
7. Heiko Braak and Eva Braak, "Neuropathological Staging of Alzheimer-Related Changes," *Acta Neuropathologica* 82 (1991): 239–259.
8. Heiko Braak et al., "Staging of Brain Pathology Related to Sporadic Parkinson's Disease," *Neurobiology of Aging* 24, no. 2, (2003): 197–211.
9. Daniel Wesson et al., "Olfactory Dysfunction Correlates with Amyloid-β Burden in an Alzheimer's Disease Mouse Model," *Journal of Neuroscience* 30, no. 2 (2010): 505–514.
10. Wen Li, James Howard, and Jay Gottfried, "Disruption of Odour Quality Coding in Piriform Cortex Mediates Olfactory Deficits in Alzheimer's Disease," *Brain* 133 (2010): 2714–2726.
11. Daniel Wesson et al., "Sensory Network Dysfunction, Behavioral Impairments, and Their Reversibility in an Alzheimer's β-Amyloidosis Mouse Model," *Journal of Neuroscience* 31, no. 44 (2011): 15962–15971.
12. Davangere Devanand et al., "Combining Early Markers Strongly Predicts Conversion from Mild Cognitive Impairment to Alzheimer's Disease," *Biological Psychiatry* 64, no. 10 (2008): 871–879.
13. Marco Fornazieri et al., "A New Cultural Adaptation of the University of Pennsylvania Smell Identification Test," *CLINICS* 68, no. 1 (2013): 65–68.

3 視覚

1. National Institute on Deafness and Other Hearing Disorders, "Cochlear Implants," last updated August 2014, www.nidcd.nih.gov/health/hearing/pages/coch.aspx.
2. Gretchen Henkel, "History of the Cochlear Implant," *ENT Today*, April 2013.
3. Mark Humayun et al., "Visual Perception Elicited by Electrical Stimulation of Retina in Blind Humans," *Archives of Ophthalmology* 114 (1996): 40–46; Mark Humayun et al., "Pattern Electrical Stimulation of the Human Retina," *Vision Research* 39 (1999): 2569–2576.
4. Eberhart Zrenner et al., "Artificial Vision with Wirelessly Powered Subretinal Electronic Implant Alpha-IMS," *Proceedings of the Royal Society B* 280 (2013), doi:10.1098/rspb.2013.0077.
5. Sheila Nirenberg and Chethan Pandarinath, "Retinal Prosthetic Strategy with the Capacity to Restore Normal Vision," *Proceedings of the National Academy of Sciences* 109, no. 37 (2012), doi:10.1073/pnas.1207035109.

註

1 味覚

1. 池田菊苗「新調味料に就て」『東京化學會誌』(1909): 820–836。
2. Richard Mattes, "Is There a Fatty Acid Taste?" *Annual Review of Nutrition* 29 (2009): 305–327.
3. Robin Tucker and Richard Mattes, "Are Free Fatty Acids Effective Taste Stimulus in Humans?" (paper presented at the Institute of Food Technologists 2011 Annual Meting, New Orleans, Louisiana, June 12, 2011).
4. Bhushan Kulkarni and Richard Mattes, "Evidence for Presence of Nonesterified Fatty Acids as Potential Gustatory Signaling Molecules in Humans," *Chemical Senses* 38, no. 2 (2012): 119–127.
5. Robin Tucker et al., "No Difference in Perceived Intensity of Linoleic Acid in the Oral Cavity Between Obese and Non-obese Adults" (poster presented at Experimental Biology, Boston, Massachusetts, March 30, 2015).
6. Jeannine Delwiche, "Are There 'Basic' Tastes?" *Trends in Food Science and Technology* 7 (1996): 411–415.
7. Michael Tordoff et al., "Involvement of T1R3 in Calcium-Magnesium Taste," *Physiological Genomics* 34 (2008): 338–348.
8. Michael Tordoff et al., "T1R3: A Human Calcium Taste Receptor," *Scientific Reports* 2, no. 496 (2012), doi:10.1038/srep00496.
9. Charles Zuker et al., "The Taste of Carbonation," *Science* 326 (2009): 443–445.
10. Anthony Sclafani, "The Sixth Taste?" *Appetite* 43 (2004): 1–3.
11. Yuzuru Eto et al., "Kokumi Substances, Enhancers of Basic Tastes, Induce Responses in Calcium-Sensing Receptor Expressing Taste Cells," *PLoS ONE* 7, no. 4 (2012), doi:10.1371/journal.pone.0034489.
12. Yuzuru Eto et al., "Involvement of Calcium-Sensing Receptor in Human Taste Perception," *Journal of Biological Chemistry* 285, no. 2 (2010): 1016–1022.
13. Yuzuru Eto et al., "Determination and Quantification of the Kokumi Peptide, c-glutamyl-valyl-glycine, in Commercial Soy Sauces," *Food Chemistry* 141 (2013): 823–828.

2 嗅覚

1. Richard Doty, "Olfaction in Parkinson's Disease and Related Disorders," *Neurobiology of Disease* 46, no. 3 (2012): 527–552.
2. World Health Organization, "Dementia Fact Sheet," March 2015, www.who.int/mediacentre/factsheets/fs362/en/.

カーラ・プラトーニ（Kara Platoni）
科学ジャーナリスト。カリフォルニア大学バークレー校ジャーナリズム大学院で修士号を取得し、現在は同大学院でレポーティングとナラティブ・ライティングを教えている。米国科学振興協会の科学ジャーナリズム賞など、数々の賞を受賞。カリフォルニア州オークランドに在住。

田沢恭子（たざわ・きょうこ）
翻訳家。お茶の水女子大学大学院人文科学研究科英文学専攻修士課程修了。訳書に『忙しすぎる人のための宇宙講座』『アルゴリズム思考術』『重力波は歌う』（以上、早川書房）、『バッテリーウォーズ』（日経BP社）、『アリス博士の人体メディカルツアー』（フィルムアート社）、『賢く決めるリスク思考』（インターシフト）、『世界の不思議な音』『戦争がつくった現代の食卓』（白揚社）ほか多数。

バイオハッキング

二〇一八年十一月三十日　第一版第一刷発行
二〇二〇年　五　月三十日　第一版第二刷発行

著　者　カーラ・プラトーニ
訳　者　田沢恭子《たざわきょうこ》
発行者　中村幸慈
発行所　株式会社　白揚社　© 2018 in Japan by Hakuyosha
東京都千代田区神田駿河台一—七　郵便番号一〇一—〇〇六二
電話＝(03)五二八一—九七七二　振替〇〇一三〇—一—二五四〇〇
装　幀　bicamo designs
印刷所　株式会社　工友会印刷所
製本所　牧製本印刷株式会社

ISBN978-4-8269-0205-2

サイボーグ化する動物たち
ペットのクローンから昆虫のドローンまで
エミリー・アンテス著　西田美緒子訳

バイオテクノロジーは動物をどのように作り変えたのか？　リモコン操縦できるラット、緑色に発光するネコ……遺伝子組み換え、クローン、センサー装着、サイボーグなど、科学技術を駆使して生み出される改造動物の最前線。　四六判　２８８頁　２５００円

戦争がつくった現代の食卓
軍と加工食品の知られざる関係
アナスタシア・マークス・デ・サルセド著　田沢恭子訳

スーパーマーケットでお馴染みの「安くて長持ちする食品」のルーツは兵士のための糧食だった！　成型肉、レトルト食品、スナック菓子、缶詰、フリーズドライなど、身近な食品の開発に軍と科学技術が果たした役割を探る。　四六判　３８４頁　２６００円

酒の起源
最古のワイン、ビール、アルコール飲料を探す旅
パトリック・E・マクガヴァン著　藤原多伽夫訳

９０００年前の酒はどんな味だったのか？　トウモロコシのビール、バナナのワイン、大麻入りの酒、神話や伝説の飲み物……世界中を旅し摩訶不思議な先史の飲料を再現してきた考古学者が語る酒と人類の壮大な物語。　四六判　４８０頁　３５００円

わたしは不思議の環
ダグラス・ホフスタッター著　片桐恭弘／寺西のぶ子訳

ゲーデルの自己言及構造から人間の魂に至る幅広いトピックを縦横無尽に語り、「〈私〉とは何か？」という人類最大の謎に饒舌と諧謔を交えて迫る。認知科学の大家が、自身の知見と経験をすべて注いだ新たなる知の金字塔。　菊判　６２０頁　５０００円

魚たちの愛すべき知的生活
何を感じ、何を考え、どう行動するか
ジョナサン・バルコム著　桃井緑美子訳

魚が高い知能を持ち、仲間と社会生活を送っているとは考えられていなかったが、近年、魚の知性や意識や行動について、従来のイメージを覆す発見が相次いでいる。チンパンジー顔負けの魚の豊かな行動と内面世界を描く。　四六判　３２６頁　２５００円

経済情勢により、価格が多少変更されることがありますのでご了承ください。
表示の価格に別途消費税がかかります。